"十二五"普通高等教育本科国家级规划教材

高等学校数据结构课程系列教材

数据结构教程

第6版·微课视频·题库版

◎ 李春葆 主编

尹为民 蒋晶珏 喻丹丹 蒋林 编著

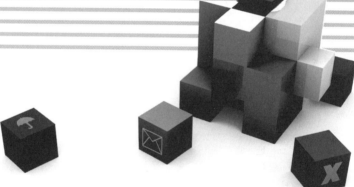

清华大学出版社
北京

内 容 简 介

本书在前5版的基础上针对教育部新的考研大纲进行了修订。本书共12章,内容包括绪论、线性表、栈和队列、串、递归、数组和广义表、树和二叉树、图、查找、内排序、外排序、采用面向对象的方法描述算法等,书中给出了大量练习题和各类上机实验题。

本书是全视频教程,提供了涵盖绝大部分知识点的微课视频(总时长超过50小时),部分视频提供了更多示例的讲解,附录E中还包括2018—2021年全国计算机专业研究生入学联考数据结构部分试题的讲解视频。

本书内容全面、知识点翔实、条理清晰、讲解透彻、实例丰富、实用性强,适合高等院校计算机和相关专业学生使用。

本书封面贴有清华大学出版社防伪标签,无标签者不得销售。
版权所有,侵权必究。举报: 010-62782989, beiqinquan@tup.tsinghua.edu.cn。

图书在版编目(CIP)数据

  数据结构教程: 微课视频·题库版/李春葆主编.—6版.—北京: 清华大学出版社,2022.7(2025.1重印)
  高等学校数据结构课程系列教材
  ISBN 978-7-302-59539-7

  Ⅰ.①数… Ⅱ.①李… Ⅲ.①数据结构—高等学校—教材 ②C++语言—程序设计—高等学校—教材 Ⅳ.①TP311.12 ②TP312.8

  中国版本图书馆CIP数据核字(2021)第231300号

策划编辑: 魏江江
责任编辑: 王冰飞
封面设计: 刘 键
责任校对: 时翠兰
责任印制: 刘海龙

出版发行: 清华大学出版社
网　　址: https://www.tup.com.cn, https://www.wqxuetang.com
地　　址: 北京清华大学学研大厦A座　　邮　编: 100084
社 总 机: 010-83470000　　邮　购: 010-62786544
投稿与读者服务: 010-62776969, c-service@tup.tsinghua.edu.cn
质量反馈: 010-62772015, zhiliang@tup.tsinghua.edu.cn
课件下载: https://www.tup.com.cn, 010-83470236

印 装 者: 大厂回族自治县彩虹印刷有限公司
经　　销: 全国新华书店
开　　本: 185mm×260mm　　印　张: 29.25　　字　数: 712千字
版　　次: 2005年1月第1版　2022年7月第6版　　印　次: 2025年1月第9次印刷
印　　数: 532501~557500
定　　价: 65.00元

产品编号: 093955-01

前言

党的二十大报告指出：教育、科技、人才是全面建设社会主义现代化国家的基础性、战略性支撑。必须坚持科技是第一生产力、人才是第一资源、创新是第一动力，深入实施科教兴国战略、人才强国战略、创新驱动发展战略，开辟发展新领域新赛道，不断塑造发展新动能新优势。高等教育与经济社会发展紧密相连，对促进就业创业、助力经济社会发展、增进人民福祉具有重要意义。

数据结构是研究计算机科学和工程的基础，"数据结构"课程是计算机科学与技术专业及相关专业的核心课程之一，学好该课程不仅对后续课程的学习有很大帮助，而且对开发有效利用计算机资源的程序极为有益。

计算机是进行数据处理的工具，数据结构主要研究数据的各种组织形式以及建立在这些结构上的各种运算算法的实现，它不仅为用计算机语言进行程序设计提供了方法性的理论指导，还在更高的层次上总结了程序设计的常用方法和常用技巧。

本书是编者针对"数据结构"课程概念多、算法灵活和抽象性强等特点，在总结长期教学经验的基础上编写的。全书分为 12 章和 5 个附录，第 1 章为绪论，介绍数据结构的基本概念，特别强调算法分析的方法；第 2 章为线性表，介绍线性表的两种存储结构——顺序表和链表，以及基本运算算法的实现过程；第 3 章为栈和队列，介绍这两种特殊的线性结构的概念与应用；第 4 章为串，介绍串的概念与模式匹配算法；第 5 章为递归，讨论计算机学科中递归算法的设计方法；第 6 章为数组和广义表，介绍数组、稀疏矩阵和广义表的概念与相关运算算法的实现过程；第 7 章为树和二叉树，介绍树和二叉树的概念与各种运算算法的实现过程，其中特别介绍二叉树的各种递归算法方法；第 8 章为图，介绍图的概念和图的各种运算算法的实现过程；第 9 章为查找，介绍各种查找算法的实现过程；第 10 章为内排序，介绍各种内排序算法的实现过程；第 11 章为外排序，介绍各种外排序算法的实现过程；第 12 章为采用面向对象的方法描述算法，介绍面向对象的概念和采用 C++ 语言描述数据结构算法的方法。附录 A 给出了实验报告格式；附录 B 是引用型参数和指针引用型参数的说明；附录 C 给出了书中全部算法的索引；附录 D 给出了书中相关名词的索引；附录 E 为教育部颁布的 2022 年全国计算机专业硕士研究生入学考试专业课中的数据结构部分考试大纲。标注"*"的知识点作为选学内容。

"数据结构"是一门应用实践性非常强的课程,学生在掌握各种数据结构(特别是存储结构)的基础上一定要尽可能多地上机实习,通过较多的实验把难以理解的抽象概念转化为实实在在的能够在计算机上执行的程序,这样才能将所学知识和实际应用结合起来,吸取算法的设计思想和精髓,提高运用这些知识解决实际问题的能力。因此,本书突出上机实习内容,书中给出了大量的上机实验题(分为验证性实验、设计性实验和综合性实验),同时按各章知识点精选了若干 LeetCode 网站(http://leetcode-cn.com)的在线编程题(题目的难度用 1~3 星表示,分别对应简单、中等和困难三个级别)供教师和学生选用。

为了便于学生学习和上机实验,编者还编写了与本书配套的《数据结构教程(第 6 版)学习指导》《数据结构教程(第 6 版)上机实验指导》和《数据结构 LeetCode 在线编程实训(C/C++语言)——全程视频讲解版》三本书,构成一个完整的教学系列。本系列教程中的所有程序均在 Dev C++ 5 和 Visual C++ 6.0 环境(程序文件为 *.cpp)下调试通过。

为了方便教师教学和学生学习,本书提供了全面而丰富的教学资源,配套教学资源包的内容如下。

(1) 教学课件(PPT):提供全部教学内容的精美 PPT,供任课教师教学中使用。

(2) 思政教学课件(PPT):提供包含思政教学内容的精美 PPT,供任课教师教学中使用。

(3) 教学大纲和电子教案:包含"数据结构"课程支撑的各个毕业要求指标点,课程介绍、教学目的、课程内容和学时分配(72 学时),每个课时的教学内容安排。

(4) 实验教学大纲:包含课程教学介绍、教学目的、实验基本要求与方式、实验报告、课程内容与学时(36 学时)分配。

(5) 程序源码:所有源代码按章组织,例如"第 3 章"文件夹存放第 3 章的全部源代码,其中"第 3 章\algorithm3-7.cpp"为例 3.7 的源代码。

(6) 微课视频:书中配套有绝大部分知识点的教学视频,视频采用微课碎片化形式组织(总时长超过 50 小时)。

(7) 在线作业:包括选择题、判断题、填空题、简答题和编程题。

(8) 附录 E 除了 2022 年全国计算机联考数据结构部分大纲外,还包含 2018—2021 年全国计算机专业研究生入学联考数据结构部分试题的讲解视频。

资源下载提示

课件等资源: 扫描封底的"课件下载"二维码,在公众号"书圈"下载。

素材(源码)等资源: 扫描目录上方的二维码下载。

在线作业: 扫描封底的作业系统二维码,登录网站在线做题及查看答案。

视频等资源: 扫描封底的文泉云盘防盗码,再扫描书中相应章节中的二维码,可以在线学习。

本书和配套的上机实验指导、学习指导的编写得到了武汉大学"弘毅学堂"数据结构荣誉课程教学项目和湖北省"计算机科学与技术专业课程体系改革"项目的资助,聚集了课程组许多教师多年来在"数据结构"课程教学研究和教学改革中的经验与成果。本书在编写过程中得到了王丽娜、黄传河和吴黎兵等多位教授、博导的大力支持,陈国良院士提供了富有建设性的指导,很多使用本书的老师和同学给予了热心帮助,并与清华大学出版社的魏江江分社长和王冰飞编辑进行了愉快的合作,除了署名作者外,课程组的汪鼎文、安杨、李蓉蓉、文卫东、李小红、何璐璐、夏启明等老师也参与了大量的课程探讨和教学实践工作。编者在此一并表示衷心的感谢。

　　由于编者水平所限,尽管不遗余力,书中仍存在不足之处,敬请读者批评指正。

编　者

2022 年 5 月

目录

源码下载

数据结构课程思政视频

第 1 章 绪论 /1

1.1 什么是数据结构 /2

    1.1.1 数据结构的定义 /2

    1.1.2 逻辑结构 /3

    1.1.3 存储结构 /6

    1.1.4 数据运算 /8

    1.1.5 数据类型和抽象数据类型 /9

1.2 算法及其描述 /14

    1.2.1 算法的定义 /14

    1.2.2 算法设计的目标 /15

    1.2.3 算法的描述 /16

1.3 算法分析 /18

    1.3.1 算法分析概述 /18

    1.3.2 算法的时间性能分析 /18

    1.3.3 算法的空间性能分析 /21

1.4 数据结构＋算法＝程序 /22
　　1.4.1 程序和数据结构 /23
　　1.4.2 算法和程序 /23
　　1.4.3 算法和数据结构 /23
　　1.4.4 数据结构的发展 /24
本章小结 /25
练习题1 /25
上机实验题1 /27
　● 验证性实验 /27
　● 设计性实验 /27
LeetCode 在线编程题 1 /28

第 2 章　线性表　/29

2.1 线性表及其逻辑结构 /30
　　2.1.1 线性表的定义 /30
　　2.1.2 线性表的抽象数据类型描述 /30
2.2 线性表的顺序存储结构 /32
　　2.2.1 线性表的顺序存储结构——顺序表 /32
　　2.2.2 顺序表基本运算的实现 /34
2.3 线性表的链式存储结构 /42
　　2.3.1 线性表的链式存储结构——链表 /42
　　2.3.2 单链表 /44
　　2.3.3 双链表 /53
　　2.3.4 循环链表 /58
2.4 线性表的应用 /60
2.5 有序表 /64
　　2.5.1 有序表的抽象数据类型描述 /64
　　2.5.2 有序表的存储结构及其基本运算算法 /65
　　2.5.3 有序表的归并算法 /65
　　2.5.4 有序表的应用 /68
本章小结 /70
练习题2 /70
上机实验题2 /73
　● 验证性实验 /73
　● 设计性实验 /75
　● 综合性实验 /76
LeetCode 在线编程题 2 /76

第 3 章 栈和队列 /78

3.1 栈 /79
3.1.1 栈的定义 /79
3.1.2 栈的顺序存储结构及其基本运算的实现 /80
3.1.3 栈的链式存储结构及其基本运算的实现 /83
3.1.4 栈的应用 /87
3.2 队列 /97
3.2.1 队列的定义 /97
3.2.2 队列的顺序存储结构及其基本运算的实现 /98
3.2.3 队列的链式存储结构及其基本运算的实现 /104
3.2.4 队列的应用举例 /108
3.2.5 双端队列 /113

本章小结 /115
练习题 3 /115
上机实验题 3 /117
- 验证性实验 /117
- 设计性实验 /118
- 综合性实验 /119

LeetCode 在线编程题 3 /120

第 4 章 串 /121

4.1 串的基本概念 /122
4.2 串的存储结构 /122
4.2.1 串的顺序存储结构——顺序串 /123
4.2.2 串的链式存储结构——链串 /124
4.3 串的模式匹配 /126
4.3.1 Brute-Force 算法 /126
4.3.2 KMP 算法 /128

本章小结 /135
练习题 4 /135
上机实验题 4 /136
- 验证性实验 /136
- 设计性实验 /137
- 综合性实验 /137

LeetCode 在线编程题 4 /138

第 5 章　递归　/139

5.1　什么是递归　/140
5.1.1　递归的定义　/140
5.1.2　何时使用递归　/141
5.1.3　递归模型　/142
5.1.4　递归与数学归纳法　/144

5.2　栈和递归　/145
5.2.1　函数调用栈　/145
5.2.2　递归调用的实现　/146
5.2.3　递归算法的时空性能分析　/148
5.2.4　递归到非递归的转换*　/149

5.3　递归算法的设计　/152
5.3.1　递归算法的设计步骤　/152
5.3.2　基于递归数据结构的递归算法设计　/153
5.3.3　基于递归求解方法的递归算法设计　/155

本章小结　/157
练习题 5　/157
上机实验题 5　/158
- 验证性实验　/158
- 设计性实验　/159
- 综合性实验　/159

LeetCode 在线编程题 5　/159

第 6 章　数组和广义表　/161

6.1　数组　/162
6.1.1　数组的基本概念　/162
6.1.2　数组的存储结构　/163
6.1.3　特殊矩阵的压缩存储　/165

6.2　稀疏矩阵　/168
6.2.1　稀疏矩阵的三元组表示　/169
6.2.2　稀疏矩阵的十字链表表示　/172

6.3　广义表　/174
6.3.1　广义表的定义　/174
6.3.2　广义表的存储结构　/176
6.3.3　广义表的运算*　/177

本章小结 /181
练习题 6 /181
上机实验题 6 /182
　● 验证性实验 /182
　● 设计性实验 /182
　● 综合性实验 /183
LeetCode 在线编程题 6 /183

第 7 章　树和二叉树　/184

7.1　树的基本概念 /185
　7.1.1　树的定义 /185
　7.1.2　树的逻辑表示方法 /185
　7.1.3　树的基本术语 /186
　7.1.4　树的性质 /187
　7.1.5　树的基本运算 /189
　7.1.6　树的存储结构 /190
7.2　二叉树的概念和性质 /193
　7.2.1　二叉树的定义 /193
　7.2.2　二叉树的性质 /194
　7.2.3　二叉树与树、森林之间的转换 /195
7.3　二叉树的存储结构 /198
　7.3.1　二叉树的顺序存储结构 /199
　7.3.2　二叉树的链式存储结构 /200
7.4　二叉树的基本运算及其实现 /201
　7.4.1　二叉树的基本运算的概述 /201
　7.4.2　二叉树的基本运算算法的实现 /202
7.5　二叉树的遍历 /206
　7.5.1　二叉树遍历的概念 /206
　7.5.2　先序、中序和后序遍历递归算法 /207
　7.5.3　先序、中序和后序遍历非递归算法* /213
　7.5.4　层次遍历算法 /219
7.6　二叉树的构造 /222
7.7　线索二叉树 /227
　7.7.1　线索二叉树的概念 /227
　7.7.2　线索化二叉树 /229
　7.7.3　遍历线索化二叉树 /230
7.8　哈夫曼树 /231

7.8.1　哈夫曼树概述　/231
　　　7.8.2　哈夫曼树的构造算法　/232
　　　7.8.3　哈夫曼编码　/233
　7.9　用并查集求解等价问题　/235
　　　7.9.1　并查集的定义　/236
　　　7.9.2　并查集的算法实现　/237
本章小结　/240
练习题 7　/241
上机实验题 7　/243
　●　验证性实验　/243
　●　设计性实验　/244
　●　综合性实验　/244
LeetCode 在线编程题 7　/247

第 8 章　图　/248

　8.1　图的基本概念　/249
　　　8.1.1　图的定义　/249
　　　8.1.2　图的基本术语　/250
　8.2　图的存储结构和基本运算算法　/252
　　　8.2.1　邻接矩阵存储方法　/252
　　　8.2.2　邻接表存储方法　/254
　　　8.2.3　图的基本运算算法设计　/256
　　　8.2.4　其他存储方法　/258
　8.3　图的遍历　/260
　　　8.3.1　图的遍历的概念　/260
　　　8.3.2　深度优先遍历　/261
　　　8.3.3　广度优先遍历　/262
　　　8.3.4　非连通图的遍历　/263
　　　8.3.5　图遍历算法的应用　/264
　8.4　生成树和最小生成树　/277
　　　8.4.1　生成树的概念　/277
　　　8.4.2　非连通图和生成树　/277
　　　8.4.3　普里姆算法　/279
　　　8.4.4　克鲁斯卡尔算法　/282
　8.5　最短路径　/287
　　　8.5.1　路径的概念　/287
　　　8.5.2　从一个顶点到其余各顶点的最短路径　/288
　　　8.5.3　每对顶点之间的最短路径　/294

8.6 拓扑排序 /298
8.7 AOE 网与关键路径 /300
　8.7.1 相关概念 /300
　8.7.2 求 AOE 网的关键活动 /303
本章小结 /305
练习题 8 /305
上机实验题 8 /307
　● 验证性实验 /307
　● 设计性实验 /309
　● 综合性实验 /310
LeetCode 在线编程题 8 /311

第 9 章　查找　/313

9.1 查找的基本概念 /314
9.2 线性表的查找 /314
　9.2.1 顺序查找 /315
　9.2.2 折半查找 /316
　9.2.3 索引存储结构和分块查找 /320
9.3 树表的查找 /323
　9.3.1 二叉排序树 /323
　9.3.2 平衡二叉树 /331
　9.3.3 红黑树 /338
　9.3.4 B 树 /341
　9.3.5 B＋树 /346
9.4 哈希表的查找 /348
　9.4.1 哈希表的基本概念 /348
　9.4.2 哈希函数的构造方法 /350
　9.4.3 哈希冲突的解决方法 /351
　9.4.4 哈希表的运算算法 /354
本章小结 /362
练习题 9 /362
上机实验题 9 /364
　● 验证性实验 /364
　● 设计性实验 /365
　● 综合性实验 /366
LeetCode 在线编程题 9 /367

第 10 章　内排序　/368

- **10.1** 排序的基本概念　/369
- **10.2** 插入排序　/371
  - 10.2.1　直接插入排序　/371
  - 10.2.2　折半插入排序　/373
  - 10.2.3　希尔排序　/374
- **10.3** 交换排序　/377
  - 10.3.1　冒泡排序　/377
  - 10.3.2　快速排序　/379
- **10.4** 选择排序　/383
  - 10.4.1　简单选择排序　/383
  - 10.4.2　堆排序　/385
- **10.5** 归并排序　/389
- **10.6** 基数排序　/392
- **10.7** 各种内排序方法的比较和选择　/395

本章小结　/397

练习题 10　/397

上机实验题 10　/399
- 验证性实验　/399
- 设计性实验　/400
- 综合性实验　/400

LeetCode 在线编程题 10　/401

第 11 章　外排序　/402

- **11.1** 外排序的概述　/403
- **11.2** 磁盘排序　/403
  - 11.2.1　磁盘排序概述　/403
  - 11.2.2　生成初始归并段　/405
  - 11.2.3　多路平衡归并　/407
  - 11.2.4　最佳归并树　/410

本章小结　/412

练习题 11　/413

上机实验题 11　/413
- 验证性实验　/413
- 设计性实验　/413

第 12 章　采用面向对象的方法描述算法　/415

12.1 面向对象的概念　/416
12.2 用 C++描述面向对象的程序　/417
　　12.2.1　类　/417
　　12.2.2　类对象　/420
　　12.2.3　构造函数和析构函数　/421
　　12.2.4　模板类　/424
12.3 用 C++描述数据结构算法　/426
　　12.3.1　顺序表类模板　/427
　　12.3.2　链栈类模板　/429
12.4 使用 STL 设计数据结构算法　/431

附录 A　实验报告格式　/437

附录 B　引用型参数和指针引用型参数的说明　/438

附录 C　算法索引　/440

附录 D　名词索引　/444

**附录 E　全国计算机专业数据结构 2022 年
　　　　　联考大纲　/448**

参考文献　/450

第 1 章　绪论

扫一扫

本章思政

视频讲解

　　"数据结构"是计算机及相关专业的专业基础课之一，是一门十分重要的核心课程，主要学习用计算机实现数据组织和数据处理的方法。它也为计算机专业的后续课程(例如操作系统、编译原理、数据库原理和软件工程等)的学习打下了坚实的基础。

　　另外，随着计算机应用领域的不断扩大，非数值计算问题占据了当今计算机应用的绝大多数，简单的数据类型已经远远不能满足需要，各数据元素之间的复杂联系已经不是普通数学方程式所能表达的了，无论是设计系统软件还是应用软件都会用到各种复杂的数据结构，因此掌握好数据结构课程的知识对于提高解决实际问题的能力将会有很大的帮助。实际上，一个"好"的程序无非是选择一个合理的数据结构和好的算法，而好的算法在很大程度上取决于描述实际问题所采用的数据结构，所以要想编写出"好"的程序，学生仅学习计算机语言是不够的，还必须扎实地掌握数据结构的基本知识和基本技能。

1.1 什么是数据结构

在了解数据结构的重要性之后开始讨论数据结构的概念,本节先给出数据结构的严格定义,再从一个简单的学生表例子入手,展示数据结构包含的3个方面的内容,接着分析数据逻辑结构和存储结构的几种类型,最后给出了数据类型和抽象数据类型之间的区别与联系。

1.1.1 数据结构的定义

用计算机解决一个具体的问题大致需要经过以下几个步骤:

(1) 分析问题,确定数据模型。

(2) 设计相应的算法。

(3) 编写程序,运行并调试程序,直至得到正确的结果。

寻求数据模型的实质是分析问题,从中提取操作的对象,并找出这些操作对象之间的关系,然后用数学语言加以描述。有些问题的数据模型可以用具体的数学方程来表示,但更多的实际问题是无法用数学方程来表示的,这就需要从数据入手来分析并得到解决问题的方法。

数据(data)是描述客观事物的数和字符的集合。例如,人们在日常生活中使用的各种文字、数字和特定符号都是数据。从计算机的角度看,数据是所有能被输入计算机中,且能被计算机处理的符号的集合,它是计算机操作的对象的总称,也是计算机所处理信息的某种特定的符号表示形式(例如,200902班学生数据就是该班全体学生记录的集合)。

人们通常以**数据元素**(data element)作为数据的基本单位(例如,200902班中的每个学生记录都是一个数据元素)。在有些情况下,数据元素也称为元素、结点、顶点或者记录等。一个数据元素可以由若干个数据项组成。

数据项(data item)是具有独立含义的数据最小单位,也称为字段或域。例如,200902班中的每个数据元素(即学生记录)是由学号、姓名、性别和班号等数据项组成的。

数据对象(data object)是指性质相同的数据元素的集合,它是数据的一个子集。在数据结构课程中讨论的数据通常指的是数据对象。

数据结构(data structure)是指所有数据元素以及数据元素之间的关系,可以看作相互之间存在着某种特定关系的数据元素的集合,如图1.1所示。因此,可以把数据结构看成带结构的数据元素的集合。

图1.1 数据结构由数据和结构组成

数据结构通常包括以下几个方面。

(1) 数据的**逻辑结构**(logical structure):由数据元素之间的逻辑关系构成。

(2) 数据的**存储结构**(storage structure):数据元素及其关系在计算机存储器中的存储表示,也称为数据的物理结构(physical structure)。

(3) 数据的**运算**(operation):施加在该数据上的操作。

因此,数据结构是一门讨论"描述现实世界实体的数据模型(通常为非数值计算)及其之上的运算在计算机中如何表示和实现"的学科。

那么学习数据结构有什么意义呢？以盖一栋房屋为例，如图1.2所示，房屋由很多构件组成，如窗户就是重要的构件。这里可以将窗户看成一个数据结构，窗户的元素包括铝合金框、玻璃、拉手和滑轮等，这些元素构成的窗户模型就是逻辑结构，其运算包括它所提供的各种功能。若实现了窗户模型，也就是建好了窗户，在建房屋时就可以直接使用它。

软件开发也是如此，如果提炼出其中的一个个数据结构，并加以"好"的设计，不仅可以提高开发效率，而且会提高软件的可靠性。

图1.2　一栋房屋

1.1.2　逻辑结构

数据的逻辑结构是从数据元素的逻辑关系上描述数据的，是指数据元素之间的逻辑关系的整体，通常是从求解问题中提炼出来的。数据的逻辑结构与数据的存储无关，是独立于计算机的，因此数据的逻辑结构可以看作从具体问题抽象出来的数据模型。

在现实世界中，数据元素的逻辑关系是多种多样的，但在数据结构中主要讨论数据元素之间的相邻关系或者邻接关系。

1. 逻辑结构的表示

数据的逻辑结构可以采用多种方式表示，常见的有图表和二元组等。

1）图表表示

逻辑结构的图表表示就是采用表格或者图形直接描述数据的逻辑关系。例如，有一个学生表（数据）如表1.1所示。这个表中的数据元素是学生记录，每个数据元素由4个数据项（即学号、姓名、性别和班号）组成。从逻辑上看，学号1的元素和学号8的元素是相邻的，而学号12的元素和学号5的元素是不相邻的。这7个学生记录和它们之间的相邻关系就构成了该数据的逻辑结构。

表1.1　学生表

学　号	姓　名	性　别	班　号
1	张斌	男	9901
8	刘丽	女	9902
34	李英	女	9901
20	陈华	男	9902
12	王奇	男	9901
26	董强	男	9902
5	王萍	女	9901

扫一扫

视频讲解

在用图形表示逻辑结构时，图形中的每个结点对应着一个数据元素，两结点之间带箭头的连线表示它们之间的相邻关系。假设用"学号"数据项唯一地标识数据元素，学生表的逻辑结构的图形表示如图1.3所示。

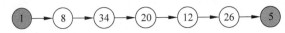

图 1.3 学生表的图形表示

2) 二元组表示

二元组是一种通用的数据逻辑结构表示方式。一个二元组表示如下:

$$B = (D, R)$$

其中,B 是一种数据逻辑结构,它由数据元素的集合 D 以及 D 上二元关系的集合 R 所组成。即:

$$D = \{d_i \mid 1 \leqslant i \leqslant n, n \geqslant 0\}$$
$$R = \{r_j \mid 1 \leqslant j \leqslant m, m \geqslant 0\}$$

其中,d_i 表示集合 D 中的第 i 个数据元素,n 为 D 中数据元素的个数,若 $n = 0$,则 D 是一个空集,可以看成一种特殊情况。

r_j 表示集合 R 中的第 j 个关系,m 为 R 中关系的个数,若 $m = 0$,则 R 是一个空集,表明集合 D 中的数据元素间不存在任何逻辑关系,彼此是独立的,这和数学中集合的概念是一致的。

R 中的一个关系 r 是序偶的集合,对于 r 中的任一序偶 $<x, y>(x, y \in D)$,表示元素 x 和 y 之间是相邻的,即 x 在 y 之前,y 在 x 之后,x 称为该序偶的第一元素,y 称为该序偶的第二元素,而且 x 为 y 的直接**前驱元素**(predecessor),y 为 x 的直接**后继元素**(successor)。为了简便,后面将直接前驱元素和直接后继元素分别简称为前驱元素和后继元素。

若某个元素没有前驱元素,则称该元素为**开始元素**(first element);若某个元素没有后继元素,则称该元素为**终端元素**(terminal element)。

对于对称序偶,即 $<x, y> \in r$,则 $<y, x> \in r(x, y \in D)$,可用圆括号代替尖括号,即 $(x, y) \in r$。在用图形表示逻辑关系时,对称序偶用不带箭头的连线表示。

【**例 1.1**】 有一个如表 1.2 所示的城市表,假设区号是唯一的,给出其逻辑结构的二元组表示。

表 1.2 城市表

区号	城市名	说 明
010	Beijing	北京,首都
021	Shanghai	上海,直辖市
027	Wuhan	武汉,湖北省省会
029	Xian	西安,陕西省省会
025	Nanjing	南京,江苏省省会

解 城市表中共有 5 个元素,其逻辑结构的二元组表示如下。

$$City = (D, R)$$
$$D = \{010, 021, 027, 029, 025\}$$

$R=\{r\}$
$r=\{<010,021>,<021,027>,<027,029>,<029,025>\}$

2. 逻辑结构的类型

客观世界中数据的逻辑结构是纷繁复杂的,归纳起来分为以下几类。

1) 集合

集合(set)是指数据元素之间除了"同属于一个集合"的关系以外别无其他关系。

2) 线性结构

线性结构(linear structure)是指该结构中的数据元素之间存在一对一的关系。其特点是开始元素和终端元素都是唯一的,除了开始元素和终端元素以外,其余元素有且仅有一个前驱元素和一个后继元素。例如,对于前面的学生表数据,学号1的元素为开始元素,学号5的元素为终端元素。其余每个数据元素有且仅有一个前驱结点和一个后继结点,因此它是一种线性结构。

3) 树形结构

树形结构是指该结构中的数据元素之间存在一对多的关系。其特点是除了开始元素以外,每个元素有且仅有一个前驱元素,除了终端元素以外,每个元素有一个或多个后继元素。二叉树就是一种典型的树形结构。

【例1.2】 有一种数据结构 $B_1=(D,R)$,其中:

$D=\{a,b,c,d,e,f,g,h,i,j\}$
$R=\{r\}$
$r=\{<a,b>,<a,c>,<a,d>,<b,e>,<c,f>,<c,g>,<d,h>,<d,i>,<d,j>\}$

画出其逻辑结构的图形表示,指出是什么类型的逻辑结构。

解 对应的图形表示如图1.4所示。

从该例中可以看出,每个结点有且仅有一个前驱结点(除树根结点a以外),但有多个后继结点(树叶结点可看作具有零个后继结点),因此 B_1 是一种树形结构。

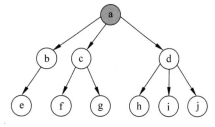

图1.4 B_1 的逻辑结构的图形表示

【例1.3】 有一种数据结构 $B_2=(D,R)$,其中:

$D=\{48,25,64,57,82,36,75\}$
$R=\{r_1,r_2\}$
$r_1=\{<25,36>,<36,48>,<48,57>,<57,64>,<64,75>,<75,82>\}$
$r_2=\{<48,25>,<48,64>,<64,57>,<64,82>,<25,36>,<82,75>\}$

画出其逻辑结构的图形表示,指出是什么类型的逻辑结构。

解 对应的图形如图1.5所示。其中 r_1(对应图中的虚线部分)为线性结构,r_2(对应图中的实线部分)为树形结构,因此在同一数据集合上可以有多种逻辑关系。

4) 图形结构

图形结构是指该结构中的数据元素之间存在多对多的关系。其特点是每个元素的前驱元素和后继元素的个数可以是任意的,因此图形结构可能没有开始元素和终端元素,也可能有多个开始元素、多个终端元素。

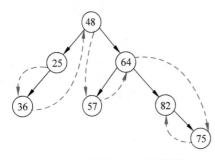

图 1.5 B_2 的逻辑结构的图形表示

树形结构和图形结构统称为非线性结构,该结构中的元素之间存在一对多或多对多的关系。由图形结构、树形结构和线性结构的定义可知,线性结构是树形结构的特殊情况,而树形结构又是图形结构的特殊情况。

【例 1.4】 有一种数据结构 $B_3=(D,R)$,其中:

$D=\{a,b,c,d,e\}$
$R=\{r\}$
$r=\{(a,b),(a,c),(b,c),(c,d),(c,e),(d,e)\}$

画出其逻辑结构的图形表示,指出是什么类型的逻辑结构。

解 对应的图形表示如图 1.6 所示。

从该例中可以看出,每个结点可以有多个前驱结点和多个后继结点,因此 B_3 是一种图形结构。

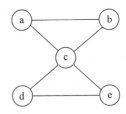

图 1.6 B_3 的逻辑结构的图形表示

1.1.3 存储结构

数据的逻辑结构在计算机存储器中的存储表示称为数据的**存储结构**(也称为映像),也就是逻辑结构在计算机中的存储实现。当把数据对象存储到计算机中时,通常要求既要存储逻辑结构中的每一个数据元素,又要存储数据元素之间的逻辑关系。

显然数据的存储结构是依赖于计算机的。通常设计数据的存储结构是借助某种计算机语言来实现的,一般只在高级语言的层次上讨论存储结构,这里采用 C/C++ 语言。

在实际应用中,数据的存储方法是灵活多样的,归纳起来,数据结构中有以下 4 种常用的存储结构类型。

1. 顺序存储结构

顺序存储结构(sequential storage structure)是采用一组连续的存储单元存放所有的数据元素,也就是说,所有数据元素在存储器中占有一整块存储空间,而且两个逻辑上相邻的元素在存储器中的存储位置也相邻。因此,数据元素之间的逻辑关系由存储单元地址间的关系隐含表示,即顺序存储结构将数据的逻辑结构直接映射到存储结构。

顺序存储结构的主要优点是存储效率高,因为分配给数据的存储单元全部用于存放数据元素,元素之间的逻辑关系没有占用额外的存储空间;另外,在采用这种存储方法时可实现对元素的随机存取,即每个元素对应一个逻辑序号,由该序号可直接计算出对应元素的存储地址,从而获取元素值。顺序存储结构的主要缺点是不便于数据修改,对元素的插入或删除操作可能需要移动一系列的元素。

例如,对应表 1.1 的学生表,可以采用 C/C++ 语言中的结构体数组来存储,设计对应的结构体数组 Stud 并初始化的过程如下:

```
struct
{   int no;                     //存储学号
    char name[8];               //存储姓名
    char sex[2];                //存储性别
    char class[4];              //存储班号
} Stud[7]={{1,"张斌","男","9901"},…,{5,"王萍","女","9901"}};
```

其中,数组名称 Stud 作为数组的起始地址,用于唯一标识该存储结构,如图 1.7 所示。在 Stud 数组中各元素在内存中顺序存放,即 Stud$[i]$ 存放在 Stud$[i+1]$ 之前,而 Stud$[i+1]$ 存放在 Stud$[i]$ 之后,所以 Stud 是学生表的一种顺序存储结构。

图 1.7　学生表的顺序存储结构

2. 链式存储结构

在**链式存储结构**(linked storage structure)中,每个逻辑元素用一个内存结点存储,每个结点是单独分配的,所有的结点地址不一定是连续的,所以无须占用一整块存储空间。为了表示元素之间的逻辑关系,给每个结点附加指针域,用于存放相邻结点的存储地址,也就是通过指针域将所有结点链接起来,这就是链式存储结构名称的由来。

链式存储结构的主要优点是便于数据修改,在对元素进行插入或删除操作时仅需修改相应结点的指针域,不必移动结点。与顺序存储结构相比,链式存储结构的主要缺点是存储空间的利用率较低,因为分配给元素的存储单元有一部分被用来存储结点之间的逻辑关系;另外,由于逻辑上相邻的元素在存储空间中不一定相邻,所以不能对元素进行随机存取。

例如,对应表 1.1 的学生表,可以采用 C/C++ 语言中的链表来存储,设计存放每个元素的结点类型 StudType 如下:

```
typedef struct Studnode
{   int no;                         //存储学号
    char name[8];                   //存储姓名
    char sex[2];                    //存储性别
    char class[4];                  //存储班号
    struct Studnode * next;         //存储指向下一个学生结点的指针
} StudType;                         //结点类型
```

学生表中的每个学生记录采用一个 StudType 类型的结点单独存储,一个学生结点的 next 域指向逻辑结构中它的后继学生记录对应的结点,从而构成一个链表,其存储结构如图 1.8 所示,首结点地址为 head,用它来标识整个学生链表,尾结点的指针域为空。

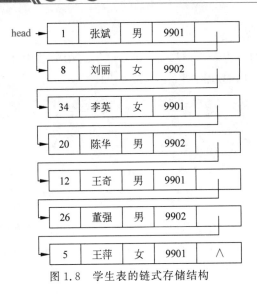

图 1.8 学生表的链式存储结构

由 head 所指结点的 next 域得到下一个结点的地址,然后再由它得到下一个结点的地址,⋯,这样就可以找到任何一个结点的地址,所以 head 标识的链表是学生表的一种链式存储结构。

3. 索引存储结构

索引存储结构(indexed storage structure)是指在存储数据元素信息的同时还建立附加的索引表。存储所有数据元素信息的表称为主数据表,其中每个数据元素有一个关键字和对应的存储地址。

索引表中的每一项称为索引项,索引项的一般形式为"关键字,地址",其中"关键字"唯一标识一个元素,"地址"对应该关键字的元素在主数据表中的存储地址。通常,索引表中的所有索引项是按关键字有序排列的。

在按关键字查找时,首先在索引表中利用关键字的有序性快速查找到该关键字的地址,然后通过该地址在主数据表中找到对应的元素。

索引存储结构的优点是查找效率高。其缺点是需要建立索引表,从而增加了空间开销。

4. 哈希(或散列)存储结构

哈希(或散列)存储结构(hashed storage structure)的基本思想是根据元素的关键字通过哈希(或散列)函数直接计算出一个值,并将这个值作为该元素的存储地址。

哈希存储结构的优点是查找速度快,只要给出待查元素的关键字就可立即计算出该元素的存储地址。与前 3 种存储方法不同的是,哈希存储方法只存储元素的数据,不存储元素之间的逻辑关系。哈希存储结构一般只适合要求对数据能够进行快速查找和插入的场合。

上述 4 种基本的存储方法既可以单独使用,也可以组合使用。同一种逻辑结构采用不同的存储方法可以得到不同的存储结构。选择何种存储结构来表示相应的逻辑结构视具体要求而定,主要考虑的是运算方便及算法的时空要求。

1.1.4 数据运算

数据运算是指对数据实施的操作。每种数据结构都有一组相应的运算,最常用的运算有查找、插入、删除、更新和排序等。数据运算最终需要在对应的存储结构上用算法实现,所以数据运算分为运算定义和运算实现两个层面。

运算定义是对运算功能的描述,是抽象的,是基于逻辑结构的。运算实现是程序员完成运算的实现算法,是具体的,是基于存储结构的。这种将运算定义和运算实现相互分离的做法体现了软件工程的思想,更加便于软件开发。

逻辑结构、存储结构和运算三者之间的关系如图1.9所示。

对于学生表这种数据结构可以进行一系列的运算,例如查找逻辑序号为2的学生的姓名、插入一个学生记录和删除一个学生记录等。

以"查找逻辑序号为2的学生的姓名"运算定义为例,其运算实现有以下两种方式。

如果采用顺序存储结构——Stud数组,由于逻辑序号为2的学生记录存储在Stud[1]数组元素中,可以直接找到Stud[1],通过Stud[1].name返回其姓名,即"刘丽"。

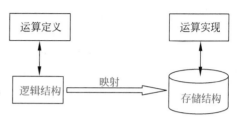

图1.9 逻辑结构、存储结构和运算之间的关系

如果采用链式存储结构——head链表,需要遍历该链表,用 i 记录查找结点的逻辑序号,$p=$head首先指向首结点,$i=1$。由于 $i\neq 2$,$p=p->$next 移到下一个结点,同时 i 增 1 变为 2。此时 $i=2$,p 指向的结点就是要找的结点,返回 $p->$name,即"刘丽"。

从中可以看出,对于一种数据结构,其逻辑结构总是唯一的,但它可能对应多种存储结构,并且在不同的存储结构中同一运算的实现过程是不同的。

1.1.5 数据类型和抽象数据类型

数据类型和抽象数据类型是与数据结构密切相关的两个概念,容易引起混淆。本节介绍这两个概念。

视频讲解

1. 数据类型

在用C/C++语言编写的程序中必须对出现的每个变量、常量或表达式明确地说明它们所属的数据类型。

不同数据类型的变量,其取值范围和所能进行的运算可能不同。例如,在C/C++语言中有一种short int数据类型,它的取值范围为 $-32\,768\sim32\,767$,可用的运算有 $+$、$-$、$*$、$/$ 和%等。所以,以下语句是正确的:

```
short int i = 2,j = 5,k;
k = i+j;
```

而以下语句是不正确的:

```
short int i=999999999;      //short int 类型的数据取值超界
i**;                         //short int 类型不存在该运算符
```

所以,**数据类型**(data type)是一组性质相同的值的集合和定义在此集合上的一组操作的总称,是某种程序设计语言中已实现的数据结构。在程序设计语言提供的数据类型的支持下,就可以根据从问题中抽象出来的各种数据模型逐步构造出描述这些数据模型的各种新的数据结构。

1) C/C++语言中常用的数据类型

C/C++语言中的数据类型按照取值的不同分为原子类型和结构类型。原子类型是不可以再分解的基本类型;结构类型是由若干数据类型组合而成的,是可以再分解的,例如数组、结构体等。下面对C/C++语言中常用的数据类型进行总结。

(1) C/C++语言中的基本数据类型。

C/C++语言中的基本数据类型有 int 型、bool 型(布尔型)、float 型、double 型和 char 型。int 型可以有 3 个修饰符,即 short(短整数)、long(长整数)和 unsigned(无符号整数)。

数据类型是用来定义变量的,例如有以下定义语句:

    int n=10;

在执行该语句时,系统自动为变量 n 在计算机存储器中分配一个固定长度(例如 4 字节)的存储空间,如图 1.10 所示,程序员可以通过变量名 n 对这个内存空间进行存取操作,当超出其作用范围时系统自动释放其内存空间,所以称之为**自动变量**(automatic variable)。

(2) C/C++语言中的指针类型。

C/C++语言允许直接对存放变量的地址进行操作。
例如有以下定义:

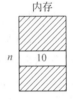

图 1.10 为变量 n 分配存储空间

    int i, * p;

其中,i 是整型变量,p 是指针变量(用于存放某个整型变量的地址)。表达式 $\&i$ 表示变量 i 的地址,将 p 指向整型变量 i 的运算为 $p=\&i$。

对于指针变量 p,表达式 $*p$ 是取 p 所指变量的值,例如:

    int i=2, * p=&i;
    printf("%d\n", * p);

上述语句执行后,其内存结构如图 1.11 所示,通过 $*p$ 输出变量 i 的值,即 2。

(3) C/C++语言中的数组类型。

图 1.11 指针变量 p 指向整型变量 i

数组是同一数据类型的一组数据元素的集合,在 C/C++语言中定义数组时需要指定数组的大小,即数组中存放的最多元素个数。数组分为一维数组和多维数组等。数组名用于标识一个数组,下标指示一个数组元素在该数组中的位置。

数组下标的最小值称为下界,在 C/C++语言中它总是为 0。数组下标的最大值称为上界,在 C/C++语言中数组上界为数组的大小减 1。例如,int a[10]定义了包含 10 个整数的数组 a,数组元素为 a[0]~a[9]。

(4) C/C++语言中的结构体类型。

结构体类型是由一组被称为结构体成员的数据项组成的,每个结构体成员都有自己的标识符,也称为数据域。一个结构体类型中所有成员的数据类型可以不相同。例如,以下声明了一个 Teacher 结构体类型:

```
struct Teacher                //教师结构体类型
{   int no;                   //成员编号,占 4 字节
    char name[8];             //成员姓名,占 8 字节
    int age;                  //成员年龄,占 4 字节
};
```

以下语句定义了结构体类型 Teacher 的一个结构体变量 t 并赋值:

```
struct Teacher t;
t.no=85;
strcpy(t.name,"张敏");
t.age=42;
```

结构体变量 t 在内存中的存放方式如图 1.12 所示,引用 no 成员的方式是 t.no,引用 name 成员的方式是 t.name,引用 age 成员的方式是 t.age,所有成员相邻存放。t 变量所分配的内存空间大小为所有成员占用的内存空间之和。

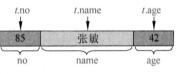

图 1.12 结构体变量 t 在内存中的存放方式

(5) C/C++语言中的共用体类型。

共用体是把不同的成员组织为一个整体,它们在内存中共享一段存储单元,但不同成员以不同的方式被解释。例如,声明一个共用体类型 Tag 如下:

```
union Tag                     //Tag 共用体
{   short int n;              //成员 n,占 2 字节
    char ch[2];               //成员 ch 数组,占 2 字节
};
```

以下语句定义了共用体类型 Tag 的一个共用体变量 u 并赋值:

```
union Tag u;
u.n=0x4142;                   //若为"u=0x4142;",这种直接赋值是错误的
```

共用体变量 u 在内存中的存放方式如图 1.13 所示,引用 n 成员的方式是 u.n,引用 ch 成员的 ch[0]元素的方式是 u.ch[0],n 和 ch 成员共享相同的内存空间。u 变量所分配的内存空间大小为所有成员占用空间的最大值。

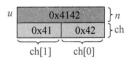

图 1.13 共用体变量 u 在内存中的存放方式

(6) C 语言中的自定义类型。

在 C/C++语言中允许使用 typedef 关键字来指定一个新的数据类型名,例如:

```
typedef char ElemType;
```

将 char 类型与 ElemType 等同起来,特别是将代码较长的结构体类型声明用自定义类型标识符来代替,这样可以简化代码。例如:

```
typedef struct Student              //Student 结构体类型
{   int no;                         //学号成员
    char name[10];                  //姓名成员
    char sex;                       //性别成员
    int cno;                        //班号成员
} NewType;                          //用 NewType 别名表示 Student 结构体类型
```

这样,NewType 等同于 Student 结构体类型,可以使用该类型定义变量:

```
NewType s1,s2;
```

其等同于:

```
struct Student s1,s2;
```

2) 存储空间的分配

在程序设计中,定义变量就是使用内存空间,而存储空间的分配主要有两种方式。

(1) 静态存储空间分配方式。

所谓静态存储空间分配方式是指在程序编译期间分配固定的存储空间的方式。该存储分配方式通常是在变量定义时就分配存储单元并一直保持不变,直至整个程序结束。以定义一个数组为例,如下语句就采用了这种方式:

```
int a[10];
```

一旦遇到该语句,系统就为 a 数组分配 10 个 int 整数空间。无论程序是否向 a 中放入元素,这一片空间都被占用。它也属于自动变量,当超出其作用范围时系统自动释放其内存空间。

(2) 动态存储空间分配方式。

所谓动态存储空间分配方式是指在程序运行期间根据需要动态地分配存储空间的方式。C/C++语言提供了一套机制可以在程序执行时动态地分配存储空间,例如 malloc()/free() 函数对。即使用 malloc() 函数为一个指针变量(例如 p 指针)分配一片连续的空间,当不再需要时使用 free() 函数释放 p 所指向的空间。例如:

```
char * p;
p=(char * )malloc(10 * sizeof(char));   //动态分配 10 个连续的字符空间
strcpy(p,"China");                      //将"China"存放到 p 所指向的空间中
printf("%c\n", * p);                    //输出字符 C
printf("%s\n",p);                       //输出字符串"China"
free(p);                                //释放 p 所指向的空间
```

上述代码先定义一个字符指针变量 p,然后使用 malloc() 函数为其分配长度为 10 个字符的存储空间,将该存储空间的首地址赋给 p,再将字符串"China"放到这个存储空间中,如图 1.14 所示。所以第 1 个 printf 语句输出的是首地址的字符,即 'C',而第 2 个 printf 语句输出的是整个字符串,即"China"。

图 1.14　为指针变量 p 分配指向的空间

注意:在上述代码中,指针变量 p 属于自动变量,它自身的存储空间由系统自动分配和释放,但用 malloc() 函数分配的存储空间(也就是 p 指向的存储空间)不会被系统自动释放,所以最后需要加上 free(p) 语句用于释放 p 所指向的存储空间。

这种动态存储空间分配方式的优点是可以根据程序的需要扩大或缩小分配的空间,例如链式存储结构通常采用动态存储空间分配方式。其缺点是需要程序员简单地管理内存空间,也就是用 malloc() 函数动态分配的空间,在后面一定要用 free() 函数释放,否则动态分配的空间对于程序而言就丢失了,久而久之可能会造成内存泄露。

2. 抽象数据类型

抽象数据类型(abstract data type,ADT)指的是用户进行软件系统设计时从问题的数据模型中抽象出来的逻辑数据结构和逻辑数据结构上的运算,而不考虑计算机的具体存储结构和运算的具体实现算法。抽象数据类型中的数据对象和数据运算的声明与数据对象的表示和数据运算的实现相互分离。

一个具体问题的抽象数据类型的定义通常采用简洁、严谨的文字描述,一般包括数据对象(即数据元素的集合)、数据关系和基本运算三方面的内容。一个抽象数据类型可用 (D,R,P) 三元组表示。其中,D 是数据对象,R 是 D 上的关系集,P 是 D 中数据运算的基本运算集。

抽象数据类型的基本描述格式如下:

```
ADT 抽象数据类型名
{   数据对象:数据对象的声明
    数据关系:数据关系的声明
    基本运算:基本运算的声明
}
```

其中,基本运算的声明格式为:

```
基本运算名(参数表):运算功能描述
```

基本运算有两种参数,其中值参数只为运算提供输入值,引用参数以 & 打头,除了可提供输入值以外,还将返回运算结果。

例如，一个复数的抽象数据类型 Complex 的定义如下：

```
ADT Complex
{ 数据对象：
        D={e₁,e₂| e₁、e₂ 均为实数}          //一个复数由 e₁ 和 e₂ 两个实数构成
  数据关系：
        R={<e₁,e₂> | e₁ 是复数的实数部分,e₂ 是复数的虚数部分 }
        //e₁ 和 e₂ 在复数中的逻辑关系是<e₁,e₂>
  基本运算：
        AssignComplex(&z,v1,v2)：构造复数 z，其实部和虚部分别为参数 v1 和 v2 的值。
        DestroyComplex(&z)：销毁复数 z。
        GetReal(z,&real)：用 real 返回复数 z 的实部值。
        GetImag(z,&imag)：用 imag 返回复数 z 的虚部值。
        Add(z1,z2,&sum)：用 sum 返回两个复数 z1、z2 相加的结果。
}
```

抽象数据类型有两个重要特征，即数据抽象和数据封装。所谓数据抽象，是指用 ADT 描述程序处理的数据的特征、其所能完成的功能以及它和外部用户的接口（即外界使用它的方法）。所谓数据封装，是指将程序的外部特性和其内部实现细节分离，并且对外部用户隐藏其内部实现细节。

从数据结构的角度看，一个求解问题可以通过抽象数据类型来描述，也就是说，抽象数据类型对一个求解问题从逻辑上进行了准确的定义，所以抽象数据类型由数据的逻辑结构和运算定义两部分组成。抽象意味着一个抽象数据类型可能有多种实现方式，ADT 和 ADT 的实现如图 1.15 所示。抽象数据类型需要通过基本数据类型（高级编程语言中已实现的数据类型）来实现。

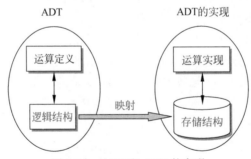

图 1.15　ADT 和 ADT 的实现

1.2　算法及其描述

本节先给出算法的定义、算法的特性和算法设计的目标，然后讨论算法的描述方法。

1.2.1　算法的定义

算法（algorithm）是对特定问题求解步骤的一种描述，它是指令的有限序列。其中每一

条指令表示计算机的一个或多个操作。例如,以下是求解两个正整数 m 和 n 的最大公约数的算法:

① $r=m \bmod n$。

② 若 $r=0$,输出最大公约数 n,算法结束。

③ 若 $r \neq 0$,令 $m=n, n=r$,转①继续。

一个算法应该具有以下 5 个重要的特性。

(1) 有穷性:一个算法必须总是(对任何合法的输入值)在执行有穷步之后结束,且每一步都可在有穷时间内完成。任何不会终止的算法都是没有意义的。

(2) 确定性:对于每种情况下执行的操作在算法中都有确切的规定,使算法的执行者或阅读者都能明确其含义及如何执行,并且在任何条件下算法都只有一条执行路径,即对于相同的输入只能得出相同的输出,不能有二义性。

(3) 可行性:算法中的所有操作都必须足够基本,算法可以通过有限次基本操作来完成其功能,也就是说算法中的每一个动作都能够被机械地执行。像前面求最大公约数的算法中,每一个操作都是基本操作,都可以用纸和笔在有限时间内完成。

(4) 有输入:作为算法加工对象的量值,通常体现为算法中的一组变量。一个算法有零个或者多个输入。

(5) 有输出:一组与"输入"有确定对应关系的量值,是算法进行信息加工后得到的结果,这种确定关系即为算法的功能。一个算法有一个或者多个输出。

说明:算法和程序是有区别的,程序是指使用某种计算机语言对一个算法的具体实现,即具体要怎么做,而算法侧重于对解决问题的方法描述,即要做什么。算法必须满足有穷性,而程序不一定满足有穷性,例如 Windows 操作系统在用户没有退出、硬件不出现故障以及不断电的条件下理论上可以无限时运行,所以严格地讲算法和程序是两个不同的概念。当然,算法也可以直接用计算机程序来描述,这样算法和程序就是一回事了,本书就是采用这种方式。

1.2.2 算法设计的目标

算法设计应满足以下几个目标。

(1) 正确性:要求算法能够正确地执行预先规定的功能和性能要求。这是最重要、最基本的标准。

(2) 可使用性:要求算法能够很方便地使用。这个特性也叫用户友好性。

(3) 可读性:算法应该易于使人理解,也就是可读性好。为了达到这个要求,算法的逻辑必须是清晰的、简单的和结构化的。

(4) 健壮性:要求算法具有很好的容错性,即提供异常处理,能够对不合理的数据进行检查,不经常出现异常中断或死机现象。

(5) 高效率与低存储量需求:通常算法的效率主要指算法的执行时间。对于同一个问题,如果有多种算法可以求解,执行时间短的算法效率高。算法存储量指的是算法执行过程中所需的最大存储空间。效率和存储量都与问题的规模有关。

1.2.3 算法的描述

描述算法的方式很多,有的采用自然语言伪码、流程图或者表格方式等,但计算机专业的学生应该熟练使用计算机语言来描述算法。本书采用 C/C++ 语言来描述算法。

1. 描述算法的一般格式和算法的设计步骤

通常用 C/C++ 函数来描述算法。描述算法的一般格式如下:

视频讲解

```
返回值  算法对应的函数名(形参列表)
{   临时变量的定义
    实现由输入参数到输出参数的操作      函数体
    …
}
```

其中,"返回值"通常为 bool 类型,表示算法是否成功执行;"形参列表"表示算法的参数,由于算法包含输入和输出,所以形参列表由输入型参数和输出型参数构成;函数体实现算法的功能。

一个算法通常完成某个单一的功能,设计算法的一般步骤如下:

(1) 分析算法的功能。

(2) 确定算法有哪些输入,将这些输入设计成输入型参数;确定算法有哪些输出,将这些输出设计成输出型参数。

(3) 设计函数体,完成从输入到输出的操作过程。

2. 输出型参数的设计

在设计算法时,输入型参数的设计是十分简单的,那么输出型参数如何设计呢?下面通过一个示例进行说明。

例如设计一个交换两个整数的算法,编写相应的函数 swap1(x,y) 如下:

```
void swap1(int x,int y)
{   int tmp;
    tmp=x; x=y; y=tmp;
}
```

在该函数中的确实现了两个形参 x 和 y 的值交换,但调用该算法(也就是执行语句 swap1(a,b))时发现 a 和 b 实参值并不会发生交换。出现错误的原因是这里的形参 x、y 既是输入型参数,又是输出型参数,而 swap1(x,y) 中仅将形参 x、y 作为输入型参数设计。

改正方法 1:采用指针的方式来回传形参的值,将上述函数改为如下:

```
void swap2(int * x,int * y)
{   int tmp;
    tmp= * x;           //将 x 所指的值放在 tmp 中
    * x= * y;           //将 x 所指的值改为 y 所指的值
    * y=tmp;            //将 y 所指的值改为 tmp
}
```

这样调用该函数的方式改为 swap2(&a,&b),其中,&a、&b 分别是实参 a、b 的地址,显然改正后的算法 swap2() 比较复杂,可读性差。

改正方法 2:采用引用型形参,也就是将输出型形参设计为引用型形参。

在 C++ 语言中提供了一种引用运算符"&"。当建立引用时,程序用另一个已定义的变量(目标变量)的名字初始化它,从那时起,引用变量作为目标变量的别名使用,对引用变量的改动实际上是对目标变量的改动。例如:

```
int a=4;              //定义整型变量 a
int &b=a;             //定义整型变量 a 的引用变量 b
```

第 2 个语句定义变量 b 是变量 a 的引用变量,b 也等于 4,之后这两个变量同步改变。

引用常用于函数形参中,当采用引用型形参时,在调用函数时会将形参的改变回传给实参。利用引用运算符将 swap1() 改为如下:

```
void swap(int &x,int &y)    //形参前的"&"符号不是指针运算符,而是引用
{   int tmp=x;
    x=y; y=tmp;
}
```

当执行语句 swap(a,b) 时,形、实参的匹配相当于:

```
int &x=a;             //x 为 a 的引用
int &y=b;             //y 为 b 的引用
```

这样,a 与 x 共享存储空间,b 与 y 共享存储空间,因此执行函数后 a 和 b 的值发生了交换。这种改进方式十分简单,所以本书后面均采用这种方式设计算法。

【例 1.5】 设计一个算法,求一元二次方程 $ax^2+bx+c=0$ 的根。

解 该算法的输入为 a、b 和 c,输出为根的个数和两个根,将 a、b 和 c 作为输入型形参,采用函数的返回值表示根的个数,用两个引用型形参 $x1$ 和 $x2$ 表示两个根。对应算法的描述如下:

```
int solution(double a,double b,double c,double &x1,double &x2)
{   double d;
    d=b*b-4*a*c;
    if (d>0)
    {   x1=(-b+sqrt(d))/(2*a);
        x2=(-b-sqrt(d))/(2*a);
        return 2;              //两个实根
    }
    else if (d==0)
    {   x1=(-b)/(2*a);
        return 1;              //一个实根
    }
    else                       //d<0 的情况
        return 0;              //不存在实根,返回 0
}
```

1.3 算法分析

在设计好一个算法之后,还需要对其进行分析以确定该算法的优劣。本节介绍算法的时间复杂度和空间复杂度分析。

1.3.1 算法分析概述

视频讲解

算法分析就是分析算法占用计算机资源的多少。计算机资源主要是 CPU 时间和内存空间,分析算法占用 CPU 时间的多少称为时间性能分析,分析算法占用内存空间的多少称为空间性能分析。

算法分析的目的是分析算法的时空性能以便改进算法。

1.3.2 算法的时间性能分析

视频讲解

1. 两种衡量算法时间性能的方法

通常有两种衡量算法时间性能的方法,即事后统计法和事前估算法。

事后统计法就是编写算法的对应程序,统计其执行时间。一个算法用计算机语言实现后,在计算机上执行所消耗的时间与很多因素有关,例如计算机的运行速度、编写程序采用的计算机语言、编译产生的机器语言代码的质量和问题的规模等。这种方法存在两个缺点,一是必须执行程序,二是存在很多因素掩盖了算法的本质。

事前估算法是撇开这些与计算机硬件、软件有关的因素,仅考虑算法本身的效率高低,可以认为一个特定算法的"运行工作量"的大小只依赖于问题的规模(通常用整数 n 表示),或者说算法的执行时间是问题规模的函数,因此后面主要采用事前估算法来分析算法的时间性能。

2. 算法的时间复杂度分析

1) 计算算法的频度 $T(n)$

一个算法是由控制结构(顺序、分支和循环 3 种)和原操作(指基本数据类型的操作)构成的。例如,在以下算法中,语句①、③、⑤和⑥就是原操作:

```
void fun(int a[],int n)
{   int i;                      //①
    for (i=0;i<n;i++)           //②
        a[i]=2*i;               //③
    for (i=0;i<n;i++)           //④
        printf("%d", a[i]);     //⑤
    printf("\n");               //⑥
}
```

而算法的执行时间取决于控制结构和原操作的综合效果。显然,在一个算法中执行原操作的次数越少,其执行时间也就相对越少;执行原操作的次数越多,其执行时间也就相对越多。也就是说,一个算法的执行时间可以由其中原操作的执行次数来计量。

假设算法的问题规模为 n,如果对 10 个整数排序,问题规模 n 就是 10。算法时间分析的就是求出算法所有原操作的执行次数即算法的频度,它是问题规模 n 的函数,用 $T(n)$ 表示。

算法的执行时间大致等于原操作所需的时间 × $T(n)$,也就是说 $T(n)$ 与算法的执行时间成正比,为此用 $T(n)$ 表示算法的执行时间,比较不同算法的 $T(n)$ 大小得出算法执行时间的多少。

【例 1.6】 求两个 n 阶方阵 A、B 相加 $C=A+B$ 的算法如下,计算其执行时间 $T(n)$。

```
#define MAX 20                              //定义最大的方阶
void matrixadd(int n,int A[MAX][MAX],int B[MAX][MAX],int C[MAX][MAX])
{   int i,j;
    for (i=0;i<n;i++)                       //语句①
        for (j=0;j<n;j++)                   //语句②
            C[i][j]=A[i][j]+B[i][j];        //语句③
}
```

解 如果不考虑变量定义语句,该算法主要包括 3 个可执行语句①、②和③。其中语句①循环控制变量 i 要从 0 增加到 n,当测试 $i=n$ 时才会终止,故它的频度是 $n+1$,但它的循环体却只能执行 n 次。语句②作为语句①循环体内的语句应该只执行 n 次,但语句②本身也要执行 $n+1$ 次,所以语句②的频度是 $n(n+1)$。同理可得语句③的频度为 n^2。因此,该算法中所有语句的频度之和(即执行时间)为

$$T(n) = n+1+n(n+1)+n^2 = 2n^2+2n+1$$

2) $T(n)$ 用 "O" 表示

在求出一个算法的 $T(n)$ 后,通常进一步用 $T(n)$ 的数量级来表示,记作 $T(n)=O(f(n))$,称为该算法的**时间复杂度**(time complexity)。其中 "O" 读作 "大 O"(是 Order 的简写,意指数量级),其含义是为 $T(n)$ 找到了一个上界 $f(n)$,也就是说存在正常量 c 和 n_0(为一个足够大的正整数),使得对任意 $n \geq n_0$ 都有 $T(n) \leq cf(n)$ 成立。所以算法的时间复杂度也称为渐进时间复杂度,它表示随问题规模 n 的增大算法执行时间的增长率最多和 $f(n)$ 的增长率相同。因此算法的时间复杂度分析实际上是一种时间增长趋势分析。

显然,$T(n)$ 的这种上界 $f(n)$ 可能有多个,通常取最紧凑的上界。也就是只求出 $T(n)$ 的最高阶,忽略其低阶项和常系数,这样既可简化 $T(n)$ 的计算,又能比较客观地反映出当 n 很大时算法的时间性能。例如,对于例 1.6 有 $T(n)=2n^2+2n+1=O(n^2)$,也就是说,该算法的时间复杂度为 $O(n^2)$。

在一般情况下,一个没有循环(或者有循环,但循环次数与问题规模 n 无关)的算法中原操作的执行次数与问题规模 n 无关,记作 $O(1)$,也称为常数阶。算法中的每个简单语句,例如定义变量语句、赋值语句和输入/输出语句,其执行时间都看成 $O(1)$。

一个只有一重循环的算法中原操作的执行次数与问题规模 n 的增长呈线性增大关系,记作 $O(n)$,也称线性阶。

其余常用的时间复杂度还有平方阶$O(n^2)$、立方阶$O(n^3)$、对数阶$O(\log_2 n)$、指数阶$O(2^n)$等,各种不同的时间复杂度存在着以下关系：

$$O(1) < O(\log_2 n) < O(n) < O(n\log_2 n) < O(n^2) < O(n^3) < O(2^n) < O(n!)$$

将$O(\log_2 n)$、$O(n)$、$O(n\log_2 n)$、$O(n^2)$和$O(n^3)$等称为**多项式时间复杂度**(polynomial time complexity),将$O(2^n)$和$O(n!)$等称为**指数时间复杂度**(exponential time complexity)。一个问题目前可以用多项式时间复杂度的算法来求解,称为P问题；一个问题目前只能用指数时间复杂度的算法求解,称为NP问题。NP＝P是否成立,也就是说,求解NP问题的指数时间复杂度算法能否转换成用多项式时间复杂度算法来求解,是目前计算机科学的难题之一。

3）简化的算法时间复杂度分析

另外一种简化的算法时间复杂度分析方法仅考虑算法中的基本操作。所谓基本操作,是指算法中最深层循环内的原操作。算法的执行时间大致等于基本操作所需的时间×运算次数。所以在算法分析中,计算$T(n)$时仅考虑基本操作的运算次数。

对于例1.6,采用简化的算法时间复杂度分析方法,其中的基本操作是两重循环中最深层的语句③,分析它的频度,即：

$$T(n) = n^2 = O(n^2)$$

从两种方法得出算法的时间复杂度均为$O(n^2)$,而后者的计算过程简单得多,所以后面主要采用简化的算法时间复杂度分析方法。

【例1.7】 分析以下算法的时间复杂度。

```
void func(int n)
{   int i=0,s=0;
    while (s<n)
    {   i++;                    //基本操作
        s=s+i;                  //基本操作
    }
}
```

解 该算法的基本操作是while循环内的语句,设while循环执行的次数为m,变量i从0开始递增1,直到m为止,所以循环结束时有$s=m(m+1)/2 \geq n$,增加一个用于修正的常量k,则$m(m+1)/2+k=n$。求出：

$$m = \frac{-1+\sqrt{8n+1-8k}}{2}$$

所以,该算法的时间复杂度为$O(\sqrt{n})$。

4）时间复杂度的求和、求积定理

为了计算算法的时间复杂度,有以下两个定理。

求和定理：假设$T_1(n)$和$T_2(n)$是程序段P_1、P_2的执行时间,并且$T_1(n)=O(f(n))$,$T_2(n)=O(g(n))$,那么先执行P_1,再执行P_2的总执行时间是$T_1(n)+T_2(n)=O(\text{MAX}(f(n),g(n)))$。例如多个并列循环就属于这种情况。

求积定理：假设 $T_1(n)$ 和 $T_2(n)$ 是程序段 P_1、P_2 的执行时间，并且 $T_1(n)=O(f(n))$，$T_2(n)=O(g(n))$，那么 $T_1(n) \times T_2(n)=O(f(n) \times g(n))$。例如多层嵌套循环就属于这种情况。

3. 算法的最好、最坏和平均时间复杂度

设一个算法的输入规模为 n，D_n 是所有输入（实例）的集合，任意输入 $I \in D_n$，$P(I)$ 是 I 出现的频率，有 $\sum_{I \in D_n} P(I)=1$，$T(I)$ 是算法在输入 I 下所执行的基本操作次数，则该算法的平均时间复杂度定义为

$$E(n) = \sum_{I \in D_n} P(I) \times T(I)$$

算法的最好时间复杂度是指算法在最好情况下的时间复杂度，即 $B(n)=\min_{I \in D_n}\{T(n)\}$。算法的最坏复杂度是指算法在最坏情况下的时间复杂度，即为 $W(n)=\max_{I \in D_n}\{T(n)\}$。算法的最好情况和最坏情况分析是寻找该算法的极端实例，然后分析在该极端实例下算法的执行时间。

从中可以看出，计算平均时间复杂度时需要考虑所有的情况，而计算最好和最坏时间复杂度时主要考虑一种或几种特殊的情况。通常默认情况下的时间复杂度是指平均时间复杂度。

【例 1.8】 以下算法用于求含 n 个整数元素的序列中的前 i（$1 \leqslant i \leqslant n$）个元素的最大值，分析该算法的最好、最坏和平均时间复杂度。

```
int fun(int a[], int n, int i)
{   int j, max=a[0];
    for (j=1; j<=i-1; j++)
        if (a[j]>max) max=a[j];
    return(max);
}
```

解 该算法中的整数序列用数组 a 表示，前 i 个元素为 $a[0..i-1]$，算法的基本操作是 if 语句，用于元素比较。i 的取值范围为 $1 \sim n$（共 n 种情况），当求前 i 个元素的最大值时需要元素比较 $(i-1)-1+1=i-1$ 次。在等概率情况（每种情况的概率为 $1/n$）下：

$$T(n) = \sum_{i=1}^{n} \frac{1}{n}(i-1) = \frac{1}{n} \sum_{i=1}^{n}(i-1) = \frac{n-1}{2} = O(n)$$

所以该算法的平均时间复杂度为 $O(n)$。

最好的情况是 $i=1$ 时，元素比较次数为 0，对应的最好时间复杂度为 $O(1)$。

最坏的情况是 $i=n$ 时，需要 $n-1$ 次元素比较，对应的最坏时间复杂度为 $O(n)$。

1.3.3 算法的空间性能分析

一个算法的存储量包括输入数据占用的空间、程序本身占用的空间和临时变量占用的空间。这里对算法的空间性能分析时只考虑临时变量占用的空间，例如对于如图 1.16 所示

的算法,其中临时空间为变量 i、maxi 占用的空间。

```
int max(int a[], int n)
{   int i, maxi=0;
    for (i=1;i<n;i++)
        if (a[i]>a[maxi])
            maxi=i;
    return a[maxi];
}
```
函数体内分配的变量空间为临时空间,不计形参占用的空间,这里仅计 i、maxi 变量的空间,其空间复杂度为 $O(1)$

图 1.16 一个算法的临时空间

所以,算法的空间复杂度(space complexity)是对一个算法在运行过程中临时占用的存储空间大小的量度。一般也作为问题规模 n 的函数,以数量级形式给出,记作

$$S(n)=O(g(n))$$

其中 O 的含义与时间复杂度中的含义相同。

若所需临时空间大小相对于问题规模来说是常数,则称此算法为**原地工作**算法或**就地工作**算法。

为什么算法占用的空间只需考虑临时空间,而不必考虑形参的空间呢? 这是因为形参的空间会在调用该算法的算法中考虑,例如以下 maxfun 算法调用图 1.16 中的 max 算法:

```
void maxfun()
{   int b[]={1,2,3,4,5},n=5;
    printf("Max=%d\n",max(b,n));
}
```

maxfun 算法中为 b 数组分配了相应的内存空间,其空间复杂度为 $O(n)$,如果在 max 算法中再考虑形参 a 的空间,这样就重复计算了占用的空间。实际上在 C/C++语言中,maxfun 调用 max 时,max 算法中的形参 a 只是一个指向实参 b 数组的指针,即形参 a 只分配一个地址大小的空间,并非另外分配 5 个整型单元的空间。

【例 1.9】 分析例 1.6 和例 1.7 算法的空间复杂度。

解 在这两个算法中都仅固定分配了几个临时变量,占用存储空间的大小与问题规模 n 无关,所以它们的空间复杂度均为 $O(1)$,即这些算法均为原地工作算法。

1.4 数据结构+算法=程序

计算机软件的最终成果都是以程序的形式表现的,数据结构和算法分析的目的是设计好的程序,著名的计算机科学家沃思(N. Wirth)专门出版了《数据结构+算法=程序》一书,其中指出程序是由算法和数据结构组成的,程序设计的本质是对要处理的问题选择好的数据结构,同时在此结构上施加一种好的算法。

计算机科学家简介

N.Wirth(1934年出生)，瑞士计算机科学家，1960年获加利福尼亚大学伯克利分校的博士学位；曾任斯坦福大学、苏黎世联邦理工学院教授；发明多种计算机语言（包括 Pascal、Modula 和 Oberon 等），并在软件工程领域做出过开拓性的贡献。他于1984年获得计算机科学界的最高奖——图灵奖（http://en.wikipedia.org/wiki/Turing_Award）。

1.4.1 程序和数据结构

对于一个程序来说，数据是"原料"。一个程序所要进行的计算或处理总是以某些数据为对象的。将松散、无组织的数据按某种要求组成一种数据结构，对于设计一个简明、高效、可靠的程序是大有益处的。沃思指出，程序就是在数据的某些特定的表示方法和结构的基础上对抽象算法的具体表述，所以说程序离不开数据结构。

程序是通过某种程序设计语言描述的，程序设计语言具有实现数据结构和算法的机制，其中类型声明与对象定义用于实现数据结构，而语句实现算法，描述程序的行为。

1.4.2 算法和程序

由程序设计语言描述的算法就是计算机程序。对于一个求解问题而言，算法就是解题的方法，没有算法，程序就成了无本之木，无源之水；有了算法，将它表示成程序是不困难的。算法是程序的"灵魂"，算法在整个计算机科学中的地位都是极其重要的。

1.4.3 算法和数据结构

求解的问题可以通过抽象数据类型来描述，它由数据的逻辑结构和抽象运算两部分组成。一种数据的逻辑结构可以映射成多种存储结构，抽象运算在不同的存储结构上实现可以对应多种算法，在同一种存储结构上实现也可能有多种算法，通过算法的时间复杂度和空间复杂度等分析可以得到好的算法，如图1.17所示。

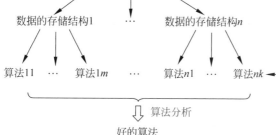

图1.17 设计好算法的过程

注意,不能离开数据结构抽象地考虑算法,也不能脱离算法孤立地讨论数据结构,应该从算法与数据结构的统一上认识程序。

数据存储结构会影响算法的好坏,因此大家在选择存储结构时也要考虑其对算法的影响。存储结构对算法的影响主要在下面两个方面。

1. 存储结构的存储能力

如果存储结构的存储能力强、存储的信息多,算法将会较好设计。反之,对于比较简单的存储结构可能要设计一套比较复杂的算法。在这一点上经常体现时间与空间的矛盾,往往存储能力是与所使用的空间大小成正比的。

2. 存储结构应与所选择的算法相适应

存储结构是实现算法的基础,也会影响算法的设计,其选择要充分考虑算法的各种操作,应与算法的操作相适应。

所以说设计算法与选择合适的数据结构是程序设计中相辅相成的两个方面,缺一不可。数据结构的选择一直是程序设计中的重点和难点,正确地应用数据结构往往能带来意想不到的效果。反之,如果忽视了数据结构的重要性,对于某些问题有时就得不到满意的解答。

算法通常是决定程序效率的关键,但一切算法最终都要在相应的数据结构上实现,许多算法的精髓就在于选择了合适的数据结构作为基础。在程序设计中不仅要注重算法设计,也要正确地选择数据结构,这样往往能够事半功倍。

1.4.4 数据结构的发展

早期的计算机主要应用于科学计算,随着计算机的发展和应用范围的拓宽,计算机需要处理的数据量越来越大,数据的类型越来越多,数据的结构越来越复杂,计算机处理的对象从简单的纯数值型数据发展为非数值型的和具有一定结构的数据。于是要求人们对计算机加工处理的对象进行系统的研究,即研究数据的特性、数据之间存在的关系,以及如何有效地组织、管理存储数据,从而提高计算机处理数据的效率。数据结构这门学科就是在此背景上逐渐形成和发展起来的。

数据结构的概念最早由 C. A. R. Hoare 和 N. Wirth 在 1966 年提出,D. E. Kunth 的《计算机程序设计技巧》和 C. A. R. Hoare 的《数据结构札记》两部著作对数据结构这门学科的发展做出了重要贡献。大量关于程序设计理论的研究表明:对大型复杂程序的构造进行系统而科学的研究,必须对这些程序中所包含的数据结构进行深入的研究。随着计算机科学的飞速发展,到 20 世纪 80 年代初期,数据结构的基础研究日臻成熟,已经成为一门完整的学科。

计算机科学家简介

Donald Knuth(1938 年出生),算法和程序设计技术的先驱者,计算机排版系统 Tex 和 MetaFont 的发明者,他因这些成就和大量创造性的影响深远的著作(19 部专著和 160 篇论文)而誉满全球。作为斯坦福大学《计算机程序设计艺术》的荣誉退休教授,他当前正专心完成其关于计算机科学的史诗性的七卷集。这一伟大工程在 1962 年他还是加州理工学院的研究生时就开始了。他于 1974 年获得计算机科学界的最高奖——图灵奖。

第1章 绪论

　　C.A.R. Hoare（1934年出生），英国计算机科学家，毕业于牛津大学，他的贡献是发布了快速排序算法、Hoare逻辑、形式语言通信时序进程（CSP）等。他于1980年获得计算机科学界的最高奖——图灵奖。

本章小结

本章介绍了数据结构的基本概念，主要学习要点如下：

（1）理解数据结构的定义，数据结构包含的逻辑结构、存储结构和运算三方面的相互关系。

（2）掌握各种逻辑结构（即线性结构、树形结构和图形结构）的特点。

（3）了解各种存储结构（即顺序存储结构、链式存储结构、索引和散列）之间的差别。

（4）了解数据类型和抽象数据类型的概念和区别。

（5）掌握算法的定义及特性。

（6）掌握使用 C/C++语言描述算法的方法。

（7）重点掌握算法的时间复杂度和空间复杂度分析方法。

（8）掌握从数据结构的角度求解问题的基本过程。

练习题 1

1. 简述数据与数据元素的关系与区别。

2. 采用二元组表示的数据逻辑结构 $S=<D,R>$，其中 $D=\{a,b,\cdots,i\}$，$R=\{r\}$，$r=\{<a,b>,<a,c>,<c,d>,<c,f>,<f,h>,<d,e>,<f,g>,<h,i>\}$，问关系 r 是什么类型的逻辑结构？哪些结点是开始结点？哪些结点是终端结点？

3. 简述数据逻辑结构与存储结构的关系。

4. 简述数据结构中运算描述和运算实现的异同。

5. 数据结构和数据类型有什么区别？

6. 在 C/C++中提供了引用运算符，简述其在算法描述中的主要作用。

7. 有以下用 C/C++语言描述的算法，说明其功能：

```
void fun(double &y, double x, int n)
{   y=x;
    while (n>1)
    {   y=y*x;
        n--;
    }
}
```

8. 用 C/C++ 语言描述下列算法,并给出算法的时间复杂度。

(1) 求一个 n 阶二维数组的所有元素之和。

(2) 对于输入的任意 3 个整数,将它们按从小到大的顺序输出。

(3) 对于输入的任意 n 个整数,输出其中的最大元素和最小元素。

9. 设 3 个表示算法频度的函数 f、g 和 h 分别为:

$$f(n) = 100n^3 + n^2 + 1000$$
$$g(n) = 25n^3 + 5000n^2$$
$$h(n) = n^{1.5} + 5000n\log_2 n$$

求它们对应的时间复杂度。

10. 分析下面程序段中循环语句的执行次数。

```
int j=0,s=0,n=100;
do
{  j=j+1;
   s=s+10*j;
} while (j<n && s<n);
```

11. 设 n 为正整数,给出下列 3 个算法关于问题规模 n 的时间复杂度。

(1) 算法 1:

```
void fun1(int n)
{  i=1,k=100;
   while (i<=n)
   {  k=k+1;
      i+=2;
   }
}
```

(2) 算法 2:

```
void fun2(int b[],int n)
{   int i,j,k,x;
    for (i=0;i<n-1;i++)
    {  k=i;
       for (j=i+1;j<n;j++)
          if (b[k]>b[j]) k=j;
       x=b[i];b[i]=b[k];b[k]=x;
    }
}
```

(3) 算法 3:

```
void fun3(int n)
{   int i=0,s=0;
```

```
        while (s<=n)
        {   i++;
            s=s+i;
        }
}
```

12. 描述一个集合的抽象数据类型 ASet,其中所有元素为正整数且所有元素不相同,集合的基本运算包括:

(1) 由整数数组 $a[0..n-1]$ 创建一个集合。

(2) 输出一个集合中的所有元素。

(3) 判断一个元素是否在一个集合中。

(4) 求两个集合的并集。

(5) 求两个集合的差集。

(6) 求两个集合的交集。

在此基础上设计集合的顺序存储结构,并实现各基本运算的算法。

上机实验题 1

▍验证性实验

实验题 1:求 $1\sim n$ 的连续整数和

目的:通过对比同一问题不同解法的绝对执行时间体会不同算法的优劣。

内容:编写一个程序 exp1-1.cpp,对于给定的正整数 n,求 $1+2+\cdots+n$,采用逐个累加与 $n(n+1)/2$(高斯法)两种解法。对于相同的 n,给出这两种解法的求和结果和求解时间,并用相关数据进行测试。

实验题 2:常见算法时间函数的增长趋势分析

目的:理解常见算法时间函数的增长情况。

内容:编写一个程序 exp1-2.cpp,对于 $1\sim n$ 的每个整数 n,输出 $\log_2 n$、$\sqrt{n}$、n、$n\log_2 n$、n^2、n^3、2^n 和 $n!$ 的值。

▍设计性实验

实验题 3:求素数的个数

目的:通过对比同一问题不同解法的绝对执行时间体会如何设计"好"的算法。

内容:编写一个程序 exp1-3.cpp,求 $1\sim n$ 的素数个数。给出两种解法,对于相同的 n,给出这两种解法的结果和求解时间,并用相关数据进行测试。

实验题 4:求连续整数阶乘的和

目的:体会如何设计"好"的算法。

内容:编写一个程序 exp1-4.cpp,对于给定的正整数 n,求 $1!+2!+3!+\cdots+n!$。给出一种时间复杂度为 $O(n)$ 的解法。

LeetCode 在线编程题 1

1. LeetCode7——整数反转★
2. LeetCode66——加一★
3. LeetCode1——两数之和★
4. LeetCode1588——所有奇数长度的子数组的和★

第 2 章　线性表

本章思政

　　线性表是一种典型的线性结构，也是一种最常用的数据结构。线性表的例子不胜枚举，例如英文字母表（A，B，…，Z）是一个线性表，表中的每个英文字母就是一个数据元素；又如成绩单是一个线性表，表中的每个成绩记录是一个数据元素，每个数据元素又是由学号、姓名和成绩等数据项组成的。

　　本章介绍线性表的定义、线性表的顺序和链式两种存储结构以及相关算法的实现、线性表的应用和有序表等。

2.1 线性表及其逻辑结构

2.1.1 线性表的定义

线性表(linear list)是具有相同特性的数据元素的一个有限序列。该序列中所含元素的个数叫线性表的长度,用 n 表示,$n \geq 0$。当 $n=0$ 时,表示线性表是一个空表,即表中不包含任何元素。在线性表中每个数据元素由逻辑序号唯一确定,设序列中的第 i(i 表示逻辑序号)个元素为 a_i($1 \leq i \leq n$),则线性表的一般表示为

$$(a_1, a_2, \cdots, a_i, \cdots, a_n)$$

其中 a_1 为第一个元素,又称为表头元素,a_2 为第 2 个元素,a_n 为最后一个元素,又称为表尾元素。

线性表中的元素呈现线性关系,即第 i 个元素 a_i 处在第 $i-1$ 个元素 a_{i-1} 的后面,第 $i+1$ 个元素 a_{i+1} 的前面。线性表用二元组表示为 $L=(D,R)$,其中:

```
D={ a_i | 1≤i≤n, n≥0, a_i 为 ElemType 类型}    //ElemType 是自定义的类型标识符
R={ r }
r={<a_i, a_{i+1}> | 1≤i≤n-1}                   //a_i 与 a_{i+1} 相邻(有向)
```

对应的逻辑结构的图形表示如图 2.1 所示。

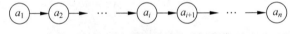

图 2.1 线性表的逻辑结构的图形表示

从线性表的定义可以看出,它具有以下特性。

(1) 有穷性:一个线性表中的元素个数是有限的。

(2) 一致性:一个线性表中所有元素的性质相同。从实现的角度看,所有元素具有相同的数据类型。

(3) 序列性:一个线性表中所有元素之间的相对位置是线性的,即存在唯一的开始元素和终端元素,除此之外,每个元素只有唯一的前驱元素和后继元素。各元素在线性表中的位置只取决于它们的序号,所以在一个线性表中可以存在两个值相同的元素。

2.1.2 线性表的抽象数据类型描述

线性表的抽象数据类型的描述如下:

```
ADT List
{  数据对象:
        D={ a_i | 1≤i≤n, n≥0, a_i 为 ElemType 类型}    //ElemType 是自定义类型标识符
```

数据关系：
$$R=\{<a_i,a_{i+1}>|\ a_i,a_{i+1}\in D,i=1,\cdots,n-1\}$$
基本运算：
  InitList(&L)：初始化线性表，构造一个空的线性表 L。
  DestroyList(&L)：销毁线性表，释放为线性表 L 分配的内存空间。
  ListEmpty(L)：判断线性表是否为空表，若 L 为空表，则返回真，否则返回假。
  ListLength(L)：求线性表的长度，返回 L 中元素的个数。
  DispList(L)：输出线性表，当线性表 L 不为空时顺序输出 L 中各元素值。
  GetElem(L,i,&e)：按序号求线性表中元素，用 e 返回 L 中第 $i(1\leq i\leq n)$ 个元素值。
  LocateElem(L,e)：按元素值查找，返回 L 中第一个值为 e 相等的元素序号。
  ListInsert(&L,i,e)：插入元素，在 L 的第 $i(1\leq i\leq n+1)$ 个位置插入一个新元素 e。
  ListDelete(&L,i,&e)：删除元素，删除 L 的第 $i(1\leq i\leq n)$ 个元素，并用 e 返回该元素值。
}

  线性表的作用主要体现在两个方面，当一个线性表实现后，程序员可以直接使用它来存放数据，即作为存放数据的容器，另外程序员可以直接使用它的基本运算来完成更复杂的功能。线性表的基本运算是与求解问题相关的，上面列出的 9 个基本运算是线性表最常用的功能，在实际应用中大家可以根据需要进行增减。

  【例 2.1】 有一个线性表 $L=(1,3,1,4,2)$，给出依次执行 ListLength(L)、ListEmpty(L)、GetElem(L,3,e)、LocateElem(L,1)、ListInsert(L,4,5) 和 ListDelete(L,3,e) 基本运算的结果。

  解 初始时线性表 L 中存放 5 个整数，依次执行各种基本运算的结果如下。

  ListLength(L)=5，即线性表 L 的长度为 5。

  ListEmpty(L) 返回 false，即线性表 L 为非空表。

  GetElem(L,3,e)，$e=1$，即线性表 L 中的第 3 个元素是 1。

  LocateElem(L,1)=1，即线性表 L 中第一个值为 1 的元素的逻辑序号是 1。

  ListInsert(L,4,5) 是在线性表 L 中逻辑序号 4 的位置插入元素 5，执行后 L 变为 $(1,3,1,5,4,2)$。

  ListDelete(L,3,e) 是在线性表 L 中删除逻辑序号 3 的元素，执行后 L 变为 $(1,3,5,4,2)$。

  【例 2.2】 假设有两个集合 A 和 B（一个集合中没有相同值的元素），分别用两个线性表 LA 和 LB 表示，即线性表中的数据元素为集合中的元素。利用线性表的基本运算设计一个算法求一个新的集合 $C=A\cup B$，即将两个集合的并集放在线性表 LC 中。

  解 先初始化线性表 LC，即创建一个空的线性表 LC，将 LA 的所有元素复制到 LC 中，然后遍历线性表 LB，将 LB 中不属于 LA 的元素插入 LC 中。假设 List 是一个已经实现了的线性表数据结构，LA、LB 和 LC 均为 List 类型变量。算法如下：

```
void unionList(List LA, List LB, List &LC)
{   int lena,i;
    ElemType e;
    InitList(LC);                        //初始化 LC
```

```
    for (i=1;i<=ListLength(LA);i++)      //将 LA 中的所有元素复制到 LC 中
    {  GetElem(LA,i,e);                   //取 LA 中的第 i 个元素赋给 e
       ListInsert(LC,i,e);                //将元素 e 插入 LC 中
    }
    lena=ListLength(LA);                  //求线性表 LA 的长度
    for (i=1;i<=ListLength(LB);i++)       //循环处理 LB 中的每一个元素
    {  GetElem(LB,i,e);                   //取 LB 中的第 i 个元素赋给 e
       if (!LocateElem(LA,e))             //判断 e 是否在 LA 中
          ListInsert(LC,++lena,e);        //若 e 不在 LA 中,则将其插入 LC 中
    }
}
```

在上述算法中,LA 和 LB 是输入型参数,而 LC 是求解结果,为输出型参数,所以将 LC 设计为引用型形参。

从中可以看出,当线性表 List 实现以后,可以利用它作为存放集合数据的容器,也可以利用它的基本运算完成更复杂的集合运算,例如求两个集合的并集等。

2.2 线性表的顺序存储结构

线性表的顺序存储结构是最常用的存储方式,它直接将线性表的逻辑结构映射到存储结构上,既便于理解,又容易实现。本节讨论顺序存储结构及其基本运算的实现过程。

扫一扫

视频讲解

2.2.1 线性表的顺序存储结构——顺序表

线性表的顺序存储结构是把线性表中的所有元素按照其逻辑顺序依次存储到从计算机存储器中指定存储位置开始的一块连续的存储空间中,如图 2.2 所示。由于线性表中逻辑上相邻的两个元素在对应的顺序表中它们的存储位置也相邻,所以这种映射称为直接映射。线性表的顺序存储结构简称为**顺序表**(sequential list)。

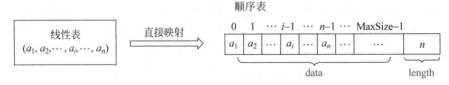

图 2.2 线性表到顺序表的映射

这样,线性表 L 中第一个元素的存储位置就是指定的存储位置,第 $i+1$ 个元素($1 \leqslant i \leqslant n-1$)的存储位置紧接在第 i 个元素的存储位置的后面。假设线性表的元素类型为 ElemType,则每个元素所占用存储空间的大小(即字节数)为 sizeof(ElemType),整个线性表所占用存储空间的大小为 $n \times$ sizeof(ElemType),其中 n 表示线性表的长度。

在 C/C++语言中,借助数组类型来实现顺序表,也就是说用数组存放线性表中的元素及其逻辑关系,数组的基本类型就是线性表中元素的类型,数组大小(即数组上界-下界+1)要大于或等于线性表的长度,否则该数组不能存放对应线性表中的全部元素。所以当线性

表的长度小于数组的大小时,该数组中会有一部分空闲空间。

线性表中的第一个元素 a_1 存储在对应数组的起始位置,即下标为 0 的位置上,第二个元素 a_2 存储在下标为 1 的位置上,以此类推。假设线性表 L 存储在数组 A 中,A 的起始存储位置为 LOC(A),则 L 所对应的顺序表如图 2.3 所示。需要注意的是,顺序表采用数组来实现,但不能将任何一个数组都当作一个顺序表,二者的运算是不同的,数组只有存元素和取元素运算。

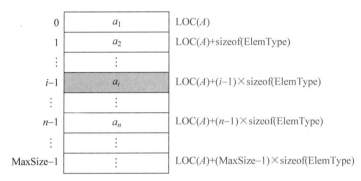

图 2.3　顺序表的示意图

数组大小 MaxSize 一般定义为一个整型常量。如果估计一个线性表不会超过 50 个元素,则可以把 MaxSize 定义为 50:

```
#define MaxSize 50
```

在声明线性表的顺序存储类型时,定义一个 data 数组来存储线性表中的所有元素,还定义一个整型变量 length 来存储线性表的实际长度,并采用结构体类型 SqList 表示如下:

```
typedef struct
{   ElemType data[MaxSize];      //存放线性表中的元素
    int length;                  //存放线性表的长度
} SqList;                        //顺序表类型
```

例如,对于第 1 章例 1.1 的逻辑结构 City,假设每个元素占用 30 个存储单元,数据从 100 号单元开始由低地址向高地址方向存储,对应的顺序表如图 2.4 所示,其中 data 为包含区号、城市名和说明数据域的结构体类型的数组,该顺序表的 length 域值应为 5。

地址	区号	城市名	说明
100	010	Beijing	北京,首都
130	021	Shanghai	上海,直辖市
160	027	Wuhan	武汉,湖北省省会
190	029	Xian	西安,陕西省省会
220	025	Nanjing	南京,江苏省省会

图 2.4　City 对应的顺序表结构

2.2.2 顺序表基本运算的实现

一旦定义了顺序表存储结构，就可以用C/C++语言实现线性表的各种基本运算。为了简单，假设ElemType为int类型，使用以下自定义类型语句：

typedef int **ElemType**;

注意：在后面的算法中，线性表元素的逻辑序号是从1开始的，而对应顺序表的data数组下标是从0开始的(这种下标称为物理序号)，因此要注意它们之间的转换。

本节采用顺序表指针方式建立和使用顺序表，其结构如图2.5(a)所示，也可以直接使用顺序表Q，如图2.5(b)所示。

说明：顺序表指针L和顺序表Q都可以标识一个顺序表，但前者是通过指针L间接地标识顺序表，其定义方式为SqList *L，后者是直接地标识顺序表，其定义方式为SqList Q。前者引用length域的方式为$L \rightarrow$ length，后者引用length域的方式为Q.length。之所以采用顺序表指针，主要是为了方便顺序表的释放算法设计，并且在函数之间传递顺序表指针时会节省为形参分配的空间。

图2.5 顺序表指针和顺序表

1. 建立顺序表

这里介绍整体创建顺序表，即由数组元素$a[0..n-1]$创建顺序表L。其方法是将数组a中的每个元素依次放入顺序表中，并将n赋给顺序表的长度域。算法如下：

```
void CreateList(SqList *&L, ElemType a[], int n)    //由a中的n个元素建立顺序表
{   int i=0,k=0;                                    //k表示L中元素的个数,初始值为0
    L=(SqList *)malloc(sizeof(SqList));             //分配存放线性表的空间
    while (i<n)                                     //i扫描数组a的元素
    {   L->data[k]=a[i];                            //将元素a[i]存放到L中
        k++; i++;
    }
    L->length=k;                                    //设置L的长度k
}
```

当调用上述算法创建好L所指的顺序表后，需要回传给对应的实参，也就是说L是输出型参数，所以在形参L的前面需要加上引用符"&"。

2. 顺序表的基本运算算法

1）初始化线性表：InitList(&L)

该运算的功能是构造一个空的线性表L，实际上只需分配线性表的存储空间并将length域设置为0即可。算法如下：

```
void InitList(SqList *&L)
{   L=(SqList *)malloc(sizeof(SqList));             //分配存放线性表的空间
```

```
        L->length=0;               //置空线性表的长度为0
}
```

本算法的时间复杂度为 $O(1)$。

2) 销毁线性表：DestroyList(&*L*)

该运算的功能是释放线性表 L 占用的内存空间。算法如下：

```
void DestroyList(SqList *&L)
{
    free(L);                       //释放 L 所指的顺序表空间
}
```

本节的顺序表是通过 malloc 函数分配存储空间的，当不再需要顺序表时务必调用 DestroyList 基本运算释放其存储空间；否则，尽管系统会自动释放顺序表指针变量 L，但不会自动释放 L 指向的存储空间，如此可能会造成内存泄漏。本算法的时间复杂度为 $O(1)$。

3) 判断线性表是否为空表：ListEmpty(*L*)

该运算返回一个布尔值表示 L 是否为空表。若 L 为空表，返回 true，否则返回 false。算法如下：

```
bool ListEmpty(SqList *L)
{
    return(L->length==0);
}
```

本算法的时间复杂度为 $O(1)$。

4) 求线性表的长度：ListLength(*L*)

该运算返回顺序表 L 的长度，实际上只需返回 length 域的值即可。算法如下：

```
int ListLength(SqList *L)
{
    return(L->length);
}
```

本算法的时间复杂度为 $O(1)$。

5) 输出线性表：DispList(*L*)

该运算依次输出 L 中各元素的值。算法如下：

```
void DispList(SqList *L)
{   for (int i=0;i<L->length;i++)  //扫描顺序表输出各元素值
        printf("%d ",L->data[i]);
    printf("\n");
}
```

本算法中的基本操作为 for 循环中的 printf 语句，它执行 n 次，故时间复杂度为 $O(n)$，其中 n 为顺序表中元素的个数。

6）按序号求线性表中的元素：GetElem(L, i, &e)

如果 i 值正确（$1 \leq i \leq n$），该运算用引用型参数 e 获取 L 中第 i 个元素的值，并返回 true，否则返回 false。算法如下：

```
bool GetElem(SqList *L, int i, ElemType &e)
{   if (i<1 || i>L->length)
        return false;                    //参数 i 错误时返回 false
    e=L->data[i-1];                      //取元素的值
    return true;                         //成功找到元素时返回 true
}
```

本算法的时间复杂度为 $O(1)$。

7）按元素值查找：LocateElem(L, e)

该运算顺序查找第一个值为 e 的元素的逻辑序号，若这样的元素不存在，则返回值为 0。算法如下：

```
int LocateElem(SqList *L, ElemType e)
{   int i=0;
    while (i<L->length && L->data[i]!=e)
        i++;                             //查找元素 e
    if (i>=L->length)
        return 0;                        //未找到时返回 0
    else
        return i+1;                      //找到后返回其逻辑序号
}
```

本算法中的基本操作为 while 循环中的 $i++$ 语句，其平均执行 $(n+1)/2$ 次，故时间复杂度为 $O(n)$，其中 n 为顺序表中元素的个数。

8）插入数据元素：ListInsert(&L, i, e)

该运算在顺序表 L 的第 i（$1 \leq i \leq n+1$）个位置上插入新元素 e。如果 i 值不正确，返回 false；否则将顺序表原来的第 i 个元素及以后的元素均后移一个位置，并从最后一个元素 a_n 开始移动，如图 2.6 所示，腾出一个空位置插入新元素，最后顺序表的长度增 1 并返回 true。算法如下：

```
bool ListInsert(SqList *&L, int i, ElemType e)
{   int j;
    if (i<1 || i>L->length+1 || L->length==Maxsize)
        return false;                    //参数 i 错误时返回 false
    i--;                                 //将顺序表的逻辑序号转化为物理序号
    for (j=L->length;j>i;j--)            //将 data[i] 及后面的元素后移一个位置
        L->data[j]=L->data[j-1];
    L->data[i]=e;                        //插入元素 e
    L->length++;                         //顺序表的长度增 1
    return true;                         //成功插入返回 true
}
```

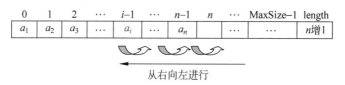

图 2.6 插入元素时移动元素的过程

对于本算法来说,元素移动的次数不仅与表长 $n=L->\text{length}$ 有关,而且与插入位置 i 有关,共有 $n+1$ 个可以插入元素的地方:当 $i=n+1$ 时(插入在末尾),移动次数为 0;当 $i=1$ 时(插入在开头),移动次数为 n,达到最大值;一般需要将 $a_i \sim a_n$ 的元素均后移一个位置,移动次数为 $n-i+1$。假设 p_i 是在第 i 个位置上插入一个元素的概率,在等概率的情况下,$p_i=\dfrac{1}{n+1}$,则在长度为 n 的线性表中插入一个元素时所需移动元素的平均次数为

$$\sum_{i=1}^{n+1} p_i(n-i+1) = \sum_{i=1}^{n+1} \frac{1}{n+1}(n-i+1) = \frac{1}{n+1}\sum_{i=1}^{n+1}(n-i+1)$$

$$= \frac{1}{n+1} \times \frac{n(n+1)}{2} = \frac{n}{2}$$

该算法的主要时间都花费在元素的移动上,因此插入算法的平均时间复杂度为 $O(n)$。

9) 删除数据元素 ListDelete:(&L,i,&e)

该运算删除顺序表 L 的第 i($1 \leqslant i \leqslant n$)个元素。如果 i 值不正确,返回 false;否则将线性表第 i 个元素以后的元素均向前移动一个位置,并从元素 a_{i+1} 开始移动,如图 2.7 所示,这样覆盖了原来的第 i 个元素,达到了删除该元素的目的,最后顺序表的长度减 1 并返回 true。算法如下:

```
bool ListDelete(SqList * &L, int i, ElemType &e)
{   int j;
    if (i<1 ‖ i>L->length)
        return false;                              //参数 i 错误时返回 false
    i--;                                           //将顺序表的逻辑序号转化为物理序号
    e=L->data[i];
    for (j=i;j<L->length-1;j++)                    //将 data[i]之后的元素前移一个位置
        L->data[j]=L->data[j+1];
    L->length--;                                   //顺序表的长度减1
    return true;                                   //成功删除返回 true
}
```

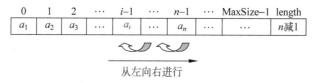

图 2.7 删除元素时移动元素的过程

对于本算法来说,元素移动的次数也与表长 $n=L->\text{length}$ 和位置 i 有关,共有 n 个元素可以被删除:当 $i=n$ 时(删除末尾元素),移动次数为 0;当 $i=1$ 时(删除开头元素),

移动次数为 $n-1$；一般需要将 $a_{i+1} \sim a_n$ 的元素均前移一个位置，移动次数为 $n-(i+1)+1=n-i$。假设 p_i 是删除第 i 个位置上元素的概率，在等概率的情况下，$p_i = \dfrac{1}{n}$，则在长度为 n 的线性表中删除一个元素时所需移动元素的平均次数为

$$\sum_{i=1}^{n} p_i(n-i) = \sum_{i=1}^{n} \frac{1}{n}(n-i) = \frac{1}{n}\sum_{i=1}^{n}(n-i) = \frac{1}{n} \times \frac{n(n-1)}{2} = \frac{n-1}{2}$$

该算法的主要时间都花费在元素的移动上，因此删除算法的平均时间复杂度为 $O(n)$。

3. 顺序表的应用示例

顺序表是最常见的数据存储结构，除了基本运算以外，下面通过一些示例介绍比较通用的顺序表算法设计方法。

【例 2.3】 假设一个线性表采用顺序表表示，设计一个算法，删除其中所有值等于 x 的元素，要求算法的时间复杂度为 $O(n)$，空间复杂度为 $O(1)$。

解 这里提供两种解法。

解法一：整体建表法。设删除 L 中所有值等于 x 的元素后的顺序表为 $L1$，显然 $L1$ 包含在 L 中，为此 $L1$ 重用 L 的空间。遍历顺序表 L，重建 L 只包含不等于 x 的元素。算法的过程是置 $k=0$（k 用于记录新表中元素的个数），用 i 从左到右遍历 L 中的所有元素，当 i 指向的元素为 x 时跳过它；否则将其放置在 k 的位置，即 $L \text{->} \text{data}[k] = L \text{->} \text{data}[i]$，$k++$。最后重置 L 的长度为 k，算法如下：

```
void delnode1(SqList * &L,ElemType x)
{   int k=0,i;                          //k记录不等于x的元素的个数,即保留的元素个数
    for (i=0;i<L->length;i++)
    {   if (L->data[i]!=x)              //若当前元素不为x,将其插入L中
        {   L->data[k]=L->data[i];
            k++;                        //插入一个元素时元素的个数增1
        }
    }
    L->length=k;                        //顺序表L的长度等于k
}
```

解法二：元素移动法。用 i 从左到右遍历 L 中的所有元素，用 k 记录 L 中当前等于 x 的元素的个数，一边遍历 L 一边统计当前 k 值。当 i 指向的元素为 x 时 k 增 1；否则将不为 x 的元素前移 k 个位置，即 $L \text{->} \text{data}[i-k] = L \text{->} \text{data}[i]$。最后将 L 的长度减少 k。算法如下：

```
void delnode2(SqList * &L,ElemType x)
{   int k=0,i=0;                        //k记录等于x的元素的个数,即要删除的元素个数
    while (i<L->length)
    {   if (L->data[i]==x)              //当前元素为 x 时 k 增 1
            k++;
        else                            //当前元素不为 x 时将其前移 k 个位置
            L->data[i-k]=L->data[i];
        i++;
    }
```

```
        L->length-=k;           //顺序表L的长度递减k
}
```

上述两种算法中都只遍历顺序表一次,时间复杂度为 $O(n)$,只有两个临时变量,所以空间复杂度为 $O(1)$,满足题目的要求。

下面两种解法都不满足题目的要求：

(1) 每次删除一个等于 x 的元素时都进行元素的移动,此时算法的时间复杂度为 $O(n^2)$,空间复杂度为 $O(1)$。

(2) 在算法中临时新建一个顺序表用于存放不等于 x 的元素,通过遍历原来的顺序表得到该新的顺序表,此时算法的时间复杂度为 $O(n)$,空间复杂度为 $O(n)$。

【例 2.4】 有一个顺序表 L,假设元素类型 ElemType 为整型,设计一个尽可能高效的算法,以第一个元素为分界线(基准),将所有小于或等于它的元素移到该基准的前面,将所有大于它的元素移到该基准的后面。

解 元素交换法。基本思路是以第一个元素为基准,从右向左找一个小于或等于基准的元素 x,从左向右找一个大于基准的元素 y,将两者交换,直到全部找完。下面提供两种解法。

解法一：用 base 存放基准 $L->data[0]$,i(初值为 0)从左向右查找,j(初值为 $L->length-1$)从右向左查找。当 $i\neq j$ 时循环(即循环到 i 和 j 指向同一元素时为止):j 从右向左找一个小于或等于 base 的元素 $data[j]$,i 从左向右找一个大于 base 的元素 $data[i]$,然后将 $data[i]$ 和 $data[j]$ 进行交换。当循环结束后再将 $data[0]$ 和 $data[i]$ 进行交换。算法如下：

```
void partition1(SqList *&L)
{   int i=0,j=L->length-1;
    ElemType base=L->data[0];         //以 data[0]为基准
    while (i<j)                       //从区间的两端交替向中间遍历,直到i=j为止
    {   while (i<j && L->data[j]>base)
            j--;                      //从右向左遍历,找一个小于或等于base的元素
        while (i<j && L->data[i]<=base)
            i++;                      //从左向右遍历,找一个大于base的元素
        if (i<j)
            swap(L->data[i],L->data[j]);   //将 L->data[i]和 L->data[j]交换
    }
    swap(L->data[0],L->data[i]);      //将 L->data[0]和 L->data[i]交换
}
```

例如,若顺序表 L 为(③,8,2,7,1,5,3,4,6,0),执行上述算法后 L 变为(1,0,2,3,③,5,7,4,6,8),其执行过程如图 2.8 所示。一共经过 3 轮循环,其中③是基准,在算法执行后对应的下标为 4。

解法二：用 base 存放基准 $L->data[0]$,i(初值为 0)从左向右查找,j(初值为 $L->length-1$)从右向左查找。当 $i\neq j$ 时循环:j 从右向左找一个小于或等于 base 的 $data[j]$,找到后将 $data[j]$ 放到 $data[i]$ 处(用 $data[j]$ 覆盖 $data[i]$),i 从左向右找一个大于 base 的元素 $data[i]$,找到后将 $data[i]$ 放到 $data[j]$ 处(用 $data[i]$ 覆盖 $data[j]$)。最后让 $data[i]=base$。

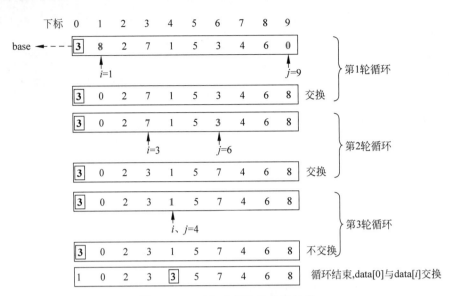

图 2.8 partition1 算法的执行过程

算法如下：

```
void partition2(SqList * &L)
{   int i=0,j=L->length-1;
    ElemType base=L->data[0];      //以 data[0]为基准
    while (i<j)                    //从顺序表的两端交替向中间遍历,直到 i=j 为止
    {   while (j>i && L->data[j]>base)
            j--;                   //从右向左遍历,找一个小于或等于 base 的 data[j]
        L->data[i]=L->data[j];     //找到这样的 data[j],放入 data[i]处
        while (i<j && L->data[i]<=base)
            i++;                   //从左向右遍历,找一个大于 base 的元素 data[i]
        L->data[j]=L->data[i];     //找到这样的 data[i],放入 data[j]处
    }
    L->data[i]=base;
}
```

例如，若顺序表 L 为(③,8,2,7,1,5,3,4,6,0)，执行上述算法后 L 为(0,3,2,1,③,5,7,4,6,8)，其执行过程如图 2.9 所示。同样需要 3 轮循环，其中③是基准，在算法执行后对应的下标为 4。

尽管对于同一个数据序列这两个算法的执行结果不完全相同，但都能满足题目要求，而且它们的时间复杂度均为 $O(n)$，空间复杂度均为 $O(1)$，都属于高效的算法。

但比较而言，第 2 个算法中移动元素的次数更少，所以算法更优。这是因为在交换两个元素 a、b 时，若通过语句"tmp=a; a=b; b=tmp;"来实现,需要移动 3 次元素。

如果需要多次连续交换两个相邻元素，例如将 a、b、c 转换为 b、c、a(即循环左移一个元素)，若先将位置 1 和位置 2 的元素交换得到 b、a、c,需移动 3 次，再将位置 2 和位置 3 的元素交换得到 b、c、a，需移动 3 次，这样一共移动 6 次。而采用"tmp=a; a=b; b=c; c=tmp;"同样满足要求，但一共只需要移动 4 次，所以性能得到提高。在上述两个算法中，第 1 个算

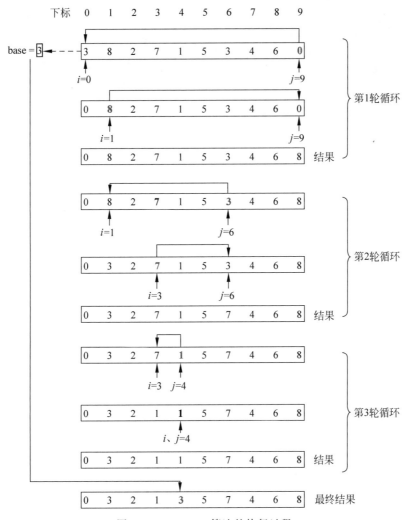

图 2.9 partition2 算法的执行过程

法采用的是前一种方法,第 2 个算法采用的是后一种方法。

本例算法实际上对应第 10 章 10.3.2 节介绍的快速排序的划分思路,主要采用第 2 种解法,读者掌握它对于理解快速排序的过程有很大的帮助。

【例 2.5】 有一个顺序表 L,假设元素类型 ElemType 为整型,设计一个尽可能高效的算法将所有奇数移到偶数的前面。

解 这里提供两种解法。

解法一:元素交换法。类似例 2.4 解法一的思路。i(初值为 0)从左向右查找,j(初值为 $L\rightarrow \text{length}-1$)从右向左查找。当 $i\neq j$ 时循环:j 从右向左找一个奇数元素 $\text{data}[j]$,i 从左向右找一个偶数元素 $\text{data}[i]$,然后在 $i<j$ 时将两者交换,从而把所有奇数移到偶数的前面。算法如下:

```
void move1(SqList *&L)
{   int i=0,j=L->length-1;
    while (i<j)
```

```
        {   while (i<j && L->data[j]%2==0)
                j--;                            //从右向左遍历,找一个奇数元素
            while (i<j && L->data[i]%2!=0)
                i++;                            //从左向右遍历,找一个偶数元素
            if (i<j)                            //若i<j,将L->data[i]和L->data[j]交换
                swap(L->data[i],L->data[j]);
        }
    }
```

解法二：区间划分法。用 $L->data[0..i]$ 表示存放奇数的奇数区间（i 指向奇数区间中的最后元素），如图 2.10 所示,初始时 i 为 -1 表示奇数区间为空。j 从左向右遍历所有元素,如果 j 指向的元素是奇数,让 i 增 1 表示奇数区间多了一个奇数,然后将 $L->data[j]$ 和 $L->data[i]$ 交换,j 继续遍历。循环结束后,奇数区间中包含了所有的奇数,剩下的所有偶数放在后面。算法如下：

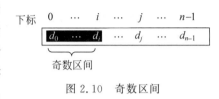

图 2.10 奇数区间

```
    void move2(SqList * &L)
    {   int i=-1,j;
        for (j=0;j<=L->length-1;j++)
        {   if (L->data[j]%2!=0)                //j指向奇数时
            {   i++;                            //奇数区间中元素的个数增1
                if (i!=j)                       //若i不为j,将L->data[i]和L->data[j]交换
                    swap(L->data[i],L->data[j]);
            }
        }
    }
```

上述两个算法的时间复杂度为 $O(n)$,空间复杂度为 $O(1)$,都属于高效的算法。

2.3 线性表的链式存储结构

顺序表必须占用一整块事先分配大小的存储空间,这样会降低存储空间的利用率,为此有了可以实现存储空间动态管理的链式存储结构——链表。本节讨论链式存储结构及其基本运算的实现过程。

2.3.1 线性表的链式存储结构——链表

1. 链表概述

线性表的链式存储结构称为**链表**(linked list)。线性表的每个元素用一个内存结点存储,每个内存结点不仅包含元素本身的信息(称为数据域),而且包含表示元素之间逻辑关系的信息,在 C/C++语言中采用指针来实现,这称为**指针域**。

由于线性表中的每个元素最多只有一个前驱元素和一个后继元素,所以当采用链表存储时,一种最简单、最常用的方法是在每个结点中除包含数据域以外只设置一个指针域,用

于指向其后继结点,这样构成的链表称为线性单向链接表,简称**单链表**(singly linked list);另一种方法是在每个结点中除包含数据域以外设置两个指针域,分别用于指向其前驱结点和后继结点,这样构成的链表称为线性双向链接表,简称**双链表**(doubly linked list)。若一个结点中的某个指针域不需要指向其他任何结点,则将它的值置为空,用常量 NULL 表示。

通常每个链表带有一个头结点,并通过头结点的指针唯一标识该链表,称之为**头指针**(head pointer),相应的指向首结点或者开始结点的指针称为**首指针**(first pointer),指向尾结点的指针称为**尾指针**(tail pointer)。

从一个链表的头指针所指的头结点出发,沿着结点的链(即指针域的值)可以访问到每个结点。如图 2.11 所示,图 2.11(a)是带头结点的单链表 head,图 2.11(b)是带头结点的双链表 dhead,分别称为 head 单链表和 dhead 双链表。

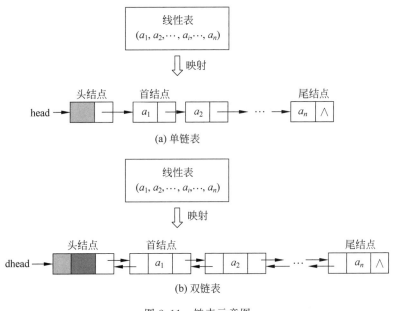

图 2.11 链表示意图

例如,对于第 1 章中例 1.1 的逻辑结构 City,采用带头结点的单链表存储时的结构如图 2.12 所示,即对应图 2.13 所示的示意图,这时 $p=70$ 作为头结点的地址。其中数据域包含区号、城市名和说明等信息。

2. 链表和顺序表的比较

在顺序表中,逻辑上相邻的元素对应的存储位置也相邻,所以当进行插入或删除操作时平均需要移动半个表的元素,这是相当费时的操作。在链表中,逻辑上相邻的元素的存储位置是通过指针链接的,因而每个结点的存储位置可以任意安排,不必要求相邻,所以当进行插入或删除操作时只需要修改相关结点的指针域即可,这样既方便又省时。

正因为顺序表是线性表的直接映射,所以具有随机存取特性,即查找第 i 个(序号)元素对应的时间复杂度为 $O(1)$,而链表不具有随机存取特性。

地址	区号	城市名	说明	下一个结点地址
…	…	…	…	…
70				100
…	…	…	…	…
100	010	Beijing	北京，首都	460
…	…	…	…	…
180	025	Nanjing	南京，江苏省省会	∧
…	…	…	…	…
250	029	Xian	西安，陕西省省会	180
…	…	…	…	…
310	027	Wuhan	武汉，湖北省省会	250
…	…	…	…	…
460	021	Shanghai	上海，直辖市	310
…	…	…	…	…

图 2.12 City 对应的单链表存储结构

图 2.13 City 对应的单链表存储结构的示意图

另外，顺序表的存储密度比较高。所谓**存储密度**(storage density)是指结点中数据元素本身所占的存储量和整个结点占用的存储量之比，即

$$存储密度 = \frac{结点中数据元素所占的存储量}{结点所占的存储量}$$

一般情况下，存储密度越大，存储空间的利用率越高。显然，顺序表的存储密度为1(顺序表中没有指针域，每个顺序表元素存放一个线性表元素)，而链表的存储密度小于1。例如，若单链表的结点数据均为整数，指针所占的空间大小和整数元素所占的空间大小相同，则单链表的存储密度为50%。

2.3.2 单链表

在单链表中，每个结点类型用 LinkNode 表示，它应包括存储元素的数据域，这里用 data 表示，其类型用通用类型标识符 ElemType 表示，还包括存储后继结点位置的指针域，这里用 next 表示。LinkNode 类型的声明如下：

```
typedef struct LNode
{   ElemType data;              //存放元素值
    struct LNode * next;        //指向后继结点
} LinkNode;                     //单链表结点类型
```

为了简单,假设 ElemType 为 int 类型,使用以下自定义类型语句表示:

typedef int **ElemType**;

在后面的算法设计中,如果没有特别说明,均采用带头结点的单链表,在单链表中增加一个头结点的优点如下:

(1) 单链表中首结点的插入和删除操作与其他结点一致,无须进行特殊处理。
(2) 无论单链表是否为空都有一个头结点,因此统一了空表和非空表的处理过程。

在单链表中,由于每个结点只包含一个指向后继结点的指针,所以当访问过一个结点后只能接着访问它的后继结点,而无法访问它的前驱结点,因此在进行单链表结点的插入和删除时就不能简单地只对该结点进行操作,还必须考虑其前后的结点。

1. 插入和删除结点的操作

在单链表中,插入和删除结点是最常用的操作,是建立单链表和相关基本运算算法的基础。

1) 插入结点的操作

这里插入指在单链表的两个数据域分别为 a 和 b 的结点(已知 a 结点的指针 p)之间插入一个数据域为 x 的结点(由 s 指向它),如图 2.14(a)所示。其操作是首先让 x 结点的指针域($s \rightarrow $next)指向 b 结点($p \rightarrow $next),然后让 a 结点的指针域($p \rightarrow $next)指向 x 结点(s),从而实现 3 个结点之间逻辑关系的变化,插入过程如图 2.14(b)和(c)所示,图 2.14(d)是插入后的结果。

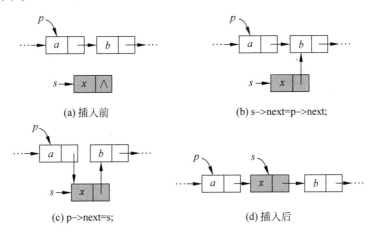

图 2.14 在单链表中插入结点的过程

说明:为了描述简单,在链式存储结构中将由指针 p 所指向的结点称为结点 p 或者 p 结点。

上述指针修改用 C/C++语句描述如下:

```
s -> next = p -> next;
p -> next = s;
```

注意：这两个语句的顺序不能颠倒，否则先执行"p—>next＝s;"语句，指向 b 结点的指针就不存在了，再执行"s—>next＝p—>next;"语句，相当于执行"s—>next＝s;"，这样插入操作错误。

2) 删除结点的操作

这里删除指在单链表中删除结点 p 的后继结点，如图 2.15(a)所示，删除 b 结点的操作是让 a 结点的指针域(p—>next)指向 c 结点(p—>next—>next)，其过程如图 2.15(b)所示。上述指针修改用 C/C++语言描述如下：

```
p—>next=p—>next—>next;
```

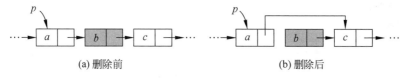

(a) 删除前　　　　　　　　(b) 删除后

图 2.15　在单链表中删除结点的过程

一般情况下，在删除一个结点后还需要释放其存储空间，实现删除上述 b 结点并释放其存储空间的语句描述如下：

```
q=p—>next;                    //q 临时保存被删结点
p—>next=q—>next;              //从链表中删除结点 q
free(q);                      //释放结点 q 的空间
```

从上述插入和删除操作过程看出，在单链表中插入和删除一个结点时，需要先找到其前驱结点，再做相应的指针域修改。

2. 建立单链表

视频讲解

这里介绍整体创建单链表，即由数组元素 $a[0..n-1]$ 创建单链表 L。整体建立单链表的常用方法有以下两种。

1) 头插法

该方法从一个空表开始依次读取数组 a 中的元素，生成一个新结点(由 s 指向它)，将读取的数组元素存放到该结点的数据域中，然后将其插到当前链表的表头(即头结点之后)，如图 2.16 所示，直到数组 a 中的所有元素读完为止。采用头插法建表的算法如下：

图 2.16　将 s 所指结点插入表头

```
void CreateListF(LinkNode * &L,ElemType a[],int n)
{   LinkNode * s;
    L=(LinkNode * )malloc(sizeof(LinkNode));
    L—>next=NULL;                //创建头结点，将其 next 域置为 NULL
    for(int i=0;i<n;i++)         //循环建立数据结点 s
```

```
    { s=(LinkNode *)malloc(sizeof(LinkNode));
      s->data=a[i];                          //创建数据结点s
      s->next=L->next;                       //将结点s插入原首结点前、头结点后
      L->next=s;
    }
}
```

本算法的时间复杂度为 $O(n)$,其中 n 为单链表中数据结点的个数。

若数组 a 中包含 4 个元素 1、2、3 和 4,则调用 CreateListF(L,a,4)建立的单链表如图 2.17 所示,所以在采用头插法建表时单链表中数据结点的顺序与数组 a 中元素的顺序相反。

图 2.17　一个单链表 L

2) 尾插法

该方法从一个空表开始依次读取数组 a 中的元素,生成一个新结点 s,将读取的数组元素存放到该结点的数据域中,然后将其插入当前链表的表尾上,如图 2.18 所示,直到数组 a 中的所有元素读完为止。为此需要增加一个尾指针 r,使其始终指向当前链表的尾结点,每插入一个新结点后让 r 指向这个新结点,最后还需要将 r 所指结点(尾结点)的 next 域置为空。采用尾插法建表的算法如下:

```
void CreateListR(LinkNode *&L,ElemType a[],int n)
{ LinkNode *s,*r;
  L=(LinkNode *)malloc(sizeof(LinkNode));   //创建头结点
  r=L;                                       //r始终指向尾结点,初始时指向头结点
  for (int i=0;i<n;i++)                      //循环建立数据结点
  { s=(LinkNode *)malloc(sizeof(LinkNode));
    s->data=a[i];                            //创建数据结点s
    r->next=s;                               //将结点s插入结点r之后
    r=s;
  }
  r->next=NULL;                              //将尾结点的next域置为NULL
}
```

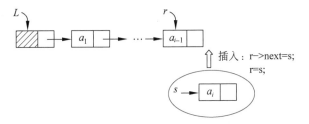

图 2.18　将 s 所指结点插到表尾

本算法的时间复杂度为 $O(n)$,其中 n 为单链表中数据结点的个数。

若数组 a 中包含 4 个元素 1、2、3 和 4,则调用 CreateListR(L,a,4)建立的单链表如图 2.19

所示,所以在采用尾插法建表时单链表中数据结点的顺序与数组 a 中元素的顺序相同。

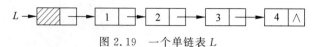

图 2.19　一个单链表 L

注意:整体创建单链表的两个算法特别是尾插法建表算法是很多其他复杂算法的基础,读者必须牢固掌握。例如将两个单链表合并成一个单链表等都是利用尾插法建表算法实现的。

3. 线性表的基本运算在单链表中的实现

采用单链表实现线性表的基本运算的算法如下。

1) 初始化线性表:InitList(&L)

该运算建立一个空的单链表,如图 2.20 所示,即创建一个头结点并将其 next 域置为空。算法如下:

图 2.20　创建一个空的单链表

```
void InitList(LinkNode * &L)
{   L=(LinkNode * )malloc(sizeof(LinkNode));
    L->next=NULL;                          //创建头结点,将其 next 域置为 NULL
}
```

本算法的时间复杂度为 $O(1)$。

2) 销毁线性表:DestroyList(&L)

该运算释放单链表 L 占用的内存空间,即逐一释放全部结点的空间。其过程是让 pre、p 指向两个相邻的结点,初始时 pre 指向头结点,p 指向首结点,如图 2.21 所示。当 p 不为空时循环:释放结点 pre,然后 pre、p 同步后移一个结点。循环结束后,pre 指向尾结点,再将其释放。这种采用同步指针 pre、p 的方法称为双指针法。算法如下:

```
void DestroyList(LinkNode * &L)
{   LinkNode * pre=L, * p=L->next;         //pre 指向结点 p 的前驱结点
    while (p!=NULL)                        //遍历单链表 L
    {   free(pre);                         //释放 pre 结点
        pre=p;                             //pre、p 同步后移一个结点
        p=pre->next;
    }
    free(pre);                             //循环结束时 p 为 NULL,pre 指向尾结点,释放它
}
```

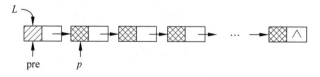

图 2.21　pre、p 指向两个相邻的结点

本算法的时间复杂度为 $O(n)$，其中 n 为单链表中数据结点的个数。

3）判断线性表是否为空表：ListEmpty(L)

该运算在单链表 L 中没有数据结点时返回真，否则返回假。算法如下：

```
bool ListEmpty(LinkNode *L)
{
    return(L->next==NULL);
}
```

本算法的时间复杂度为 $O(1)$。

4）求线性表的长度：ListLength(L)

该运算返回单链表 L 中数据结点的个数。由于单链表没有存放数据结点个数的信息，需要通过遍历来统计。其过程是让 p 指向头结点，用 n 来累计数据结点的个数（初始值为 0），当 p 不为空时循环：n 增 1，p 指向下一个结点。循环结束后返回 n。算法如下：

```
int ListLength(LinkNode *L)
{   int n=0;
    LinkNode *p=L;              //p指向头结点,n置为0(即头结点的序号为0)
    while (p->next!=NULL)
    {   n++;
        p=p->next;
    }
    return(n);                  //循环结束,p指向尾结点,其序号n为结点的个数
}
```

本算法的时间复杂度为 $O(n)$，其中 n 为单链表中数据结点的个数。

5）输出线性表：DispList(L)

该运算逐一遍历单链表 L 中的每个数据结点，并输出各结点的 data 域值。算法如下：

```
void DispList(LinkNode *L)
{   LinkNode *p=L->next;        //p指向首结点
    while (p!=NULL)             //p不为NULL,输出p结点的data域
    {   printf("%d ",p->data);
        p=p->next;              //p移向下一个结点
    }
    printf("\n");
}
```

本算法的时间复杂度为 $O(n)$，其中 n 为单链表中数据结点的个数。

6）按序号求线性表中元素：GetElem(L,i,&e)

该运算在单链表 L 中从头开始找到第 i 个结点，若存在第 i 个数据结点，则将其 data 域值赋给变量 e。其过程是让 p 指向头结点，用 j 来累计遍历过的数据结点的个数（初始值为 0），当 $j<i$ 且 p 不为空时循环：j 增 1，p 指向下一个结点。循环结束后有两种情况，若 p 为空，表示单链表 L 中没有第 i 个数据结点（参数 i 错误），返回 false；否则找到第 i 个数据结点 p，提取它的值并返回 true。算法如下：

```
bool GetElem(LinkNode *L, int i, ElemType &e)
{   int j=0;
    LinkNode *p=L;              //p指向头结点,j置为0(即头结点的序号为0)
    if (i<=0) return false;     //i错误返回假
    while (j<i && p!=NULL)      //查找第i个结点p
    {   j++;
        p=p->next;
    }
    if (p==NULL)                //不存在第i个数据结点,返回 false
        return false;
    else                        //存在第i个数据结点,返回 true
    {   e=p->data;
        return true;
    }
}
```

本算法的时间复杂度为 $O(n)$，其中 n 为单链表中数据结点的个数。

7) **按元素值查找**：LocateElem(L,e)

该运算在单链表 L 中从头开始找第一个值域为 e 的结点，若存在这样的结点，返回其逻辑序号，否则返回 0。算法如下：

```
int LocateElem(LinkNode *L, ElemType e)
{   int i=1;
    LinkNode *p=L->next;            //p指向首结点,i置为1(即首结点的序号为1)
    while (p!=NULL && p->data!=e)   //查找 data 值为 e 的结点,其序号为 i
    {   p=p->next;
        i++;
    }
    if (p==NULL)                    //不存在值为 e 的结点,返回 0
        return(0);
    else                            //存在值为 e 的结点,返回其逻辑序号 i
        return(i);
}
```

本算法的时间复杂度为 $O(n)$，其中 n 为单链表中数据结点的个数。

8) **插入数据元素**：ListInsert(&L,i,e)

该运算的实现过程是先在单链表 L 中找到第 $i-1$ 个结点，由 p 指向它。若存在这样的结点，将值为 e 的结点（s 指向它）插入 p 结点的后面。算法如下：

```
bool ListInsert(LinkNode *&L, int i, ElemType e)
{   int j=0;
    LinkNode *p=L, *s;              //p指向头结点,j置为0(即头结点的序号为0)
    if (i<=0) return false;         //i错误返回 false
    while (j<i-1 && p!=NULL)        //查找第i-1个结点 p
    {   j++;
        p=p->next;
    }
```

```
        if (p==NULL)                  //未找到第i-1个结点p,返回false
            return false;
        else                          //找到第i-1个结点p,插入新结点并返回true
        {   s=(LinkNode *)malloc(sizeof(LinkNode));
            s->data=e;                //创建新结点s,将其data域置为e
            s->next=p->next;          //将结点s插入结点p之后
            p->next=s;
            return true;
        }
    }
```

本算法的时间复杂度为 $O(n)$,其中 n 为单链表中数据结点的个数。

9)删除数据元素:ListDelete(&L,i,&e)

该运算的实现过程是先在单链表 L 中找到第 $i-1$ 个结点,由 p 指向它。若存在这样的结点,且也存在后继结点(由 q 指向它),则删除通过结点 pq 所指的结点,返回 true;否则返回 false,表示参数 i 错误。算法如下:

```
bool ListDelete(LinkNode * &L,int i,ElemType &e)
{   int j=0;
    LinkNode * p=L, * q;              //p指向头结点,j置为0(即头结点的序号为0)
    if (i<=0) return false;           //i错误返回false
    while (j<i-1 && p!=NULL)          //查找第i-1个结点p
    {   j++;
        p=p->next;
    }
    if (p==NULL)                      //未找到第i-1个结点p,返回false
        return false;
    else                              //找到第i-1个结点p
    {   q=p->next;                    //q指向第i个结点
        if (q==NULL)                  //若不存在第i个结点,返回false
            return false;
        e=q->data;
        p->next=q->next;              //从单链表中删除q结点
        free(q);                      //释放q结点
        return true;                  //返回true表示成功删除第i个结点
    }
}
```

本算法的时间复杂度为 $O(n)$,其中 n 为单链表中数据结点的个数。

4. 单链表的应用示例

【例 2.6】 有一个带头结点的单链表 $L=(a_1,b_1,a_2,b_2,\cdots,a_n,b_n)$,设计一个算法将其拆分成两个带头结点的单链表 $L1$ 和 $L2$,其中 $L1=(a_1,a_2,\cdots,a_n)$,$L2=(b_n,b_{n-1},\cdots,b_1)$,要求 $L1$ 使用 L 的头结点。

解 整体建表法。利用原单链表 L 中的所有结点通过改变指针域重组成两个单链表 $L1$ 和 $L2$。由于 $L1$ 中结点的相对顺序与 L 中的相同,所以采用尾插法建立单链表 $L1$;由于 $L2$ 中结点的相对顺序与 L 中的相反,所以采用头插法建立单链表 $L2$。算法如下:

视频讲解

```
void split(LinkNode * &L, LinkNode * &L1, LinkNode * &L2)
{   LinkNode * p=L->next, * q, * r1;         //p 指向第 1 个数据结点
    L1=L;                                     //L1 利用原来 L 的头结点
    r1=L1;                                    //r1 始终指向 L1 的尾结点
    L2=(LinkNode *)malloc(sizeof(LinkNode));  //创建 L2 的头结点
    L2->next=NULL;                            //置 L2 的指针域为 NULL
    while (p!=NULL)
    {   r1->next=p;                           //采用尾插法将 p(data 值为 $a_i$)插入 L1
        r1=p;
        p=p->next;                            //p 移到下一个结点(data 值为 bi)
        q=p->next;                            //用 q 保存结点 p 的后继结点
        p->next=L2->next;                     //采用头插法将结点 p 插入 L2
        L2->next=p;
        p=q;                                  //p 重新指向 $a_{i+1}$ 的结点
    }
    r1->next=NULL;                            //尾结点的 next 域置空
}
```

【例 2.7】 设计一个算法,删除一个单链表 L 中元素值最大的结点(假设这样的结点唯一)。

解 双指针法。在单链表中删除一个结点先要找到它的前驱结点,用指针 p 遍历整个单链表,pre 指向结点 p 的前驱结点,在遍历时用 maxp 指向 data 域值最大的结点,maxpre 指向 maxp 结点的前驱结点。当单链表遍历完毕后,通过 maxpre 结点删除其后继结点,即删除结点值最大的结点。算法如下:

```
void delmaxnode(LinkNode * &L)
{   LinkNode * p=L->next, * pre=L, * maxp=p, * maxpre=pre;
    while (p!=NULL)                          //用 p 遍历单链表,pre 指向其前驱结点
    {   if (maxp->data < p->data)            //若找到一个更大的结点
        {   maxp=p;                          //更新 maxp
            maxpre=pre;                      //更新 maxpre
        }
        pre=p;                               //p、pre 同步后移一个结点
        p=p->next;
    }
    maxpre->next=maxp->next;                 //删除 maxp 结点
    free(maxp);                              //释放 maxp 结点
}
```

【例 2.8】 有一个带头结点的单链表 L(至少有一个数据结点),设计一个算法实现所有数据结点按 data 域递增排序。

解 直接插入法。由于单链表 L 中有一个以上的数据结点,首先构造一个只含头结点和首结点的有序单链表(只含一个数据结点的单链表一定是有序的)。然后遍历单链表 L 余下的结点(由 p 指向),在有序单链表中通过比较找插入结点 p 的前驱结点(由 pre 指向它),在 pre 结点之后插入 p 结点,如图 2.22 所示,直到 p==NULL 为止(这里实际上采用的是直接插入排序方法)。算法如下:

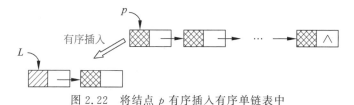

图 2.22　将结点 p 有序插入有序单链表中

```
void sort(LinkNode * &L)
{   LinkNode * p, * pre, * q;
    p=L→next→next;              //p指向L的第2个数据结点
    L→next→next=NULL;           //构造只含一个数据结点的有序单链表
    while (p!=NULL)
    {   q=p→next;               //q临时保存p结点的后继结点
        pre=L;                  //从有序单链表开头进行比较
        while (pre→next!=NULL && pre→next→data<p→data)
            pre=pre→next;       //在有序单链表中找插入p结点的前驱结点pre
        p→next=pre→next;        //在pre结点之后插入p结点
        pre→next=p;
        p=q;                    //遍历原单链表余下的结点
    }
}
```

2.3.3　双链表

对于双链表,采用类似单链表的类型声明,其结点类型 DLinkNode 的声明如下:

```
typedef struct DNode
{   ElemType data;              //存放元素值
    struct DNode * prior;       //指向前驱结点
    struct DNode * next;        //指向后继结点
} DLinkNode;                    //双链表的结点类型
```

在双链表中,由于每个结点既包含一个指向后继结点的指针,又包含一个指向前驱结点的指针,所以当访问过一个结点后既可以依次向后访问每一个结点,也可以依次向前访问每一个结点。因此与单链表相比,在双链表中访问一个结点的前、后结点更方便。

1. 插入和删除结点的操作

假设在双链表中的 p 所指结点之后插入一个结点 s,其指针的变化过程如图 2.23 所示。其操作语句描述如下(共修改 4 个指针域):

```
s→next=p→next;                 //将s结点插入p结点之后
p→next→prior=s;
s→prior=p;
p→next=s;
```

注意:在上述描述语句中,修改 p→next 地址的操作尽量放在后面执行,否则会因为找不到结点 p 的后继结点而导致插入错误。

假设删除双链表 L 中结点 p 的后继结点,指针的变化过程如图 2.24 所示。其操作语句描述如下(共修改两个指针域):

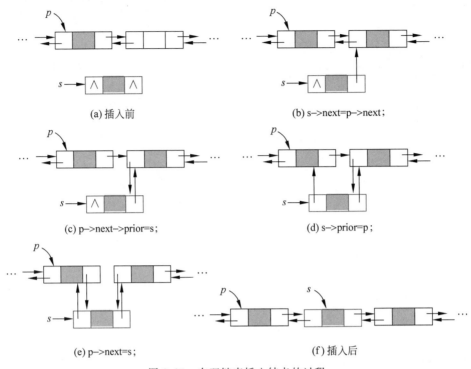

图 2.23 在双链表插入结点的过程

```
p -> next = q -> next;
q -> next -> prior = p;
```

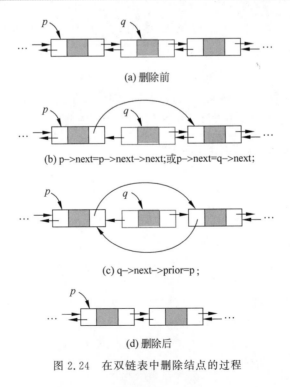

图 2.24 在双链表中删除结点的过程

2. 建立双链表

整体建立双链表也有两种方法,即头插法和尾插法。采用头插法建立双链表的过程和采用头插法建立单链表的过程相似,算法如下:

```c
void CreateListF(DLinkNode * &L, ElemType a[], int n)  //采用头插法建立双链表
//由含 n 个元素的数组 a 创建带头结点的双链表 L
{   DLinkNode * s;
    L=(DLinkNode *)malloc(sizeof(DLinkNode));          //创建头结点
    L->prior=L->next=NULL;                             //前、后指针域置为 NULL
    for (int i=0;i<n;i++)                              //循环建立数据结点
    {   s=(DLinkNode *)malloc(sizeof(DLinkNode));
        s->data=a[i];                                  //创建数据结点 s
        s->next=L->next;                               //将 s 结点插入头结点之后
        if (L->next!=NULL)                             //若 L 非空,修改 L->next 的前驱指针
            L->next->prior=s;
        L->next=s;
        s->prior=L;
    }
}
```

采用尾插法建立双链表的过程和采用尾插法建立单链表的过程相似,算法如下:

```c
void CreateListR(DLinkNode * &L, ElemType a[], int n)  //采用尾插法建立双链表
//由含 n 个元素的数组 a 创建带头结点的双链表 L
{   DLinkNode * s, * r;
    L=(DLinkNode *)malloc(sizeof(DLinkNode));          //创建头结点
    r=L;                                               //r 始终指向尾结点,开始时指向头结点
    for (int i=0;i<n;i++)                              //循环建立数据结点
    {   s=(DLinkNode *)malloc(sizeof(DLinkNode));
        s->data=a[i];                                  //创建数据结点 s
        r->next=s;s->prior=r;                          //将 s 结点插入 r 结点之后
        r=s;                                           //r 指向尾结点
    }
    r->next=NULL;                                      //将尾结点的 next 域置为 NULL
}
```

3. 线性表的基本运算在双链表中的实现

在双链表中,有些运算(例如求长度、取元素值和查找元素等)的算法与单链表中的相应算法是相同的,这里不多讨论。但在双链表中插入和删除结点不同于单链表,下面仅介绍双链表的插入和删除运算算法设计。

在双链表 L 中的第 i 个位置上插入值为 e 的结点 s 时采用类似单链表的插入过程,先查找第 $i-1$ 个结点(由 p 指向它),然后在 p 结点之后插入新结点 s。算法如下:

```c
bool ListInsert(DLinkNode *&L, int i, ElemType e)
{   int j=0;
    DLinkNode *p=L,*s;              //p指向头结点,j设置为0
    if (i<=0) return false;         //i错误返回false
    while (j<i-1 && p!=NULL)        //查找第i-1个结点
    {   j++;
        p=p->next;
    }
    if (p==NULL)                    //未找到第i-1个结点,返回false
        return false;
    else                            //找到第i-1个结点p
    {   s=(DLinkNode *)malloc(sizeof(DLinkNode));
        s->data=e;                  //创建新结点s
        s->next=p->next;            //在p结点之后插入s结点
        if (p->next!=NULL)          //若p结点存在后继结点,修改其前驱指针
            p->next->prior=s;
        s->prior=p;
        p->next=s;
        return true;
    }
}
```

本算法的时间复杂度为 $O(n)$,其中 n 为双链表中数据结点的个数。

在双链表 L 中删除第 i 个结点时采用类似单链表的删除过程,先查找第 $i-1$ 个结点 p,然后删除结点 p 的后继结点。算法如下:

```c
bool ListDelete(DLinkNode *&L, int i, ElemType &e)
{   int j=0;
    DLinkNode *p=L,*q;              //p指向头结点,j设置为0
    if (i<=0) return false;         //i错误返回false
    while (j<i-1 && p!=NULL)        //查找第i-1个结点p
    {   j++;
        p=p->next;
    }
    if (p==NULL)                    //未找到第i-1个结点p
        return false;
    else                            //找到第i-1个结点p
    {   q=p->next;                  //q指向第i个结点
        if (q==NULL)                //当不存在第i个结点时返回false
            return false;
        e=q->data;
        p->next=q->next;            //从双链表中删除结点q
        if (q->next!=NULL)          //若q结点存在后继结点,修改其前驱指针
            q->next->prior=p;
        free(q);                    //释放q结点
```

```
        return true;
    }
}
```

本算法的时间复杂度为 $O(n)$,其中 n 为双链表中数据结点的个数。

由于在双链表中通过一个结点既可以找到它的前驱结点,又可以找到它的后继结点,所以在双链表 L 中实现插入和删除第 i 个结点时可以先查找第 i 个结点(由 p 指向它),插入时在 p 结点的前面插入一个新结点,删除时通过 p 结点的前驱结点来删除它。

4. 双链表的应用示例

【例 2.9】 有一个带头结点的双链表 L,设计一个算法将其所有元素逆置,即第 1 个元素变为最后一个元素,第 2 个元素变为倒数第 2 个元素,…,最后一个元素变为第 1 个元素。

解 整体建表法。先构造只有一个头结点的空双链表 L(利用原来的头结点),用 p 遍历双链表中的所有数据结点,采用头插法将 p 所指结点插入 L 中,如图 2.25 所示。算法如下:

```
void reverse(DLinkNode * &L)           //双链表结点逆置算法
{   DLinkNode  * p=L->next, * q;       //p 指向首结点
    L->next=NULL;                      //构造只有头结点的双链表 L
    while (p!=NULL)                    //遍历 L 中的所有数据结点
    {   q=p->next;                     //会修改 p 结点的 next 域,用 q 临时保存其后继结点
        p->next=L->next;               //采用头插法将 p 结点插入双链表中
        if (L->next!=NULL)             //若 L 中存在数据结点
            L->next->prior=p;          //修改原来首结点的前驱指针
        L->next=p;                     //将新结点作为首结点
        p->prior=L;
        p=q;                           //让 p 重新指向其后继结点
    }
}
```

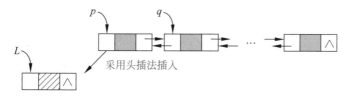

图 2.25 采用头插法将 p 所指结点插入 L 中

【例 2.10】 有一个带头结点的双链表 L(至少有一个数据结点),设计一个算法实现所有数据结点按 data 域递增排序。

解 直接插入法。本算法与例 2.8 算法的思路相同,只是插入结点的操作略有不同。算法如下:

```
void sort(DLinkNode * &L)              //双链表结点递增排序
{   DLinkNode  * p, * pre, * q;
    p=L->next->next;                   //p 指向 L 的第 2 个数据结点
```

```
        L->next->next=NULL;          //构造只含一个数据结点的有序表
        while (p!=NULL)
        {   q=p->next;                //q保存p结点的后继结点
            pre=L;                    //从有序表的开头进行比较,pre指向插入结点p的前驱结点
            while (pre->next!=NULL && pre->next->data<p->data)
                pre=pre->next;        //在有序表中找插入结点的前驱结点pre
            p->next=pre->next;        //在pre结点之后插入结点p
            if (pre->next!=NULL)
                pre->next->prior=p;
            pre->next=p;
            p->prior=pre;
            p=q;                      //遍历原双链表余下的结点
        }
    }
```

2.3.4 循环链表

循环链表(circular linked list)是另一种形式的链式存储结构。循环链表有循环单链表和循环双链表两种类型,循环单链表的结点类型和非循环单链表的结点类型 LinkNode 相同,循环双链表的结点类型和非循环双链表的结点类型 DLinkNode 相同。

把单链表改为循环单链表的过程是将它的尾结点的 next 指针域由原来为空改为指向头结点,整个单链表形成一个环。由此,从表中任一结点出发均可找到链表中的其他结点。图 2.26(a)所示为带头结点的循环单链表。

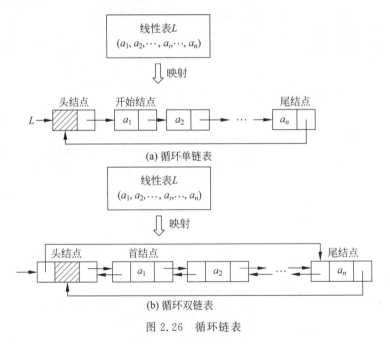

图 2.26　循环链表

把双链表改为循环双链表的过程是将它的尾结点的 next 指针域由原来为空改为指向头结点,将它的头结点的 prior 指针域改为指向尾结点,整个双链表形成两个环。图 2.26(b)

所示为带头结点的循环双链表。

循环链表的基本运算的实现算法与对应非循环链表的算法基本相同,主要差别是对于循环单链表或循环双链表 L,判断表尾结点 p 的条件是 $p\to next==L$;另外在循环双链表 L 中可以通过 $L\to prior$ 快速找到尾结点。

【例 2.11】 有一个带头结点的循环单链表 L,设计一个算法统计其 data 域值为 x 的结点的个数。

解 遍历整个循环单链表,用 i 累计 data 域值为 x 的结点的个数 cnt,最后返回 cnt。算法如下:

```
int count(LinkNode *L, ElemType x)
{   int cnt=0;
    LinkNode *p=L->next;            //p 指向首结点,cnt 置为 0
    while (p!=L)                    //遍历循环单链表 L
    {   if (p->data==x)
            cnt++;                  //找到值为 x 的结点后 cnt 增 1
        p=p->next;                  //p 指向下一个结点
    }
    return cnt;                     //返回值为 x 的结点的个数
}
```

【例 2.12】 有一个带头结点的循环双链表 L,设计一个算法删除第一个 data 域值为 x 的结点。

解 用 p 指针遍历整个循环双链表来查找 data 域值为 x 的结点,找到后删除 p 结点,并返回 true,若未找到这样的结点返回 false。算法如下:

```
bool delelem(DLinkNode *&L, ElemType x)
{   DLinkNode *p=L->next;                //p 指向首结点
    while (p!=L && p->data!=x)           //查找第一个 data 域值为 x 的结点 p
        p=p->next;
    if (p!=L)                            //找到了第一个值为 x 的结点 p
    {   p->next->prior=p->prior;         //删除 p 结点
        p->prior->next=p->next;
        free(p);
        return true;                     //返回 true
    }
    else                                 //没有找到值为 x 的结点,返回 false
        return false;
}
```

【例 2.13】 设计一个算法,判断带头结点的循环双链表 L(含两个以上的结点)中的数据结点是否对称。

解 算法的思路是用 p 从左向右遍历 L,q 从右向左遍历 L,然后循环。若 p、q 所指结点的 data 域不相等,则退出循环,返回 false;否则继续比较,直到 $p==q$(数据结点的个数为奇数的情况)或者 $p==q\to prior$(数据结点个数为偶数的情况)为止,这时返回 true。算法如下:

```
bool Symm(DLinkNode *L)
{   bool same=true;                      //same 表示 L 是否对称,初始时为 true
```

59

```
    DLinkNode * p=L->next;            //p指向首结点
    DLinkNode * q=L->prior;           //q指向尾结点
    while (same)
    {   if (p->data!=q->data)         //对应结点值不相同,退出循环
            same=false;
        else
        {   if (p==q || p==q->prior) break;
            q=q->prior;               //q前移一个结点
            p=p->next;                //p后移一个结点
        }
    }
    return same;
}
```

该算法利用循环双链表 L 的特点,通过 $L->prior$ 直接找到尾结点,然后进行结点值的比较,从而判断 L 的数据结点是否对称。如果是非循环双链表,需要通过遍历查找尾结点,显然不如循环双链表的性能好。

2.4 线性表的应用

1. 问题描述

本节通过计算任意两个表的简单自然连接过程讨论线性表的应用。假设有两个表 A 和 B,分别是 m_1 行、n_1 列和 m_2 行、n_2 列,它们的简单自然连接结果 $C = A \underset{i=j}{\bowtie} B$,其中 i 表示表 A 中的列号,j 表示表 B 中的列号,C 为 A 和 B 的笛卡儿积中满足指定连接条件的所有记录组,该连接条件为表 A 的第 i 列与表 B 的第 j 列相等。例如:

视频讲解

$$A = \begin{bmatrix} 1 & 2 & 3 \\ 2 & 3 & 3 \\ 1 & 1 & 1 \end{bmatrix} \quad B = \begin{bmatrix} 3 & 5 \\ 1 & 6 \\ 3 & 4 \end{bmatrix}$$

$C = A \underset{3=1}{\bowtie} B$ 的计算结果如下:

$$\begin{bmatrix} 1 & 2 & 3 & 3 & 5 \\ 1 & 2 & 3 & 3 & 4 \\ 2 & 3 & 3 & 3 & 5 \\ 2 & 3 & 3 & 3 & 4 \\ 1 & 1 & 1 & 1 & 6 \end{bmatrix}$$

2. 数据组织

由于每个表的行数不确定,所以采用单链表作为表的存储结构,每行作为一个数据结点,也称为行结点。另外,每行中元素的个数也是不确定的,但由于需要提供随机查找行中的数据元素,所以每行的数据元素采用顺序存储结构,这里用长度为 MaxCol 的数组 data 存储每行的数据。因此该单链表中数据结点的类型声明如下:

```
#define MaxCol 10                      //最大列数
typedef struct Node1                   //定义数据结点类型
{   ElemType data[MaxCol];             //存放一行的数据
    struct Node1 *next;                //指向后继数据结点
} DList;                               //行结点类型
```

另外,需要指定每个表的行数和列数,为此将单链表的头结点类型声明如下:

```
typedef struct Node2
{   int Row,Col;                       //行数和列数
    DList *next;                       //指向第一个数据结点
} HList;                               //头结点类型
```

这样 A、B 两个表对应的单链表存储结构如图 2.27 所示。

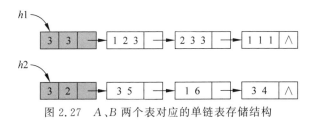

图 2.27 A、B 两个表对应的单链表存储结构

注意:在前面讨论的链表中,头结点的类型与数据结点的类型均相同,而这里两者的类型是不同的。

3. 设计运算算法

通过对本求解问题进行分析,发现需要设计以下 4 个基本运算算法。
- CreateTable(&h):采用交互方式建立单链表 h。
- DestroyTable(&h):销毁单链表 h。
- DispTable(h):输出单链表 h。
- LinkTable(h1,h2,&h):由 h1 和 h2 连接产生结果单链表 h。

1) 采用交互方式建立单链表的算法

采用尾插法建表的方法创建存储一个表的单链表,用户先输入表的行数和列数,然后输入各行的数据。在采用尾插法建表时需要设置一个尾结点指针 r,一般尾插法是先让 r 指向头结点,但这里头结点和数据结点的类型不同,且头结点只要一个,而数据结点有若干个,所以只让 r 指向数据结点。对应的建表算法如下:

```
void CreateTable(HList *&h)
{   int i,j;
    DList *r,*s;
    h=(HList *)malloc(sizeof(HList));  //创建头结点
    h->next=NULL8
    printf("表的行数,列数:");
    scanf("%d%d",&h->Row,&h->Col);     //输入表的行数和列数
    for (i=0;i<h->Row;i++)             //输入所有行的数据
    {   printf("  第%d 行:",i+1);
```

```
        s=(DList *)malloc(sizeof(DList));      //创建数据结点 s
        for (j=0;j<h->Col;j++)                  //输入一行的数据
            scanf("%d",&s->data[j]);
        if (h->next==NULL)                      //插入第一个数据结点的情况
            h->next=s;
        else                                    //插入其他数据结点的情况
            r->next=s;                          //将 s 结点插入 r 结点之后
        r=s;                                    //r 始终指向尾结点
    }
    r->next=NULL;                               //将尾结点的 next 域置空
}
```

显然该算法的时间复杂度为 $O(m \times n)$，其中 m 为表的行数，n 为表的列数。

2）销毁单链表的算法

该算法和前面销毁单链表的算法类似，只是要针对头结点和数据结点类型不相同的情况进行相应修改。对应的算法如下：

```
void DestroyTable(HList * &h)
{   DList * pre=h->next, * p=pre->next;
    while (p!=NULL)
    {   free(pre);
        pre=p; p=p->next;
    }
    free(pre);
    free(h);
}
```

该算法的时间复杂度为 $O(m)$，其中 m 为表的行数。

3）输出单链表的算法

对应的输出单链表的算法如下：

```
void DispTable(HList * h)
{   int j;
    DList * p=h->next;                          //p 指向开始行结点
    while (p!=NULL)                             //遍历所有行
    {   for (j=0;j<h->Col;j++)                  //输出一行的数据
            printf("%4d",p->data[j]);
        printf("\n");
        p=p->next;                              //p 指向下一个行结点
    }
}
```

该算法的时间复杂度为 $O(m \times n)$，其中 m 为表的行数，n 为表的列数。

4）表连接运算算法

为了实现两个表 $h1$ 和 $h2$ 的简单自然连接，先要输入两个表连接的列序号 i 和 j，然后用 p 指针遍历单链表 $h1$，对于 $h1$ 的每个数据结点，都用 q 指针从头至尾遍历单链表 $h2$ 的所有数据结点，若自然连接条件成立，即 $h1$ 的 p 所指结点和 $h2$ 的 q 所指结点满足连接条

件 $p->data[i-1]==q->data[j-1]$，则建立一个连接结点 s 并添加到结果单链表 h 中。结果单链表 h 也是采用尾插法建表方法创建的。实现两个表 $h1$ 和 $h2$ 的简单自然连接并生成结果单链表 h 的算法如下：

```
void LinkTable(HList * h1, HList * h2, HList * &h)
{   int i,j,k;
    DList * p=h1->next, * q, * s, * r;
    printf("连接字段是:第1个表序号,第2个表序号:");
    scanf("%d%d",&i,&j);
    h=(HList *)malloc(sizeof(HList));       //创建结果表头结点
    h->Row=0;                                //置行数为0
    h->Col=h1->Col+h2->Col;                  //置列数为表1和表2的列数和
    h->next=NULL;                            //置next域为NULL
    while (p!=NULL)                          //遍历表1
    {   q=h2->next;                          //q指向表2的首结点
        while (q!=NULL)                      //遍历表2
        {   if (p->data[i-1]==q->data[j-1])  //对应字段值相等
            {   s=(DList *)malloc(sizeof(DList));  //创建一个数据结点s
                for (k=0;k<h1->Col;k++)      //复制表1的当前行
                    s->data[k]=p->data[k];
                for (k=0;k<h2->Col;k++)      //复制表2的当前行
                    s->data[h1->Col+k]=q->data[k];
                if (h->next==NULL)           //若插入的是第一个数据结点
                    h->next=s;               //将s结点插入头结点之后
                else                         //若插入其他数据结点
                    r->next=s;               //将s结点插入结点r之后
                r=s;                         //r始终指向尾结点
                h->Row++;                    //表的行数增1
            }
            q=q->next;                       //表2后移一个结点
        }
        p=p->next;                           //表1后移一个结点
    }
    r->next=NULL;                            //表尾结点的next域置空
}
```

4. 设计求解程序

在设计好 4 个基本运算算法以后，设计以下主函数调用这些算法完成求解任务：

```
int main()
{   HList * h1, * h2, * h;
    printf("表1:\n");
    CreateTable(h1);                         //创建表1
    printf("表2:\n");
    CreateTable(h2);                         //创建表2
    LinkTable(h1,h2,h);                      //连接两个表
    printf("连接结果表:\n");
    DispTable(h);                            //输出连接结果
```

```
        DestroyTable(h1);              //销毁单链表 h1
        DestroyTable(h2);              //销毁单链表 h2
        DestroyTable(h);               //销毁单链表 h
        return 1;
    }
```

5. 运行结果

运行本程序,输入相应表数据,得到对应的简单自然连接结果(带下画线的表示用户输入的数据,✓表示按回车键,下同):

```
表 1:
表的行数,列数:3 3✓
    第 1 行:1 2 3✓
    第 2 行:2 3 3✓
    第 3 行:1 1 1✓
表 2:
表的行数,列数:3 2✓
    第 1 行:3 5✓
    第 2 行:1 6✓
    第 3 行:3 4✓
连接字段是:第 1 个表序号,第 2 个表序号:3 1✓
连接结果表:
1 2 3 3 5
1 2 3 3 4
2 3 3 3 5
2 3 3 3 4
1 1 1 1 6
```

2.5 有序表

所谓**有序表**(ordered list)是指这样的线性表,其中所有元素以递增或递减方式有序排列。为了简单,假设有序表中的元素以递增方式排列。从中可以看到,有序表和线性表中元素之间的逻辑关系相同,其区别是运算的实现不同。

2.5.1 有序表的抽象数据类型描述

有序表的抽象数据类型描述如下:

```
ADT OrderList
{   数据对象:
        D={ $a_i$ | 1≤i≤n,n≥0, $a_i$ 为 ElemType 类型}    //ElemType 是自定义类型标识符
    数据关系:
        R={<$a_i$,$a_{i+1}$>| $a_i$,$a_{i+1}$∈D 且 $a_i$≤$a_{i+1}$,i=1,…,n-1}
    基本运算:
        InitList(&L):初始化有序表 L。
```

```
    DestroyList(&L): 销毁有序表 L。
    ListEmpty(L): 判断有序表 L 是否为空表。
    ListLength(L): 求有序表 L 中元素的个数。
    DispList(L): 输出有序表 L。
    GetElem(L,i,&e): 求有序表 L 的第 i 个元素。
    LocateElem(L,e): 返回有序表 L 中第一个元素值等于 e 的元素的序号。
    ListInsert(&L,e): 在有序表 L 中插入一个元素值为 e 的元素。
    ListDelete(&L,i,&e): 删除有序表 L 中的第 i 个元素。
}
```

2.5.2 有序表的存储结构及其基本运算算法

由于有序表中元素之间的逻辑关系与线性表中的完全相同,所以可以采用顺序表(类型为 SqList)和链表(单链表结点类型为 LinkNode,双链表结点类型为 DLinkNode)进行存储。

若以顺序表存储有序表,大家会发现基本运算算法中只有 ListInsert()算法与前面的顺序表对应的运算有所差异,其余都是相同的。有序顺序表的 ListInsert()算法如下:

```
void ListInsert(SqList * &L, ElemType e)
{   int i=0,j;
    while (i<L->length && L->data[i]<e)
        i++;                              //查找值为 e 的元素
    for (j=ListLength(L);j>i;j--)         //将 data[i]及后面的元素后移一个位置
        L->data[j]=L->data[j-1];
    L->data[i]=e;
    L->length++;                          //有序顺序表的长度增 1
}
```

本算法的思路是从头开始遍历有序顺序表 L,通过比较找到插入位置 i,将 data[i]及后面的元素后移一个位置,在该位置插入元素 e。显然该算法的时间复杂度为 $O(n)$。

若以单链表存储有序表,同样会发现基本运算算法中只有 ListInsert()算法与前面的单链表对应的运算有所差异,其余都是相同的。有序单链表的 ListInsert()算法如下:

```
void ListInsert(LinkNode * &L, ElemType e)
{   LinkNode * pre=L, * p;
    while (pre->next!=NULL && pre->next->data<e)
        pre=pre->next;                    //查找插入结点的前驱结点 pre
    p=(LinkNode * )malloc(sizeof(LinkNode));
    p->data=e;                            //创建存放 e 的数据结点 p
    p->next=pre->next;                    //在 pre 结点之后插入 p 结点
    pre->next=p;
}
```

2.5.3 有序表的归并算法

【例 2.14】 假设有两个有序表 LA 和 LB,设计一个算法,将它们合并成一个有序表 LC(假设每个有序表中和两个有序表间均不存在重复元素),要求不破坏原有表 LA 和 LB。

解 将两个有序表合并成一个有序表可以采用二路归并算法,如图 2.28 所示。其过程是分别扫描 LA 和 LB 两个有序表,当两个有序表都没有遍历完时循环:比较 LA、LB 的当前元素,将其中较小的元素放入 LC 中,再从较小元素所在的有序表中取下一个元素。重复这一过程,直到 LA 或 LB 遍历完毕,最后将未遍历完的有序表中余下的元素放入 LC 中。例如 LA=(1,3,5),LB=(2,4,8,10),其二路归并过程如图 2.29 所示。

图 2.28 二路归并示意图

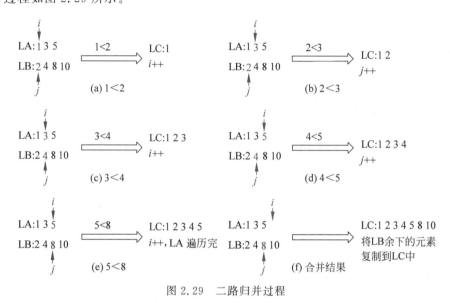

图 2.29 二路归并过程

说明:本题要求不破坏原有表 LA 和 LB,所以采用复制的方式创建 LC,即采用建表方法新建表 LC。

采用顺序表存放有序表时的二路归并算法如下:

```
void UnionList(SqList * LA, SqList * LB, SqList * &LC)
{   int i=0,j=0,k=0;                      //i,j 分别为 LA,LB 的下标,k 为 LC 中元素的个数
    LC=(SqList *)malloc(sizeof(SqList));  //建立有序顺序表 LC
    while (i<LA->length && j<LB->length)
    {   if (LA->data[i]<LB->data[j])
        {   LC->data[k]=LA->data[i];
            i++;k++;
        }
        else                              //LA->data[i]>LB->data[j]
        {   LC->data[k]=LB->data[j];
            j++;k++;
        }
    }
    while (i<LA->length)                  //LA 尚未遍历完,将其余元素插入 LC 中
    {   LC->data[k]=LA->data[i];
        i++;k++;
    }
```

```
        while (j<LB->length)                    //LB 未遍历完,将其余元素插入 LC 中
        {   LC->data[k]=LB->data[j];
            j++;k++;
        }
        LC->length=k;
}
```

采用单链表存放有序表时的二路归并算法如下:

```
void UnionList1(LinkNode *LA,LinkNode *LB,LinkNode *&LC)
{   LinkNode *pa=LA->next,*pb=LB->next,*r,*s;
    LC=(LinkNode *)malloc(sizeof(LinkNode));    //创建 LC 的头结点
    r=LC;                                        //r 始终指向 LC 的尾结点
    while (pa!=NULL && pb!=NULL)
    {   if (pa->data<pb->data)
        {   s=(LinkNode *)malloc(sizeof(LinkNode));   //复制 pa 所指结点
            s->data=pa->data;
            r->next=s;r=s;                       //将 s 结点插入 LC 中
            pa=pa->next;
        }
        else
        {   s=(LinkNode *)malloc(sizeof(LinkNode));   //复制 pb 所指结点
            s->data=pb->data;
            r->next=s;r=s;                       //将 s 结点插入 LC 中
            pb=pb->next;
        }
    }
    while (pa!=NULL)
    {   s=(LinkNode *)malloc(sizeof(LinkNode));   //复制 pa 所指结点
        s->data=pa->data;
        r->next=s;r=s;                           //将 s 结点插入 LC 中
        pa=pa->next;
    }
    while (pb!=NULL)
    {   s=(LinkNode *)malloc(sizeof(LinkNode));   //复制 pb 所指结点
        s->data=pb->data;
        r->next=s;r=s;                           //将 s 结点插入 LC 中
        pb=pb->next;
    }
    r->next=NULL;                                //尾结点的 next 域置空
}
```

上述两个算法的设计思路完全相同。第 1 个 while 循环在最坏情况下的执行次数为 $O(ListLength(LA)+ListLength(LB))$,第 2 个 while 循环在最坏情况下的执行次数为 $O(ListLength(LA))$,第 3 个 while 循环在最坏情况下的执行次数为 $O(ListLength(LB))$,所以算法的时间复杂度为 $O(ListLength(LA)+ListLength(LB))$。实际上,每个算法都恰好只遍历 LA 和 LB 有序表一次。

说明:两个长度分别为 m、n 的有序表 A 和 B 采用二路归并算法,在最好情况下元素的比较次数为 $MIN(m,n)$,例如 $A=(1,2,3)$,$B=(5,6,7,8,9)$,元素的比较次数为 3;在最坏

情况下元素的比较次数为 $m+n-1$,例如 $A=(2,4,6)$,$B=(1,3,5,7)$,元素的比较次数为 6。

2.5.4 有序表的应用

【例 2.15】 已知 3 个带头结点的单链表 LA、LB 和 LC 中的结点均依元素值递增排列(假设每个单链表不存在数据值相同的结点,但 3 个单链表中可能存在数据值相同的结点),设计一个算法实现这样的功能:使链表 LA 中仅留下 3 个表中均包含的数据元素的结点,且没有数据值相同的结点,并释放 LA 中其他结点。要求算法的时间复杂度为 $O(m+n+p)$,其中 m、n 和 p 分别为 3 个表的长度。

解 先以单链表 LA 的头结点作为一个空表,r 指向这个新建单链表的尾结点。以 pa 遍历单链表 LA 中的数据结点,判断它是否在单链表 LB 和 LC 中,若同时在 LB 和 LC 中,表示 pa 所指结点是公共元素,则将其链接到 r 所指结点之后,否则删除之。算法如下:

```
void Commnode(LinkNode * &LA,LinkNode * LB,LinkNode * LC)
{   LinkNode * pa=LA->next, * pb=LB->next, * pc=LC->next, * q, * r;
    LA->next=NULL;                  //此时 LA 作为新建单链表的头结点
    r=LA;                           //r 始终指向新单链表的尾结点
    while (pa!=NULL)                //查找公共结点并建立新链表 LA
    {   while (pb!=NULL && pa->data > pb->data)  //pa 结点与 LB 中的 pb 结点进行比较
            pb=pb->next;
        while (pc!=NULL && pa->data > pc->data)  //pa 结点与 LC 中的 pc 结点进行比较
            pc=pc->next;
        if (pb!=NULL && pc!=NULL && pa->data==pb->data
            && pa->data==pc->data)  //若 pa 结点是公共结点
        {   r->next=pa;             //将 pa 结点插入 LA 中
            r=pa;
            pa=pa->next;            //pa 移到下一个结点
        }
        else                        //若 pa 结点不是公共结点,则删除之
        {   q=pa;
            pa=pa->next;            //pa 移到下一个结点
            free(q);                //释放非公共结点
        }
    }
    r->next=NULL;                   //尾结点的 next 域置空
}
```

注意:本算法实际上是采用尾插法建立结果单链表 LA。

在上述算法中,指向 LA、LB、LC 单链表的指针 pa、pb、pc 都没有出现回退过程,即每个单链表均只遍历一遍,所以算法的时间复杂度为 $O(m+n+p)$。

【例 2.16】 已知一个有序单链表 L(允许出现值域重复的结点),设计一个高效的算法删除值域重复的结点,并分析算法的时间复杂度。

解 由于是有序单链表,所以相同值域的结点都是相邻的。用 p 遍历递增单链表,若 p 所指结点的值域等于其后继结点的值域,则删除后者。算法如下:

```
void dels(LinkNode * &L)
{   LinkNode * p=L->next, * q;
    while (p->next!=NULL)
```

视频讲解

```
            if (p->data==p->next->data)    //找到重复值的结点
            {   q=p->next;                  //q指向这个重复值的结点
                p->next=q->next;            //删除q结点
                free(q);
            }
            else
                p=p->next;                  //不是重复结点,p指针下移
        }
    }
```

本算法的时间复杂度为 $O(n)$,其中 n 为有序单链表 L 中数据结点的个数。

【例 2.17】 一个长度为 $n(n \geq 1)$ 的升序序列 S,处在第 $n/2$ 个位置的数称为 S 的中位数。例如,若序列 $S_1=(11,13,15,17,19)$,则 S_1 的中位数是 15。两个序列的中位数是含它们所有元素的升序序列的中位数。例如,若 $S_2=(2,4,6,8,20)$,则 S_1 和 S_2 的中位数是 11。现有两个等长的升序序列 A 和 B,设计一个在时间和空间两方面都尽可能高效的算法,找出两个序列 A 和 B 的中位数。假设升序序列采用顺序表存储。

解 当升序序列采用顺序表存储时,一个升序序列 S 的中位数就是 $S\text{->}\text{data}[S\text{->}\text{length}/2]$ 元素。而 S_1 和 S_2 两个等长升序序列的中位数是将它们二路归并后的一个升序序列 S 的中位数。实际上不需要求出 S 的全部元素,用 k 记录当前归并的元素的个数,当 $k=S_1\text{->}\text{length}$ 时进行归并的那个元素就是中位数。求两个等长有序顺序表 A、B 的中位数的算法如下:

```
ElemType M_Search(SqList * A, SqList * B)    //A、B的长度相同
{   int i=0, j=0, k=0;
    while (i<A->length && j<B->length)        //两个序列均没有扫描完
    {   k++;                                   //当前归并的元素个数增1
        if (A->data[i]<B->data[j])             //归并较小的元素 A->data[i]
        {   if (k==A->length)                  //若当前归并的元素是第n个元素
                return A->data[i];             //返回 A->data[i]
            i++;
        }
        else
        {   if (k==B->length)                  //若当前归并的元素是第n个元素
                return B->data[j];             //返回 B->data[j]
            j++;
        }
    }
}
```

上述算法的时间复杂度为 $O(n)$,空间复杂度为 $O(1)$,是高效的算法,其中 n 为等长有序顺序表 A、B 中元素的个数。

本章小结

本章的基本学习要点如下：
(1) 理解线性表的逻辑结构特性。
(2) 掌握线性表的两种存储结构，即顺序表和链表，体会这两种存储结构之间的差异。
(3) 掌握顺序表上各种基本运算的实现过程和顺序表的通用算法设计方法。
(4) 掌握单链表上各种基本运算的实现过程和单链表的通用算法设计方法。
(5) 掌握双链表的特点和双链表的通用算法设计方法。
(6) 掌握循环链表的特点以及循环链表和对应非循环链表的差别。
(7) 掌握有序表的特点和二路归并算法，以及利用有序性设计高效的算法。
(8) 综合运用线性表解决一些复杂的实际问题。

练习题 2

1. 简述线性表的两种存储结构的主要特点。
2. 简述对单链表设置头结点的主要作用。
3. 假设某个含 n 个元素的线性表有以下运算：

Ⅰ．查找序号为 $i(1 \leqslant i \leqslant n)$ 的元素；
Ⅱ．查找第一个值为 x 的元素；
Ⅲ．插入新元素作为第一个元素；
Ⅳ．插入新元素作为最后一个元素；
Ⅴ．插入第 $i(2 \leqslant i \leqslant n)$ 个元素；
Ⅵ．删除第一个元素；
Ⅶ．删除最后一个元素；
Ⅷ．删除第 $i(2 \leqslant i \leqslant n)$ 个元素。

现设计该线性表的以下存储结构：

① 顺序表；
② 带头结点的单链表；
③ 带头结点的循环单链表；
④ 不带头结点仅有尾结点指针标识的循环单链表；
⑤ 带头结点的双链表；
⑥ 带头结点的循环双链表。

指出各种存储结构对应运算算法的时间复杂度。

4. 对于顺序表 L，指出以下算法的功能。

```
void fun(SqList *&L)
{   int i,j=0;
    for (i=1;i<L->length;i++)
```

```
        if (L->data[i]>L->data[j])
            j=i;
    for (i=j;i<L->length-1;i++)
        L->data[i]=L->data[i+1];
    L->length--;
}
```

5. 对于顺序表 L，指出以下算法的功能。

```
void fun(SqList *&L,ElemType x)
{   int i,j=0;
    for (i=1;i<L->length;i++)
        if (L->data[i]<=L->data[j])
            j=i;
    for (i=L->length;i>j;i--)
        L->data[i]=L->data[i-1];
    L->data[j]=x;
    L->length++;
}
```

6. 有人设计以下算法用于删除整数顺序表 L 中所有值在 $[x,y]$ 的元素，该算法显然不是高效的，请设计一个同样功能的高效算法。

```
void fun(SqList *&L,ElemType x)
{   int i,j;
    for (i=0;i<L->length;i++)
        if (L->data[i]>=x && L->data[i]<=y)
        {   for (j=i;j<L->length-1;j++)
                L->data[j]=L->data[j+1];
            L->length--;
        }
}
```

7. 设计一个算法，将 x 元素插到一个有序（从小到大排序）顺序表的适当位置，并保持有序性。

8. 假设一个顺序表 L 中的所有元素为整数，设计一个算法调整该顺序表，使其中所有小于零的元素放在所有大于或等于零的元素的前面。

9. 对于不带头结点的单链表 L1，其结点类型为 LinkNode，指出以下算法的功能。

```
void fun1(LinkNode *&L1,LinkNode *&L2)
{   int n=0,i;
    LinkNode *p=L1;
    while (p!=NULL)
    {   n++;
        p=p->next;
    }
```

```
        p=L1;
        for (i=1;i<n/2;i++)
            p=p->next;
        L2=p->next;
        p->next=NULL;
}
```

10. 在结点类型为 DLinkNode 的双链表中给出将 p 所指结点(非尾结点)与其后继结点交换的操作。

11. 有一个线性表 $(a_1,a_2,\cdots,a_n)$，其中 $n \geqslant 2$，采用带头结点的单链表 L 存储，每个结点存放线性表中的一个元素，结点类型为(data,next)。现查找某个元素值等于 x 的结点指针，若不存在这样的结点，返回 NULL。分别写出下面 3 种情况的查找语句，要求使用的时间尽量少。

(1) 线性表中的元素无序。

(2) 线性表中的元素按递增有序。

(3) 线性表中的元素按递减有序。

12. 设计一个算法，将一个带头结点的数据域依次为 $a_1,a_2,\cdots,a_n(n \geqslant 3)$ 的单链表的所有结点逆置，即第 1 个结点的数据域变为 a_n，第 2 个结点的数据域变为 $a_{n-1}\cdots$，尾结点的数据域变为 a_1。

13. 一个线性表 $(a_1,a_2,\cdots,a_n)(n>3)$ 采用带头结点的单链表 L 存储，设计一个高效的算法求中间位置的元素(n 为偶数时对应序号为 $n/2$ 的元素，n 为奇数时对应序号为 $(n+1)/2$ 的元素)。

14. 设计一个算法，在带头结点的非空单链表 L 中的第一个最大值结点(最大值结点可能有多个)之前插入一个值为 x 的结点。

15. 设有一个带头结点的单链表 L，结点的结构为(data,next)，其中 data 为整数元素，next 为后继结点的指针。设计一个算法，首先按递减次序输出该单链表中各结点的数据元素，然后释放所有结点占用的存储空间，并要求算法的空间复杂度为 $O(1)$。

16. 设有一个双链表 h，每个结点中除了有 prior、data 和 next 几个域以外，还有一个访问频度域 freq，在链表被启用之前，其值均初始化为 0。每当进行 LocateNode(h,x) 运算时，令元素值为 x 的结点中 freq 域的值加 1，并调整表中结点的次序，使其按访问频度的递减次序排列，以便使频繁访问的结点总是靠近表头。试编写一个符合上述要求的 LocateNode 运算的算法。

17. 设 ha$=(a_1,a_2,\cdots,a_n)$ 和 hb$=(b_1,b_2,\cdots,b_m)$ 是两个带头结点的循环单链表，设计一个算法将这两个表合并为带头结点的循环单链表 hc。

18. 设两个非空线性表分别用带头结点的循环双链表 ha 和 hb 表示，设计一个算法 Insert(ha,hb,i)，其功能是当 $i=0$ 时将 hb 插到 ha 的前面；当 $i>0$ 时将 hb 插到 ha 中第 i 个结点的后面；当 i 大于或等于 ha 的长度时将 hb 插到 ha 的后面。

19. 用带头结点的单链表表示整数集合，完成以下算法并分析时间复杂度：

(1) 设计一个算法求两个集合 A 和 B 的并集运算，即 $C=A \cup B$，要求不破坏原有的单链表 A 和 B。

(2) 假设集合中的元素按递增排列,设计一个高效的算法求两个集合 A 和 B 的并集运算,即 $C=A \cup B$,要求不破坏原有的单链表 A 和 B。

20. 用带头结点的单链表表示整数集合,完成以下算法并分析时间复杂度:

(1) 设计一个算法求两个集合 A 和 B 的差集运算,即 $C=A-B$,要求算法的空间复杂度为 $O(1)$,并释放单链表 A 和 B 中不需要的结点。

(2) 假设集合中的元素按递增排列,设计一个高效的算法求两个集合 A 和 B 的差集运算,即 $C=A-B$,要求算法的空间复杂度为 $O(1)$,并释放单链表 A 和 B 中不需要的结点。

上机实验题 2

验证性实验

实验题 1:实现顺序表的各种基本运算的算法

目的:领会顺序表的存储结构和掌握顺序表中各种基本运算算法的设计。

内容:编写一个程序 sqlist.cpp,实现顺序表的各种基本运算和整体建表算法(假设顺序表的元素类型 ElemType 为 char),并在此基础上设计一个程序 exp2-1.cpp 完成以下功能。

(1) 初始化顺序表 L。
(2) 依次插入 a、b、c、d、e 元素。
(3) 输出顺序表 L。
(4) 输出顺序表 L 的长度。
(5) 判断顺序表 L 是否为空。
(6) 输出顺序表 L 的第 3 个元素。
(7) 输出元素 a 的位置。
(8) 在第 4 个元素的位置上插入 f 元素。
(9) 输出顺序表 L。
(10) 删除顺序表 L 的第 3 个元素。
(11) 输出顺序表 L。
(12) 释放顺序表 L。

实验题 2:实现单链表的各种基本运算的算法

目的:领会单链表的存储结构和掌握单链表中各种基本运算算法的设计。

内容:编写一个程序 linklist.cpp,实现单链表的各种基本运算和整体建表算法(假设单链表的元素类型 ElemType 为 char),并在此基础上设计一个程序 exp2-2.cpp 完成以下功能。

(1) 初始化单链表 h。
(2) 依次采用尾插法插入 a、b、c、d、e 元素。
(3) 输出单链表 h。
(4) 输出单链表 h 的长度。
(5) 判断单链表 h 是否为空。
(6) 输出单链表 h 的第 3 个元素。
(7) 输出元素 a 的位置。

(8) 在第 4 个元素的位置上插入 f 元素。

(9) 输出单链表 h。

(10) 删除单链表 h 的第 3 个元素。

(11) 输出单链表 h。

(12) 释放单链表 h。

实验题 3：实现双链表的各种基本运算的算法

目的：领会双链表的存储结构和掌握双链表中各种基本运算算法的设计。

内容：编写一个程序 dlinklist.cpp，实现双链表的各种基本运算和整体建表算法（假设双链表的元素类型 ElemType 为 int），并在此基础上设计一个程序 exp2-3.cpp 完成以下功能。

(1) 初始化双链表 h。

(2) 依次采用尾插法插入 a、b、c、d、e 元素。

(3) 输出双链表 h。

(4) 输出双链表 h 的长度。

(5) 判断双链表 h 是否为空。

(6) 输出双链表 h 的第 3 个元素。

(7) 输出元素 a 的位置。

(8) 在第 4 个元素的位置上插入 f 元素。

(9) 输出双链表 h。

(10) 删除双链表 h 的第 3 个元素。

(11) 输出双链表 h。

(12) 释放双链表 h。

实验题 4：实现循环单链表的各种基本运算的算法

目的：领会循环单链表的存储结构和掌握循环单链表中各种基本运算算法的设计。

内容：编写一个程序 clinklist.cpp，实现循环单链表的各种基本运算和整体建表算法（假设循环单链表的元素类型 ElemType 为 int），并在此基础上设计一个程序 exp2-4.cpp 完成以下功能。

(1) 初始化循环单链表 h。

(2) 依次采用尾插法插入 a、b、c、d、e 元素。

(3) 输出循环单链表 h。

(4) 输出循环单链表 h 的长度。

(5) 判断循环单链表 h 是否为空。

(6) 输出循环单链表 h 的第 3 个元素。

(7) 输出元素 a 的位置。

(8) 在第 4 个元素的位置上插入 f 元素。

(9) 输出循环单链表 h。

(10) 删除循环单链表 h 的第 3 个元素。

(11) 输出循环单链表 h。

(12) 释放循环单链表 h。

实验题 5：实现循环双链表的各种基本运算的算法

目的：领会循环双链表的存储结构和掌握循环双链表中各种基本运算算法的设计。

内容：编写一个程序 cdlinklist.cpp，实现循环双链表的各种基本运算和整体建表算法（假设循环双链表的元素类型 ElemType 为 int），并在此基础上设计一个程序 exp2-5.cpp 完成以下功能。

(1) 初始化循环双链表 h。
(2) 依次采用尾插法插入 a、b、c、d、e 元素。
(3) 输出循环双链表 h。
(4) 输出循环双链表 h 的长度。
(5) 判断循环双链表 h 是否为空。
(6) 输出循环双链表 h 的第 3 个元素。
(7) 输出元素 a 的位置。
(8) 在第 4 个元素的位置上插入 f 元素。
(9) 输出循环双链表 h。
(10) 删除循环双链表 h 的第 3 个元素。
(11) 输出循环双链表 h。
(12) 释放循环双链表 h。

设计性实验

实验题 6：将单链表按基准划分

目的：掌握单链表的应用和算法设计。

内容：编写一个程序 exp2-6.cpp，以单链表的首结点值 x 为基准将该单链表分割为两部分，使所有小于 x 的结点排在大于或等于 x 的结点之前。

实验题 7：将两个单链表合并为一个单链表

目的：掌握单链表的应用和算法设计。

内容：编写一个程序 exp2-7.cpp 实现这样的功能，令 $L_1=(x_1,x_2,\cdots,x_n)$，$L_2=(y_1,y_2,\cdots,y_m)$，它们是两个线性表，采用带头结点的单链表存储，设计一个算法合并 L_1、L_2，将结果放在线性表 L_3 中，要求如下。

$$L_3=(x_1,y_1,x_2,y_2,\cdots,x_m,y_m,x_{m+1},\cdots,x_n) \quad m \leqslant n$$
$$L_3=(x_1,y_1,x_2,y_2,\cdots,x_n,y_n,y_{n+1},\cdots,y_m) \quad m > n$$

L_3 仍采用单链表存储，算法的空间复杂度为 $O(1)$。

实验题 8：求集合（用单链表表示）的并、交和差运算

目的：掌握单链表的应用和有序单链表的二路归并算法设计。

内容：编写一个程序 exp2-8.cpp，采用单链表表示集合（假设同一个集合中不存在重复的元素），将其按递增方式排序，构成有序单链表，并求这样的两个集合的并、交、差。

实验题 9：实现两个多项式相加的运算

目的：掌握线性表的应用和有序单链表的二路归并算法设计。

内容：编写一个程序 exp2-9.cpp，用单链表存储一元多项式，并实现两个多项式相加的运算。

综合性实验

实验题 10：实现两个多项式相乘的运算

目的：深入掌握单链表应用的算法设计。

内容：编写一个程序 exp2-10.cpp，用单链表存储一元多项式，并实现两个多项式相乘的运算。

实验题 11：职工信息的综合运算

目的：深入掌握单链表应用的算法设计。

内容：设有一个职工文件 emp.dat，每个职工记录包含职工号（no）、姓名（name）、部门号（depno）和工资（salary）信息。设计一个程序 exp2-11.cpp 完成以下功能：

(1) 从 emp.dat 文件中读出职工记录，并建立一个带头结点的单链表 L。

(2) 输入一个职工记录。

(3) 显示所有职工记录。

(4) 按职工号 no 对所有职工记录进行递增排序。

(5) 按部门号 depno 对所有职工记录进行递增排序。

(6) 按工资 salary 对所有职工记录进行递增排序。

(7) 删除指定职工号的职工记录。

(8) 删除职工文件中的全部记录。

(9) 将单链表 L 中的所有职工记录存储到职工文件 emp.dat 中。

实验题 12：用单链表实现两个大整数相加的运算

目的：深入掌握单链表应用的算法设计。

内容：编写一个程序 exp2-12.cpp 完成以下功能。

(1) 将用户输入的十进制整数字符串转化为带头结点的单链表，每个结点存放一个整数位。

(2) 求两个整数单链表相加的结果单链表。

(3) 求结果单链表的中间位，例如 123 的中间位为 2，1234 的中间位为 2。

LeetCode 在线编程题 2

1. LeetCode67——二进制求和★
2. LeetCode27——移除元素★
3. LeetCode26——删除排序数组中的重复项★
4. LeetCode80——删除排序数组中的重复项Ⅱ★★
5. LeetCode88——合并两个有序数组★
6. LeetCode4——寻找两个正序数组的中位数★★★
7. LeetCode707——设计链表★★
8. LeetCode382——链表随机结点★★

9. LeetCode203——移除链表元素 ★
10. LeetCode237——删除链表中的结点 ★
11. LeetCode206——翻转链表 ★
12. LeetCode92——翻转链表 II ★★
13. LeetCode328——奇偶链表 ★★
14. LeetCode86——分隔链表 ★★
15. LeetCode24——两两交换链表中的结点 ★★
16. LeetCode876——链表的中间结点 ★
17. LeetCode234——回文链表 ★
18. LeetCode143——重排链表 ★★
19. LeetCode147——对链表进行插入排序 ★★
20. LeetCode25——k 个一组翻转链表 ★★★
21. LeetCode725——分隔链表 ★★
22. LeetCode83——删除排序链表中的重复元素 ★
23. LeetCode82——删除排序链表中的重复元素 II ★★
24. LeetCode21——合并两个有序链表 ★
25. LeetCode23——合并 k 个升序链表 ★★★

第 3 章 栈和队列

本章思政

从组成元素的逻辑关系看,栈和队列都属于线性结构。栈和队列与线性表的不同之处在于它们的相关运算具有一些特殊性。更准确地说,一般线性表上的插入、删除运算不受限制,而栈和队列上的插入、删除运算均受某种特殊限制,因此栈和队列也称为操作受限的线性表。

本章介绍栈和队列的基本概念、存储结构、基本运算算法设计和应用实例。

3.1 栈

栈是一种常用而且重要的数据结构之一,如用于保存函数调用时相关参数信息等,通常在将递归算法转换成非递归算法时需要使用到栈。本节主要讨论栈及其应用。

3.1.1 栈的定义

栈(stack)是一种只能在一端进行插入或删除操作的线性表。表中允许进行插入、删除操作的一端称为**栈顶**(top),表的另一端称为**栈底**(bottom),如图 3.1 所示。栈顶的当前位置是动态的,栈顶的当前位置由一个被称为栈顶指针的位置指示器来标识。当栈中没有数据元素时称为**空栈**。栈的插入操作通常称为**进栈**或**入栈**(push),栈的删除操作通常称为**出栈**或**退栈**(pop)。

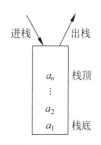

图 3.1 栈示意图

栈的主要特点是"后进先出"(last in first out,LIFO),即后进的元素先出栈。每次进栈的数据元素都放在原来栈顶元素之前成为新的栈顶元素,每次出栈的数据元素都是当前栈顶元素。栈也称为**后进先出表**。

例如,若干个人走进一个死胡同,假设该死胡同的宽度恰好只够一个人进出,那么走出死胡同的顺序和走进的顺序正好相反。这个死胡同就是一个栈。

栈抽象数据类型的定义如下:

```
ADT Stack
{ 数据对象:
     D={ a_i | 1≤i≤n,n≥0,a_i 为 ElemType 类型}    //ElemType 是自定义类型标识符
  数据关系:
     R={<a_i,a_{i+1}> | a_i,a_{i+1}∈ D,i=1,…,n-1}
  基本运算:
     InitStack(&s):初始化栈,构造一个空栈 s。
     DestroyStack(&s):销毁栈,释放为栈 s 分配的存储空间。
     StackEmpty(s):判断栈是否为空,若栈 s 为空,则返回真;否则返回假。
     Push(&s,e):进栈,将元素 e 插入栈 s 中作为栈顶元素。
     Pop(&s,&e):出栈,从栈 s 中删除栈顶元素,并将其值赋给 e。
     GetTop(s,&e):取栈顶元素,返回当前的栈顶元素,并将其值赋给 e。
}
```

【**例 3.1**】 若元素的进栈序列为 1234,能否得到 3142 的出栈序列?

解 为了让 3 作为第一个出栈元素,1、2 先进栈,此时要么 2 出栈,要么 4 进栈后出栈,出栈的第 2 个元素不可能是 1,所以得不到 3142 的出栈序列。

【**例 3.2**】 用 S 表示进栈操作、X 表示出栈操作,若元素的进栈顺序为 1234,为了得到 1342 的出栈序列,给出相应的 S 和 X 操作串。

解 为了得到 1342 的出栈序列,其操作过程是 1 进栈,1 出栈,2 进栈,3 进栈,3 出栈,

4进栈,4出栈,2出栈。因此相应的 S 和 X 操作串为 SXSSXSXX。

说明：n 个不同的元素通过一个栈产生的出栈序列的个数为 $\dfrac{1}{n+1}C_{2n}^{n}$。例如 $n=4$ 时，出栈序列的个数等于 14。

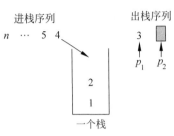

图 3.2 栈操作的一个时刻

【**例 3.3**】 一个栈的进栈序列为 $1,2,\cdots,n$，通过一个栈得到出栈序列 $p_1,p_2,\cdots,p_n(p_1,p_2,\cdots,p_n$ 是 $1,2,\cdots,n$ 的一种排列)。若 $p_1=3$，则 p_2 可能取值的个数是多少？

解 为了让 3 作为第一个出栈元素，将 1、2、3 依次进栈，3 出栈，此时如图 3.2 所示。之后可以让 2 出栈，$p_2=2$，也可以让 4 进栈再出栈，$p_2=4$，也可以让 4、5 进栈再出栈，$p_2=5,\cdots$，所以 p_2 可以是 $2,4,5,\cdots,n$，不可能是 1 和 3，即 p_2 可能取值的个数是 $n-2$。

3.1.2 栈的顺序存储结构及其基本运算的实现

栈中数据元素的逻辑关系呈线性关系，所以栈可以像线性表一样采用顺序存储结构进行存储，即分配一块连续的存储空间来存放栈中的元素，并用一个变量(例如 top)指向当前的栈顶元素以反映栈中元素的变化。采用顺序存储结构的栈称为**顺序栈**(sequential stack)。

假设栈的元素个数最大不超过正整数 MaxSize，所有的元素都具有同一数据类型，即 ElemType，可用下列方式来声明顺序栈的类型 SqStack：

```
typedef struct
{   ElemType data[MaxSize];     //存放栈中的数据元素
    int top;                    //栈顶指针,即存放栈顶元素在 data 数组中的下标
} SqStack;                      //顺序栈类型
```

栈到顺序栈的映射过程如图 3.3 所示。本节采用栈指针 s(不同于栈顶指针 top)的方式创建和使用顺序栈，如图 3.4 所示。

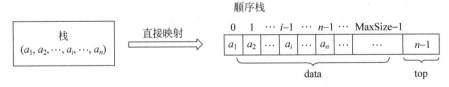

图 3.3 栈到顺序栈的映射

图 3.5 是一个顺序栈操作示意图。图 3.5(a)是初始情况，它是一个空栈；图 3.5(b)表示元素 a 进栈以后的状态；图 3.5(c)表示元素 b、c、d 进栈以后的状态；图 3.5(d)表示元素 d 出栈以后的状态。

图 3.4 顺序栈指针 s

综上所述，对于 s 所指的顺序栈(即顺序栈 s)，初始时设置 $s\rightarrow top=-1$，可以归纳出对后面的算法设计来说非常重要的 4 个要素。

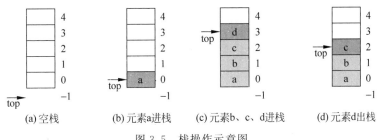

图 3.5 栈操作示意图

- 栈空的条件：$s->top==-1$。
- 栈满的条件：$s->top==MaxSize-1$（data 数组的最大下标）。
- 元素 e 进栈的操作：先将栈顶指针 top 增 1，然后将元素 e 放在栈顶指针处。
- 出栈的操作：先将栈顶指针 top 处的元素取出放在 e 中，然后将栈顶指针减 1。

在顺序栈上对应栈的基本运算算法设计如下。

1）初始化栈：InitStack(&s)

该运算创建一个空栈，由 s 指向它。实际上就是分配一个顺序栈空间，并将栈顶指针设置为 -1。算法如下：

```
void InitStack(SqStack *&s)
{   s=(SqStack *)malloc(sizeof(SqStack));  //分配一个顺序栈空间,首地址存放在 s 中
    s->top=-1;                              //栈顶指针置为 -1
}
```

2）销毁栈：DestroyStack(&s)

该运算释放顺序栈 s 占用的存储空间。算法如下：

```
void DestroyStack(SqStack *&s)
{
    free(s);
}
```

3）判断栈是否为空：StackEmpty(s)

该运算实际上用于判断条件 $s->top==-1$ 是否成立。算法如下：

```
bool StackEmpty(SqStack * s)
{
    return(s->top==-1);
}
```

4）进栈：Push(&s,e)

该运算的执行过程是，在栈不满的条件下先将栈顶指针增 1，然后在该位置上插入元素 e，并返回真；否则返回假。算法如下：

```
bool Push(SqStack *&s,ElemType e)
{   if (s->top==MaxSize-1)        //栈满的情况,即栈上溢出
        return false;
```

```
        s －> top++;                          //栈顶指针增1
        s －> data[s －> top]=e;              //元素 e 放在栈顶指针处
        return true;
    }
```

5) 出栈：Pop(&s,&e)

该运算的执行过程是，在栈不为空的条件下先将栈顶元素赋给 e，然后将栈顶指针减 1，并返回真；否则返回假。算法如下：

```
    bool Pop(SqStack * &s,ElemType &e)
    {   if (s －> top==－1)                   //栈为空的情况，即栈下溢出
            return false;
        e=s －> data[s －> top];              //取栈顶元素
        s －> top－－;                         //栈顶指针减1
        return true;
    }
```

6) 取栈顶元素：GetTop(s,&e)

该运算在栈不为空的条件下将栈顶元素赋给 e 并返回真；否则返回假。算法如下：

```
    bool GetTop(SqStack * s,ElemType &e)
    {   if (s －> top==－1)                   //栈为空的情况，即栈下溢出
            return false;
        e=s －> data[s －> top];              //取栈顶元素
        return true;
    }
```

和出栈运算相比，本算法只是没有移动栈顶指针。上述 6 个基本运算算法的时间复杂度均为 $O(1)$，说明这是一种非常高效的设计。

【例 3.4】 设计一个算法，利用顺序栈判断一个字符串是否为对称串。所谓对称串指从左向右读和从右向左读的序列相同。

解 n 个元素连续进栈，产生的连续出栈序列和输入序列正好相反，本算法就是利用这个特点设计的。对于字符串 str，从头到尾将其所有元素连续进栈，如果所有元素连续出栈产生的序列和 str 从头到尾的字符依次相同，表示 str 是一个对称串，返回真；否则表示 str 不是对称串，返回假。算法如下：

```
    bool symmetry(ElemType str[])            //判断 str 是否为对称串
    {   int i; ElemType e;
        SqStack * st;                        //定义顺序栈指针
        InitStack(st);                       //初始化栈
        for (i=0;str[i]!='\0';i++)           //将 str 的所有元素进栈
            Push(st,str[i]);
        for (i=0;str[i]!='\0';i++)           //处理 str 的所有字符
        {   Pop(st,e);                       //退栈元素 e
            if (str[i]!=e)                   //若 e 与当前串字符不同表示不是对称串
            {   DestroyStack(st);            //销毁栈
```

```
            return false;                    //返回假
        }
    }
    DestroyStack(st);                        //销毁栈
    return true;                             //返回真
}
```

顺序栈采用一个数组存放栈中的元素。如果需要用到两个类型相同的栈,这时若为它们各自开辟一个数组空间,极有可能出现这样的情况:第一个栈已满,再进栈就溢出了,而另一个栈还有很多空闲的存储空间。解决这个问题的方法是将两个栈合起来,如图3.6所示,用一个数组来实现这两个栈,这称为**共享栈**(share stack)。

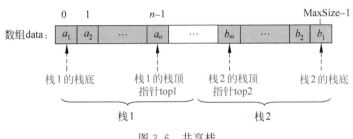

图 3.6 共享栈

在设计共享栈时,由于一个数组(大小为 MaxSize)有两个端点,两个栈有两个栈底,让一个栈的栈底为数组的始端,即下标为 0 处,另一个栈的栈底为数组的末端,即下标为 MaxSize－1 处,这样在两个栈中进栈元素时栈顶向中间伸展。

共享栈的 4 个要素如下。

- 栈空条件:栈 1 空为 top1==－1;栈 2 空为 top2==MaxSize。
- 栈满条件:top1==top2－1。
- 元素 x 进栈的操作:进栈 1 操作为 top1++;data[top1]=x;进栈 2 操作为 top2－－;data[top2]=x。
- 出栈的操作:出栈 1 操作为 x=data[top1];top1－－;出栈 2 操作为 x=data[top2];top2++。

在上述设置中,data 数组表示共享栈的存储空间,top1 和 top2 分别为两个栈的栈顶指针,这样该共享栈通过 data、top1 和 top2 来标识,也可以将它们设计为一个结构体类型:

```
typedef struct
{   ElemType data[MaxSize];                  //存放共享栈中的元素
    int top1,top2;                           //两个栈的栈顶指针
} DStack;                                    //共享栈的类型
```

在实现共享栈的基本运算算法时需要增加一个形参 i,指出是对哪个栈进行操作,例如 $i=1$ 表示对栈 1 进行操作,$i=2$ 表示对栈 2 进行操作。

3.1.3 栈的链式存储结构及其基本运算的实现

栈中数据元素的逻辑关系呈线性关系,所以栈可以像线性表一样采用链式存储结构。

采用链式存储结构的栈称为**链栈**(linked stack)。链表有多种,这里采用带头结点的单链表来实现链栈。

链栈的优点是不存在栈满上溢出的情况。规定栈的所有操作都是在单链表的表头进行的(因为给定链栈后,已知头结点的地址,在其后面插入一个新结点和删除首结点都十分方便,对应算法的时间复杂度均为 $O(1)$)。

图 3.7 所示为头结点指针为 s 的链栈,首结点是栈顶结点,尾结点是栈底结点。栈中的元素自栈底到栈顶依次是 $a_1, a_2, \cdots, a_n$。

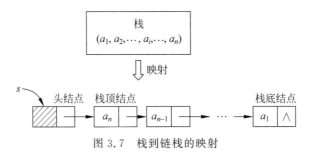

图 3.7 栈到链栈的映射

链栈中结点类型 LinkStNode 的声明如下:

```
typedef struct linknode
{   ElemType data;              //数据域
    struct linknode * next;     //指针域
} LinkStNode;                   //链栈结点类型
```

在以 s 为头结点指针的链栈(简称链栈 s)中,可以归纳出对后面的算法设计来说非常重要的 4 个要素。

- 栈空的条件:$s\rightarrow \text{next}==\text{NULL}$。
- 栈满的条件:由于只有内存溢出时才出现栈满,通常不考虑这样的情况,所以在链栈中可以看成不存在栈满。
- 元素 e 进栈的操作:新建一个结点存放元素 e(由 p 指向它),将结点 p 插入头结点之后。
- 出栈的操作:取出首结点的 data 值并将其删除。

在链栈上对应栈的基本运算算法设计如下。

1) 初始化栈:InitStack(&s)

该运算创建一个空链栈 s,如图 3.8 所示。实际上是创建链栈的头结点,并将其 next 域置为 NULL。算法如下:

图 3.8 创建一个空栈

```
void InitStack(LinkStNode * &s)
{   s=(LinkStNode * )malloc(sizeof(LinkStNode));
    s->next=NULL;
}
```

本算法的时间复杂度为 $O(1)$。

2) 销毁栈：DestroyStack(&s)

该运算释放链栈 s 占用的全部结点空间，和单链表的销毁算法完全相同。算法如下：

```
void DestroyStack(LinkStNode * &s)
{   LinkStNode * pre=s, * p=s->next;       //pre 指向头结点,p 指向首结点
    while (p!=NULL)                         //循环到 p 为空
    {   free(pre);                          //释放 pre 结点
        pre=p;                              //pre、p 同步后移
        p=pre->next;
    }
    free(pre);                              //此时 pre 指向尾结点,释放其空间
}
```

本算法的时间复杂度为 $O(n)$，其中 n 为链栈中数据结点的个数。

3) 判断栈是否为空：StackEmpty(s)

该运算判断 s->next=NULL 的条件是否成立。算法如下：

```
bool StackEmpty(LinkStNode * s)
{
    return(s->next==NULL);
}
```

本算法的时间复杂度为 $O(1)$。

4) 进栈：Push(&s,e)

该运算新建一个结点，用于存放元素 e（由 p 指向它），然后将其插入头结点之后作为新的首结点。算法如下：

```
bool Push(LinkStNode * &s, ElemType e)
{   LinkStNode * p;
    p=(LinkStNode * )malloc(sizeof(LinkStNode));   //新建结点 p
    p->data=e;                                      //存放元素 e
    p->next=s->next;                                //将 p 结点插入作为首结点
    s->next=p;
    return true;
}
```

本算法的时间复杂度为 $O(1)$。

5) 出栈：Pop(&s,&e)

该运算在栈不为空的条件下提取首结点的数据域赋给引用型参数 e，然后将其删除。算法如下：

```
bool Pop(LinkStNode * &s, ElemType &e)
{   LinkStNode * p;
    if (s->next==NULL)                //栈空的情况
        return false;                  //返回假
    p=s->next;                         //p 指向首结点
    e=p->data;                         //提取首结点值
    s->next=p->next;                   //删除首结点
```

```
        free(p);                       //释放被删结点的存储空间
        return true;                   //返回真
}
```

本算法的时间复杂度为 $O(1)$。

6) 取栈顶元素：GetTop(s,&e)

该运算在栈不为空的条件下提取首结点的数据值赋给引用型参数 e。算法如下：

```
bool GetTop(LinkStNode *s, ElemType &e)
{   if (s->next==NULL)                 //栈空的情况
        return false;                  //返回假
    e=s->next->data;                   //提取首结点值
    return true;                       //返回真
}
```

和出栈运算相比,本算法只是没有删除栈顶结点,其时间复杂度为 $O(1)$。

【例3.5】 设计一个算法判断输入的表达式中括号是否配对(假设只含有左、右圆括号)。

视频讲解

解 该算法在表达式括号配对时返回真,否则返回假。设置一个链栈 st,遍历表达式 exp,遇到左括号时进栈;遇到右括号时,若栈顶为左括号,则出栈,否则返回假。当表达式遍历完毕而且栈为空时返回真;否则返回假。算法如下:

```
bool Match(char exp[], int n)
{   int i=0; char e;
    bool match=true;
    LinkStNode *st;
    InitStack(st);                     //初始化链栈
    while (i<n && match)               //遍历 exp 中的所有字符
    {   if (exp[i]=='(')               //当前字符为左括号,将其进栈
            Push(st,exp[i]);
        else if (exp[i]==')')          //当前字符为右括号
        {   if (GetTop(st,e)==true)    //成功取栈顶元素 e
            {   if (e!='(')            //栈顶元素不为'('时
                    match=false;       //表示不匹配
                else                   //栈顶元素为'('时
                    Pop(st,e);         //将栈顶元素出栈
            }
            else match=false;          //无法取栈顶元素时表示不匹配
        }
        i++;                           //继续处理其他字符
    }
    if (!StackEmpty(st))               //栈不空时表示不匹配
        match=false;
    DestroyStack(st);                  //销毁栈
    return match;
}
```

3.1.4 栈的应用

在实际应用中,栈通常作为一种存放临时数据的容器。如果后存入的元素先处理,则采用栈。本节通过简单表达式求值和迷宫问题的求解过程来说明栈的应用。

1. 简单表达式求值

视频讲解

1)问题描述

这里限定的简单表达式求值问题是用户输入一个包含＋、－、＊、/、正整数和圆括号的合法算术表达式,计算该表达式的运算结果。

2)数据组织

简单表达式采用字符数组 exp 表示,其中只含有＋、－、＊、/、正整数和圆括号。为了方便,假设该表达式都是合法的算术表达式,例如 exp="1＋2＊(4＋12)",在设计相关算法中用到栈,这里采用顺序栈存储结构。

3)设计运算算法

在算术表达式中,运算符位于两个操作数中间的表达式称为**中缀表达式**(infix expression),例如 1＋2＊3 就是一个中缀表达式。中缀表达式是一种最常用的表达式形式,日常生活中的表达式一般都是中缀表达式。

对中缀表达式的运算一般遵循"先乘除,后加减,从左到右计算,先括号内,后括号外"的规则,因此中缀表达式不仅要依赖运算符的优先级,还要处理括号。

算术表达式的另一种形式是**后缀表达式**(postfix expression)或逆波兰表达式,就是在算术表达式中运算符在操作数的后面,例如 1＋2＊3 的后缀表达式为 1 2 3 ＊ ＋。在后缀表达式中已经考虑了运算符的优先级,没有括号,只有操作数和运算符,而且越放在前面的运算符越优先执行。

同样,在算术表达式中,如果运算符在操作数的前面,称为**前缀表达式**(prefix expression),例如 1＋2＊3 的前缀表达式为 ＋ 1 ＊ 2 3。

后缀表达式是一种十分有用的表达式,它将复杂表达式转换为可以依靠简单的操作得到计算结果的表达式。所以对中缀表达式的求值过程是先将中缀算术表达式转换成后缀表达式,然后对该后缀表达式求值。

(1)将算术表达式转换成后缀表达式。

在将一个中缀表达式转换成后缀表达式时,操作数之间的相对次序是不变的,但运算符的相对次序可能不同,同时还要除去括号。所以在转换时需要从左到右遍历算术表达式,将遇到的操作数直接存放到后缀表达式中,将遇到的每一个运算符或者左括号都暂时保存到运算符栈,而且先执行的运算符先出栈。

假设用 exp 字符数组存储满足前面条件的简单中缀表达式,其对应的后缀表达式存放在字符数组 postexp 中。下面讨论几种情况。

例如,若 exp="1＋2＋3",转换过程是首先将操作数 1 存入 postexp;遇到第 1 个'＋',尚未确定它是否最先执行,将其进栈;再将操作数 2 存入 postexp;又遇到第 2 个'＋',需要两个'＋'进行优先级比较,如图 3.9 所

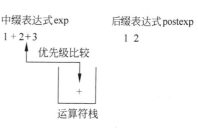

图 3.9 两个'＋'进行优先级比较

示,如果直接将第 2 个'＋'进栈,它以后一定先出栈,表示第 2 个'＋'比第 1 个'＋'先执行,显然是错误的。正确的做法是先将栈中的第 1 个'＋'出栈并存入 postexp,然后将第 2 个'＋'进栈(表示第 1 个'＋'先执行);最后将操作数 3 存入 postexp;此时 exp 遍历完毕,出栈第 2 个'＋'并存入 postexp。得到的最后结果是 postexp="1 2＋3＋"。

归纳 1:在遍历 exp 遇到一个运算符 op 时,如果栈为空,直接将其进栈;如果栈不空,只有当 op 的优先级高于栈顶运算符的优先级时才直接将 op 进栈(以后 op 先出栈表示先执行它);否则依次出栈运算符并存入 postexp(出栈的运算符都比 op 先执行),直到栈顶运算符的优先级小于 op 的优先级为止,然后将 op 进栈。

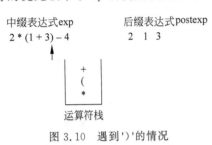

图 3.10 遇到')'的情况

再看看带有括号的例子,若 exp="2＊(1＋3)－4",转换过程是将操作数 2 存入 postexp;遇到'＊',将其进栈;遇到'(',将其进栈;将操作数 1 存入 postexp;遇到'＋',将其进栈;将操作数 3 存入 postexp;遇到')',如图 3.10 所示,出栈'＋'并存入 postexp,出栈'(';遇到'－',出栈'＊'并存入 postexp,将'－'进栈;将操作数 4 存入 postexp;此时 exp 扫描完毕,出栈'－'并存入 postexp。得到的最后结果是 postexp="2 1 3＋＊4－"。

归纳 2:在遍历 exp 遇到一个运算符 op 时,如果 op 为'(',表示一个子表达式的开始,直接将其进栈;如果 op 为')',表示一个子表达式的结束,需要计算该子表达式的值,则出栈运算符并存入 postexp,直到栈顶为'(',再将'('出栈;如果 op 是其他运算符,而栈顶为'(',直接将其进栈。

设置一个运算符栈 Optr,初始时为空。为了方便后面将数值串转换为对应的数值,在后缀表达式中的每个数字串的末尾添加一个'＃'。将算术表达式 exp 转换成后缀表达式 postexp 的过程如下:

```
while (从 exp 读取字符 ch,ch!='\0')
{   ch 为数字:将后续的所有数字均依次存放到 postexp 中,并以字符'#'标识数字串结束;
    ch 为左括号'(':将此括号进到 Optr 栈中;
    ch 为右括号')':将 Optr 中出栈时遇到的第 1 个左括号'('以前的运算符依次出栈并
               存放到 postexp 中,然后将左括号'('出栈;
    ch 为其他运算符:
        if (栈空或者栈顶运算符为'(') 直接将 ch 进栈;
        else if (ch 的优先级高于栈顶运算符的优先级)
               直接将 ch 进栈;
        else
               依次出栈并存入 postexp 中,直到 ch 的优先级高于栈顶运算符,然后将 ch 进栈;
}
若 exp 遍历完毕,则将 Optr 中的所有运算符依次出栈并存放到 postexp 中。
```

对于简单的算术表达式,'＋'和'－'运算符的优先级相同,'＊'和'/'运算符的优先级相同,只有'＊'和'/'运算符的优先级高于'＋'和'－'运算符的优先级。所以上述过程进一步改为如下:

```
while (从 exp 读取字符 ch,ch!='\0')
{   ch 为数字:将后续的所有数字均依次存放到 postexp 中,并以字符'♯'标识数字串结束;
    ch 为左括号'(':将此括号进到 Optr 栈中;
    ch 为右括号')':将 Optr 中出栈时遇到的第 1 个左括号'('以前的运算符依次出栈并
              存放到 postexp 中,然后将左括号'('出栈;
    ch 为'+'或'-':出栈运算符并存放到 postexp 中,直到栈空或者栈顶为'(',然后将 ch
              进栈;
    ch 为'*'或'/':出栈运算符并存放到 postexp 中,直到栈空或者栈顶为'('、'+'或'-',
              然后将 ch 进栈;
}
若 exp 遍历完毕,则将 Optr 中的所有运算符依次出栈并存放到 postexp 中。
```

例如对于表达式"(56-20)/(4+2)",其转换为后缀表达式的过程如表 3.1 所示,最后得到的后缀表达式为"56♯20♯-4♯2♯+/"。

表 3.1 表达式"(56-20)/(4+2)"转换成后缀表达式的过程

操　　作	postexp	Optr 栈 (栈底→栈顶)
遇到 ch 为'(',将此括号进栈		(
遇到 ch 为数字,将 56♯ 存入 postexp 中	56♯	(
遇到 ch 为'-',直接将 ch 进栈	56♯	(-
遇到 ch 为数字,将 20♯ 存入 postexp 中	56♯20♯	(-
遇到 ch 为')',将栈中'('之前的运算符'-'出栈并存入 postexp 中,然后将'('出栈	56♯20♯-	
遇到 ch 为'/',将 ch 进栈	56♯20♯-	/
遇到 ch 为'(',将此括号进栈	56♯20♯-	/(
遇到 ch 为数字,将 4♯ 存入 postexp 中	56♯20♯-4♯	/(
遇到 ch 为'+',由于栈顶运算符为'(',则直接将 ch 进栈	56♯20♯-4♯	/(+
遇到 ch 为数字,将 2♯ 存入 postexp 中	56♯20♯-4♯2♯	/(+
遇到 ch 为')',将栈中'('之前的运算符'+'出栈并存入 postexp 中,然后将'('出栈	56♯20♯-4♯2♯+	/
str 遍历完毕,则将 Optr 栈中的所有运算符依次出栈并存入 postexp 中,得到最终的后缀表达式	56♯20♯-4♯2♯+/	

设置运算符栈类型 SqStack 中的 ElemType 为 char 类型。根据上述原理得到的 trans()算法如下:

```
void trans(char *exp,char postexp[])     //将算术表达式 exp 转换成后缀表达式 postexp
{   char e;
    SqStack *Optr;                       //定义运算符栈指针
    InitStack(Optr);                     //初始化运算符栈
    int i=0;                             //i 作为 postexp 的下标
    while (*exp!='\0')                   //exp 表达式未遍历完时循环
    {   switch(*exp)
        {
            case '(':                    //判定为左括号
```

```
            Push(Optr,'(');              //左括号进栈
            exp++;                       //继续遍历其他字符
            break;
        case ')':                        //判定为右括号
            Pop(Optr,e);                 //出栈元素 e
            while (e!='(')               //不为'('时循环
            {   postexp[i++]=e;          //将 e 存放到 postexp 中
                Pop(Optr,e);             //继续出栈元素 e
            }
            exp++;                       //继续遍历其他字符
            break;
        case '+':                        //判定为加号或减号
        case '-':
            while (!StackEmpty(Optr))    //栈不空时循环
            {   GetTop(Optr,e);          //取栈顶元素 e
                if (e!='(')              //e 不是'('
                {   postexp[i++]=e;      //将 e 存放到 postexp 中
                    Pop(Optr,e);         //出栈元素 e
                }
                else                     //e 是'('时退出循环
                    break;
            }
            Push(Optr,*exp);             //将'+'或'-'进栈
            exp++;                       //继续遍历其他字符
            break;
        case '*':                        //判定为'*'或'/'号
        case '/':
            while (!StackEmpty(Optr))    //栈不空时循环
            {   GetTop(Optr,e);          //取栈顶元素 e
                if (e=='*' || e=='/')    //将栈顶'*'或'/'运算符出栈并存放到 postexp 中
                {   postexp[i++]=e;      //将 e 存放到 postexp 中
                    Pop(Optr,e);         //出栈元素 e
                }
                else                     //e 为非'*'或'/'运算符时退出循环
                    break;
            }
            Push(Optr,*exp);             //将'*'或'/'进栈
            exp++;                       //继续遍历其他字符
            break;
        default:                         //处理数字字符
            while (*exp>='0' && *exp<='9')
            {   postexp[i++]=*exp;
                exp++;
            }
            postexp[i++]='#';            //用#标识一个数字串结束
        }
    }
    while (!StackEmpty(Optr))            //此时 exp 遍历完毕,栈不空时循环
    {   Pop(Optr,e);                     //出栈元素 e
```

```
            postexp[i++]=e;              //将 e 存放到 postexp 中
    }
    postexp[i]='\0';                     //给 postexp 表达式添加结束标识
    DestroyStack(Optr);                  //销毁栈
}
```

(2) 后缀表达式求值。

后缀表达式的求值过程是从左到右遍历后缀表达式 postexp,若读取的是一个操作数,将它进操作数栈,若读取的是一个运算符 op,从操作数栈中连续出栈两个操作数,假设为 a(第1个出栈的元素)和 b(第2个出栈的元素),计算 b op a 的值,并将计算结果进操作数栈。当整个后缀表达式遍历结束时,操作数栈中的栈顶元素就是表达式的计算结果。

在后缀表达式求值算法设计中操作数栈为 Opnd,用于临时存放要进行某种算术运算的操作数。下面给出后缀表达式求值的过程,假设 postexp 存放的后缀表达式是正确的,在 while 循环结束后,Opnd 栈中恰好有一个操作数,它就是该后缀表达式的求值结果。

```
while (从 postexp 读取字符 ch,ch!='\0')
{   ch 为'+': 从 Opnd 栈中出栈两个数值 a 和 b,计算 c=b+a;将 c 进栈;
    ch 为'-': 从 Opnd 栈中出栈两个数值 a 和 b,计算 c=b-a;将 c 进栈;
    ch 为'*': 从 Opnd 栈中出栈两个数值 a 和 b,计算 c=b*a;将 c 进栈;
    ch 为'/': 从 Opnd 栈中出栈两个数值 a 和 b,若 a 不为零,计算 c=b/a;将 c 进栈;
    ch 为数字字符: 将连续的数字串转换成数值 d,将 d 进栈;
}
返回 Opnd 栈的栈顶操作数(即后缀表达式的值);
```

后缀表达式"56#20#-4#2#+/"的求值过程如表 3.2 所示,最后的求值结果为 6,与原表达式"(56-20)/(4+2)"的计算结果一致。

表 3.2 后缀表达式"56#20#-4#2#+/"的求值过程

操 作	Opnd 栈(栈底→栈顶)
遇到 56#,将 56 进栈	56
遇到 20#,将 20 进栈	56,20
遇到'-',出栈两次,将 56-20=36 进栈	36
遇到 4#,将 4 进栈	36,4
遇到 2#,将 2 进栈	36,4,2
遇到'+',出栈两次,将 4+2=6 进栈	36,6
遇到'/',出栈两次,将 36/6=6 进栈	6
postexp 遍历完毕,算法结束,栈顶数值 6 即为所求	

设置操作数栈类型 SqStack1 中的 ElemType 为 double 类型,在栈基本运算名称的后面加上"1"以区别前面字符栈的基本运算。根据上述计算原理得到求后缀表达式值的算法如下:

```
double compvalue(char * postexp)         //计算后缀表达式的值
{   double d,a,b,c,e;
    SqStack1 * Opnd;                     //定义操作数栈
    InitStack1(Opnd);                    //初始化操作数栈
```

```
        while (*postexp!='\0')              //postexp 字符串未遍历完时循环
        {   switch (*postexp)
            {
            case '＋':                        //判定为'＋'号
                Pop1(Opnd,a);                 //出栈元素 a
                Pop1(Opnd,b);                 //出栈元素 b
                c=b+a;                        //计算 c
                Push1(Opnd,c);                //将计算结果 c 进栈
                break;
            case '－':                        //判定为'－'号
                Pop1(Opnd,a);                 //出栈元素 a
                Pop1(Opnd,b);                 //出栈元素 b
                c=b－a;                       //计算 c
                Push1(Opnd,c);                //将计算结果 c 进栈
                break;
            case '＊':                        //判定为'＊'号
                Pop1(Opnd,a);                 //出栈元素 a
                Pop1(Opnd,b);                 //出栈元素 b
                c=b*a;                        //计算 c
                Push1(Opnd,c);                //将计算结果 c 进栈
                break;
            case '/':                         //判定为'/'号
                Pop1(Opnd,a);                 //出栈元素 a
                Pop1(Opnd,b);                 //出栈元素 b
                if (a!=0)
                {   c=b/a;                    //计算 c
                    Push1(Opnd,c);            //将计算结果 c 进栈
                    break;
                }
                else
                {   printf("\n\t除零错误!\n");
                    exit(0);                  //异常退出
                }
                break;
            default:                          //处理数字字符
                d=0;                          //将连续的数字字符转换成对应的数值存放到 d 中
                while (*postexp>='0' && *postexp<='9')
                {   d=10*d+*postexp－'0';
                    postexp++;
                }
                Push1(Opnd,d);                //将数值 d 进栈
                break;
            }
            postexp++;                        //继续处理其他字符
        }
        GetTop1(Opnd,e);                      //取栈顶元素 e
        DestroyStack1(Opnd);                  //销毁栈
        return e;                             //返回 e
    }
```

4）设计求解程序

设计以下主函数调用上述算法：

```
int main()
{   char exp[]="(56-20)/(4+2)";          //可将 exp 改为键盘输入
    char postexp[MaxSize];
    trans(exp,postexp);                   //将 exp 转换为 postexp
    printf("中缀表达式:%s\n",exp);        //输出 exp
    printf("后缀表达式:%s\n",postexp);    //输出 postexp
    printf("表达式的值:%g\n",compvalue(postexp));  //求 postexp 的值并输出
    return 1;
}
```

5）运行结果

运行本程序,得到对应的结果如下:

中缀表达式:(56-20)/(4+2)
后缀表达式:56#20#-4#2#+/
表达式的值:6

2. 求解迷宫问题

1）问题描述

给定一个 $M \times N$ 的迷宫图,求一条从指定入口到出口的迷宫路径,在行走中一步只能从当前方块移动到上、下、左、右相邻方块中的一个方块。假设一个迷宫图如图 3.11 所示(这里 $M=8$, $N=8$),其中的每个方块用空白表示通道,用阴影表示障碍物。

一般情况下,所求迷宫路径是简单路径,即在求得的迷宫路径上不会重复出现同一个方块。一个迷宫图的迷宫路径可能有多条,这些迷宫路径有长有短,这里仅考虑用栈求一条从指定入口到出口的迷宫路径。

2）数据组织

为了表示迷宫,设置一个数组 mg,其中每个元素表示一个方块的状态,为 0 时表示对应方块是通道,为 1 时表示对应方块是障碍物(不可走)。为了算法方便,一般在迷宫的外围加一条围墙。图 3.11 所示的迷宫对应的迷宫数组 mg(由于迷宫的四周加了一道围墙,故 mg 数组的行数和列数均加上 2)如下:

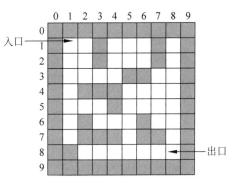

图 3.11 一个迷宫的示意图

```
int mg[M+2][N+2]=
{   {1,1,1,1,1,1,1,1,1,1},{1,0,0,1,0,0,0,1,0,1},
    {1,0,0,1,0,0,0,1,0,1},{1,0,0,0,0,1,1,0,0,1},
    {1,0,1,1,1,0,0,0,0,1},{1,0,0,0,1,0,0,0,0,1},
    {1,0,1,0,0,0,1,0,0,1},{1,0,1,1,1,0,1,1,0,1},
    {1,1,0,0,0,0,0,0,0,1},{1,1,1,1,1,1,1,1,1,1} };
```

另外，在算法中用到的栈采用顺序栈存储结构，即将迷宫栈声明如下：

```
typedef struct
{   int i;                      //当前方块的行号
    int j;                      //当前方块的列号
    int di;                     //di是走到下一相邻可走方块的方位号
} Box;                          //方块类型
typedef struct
{   Box data[MaxSize];
    int top;                    //栈顶指针
} StType;                       //顺序栈类型
```

3）设计运算算法

对于迷宫中的每个方块，有上、下、左、右4个方块相邻，如图3.12所示，第i行第j列的当前方块的位置记为(i,j)，规定上方方块为方位0，并按顺时针方向递增编号。在试探过程中，假设按从方位0到方位3的方向查找下一个可走的相邻方块。

求迷宫问题就是在一个指定的迷宫中求出从入口到出口的一条路径。在求解时采用"穷举法"，即从入口出发，按方位0到方位3的次序试探相邻的方块，一旦找到一个可走的相邻方块就继续走下去，并记下所走的方位；若某个方块没有相邻的可走方块，则沿原路退回到前一个方块，换下一个方位再继续试探，直到所有可能的通路都试探完为止。

为了保证在任何位置上都能沿原路退回（称为回溯），需要保存从入口到当前位置的路径上走过的方块，由于回溯的过程是从当前位置退到前一个方块，体现出后进先出的特点，所以采用栈保存走过的方块。

若一个非出口方块(i,j)是可走的，将它进栈，每个刚进栈的方块，其方位di置为-1（表示尚未试探它的周围），然后开始从方位0到方位3试探这个栈顶方块的四周，如果找到某个方位d的相邻方块(i_1,j_1)是可走的，则将栈顶方块(i,j)的方位di置为d，同时将方块(i_1,j_1)进栈，再继续从方块(i_1,j_1)做相同的操作。若方块(i,j)的四周没有一个方位是可走的，将它退栈，如图3.13所示，前一个方块(x,y)变成栈顶方块，再从方块(x,y)的下一个方位继续试探。

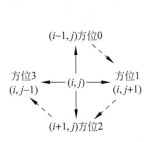

图3.12 迷宫方位图

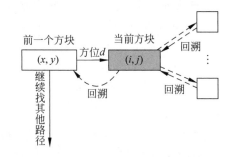

图3.13 方块(i,j)的四周没有一个方位可走的情况

在算法中应保证试探的相邻可走方块不是已走路径上的方块。如方块(i,j)已进栈，在试探方块$(i+1,j)$的相邻可走方块时又会试探到方块(i,j)。也就是说，从方块(i,j)出发会试探方块$(i+1,j)$，而从方块$(i+1,j)$出发又会试探方块(i,j)，这样可能会引起死循环，

为此在一个方块进栈后将对应的 mg 数组元素值改为 −1（变为不可走的方块），当退栈时（表示该栈顶方块没有相邻可走方块）将其恢复为 0。

求解迷宫中从入口(xi,yi)到出口(xe,ye)的一条迷宫路径的过程如下：

```
将入口(xi,yi)进栈(其初始方位设置为−1);
mg[xi][yi]=−1;
while (栈不空)
{   取栈顶方块(i,j,di);
    if ((i,j)是出口(xe,ye))
    {   输出栈中的全部方块构成一条迷宫路径;
        return true;
    }
    查找(i,j,di)的下一个相邻可走方块;
    if (找到一个相邻可走方块)
    {   该方块位置为(i1,j1),对应方位 d;
        将栈顶方块的 di 设置为 d;
        (i1,j1,−1)进栈;
        mg[i1][j1]=−1;
    }
    if (没有找到(i,j,di)的任何相邻可走方块)
    {   将(i,j,di)出栈;
        mg[i][j]=0;
    }
}
return false;                              //没有找到迷宫路径
```

根据上述过程得到求迷宫问题的算法如下：

```
bool mgpath(int xi,int yi,int xe,int ye)   //求解路径为(xi,yi)−>(xe,ye)
{   Box path[MaxSize], e;
    int i,j,di,i1,j1,k;
    bool find;
    StType * st;                           //定义栈 st
    InitStack(st);                         //初始化栈顶指针
    e.i=xi; e.j=yi; e.di=−1;               //设置 e 为入口
    Push(st,e);                            //方块 e 进栈
    mg[xi][yi]=−1;                         //将入口的迷宫值置为−1,避免重复走到该方块
    while (!StackEmpty(st))                //栈不空时循环
    {   GetTop(st,e);                      //取栈顶方块 e
        i=e.i; j=e.j; di=e.di;
        if (i==xe && j==ye)                //找到了出口,输出该路径
        {   printf("一条迷宫路径如下:\n");
            k=0;                           //k 表示路径中的方块数
            while (!StackEmpty(st))
            {   Pop(st,e);                 //出栈方块 e
                path[k++]=e;               //将 e 添加到 path 数组中
            }
            while (k>0)
            {   printf("\t(%d,%d)",path[k−1].i,path[k−1].j);
```

```
                    if ((k+1)%5==0)          //每输出5个方块后换一行
                        printf("\n");
                    k--;
                }
                printf("\n");
                DestroyStack(st);            //销毁栈
                return true;                 //输出一条迷宫路径后返回true
            }
            find=false;
            while (di<4 && !find)            //找方块(i,j)的下一个相邻可走方块(i1,j1)
            {   di++;
                switch(di)
                {
                    case 0:i1=i-1; j1=j; break;
                    case 1:i1=i; j1=j+1; break;
                    case 2:i1=i+1; j1=j; break;
                    case 3:i1=i; j1=j-1; break;
                }
                if (mg[i1][j1]==0) find=true;  //找到一个相邻可走方块,设置find为真
            }
            if (find)                        //找到了一个相邻可走方块(i1,j1)
            {   st->data[st->top].di=di;     //修改原栈顶元素的di值
                e.i=i1; e.j=j1; e.di=-1;
                Push(st,e);                  //相邻可走方块e进栈
                mg[i1][j1]=-1;               //将(i1,j1)迷宫值置为-1,避免重复走到该方块
            }
            else                             //没有路径可走,则退栈
            {   Pop(st,e);                   //将栈顶方块退栈
                mg[e.i][e.j]=0;              //让退栈方块的位置变为其他路径可走方块
            }
        }
        DestroyStack(st);                    //销毁栈
        return false;                        //表示没有可走路径,返回false
    }
```

4) 设计求解程序

建立以下主函数调用上述算法：

```
int main()
{   if (!mgpath(1,1,M,N))
        printf("该迷宫问题没有解!");
    return 1;
}
```

5) 运行结果

对于如图3.11所示的迷宫,从入口(1,1)到出口(8,8)的求解结果如下：

```
一条迷宫路径如下:
    (1,1)  (1,2)  (2,2)  (3,2)  (3,1)
```

(4,1) (5,1) (5,2) (5,3) (6,3)
(6,4) (6,5) (5,5) (4,5) (4,6)
(4,7) (3,7) (3,8) (4,8) (5,8)
(6,8) (7,8) (8,8)

上述迷宫路径的显示结果如图3.14所示，图中路径上方块(i,j)中的箭头表示从该方块行走到下一个相邻方块的方位，例如方块(1,1)中的箭头是"→"，该箭头表示方位1，即方块(1,1)走方位1到相邻方块(1,2)。显然这个解不是最优解，即不是最短路径，在使用队列求解时可以找出最短路径，这将在后面介绍。

实际上，在使用栈求解迷宫问题时，当找到出口后输出一个迷宫路径，然后可以继续回溯搜索下一条迷宫路径。采用这种回溯方法可以找出所有的迷宫路径。

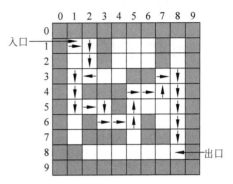

图 3.14　用栈求解的迷宫路径

3.2　队　列

队列也有广泛的应用，特别是在操作系统的资源分配和排队论中大量地使用了队列。本节主要讨论队列及其应用。

3.2.1　队列的定义

队列（queue）简称队，它也是一种操作受限的线性表，其限制为仅允许在表的一端进行插入操作，而在表的另一端进行删除操作。把进行插入的一端称为**队尾**（rear），把进行删除的一端称为**队头**或**队首**（front），如图 3.15 所示。向队列中插入新元素称为**进队**或**入队**（enqueue），新元素进队后就成为新的队尾元素；从队列中删除元素称为**出队**或**离队**（dequeue），元素出队后，其直接后继元素就成为队首元素。

图 3.15　一个队列

由于队列的插入和删除操作分别是在各自的一端进行的，每个元素必然按照进入的次序出队，所以又把队列称为**先进先出表**（first in first out，FIFO）。

例如，若干个人走过一个独木桥，下桥的顺序和上桥的顺序相同，在这里该独木桥就是一个队列。

队列抽象数据类型的定义如下：

```
ADT Queue
{  数据对象：
      D={ $a_i$ | 1≤$i$≤$n$, $n$≥0, $a_i$ 为 ElemType 类型}    //ElemType 是自定义类型标识符
```

数据关系:
$R=\{<a_i,a_{i+1}> \mid a_i,a_{i+1}\in D,i=1,\cdots,n-1\}$

基本运算:
InitQueue(&q): 初始化队列,构造一个空队列q。
DestroyQueue(&q): 销毁队列,释放为队列q分配的存储空间。
QueueEmpty(q): 判断队列是否为空,若队列q为空,则返回真;否则返回假。
enQueue(&q,e): 进队列,将元素e进队作为队尾元素。
deQueue(&q,&e): 出队列,从队列q中出队一个元素,并将其值赋给e。
}

【例3.6】 若元素的进队顺序为1234,能否得到3142的出队顺序?

解 若进队顺序为1234,不同于栈,出队的顺序只有一种,即1234(先进先出),所以不能得到3142的出队顺序。

扫一扫

视频讲解

3.2.2 队列的顺序存储结构及其基本运算的实现

队列中数据元素的逻辑关系呈线性关系,所以队列可以像线性表一样采用顺序存储结构进行存储,即分配一块连续的存储空间来存放队列中的元素,并用两个整型变量来反映队列中元素的变化,它们分别存储队首元素和队尾元素的下标位置,分别称为队首指针(队头指针)和队尾指针。采用顺序存储结构的队列称为**顺序队**(sequential queue)。

假设队列中元素的个数最多不超过整数MaxSize,所有的元素都具有ElemType数据类型,则顺序队类型SqQueue声明如下:

```
typedef struct
{   ElemType data[MaxSize];      //存放队中元素
    int front,rear;              //队头和队尾指针
} SqQueue;                       //顺序队类型
```

队列到顺序队的映射过程如图3.16所示,并且约定在顺序队中队头指针front指向当前队列中队头元素的前一个位置,队尾指针rear指向当前队列中队尾元素的位置。本节采用队列指针q的方式建立和使用顺序队。

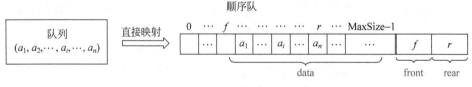

图3.16 队列到顺序队的映射

1. 在顺序队中实现队列的基本运算

图3.17所示为一个顺序队操作过程的示意图,其中MaxSize=5。初始时front=rear=-1。图3.17(a)表示一个空队;图3.17(b)表示进队5个元素后的状态;图3.17(c)表示出队两个元素后的状态;图3.17(d)表示再出队3个元素后的状态。

从图中可以看到,队空的条件为front=rear(图3.17(a)和图3.17(d)都是这种情况);

元素进队时队尾指针 rear 总是增 1,所以队满条件是 rear 指向最大下标,即 rear==MaxSize－1(图 3.17(b)和图 3.17(c)都是这种情况)。

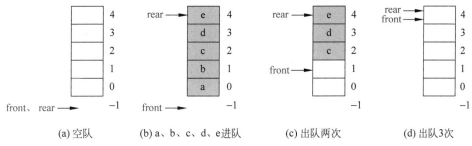

图 3.17 队列操作过程的示意图

综上所述,对于 q 所指的顺序队(即顺序队 q),初始时设置 $q->\text{rear}=q->\text{front}=-1$,可以归纳出对后面的算法设计来说非常重要的 4 个要素。

- 队空的条件: $q->\text{front}==q->\text{rear}$。
- 队满的条件: $q->\text{rear}==\text{MaxSize}-1$(data 数组的最大下标)。
- 元素 e 进队的操作:先将 rear 增 1,然后将元素 e 放在 data 数组的 rear 位置。
- 出队的操作:先将 front 增 1,然后取出 data 数组中 front 位置的元素。

在顺序队上对应队列的基本运算算法设计如下。

1) 初始化队列:InitQueue(&q)

构造一个空队列 q,将 front 和 rear 指针均设置成初始状态,即-1 值。算法如下:

```
void InitQueue(SqQueue * &q)
{   q=(SqQueue *)malloc(sizeof(SqQueue));
    q->front=q->rear=-1;
}
```

2) 销毁队列:DestroyQueue(&q)

释放队列 q 占用的存储空间。算法如下:

```
void DestroyQueue(SqQueue * &q)
{
    free(q);
}
```

3) 判断队列是否为空:QueueEmpty(q)

若队列 q 为空,返回真;否则返回假。算法如下:

```
bool QueueEmpty(SqQueue * q)
{
    return(q->front==q->rear);
}
```

4) 进队列:enQueue(&q,e)

在队列 q 不满的条件下先将队尾指针 rear 增 1,然后将元素 e 插到该位置。算法如下:

```
bool enQueue(SqQueue * &q,ElemType e)
{   if (q->rear==MaxSize-1)          //队满上溢出
        return false;                //返回假
    q->rear++;                       //队尾增1
    q->data[q->rear]=e;              //在 rear 位置插入元素 e
    return true;                     //返回真
}
```

5）出队列：deQueue(&q,&e)

在队列 q 不空的条件下先将队头指针 front 增 1,并将该位置的元素值赋给 e。算法如下：

```
bool deQueue(SqQueue * &q,ElemType &e)
{   if (q->front==q->rear)           //队空下溢出
        return false;
    q->front++;
    e=q->data[q->front];
    return true;
}
```

上述 5 个基本运算算法的时间复杂度均为 $O(1)$。

2. 在环形队中实现队列的基本运算

在前面的顺序队操作中，元素进队时队尾指针 rear 增 1,元素出队时队头指针 front 增 1,当队满的条件(即 rear==MaxSize-1)成立时,表示此时队满(上溢出)了,不能再进队元素。实际上,当 rear==MaxSize-1 成立时,队列中可能还有空位置,这种因为队满条件设置不合理导致队满条件成立而队列中仍然有空位置的情况称为**假溢出**（false overflow），图 3.17(c)所示就是假溢出的情况。

可以看出,在出现假溢出时队尾指针 rear 指向 data 数组的最大下标,而另外一端还有若干个空位置。解决的方法是把 data 数组的前端和后端连接起来,形成一个环形数组,即把存储队列元素的数组从逻辑上看成一个环,称为**环形队列**或者**循环队列**（circular queue）。

环形队列首尾相连后,当队尾指针 rear=MaxSize-1 后,再前进一个位置就到达 0,于是就可以使用另一端的空位置存放队列元素了。实际上存储器中的地址总是连续编号的,为此采用数学上的求余运算(%)来实现：

队头指针 front 循环增 1：front=(front+1)%MaxSize
队尾指针 rear 循环增 1：rear=(rear+1)%MaxSize

环形队列的队头指针 front 和队尾指针 rear 初始化时都置为 0,即 front=rear=0。在进队元素和出队元素时,队尾指针和队头指针分别循环增 1。

那么,环形队列 q 的队满和队空条件如何设置呢？显然队空条件是 $q->rear==q->front$。当进队元素的速度快于出队元素的速度时,队尾指针会回过来很快赶上队首指针,此时可以看出环形队列的队满条件也是 $q->rear==q->front$,也就是说无法仅通过这两个指针的当前位置区分开队空和队满。

那么怎样区分队空和队满呢？改为以"队尾指针循环增1时等于队头指针"作为队满条件，也就是说尝试进队一次，若达到队头，就认为队满了，不能再进队。这样环形队列少用一个元素空间，即该队列中在任何时刻最多只能有MaxSize－1个元素。

因此，在环形队列 q 中设置队空条件是 $q\text{->rear}==q\text{->front}$；队满条件是 $(q\text{->rear}+1)\%\text{MaxSize}==q\text{->front}$。而进队操作和出队操作改为分别将队尾 rear 和队头指针 front 循环进1。

图 3.18 说明了环形队列操作的几种状态，这里假设 MaxSize 等于 5。

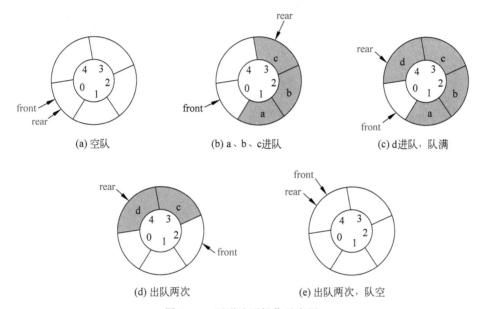

图 3.18　环形队列操作示意图

在这样设计的环形队列中，实现队列的基本运算算法如下。

1）初始化队列：InitQueue(&q)

构造一个空队列 q，将 front 和 rear 指针均设置成初始状态，即 0 值。算法如下：

```
void InitQueue(SqQueue * &q)
{
    q=(SqQueue * )malloc (sizeof(SqQueue));
    q->front=q->rear=0;
}
```

2）销毁队列：DestroyQueue(&q)

释放队列 q 占用的存储空间。算法如下：

```
void DestroyQueue(SqQueue * &q)
{
    free(q);
}
```

3）判断队列是否为空：QueueEmpty(q)

若队列为空，返回真；否则返回假。算法如下：

```
bool QueueEmpty(SqQueue * q)
{
    return(q->front==q->rear);
}
```

4）进队列：enQueue(&q,e)

在队列不满的条件下先将队尾指针 rear 循环增1，然后将元素插到该位置。算法如下：

```
bool enQueue(SqQueue * &q,ElemType e)
{   if ((q->rear+1)%MaxSize==q->front)      //队满上溢出
        return false;
    q->rear=(q->rear+1)%MaxSize;
    q->data[q->rear]=e;
    return true;
}
```

5）出队列：deQueue(&q,&e)

在队列 q 不空的条件下将队首指针 front 循环增1，取出该位置的元素并赋给 e。算法如下：

```
bool deQueue(SqQueue * &q,ElemType &e)
{   if (q->front==q->rear)                  //队空下溢出
        return false;
    q->front=(q->front+1)%MaxSize;
    e=q->data[q->front];
    return true;
}
```

上述 5 个基本运算算法的时间复杂度均为 $O(1)$。

在实际应用中有时需要求队列中元素的个数，如果采用遍历 data 数组的方式来实现会导致性能低下，通常有两种方法。

一种方法是在环形队列中增加一个表示队中元素个数的 count 域，在进队、出队元素时维护 count 的正确性，也就是说初始时 count=0，在进队一个元素时执行 count++，在出队一个元素时执行 count−−。

另外一种方法是利用环形队列状态求元素的个数，由于队头指针 front 指向队头元素的前一个位置，队尾指针 rear 指向队尾元素的位置，它们都是已知的，可以求出队中元素的个数=(rear−front+MaxSize)%MaxSize。在前面的环形队列中增加如下求元素个数的算法：

```
int Count(SqQueue * q)                      //求队列中元素的个数
{
    return(q->rear-q->front+MaxSize)%MaxSize;
}
```

说明：环形队列解决了假溢出现象，更充分地利用了队列空间。那么是不是在任何情况下都采用环形队列呢？答案是否定的。在环形队列中，随着多次进队和出队，已出队元素的空间可能被新进队的元素覆盖，而非环形队列中已出队的元素仍在其中，不会被覆盖。如果需要利用出队的元素来求解时采用非环形队列为好，例如用队列求解迷宫问题就属于这种情况。

【例 3.7】 对于环形队列来说,如果知道队头指针和队列中元素的个数,则可以计算出队尾指针。也就是说,可以用队列中的元素个数代替队尾指针。设计出这种环形队列的初始化、进队、出队和判队空算法。

解 依题意设计的环形队列类型如下。

```
typedef struct
{   ElemType data[MaxSize];
    int front;                          //队头指针
    int count;                          //队列中元素的个数
} QuType;                               //本例的环形队列类型
```

当已知队列的队头指针 front 和队列中元素的个数 count 后,队尾指针 rear 的计算公式是 rear=(front+count)%MaxSize。因此,这种队列的队空条件为 count==0;队满条件为 count==MaxSize;元素 e 的进队操作是先根据队头指针和元素的个数求出队尾指针 rear,将 rear 循环增 1,然后将元素 e 放置在 rear 处;出队操作是先将队头指针循环增 1,然后取出该位置的元素。

对应的算法如下:

```
void InitQueue(QuType * &qu)                //初始化算法
{   qu=(QuType *)malloc(sizeof(QuType));
    qu -> front=0;                          //将队头指针设置为 0
    qu -> count=0;                          //将队列中元素的个数设置为 0
}
bool EnQueue(QuType * &qu,ElemType x)       //进队算法
{   int rear;                               //临时存放队尾指针
    if (qu -> count==MaxSize)               //队满上溢出
        return false;
    else
    {   rear=(qu -> front+qu -> count)%MaxSize;  //求队尾位置
        rear=(rear+1)%MaxSize;              //队尾指针循环增 1
        qu -> data[rear]=x;
        qu -> count++;                      //元素的个数增 1
        return true;
    }
}
bool DeQueue(QuType * &qu,ElemType &x)      //出队算法
{   if (qu -> count==0)                     //队空下溢出
        return false;
    else
    {   qu -> front=(qu -> front+1)%MaxSize; //队头循环增 1
        x=qu -> data[qu -> front];
        qu -> count--;                      //元素的个数减 1
        return true;
    }
}
bool QueueEmpty(QuType * qu)                //判队空算法
{
    return(qu -> count==0);
}
```

注意：在采用本例设计的环形队列中最多可以放置 MaxSize 个元素。

3.2.3 队列的链式存储结构及其基本运算的实现

队列中数据元素的逻辑关系呈线性关系，所以队列可以像线性表一样采用链式存储结构。采用链式存储结构的队列称为链队(linked queue)。链表有多种，这里是采用单链表来实现链队的。

在这样的链队中只允许在单链表的表头进行删除操作(出队)和在单链表的表尾进行插入操作(进队)，因此需要使用队头指针 front 和队尾指针 rear 两个指针，用 front 指向队首结点，用 rear 指向队尾结点。和链栈一样，链队中也不存在队满上溢出的情况。

链队的存储结构如图 3.19 所示。链队中数据结点的类型 DataNode 声明如下：

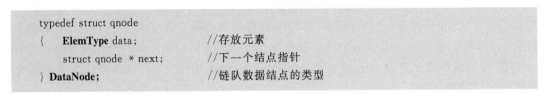

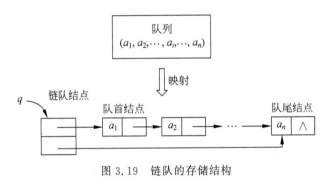

图 3.19　链队的存储结构

链队头结点(或链队结点)的类型 LinkQuNode 声明如下：

```
typedef struct
{   DataNode *front;        //指向队首结点
    DataNode *rear;         //指向队尾结点
} LinkQuNode;               //链队结点的类型
```

图 3.20 说明了一个链队 q 的动态变化过程。图 3.20(a)是链队的初始状态，图 3.20(b)是在链队中 3 个元素进队后的状态，图 3.20(c)是链队中一个元素出队后的状态。

在以 q 为链队结点指针的链队(简称链队 q)中，可以归纳出对后面的算法设计来说非常重要的 4 个要素。

- 队空的条件：$q\text{->}rear == NULL$（也可以为 $q\text{->}front == NULL$）。
- 队满的条件：不考虑。
- 元素 e 进队的操作：新建一个结点存放元素 e（由 p 指向它），将结点 p 插入作为尾结点。
- 出队的操作：取出队首结点的 data 值并将其删除。

在链队上对应队列的基本运算算法设计如下。

(a) 链队的初态

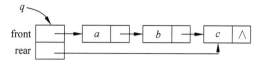
(b) 3个元素进队

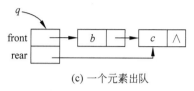
(c) 一个元素出队

图 3.20 一个链队的动态变化过程

1）初始化队列：InitQueue(&q)

构造一个空队，即创建一个链队结点，其 front 和 rear 域均置为 NULL。算法如下：

```
void InitQueue(LinkQuNode * &q)
{   q=(LinkQuNode *)malloc(sizeof(LinkQuNode));
    q->front=q->rear=NULL;
}
```

本算法的时间复杂度为 $O(1)$。

2）销毁队列：DestroyQueue(&q)

释放链队占用的全部存储空间，包括链队结点和所有数据结点的存储空间。算法如下：

```
void DestroyQueue(LinkQuNode * &q)
{   DataNode * pre=q->front, * p;      //pre 指向队首结点
    if (pre!=NULL)
    {   p=pre->next;                    //p 指向 pre 结点的后继结点
        while (p!=NULL)                 //p 不空时循环
        {   free(pre);                  //释放 pre 结点
            pre=p;p=p->next;            //pre、p 同步后移
        }
        free(pre);                      //释放最后一个数据结点
    }
    free(q);                            //释放链队结点
}
```

本算法的时间复杂度为 $O(n)$，其中 n 为链队中数据结点的个数。

3）判断队列是否为空：QueueEmpty(q)

若链队为空，返回真；否则返回假。算法如下：

```
bool QueueEmpty(LinkQuNode * q)
{
    return(q->rear==NULL);
}
```

本算法的时间复杂度为 $O(1)$。

4) 进队列：enQueue(&q, e)

创建一个新结点用于存放元素 e（由 p 指向它）。若原队列为空，则将链队结点的两个域均指向结点 p，否则将结点 p 链接到单链表的末尾，并让链队结点的 rear 域指向它。算法如下：

```
bool enQueue(LinkQuNode *&q, ElemType e)
{   DataNode *p;
    p=(DataNode *)malloc(sizeof(DataNode));   //创建新结点
    p->data=e;
    p->next=NULL;
    if (q->rear==NULL)                         //若链队空，则新结点既是首结点又是尾结点
        q->front=q->rear=p;
    else                                       //若链队不空
    {   q->rear->next=p;                       //将结点 p 链到队尾，并将 rear 指向它
        q->rear=p;
    }
    return true;
}
```

本算法的时间复杂度为 $O(1)$。

5) 出队列：deQueue(&q, &e)

若原队列为空，则下溢出返回假；若原队列不空，则将首结点的 data 域值赋给 e，并删除之，若原队列只有一个结点，则需将链队结点的两个域均置为 NULL，表示队列已为空。算法如下：

```
bool deQueue(LinkQuNode *&q, ElemType &e)
{   DataNode *t;
    if (q->rear==NULL)                         //原来队列为空
        return false;
    t=q->front;                                //t 指向首结点
    if (q->front==q->rear)                     //原来队列中只有一个数据结点时
        q->front=q->rear=NULL;
    else                                       //原来队列中有两个或两个以上结点时
        q->front=q->front->next;
    e=t->data;
    free(t);
    return true;
}
```

本算法的时间复杂度为 $O(1)$。

【例 3.8】 采用一个不带头结点、只有一个尾结点指针 rear 的循环单链表存储队列，设计队列的初始化、进队和出队算法。

解 本例的链队如图 3.21 所示，用只有尾结点指针 rear 的循环单链表作为队列存储结构，其中每个结点的类型为 LinkNode（LinkNode 为单链表结点类型，在第 2 章中已声明），rear 指针用于唯一地标识链队，对应链队的 4 个要素如下。

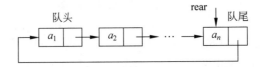

图 3.21 用只有尾结点指针的循环单链表作为队列存储结构

- 队空的条件：rear==NULL。
- 队满的条件：不考虑。
- 元素 e 进队的操作：新建一个结点存放元素 e（由 p 指向它），将结点 p 插入作为尾结点，让 rear 指向这个新的尾结点。
- 出队的操作：取出队头结点（rear 所指结点的后继结点）的 data 值并将其删除。

需要注意的是，在该链队进队和出队操作后链队或者为空，或者为一个不带头结点的由尾结点指针 rear 唯一标识的循环单链表，不能改变其结构特性。

对应的队列基本运算算法如下：

```
void initQueue(LinkNode *&rear)                    //初始化算法
{
    rear=NULL;
}
bool enQueue(LinkNode *&rear,ElemType e)           //进队算法
{   LinkNode *p;
    p=(LinkNode *)malloc(sizeof(LinkNode));        //创建新结点
    p->data=e;
    if (rear==NULL)                                //原链队为空
    {   p->next=p;                                 //改为循环链表
        rear=p;                                    //rear 指向新结点
    }
    else                                           //原链队不空
    {   p->next=rear->next;                        //将 p 结点插入 rear 结点之后
        rear->next=p;                              //改为循环链表
        rear=p;                                    //rear 指向新结点
    }
    return true;
}
bool deQueue(LinkNode *&rear,ElemType &e)          //出队算法
{   LinkNode *t;
    if (rear==NULL)
        return false;                              //队空
    else if (rear->next==rear)                     //原队中只有一个结点
    {   e=rear->data;
        free(rear);
        rear=NULL;                                 //让 rear 为空链表
    }
    else                                           //原队中有两个或两个以上的结点
    {   t=rear->next;                              //t 指向队头结点
        e=t->data;
        rear->next=t->next;                        //删除 t 结点
        free(t);                                   //释放结点空间
    }
    return true;
}
bool queueEmpty(LinkNode *rear)                    //判队空算法
```

```
{
    return(rear==NULL);
}
```

3.2.4 队列的应用举例

在实际应用中,队列通常作为一种存放临时数据的容器。如果先存入的元素先处理,则采用队列。本节通过报数问题和迷宫问题的求解过程介绍队列的应用。

1. 求解报数问题

1)问题描述

设有 n 个人站成一排,从左向右的编号分别为 $1 \sim n$,现在从左往右报数"1,2,1,2,…",数到"1"的人出列,数到"2"的立即站到队伍的最右端。报数过程反复进行,直到 n 个人都出列为止。要求给出他们的出列顺序。

例如,当 $n=8$ 时初始序列为:

1 2 3 4 5 6 7 8

则出列顺序为:

1 3 5 7 2 6 4 8

2)数据组织

用一个队列解决出列问题,由于这里不需要使用已经出队后的元素,所以采用环形队列。

3)设计运算算法

采用的算法思想是先将 n 个人的编号进队,然后反复执行以下操作,直到队列为空。

(1) 出队一个元素,输出其编号(报数为 1 的人出列)。

(2) 若队列不空,再出队一个元素,并将刚出列的元素进队(报数为 2 的人站到队伍的最右端,即队尾)。

对应的算法如下:

```
void number(int n)
{   int i; ElemType e;
    SqQueue *q;                    //环形队列指针 q
    InitQueue(q);                  //初始化队列 q
    for (i=1;i<=n;i++)             //构建初始序列
        enQueue(q,i);
    printf("报数出列顺序:");
    while (!QueueEmpty(q))         //队列不空时循环
    {   deQueue(q,e);              //出队一个元素 e
        printf("%d ",e);           //输出元素的编号
        if (!QueueEmpty(q))        //队列不空
```

```
            {   deQueue(q,e);              //出队一个元素 e
                enQueue(q,e);              //将刚出队的元素进队
            }
        }
        printf("\n");
        DestroyQueue(q);                   //销毁队列 q
    }
```

4）设计求解程序

设计一个主函数调用上述算法：

```
int main()
{   int i,n=8;
    printf("初始序列:");
    for (i=1;i<=n;i++)
        printf("%d ",i);
    printf("\n");
    number(n);
    return 1;
}
```

5）运行结果

上述程序的运行结果如下：

```
初始序列:1 2 3 4 5 6 7 8
报数出列顺序:1 3 5 7 2 6 4 8
```

2. 求解迷宫问题

扫一扫

视频讲解

1）问题描述

参见 3.1.4 节的问题描述。

2）数据组织

用队列解决求迷宫路径问题。使用一个顺序队 qu 保存走过的方块，该队列的类型声明如下：

```
typedef struct
{   int i,j;                               //方块的位置
    int pre;                               //本路径中上一个方块在队列中的下标
} Box;                                     //方块类型
typedef struct
{   Box data[MaxSize];
    int front,rear;                        //队头指针和队尾指针
} QuType;                                  //顺序队类型
```

这里使用的顺序队列 qu 不是环形队列，因为在找到出口时需要利用队列中的所有方块查找一条迷宫路径。如果采用环形队列，出队的方块可能被新进队的方块覆盖，从而无法求

出迷宫路径。这里要求非环形队列 qu 有足够大的空间。

3) 设计运算算法

搜索从入口(xi,yi)到出口(xe,ye)路径的过程是,首先将入口(xi,yi)进队,在队列 qu 不为空时循环,出队一个方块 e(由于不是环形队列,该出队方块不会被覆盖,其下标为 front)。然后查找方块 e 的所有相邻可走方块,假设为 e_1 和 e_2 两个方块,将它们进队,它们在队列中的位置分别为 rear1 和 rear2,并且将它们的 pre 均设置为 front(因为在迷宫路径上 e_1 和 e_2 两个方块的前一个方块都是方块 e),如图 3.22 所示。

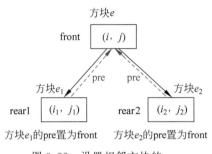

图 3.22 设置相邻方块的 pre

当找到出口时,通过出口方块的 pre 值前推找到出口,所有经过的中间方块构成一条迷宫路径。对应的过程如下:

```
将入口(xi,yi)的 pre 置为-1 并进队;
mg[xi][yi]=-1;
while (队列 qu 不空)
{   出队一个方块 e,其在队列中的位置是 front;
    if (方块 e 是出口)
    {   输出一条迷宫路径;
        return true;
    }
    for (对于方块 e 的所有相邻可走方块 e1)
    {   设置 e1 的 pre 为 front;
        将方块 e1 进队;
        将方块 e1 的迷宫数组值设置为-1;
    }
}
return false;                    //没有迷宫路径,返回假
```

实际上,上述过程是从入口(xi,yi)开始,利用队列的特点,一层一层向外扩展查找可走的方块,直到找到出口为止,这个方法就是将在第 8 章中介绍的广度优先搜索方法。

在找到出口后,输出路径的过程是根据当前方块(即出口,其在队列 qu 中的下标为 front)的 pre 值回推找到迷宫路径。对于如图 3.11 所示的迷宫,在找到出口后,队列 qu 中 data 的全部数据如表 3.3 所示。当前的 front=40,qu->data[40].pre 为 35,表示路径上的前一个方块为 qu->data[35];而 qu->data[35].pre 为 30,表示路径上的上一个方块为 qu->data[30];qu->data[30].pre 为 27,表示路径上的前一个方块为 qu->data[27],⋯,以此类推,找到入口为 qu->data[0]。在对应的 dispapath 算法中,为了正向输出路径,先从 qu->front 开始回推出一条反向路径并存放在 path 数组中,再反向输出 path 中所有方块位置构成一条正向迷宫路径。

表 3.3 队列 qu 中 data 的全部数据

下标	i	j	pre	下标	i	j	pre
0	1	1	−1	21	1	6	18
1	1	2	0	22	6	5	20
2	2	1	0	23	5	5	22
3	2	2	1	24	7	5	22
4	3	1	2	25	4	5	23
5	3	2	3	26	5	6	23
6	4	1	4	27	8	5	24
7	3	3	5	28	4	6	25
8	5	1	6	29	5	7	26
9	3	4	7	30	8	6	27
10	5	2	8	31	8	4	27
11	6	1	8	32	4	7	28
12	2	4	9	33	5	8	29
13	5	3	10	34	6	7	29
14	7	1	11	35	8	7	30
15	1	4	12	36	8	3	31
16	2	5	12	37	3	7	32
17	6	3	13	38	4	8	32
18	1	5	15	39	6	8	33
19	2	6	16	40	8	8	35
20	6	4	17				

根据上述搜索过程得到以下用队列求解迷宫的算法:

```
bool mgpath1(int xi,int yi,int xe,int ye)    //搜索路径为(xi,yi)->(xe,ye)
{   Box e;
    int i,j,di,i1,j1;
    QuType  * qu;                             //定义顺序队指针 qu
    InitQueue(qu);                            //初始化队列 qu
    e.i=xi; e.j=yi; e.pre=-1;
    enQueue(qu,e);                            //(xi,yi)进队
    mg[xi][yi]=-1;                            //将其赋值-1,以避免回过来重复搜索
    while (!QueueEmpty(qu))                   //队不空时循环
    {   deQueue(qu,e);                        //出队方块 e,非环形队列中元素 e 仍在队列中
        i=e.i; j=e.j;
        if (i==xe && j==ye)                   //找到了出口,输出路径
        {   dispapath(qu,qu->front);          //调用 dispapath 函数输出路径
            DestroyQueue(qu);                 //销毁队列
            return true;                      //找到一条路径时返回真
        }
        for (di=0;di<4;di++)                  //循环遍历每个方位,把每个相邻可走的方块进队
```

```
            {   switch(di)
                {
                case 0:i1=i−1; j1=j; break;
                case 1:i1=i; j1=j+1; break;
                case 2:i1=i+1; j1=j; break;
                case 3:i1=i; j1=j−1; break;
                }
                if (mg[i1][j1]==0)
                {   e.i=i1; e.j=j1;
                    e.pre=qu−>front;           //指向路径中上一个方块的下标
                    enQueue(qu,e);             //(i1,j1)方块进队
                    mg[i1][j1]=−1;             //将其赋值−1,以避免回过来重复搜索
                }
            }
        }
        DestroyQueue(qu);                      //销毁队列
        return false;                          //未找到任何路径时返回假
    }
    void dispapath(QuType *qu,int front)       //从队列 qu 中找到一条迷宫路径并输出
    {   Box path[MaxSize];
        int p=front,k=0,i;
        while(p!=−1)                           //搜索反向路径 path[0..k−1]
        {   path[k++]=qu−>data[p];
            p=qu−>data[p].pre;
        }
        printf("一条迷宫路径如下:\n");
        for(i=k−1;i>=0;i−−)                    //反向输出 path 构成正向路径
        {   printf("\t(%d,%d)",path[i].i,path[i].j);
            if ((k−i)%5==0) printf("\n");      //每输出 5 个方块后换一行
        }
        printf("\n");
    }
```

4）设计求解程序

建立以下主函数调用上述算法:

```
int main()
{   if (!mgpath1(1,1,M,N))
        printf("该迷宫问题没有解!");
    return 1;
}
```

5）运行结果

对于如图 3.10 所示的迷宫,求解结果如下:

```
一条迷宫路径如下:
    (1,1)   (2,1)   (3,1)   (4,1)   (5,1)
    (5,2)   (5,3)   (6,3)   (6,4)   (6,5)
    (7,5)   (8,5)   (8,6)   (8,7)   (8,8)
```

上述迷宫路径的显示结果如图 3.23 所示,图中路径上方块(i,j)中的箭头指向路径的前一个相邻方块,例如方块(2,1)的箭头是"↑",表示路径上的前一个方块是方块(1,1),即出口。显然这个解是最优解,也就是最短路径。

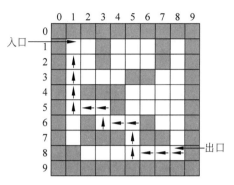

图 3.23　用队列求解的迷宫路径

3.2.5　双端队列

所谓**双端队列**(deque,double-ended queue)是指两端都可以进行进队和出队操作的队列,如图 3.24 所示。将队列的两端分别称为前端和后端,两端都可以进队和出队。其元素的逻辑关系仍是线性关系。

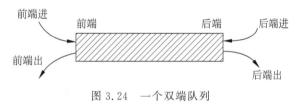

图 3.24　一个双端队列

在双端队列中进队时,从前端进的元素排列在队列中从后端进的元素的前面,从后端进的元素排列在队列中从前端进的元素的后面。在双端队列中出队时,无论是从前端出还是从后端出,先出的元素都排列在后出的元素的前面。

例如,4 个不同字符 a、b、c、d 作为输入序列,通过一个双端队列可以产生 24 个输出序列,即可以得到所有的全排列。那么是不是任何 n 个不同字符作为输入序列,通过一个双端队列都可以产生所有的全排列呢?答案是否定的,例如 5 个不同字符 a、b、c、d、e 作为输入序列,通过一个双端队列可以产生 116 种排列而不是 5! 个排列,其中不能够得到 eacbd 和 ebcda 等输出序列。

实际上,从前面的双端队列可以看出,从后端进前端出或者从前端进后端出体现先进先出的特点,从前端进前端出或从后端进后端出体现出后进先出的特点。

在实际使用中,还可以有输出受限的双端队列(即允许两端进队,但只允许一端出队的双端队列)和输入受限的双端队列(即允许两端出队,但只允许一端进队的双端队列),前者如图 3.25 所示,后者如图 3.26 所示。如果限定双端队列中从某端进队的元素只能从该端出队,则该双端队列就蜕变为两个栈底相邻的栈了。

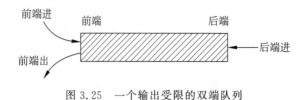

图3.25 一个输出受限的双端队列

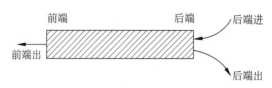

图3.26 一个输入受限的双端队列

【例3.9】 某队列允许在两端进行入队操作,但仅允许在一端进行出队操作,若a、b、c、d、e元素进队,则以下不可能得到的顺序有哪些?

(1) bacde　(2) dbace　(3) dbcae　(4) ecbad

解 本题的队列实际上是一个输出受限的双端队列,这样的双端队列如图3.25所示。

(1) a后端进,b前端进,c后端进,d后端进,e后端进,全出队。

(2) a后端进,b前端进,c后端进,d前端进,e后端进,全出队。

(3) a后端进,b前端进,因d未出,此时只能进队,c怎么进都不可能在b、a之间。

(4) a后端进,b前端进,c前端进,d前端进,e前端进,全出队。

所以不可能得到的顺序为(3)。

【例3.10】 如果允许在环形队列的两端进行插入和删除操作(这样的队列即为双端队列),若仍采用前面定义的SqQueue队列类型,设计"从队尾删除"和"从队头插入"的算法。

解 从前面介绍的环形队列结构可以看到,队头指针front指向队列中队首元素的前一个位置,而队尾指针rear指向队列中的队尾元素。所以"从队尾删除"运算应先提取队尾元素,再循环后退一个位置,而"从队头插入"运算应先在队头插入元素,再循环后退一个位置。

实现"从队尾删除"运算的算法如下:

```
bool deQueue1(SqQueue *&q, ElemType &e)      //从队尾删除算法
{   if (q->front==q->rear)                    //队空返回假
        return false;
    e=q->data[q->rear];                       //提取队尾元素
    q->rear=(q->rear-1+MaxSize)%MaxSize;      //修改除尾指针
    return true;
}
```

实现"从队头插入"运算的算法如下:

```
bool enQueue1(SqQueue *&q, ElemType e)       //从队头插入算法
{   if ((q->rear+1)%MaxSize==q->front)        //队满返回假
        return false;
```

```
    q->data[q->front]=e;                    //元素e进队
    q->front=(q->front-1+MaxSize)%MaxSize;  //修改队头指针
    return true;
}
```

本章小结

本章的基本学习要点如下:

(1) 理解栈和队列的特性以及它们之间的差异。

(2) 掌握栈的两种存储结构(即顺序栈和链栈)的设计特点,注意顺序栈和链栈中栈满和栈空的条件判断。

(3) 掌握在顺序栈和链栈中实现栈的基本运算的算法设计方法。

(4) 掌握队列的两种存储结构(即顺序队和链队)的设计特点,以及环形队列和非环形队列的差异,注意各种存储结构中队满和队空的条件判断。

(5) 掌握在顺序队和链队中实现队列的基本运算的算法设计方法。

(6) 理解栈和队列的作用,知道在何时使用哪一种数据结构,用栈和队列求解迷宫问题的差异。

(7) 灵活地运用栈和队列两种数据结构解决一些综合应用问题。

练习题 3

1. 有5个元素,其进栈次序为 ABCDE,在各种可能的出栈次序中以元素 C、D 最先出栈(即 C 第一个且 D 第二个出栈)的次序有哪几个?

2. 在一个算法中需要建立多个栈(假设 3 个栈或以上)时可以选用以下 3 种方案之一,试问这些方案各有什么优缺点?

(1) 分别用多个顺序存储空间建立多个独立的顺序栈。

(2) 多个栈共享一个顺序存储空间。

(3) 分别建立多个独立的链栈。

3. 在以下几种存储结构中哪种最适合用作链栈?

(1) 带头结点的单链表。

(2) 不带头结点的循环单链表。

(3) 带头结点的双链表。

4. 简述以下算法的功能(假设 ElemType 为 int 类型)。

```
void fun(ElemType a[],int n)
{   int i; ElemType e;
    SqStack * st1, * st2;
    InitStack(st1);
    InitStack(st2);
    for (i=0;i<n;i++)
```

```
            if (a[i]%2==1)
                Push(st1,a[i]);
            else
                Push(st2,a[i]);
    i=0;
    while (!StackEmpty(st1))
    {   Pop(st1,e);
        a[i++]=e;
    }
    while (!StackEmpty(st2))
    {   Pop(st2,e);
        a[i++]=e;
    }
    DestroyStack(st1);
    DestroyStack(st2);
}
```

5. 简述以下算法的功能（顺序栈的元素类型为 ElemType）。

```
void fun(SqStack * &st,ElemType x)
{   SqStack * tmps;
    ElemType e;
    InitStack(tmps);
    while(!StackEmpty(st))
    {   Pop(st,e);
        if(e!=x) Push(tmps,e);
    }
    while (!StackEmpty(tmps))
    {   Pop(tmps,e);
        Push(st,e);
    }
    DestroyStack(tmps);
}
```

6. 简述以下算法的功能（队列 qu 的元素类型为 ElemType）。

```
bool fun(SqQueue * &qu,int i)
{   ElemType e; int j;
    int n=(qu->rear-qu->front+MaxSize)%MaxSize;
    if (i<1 || i>n) return false;
    for (j=1;j<=n;j++)
    {   deQueue(qu,e);
        if (j!=i)
            enQueue(qu,e);
    }
    return true;
}
```

7. 什么是环形队列？采用什么方法实现环形队列？

8. 环形队列一定优于非环形队列吗？在什么情况下使用非环形队列？

9. 假设以 I 和 O 分别表示进栈和出栈操作,栈的初态和终态均为空,进栈和出栈的操作序列可表示为仅由 I 和 O 组成的序列。

(1) 在下面的序列中哪些是合法的?
A. IOIIOIOO B. IOOIOIIO C. IIIOIOIO D. IIIOOIOO

(2) 通过对(1)的分析,设计一个算法判断所给的操作序列是否合法,若合法返回真,否则返回假(假设被判断的操作序列已存入一维数组中)。

10. 假设表达式中允许包含圆括号、方括号和大括号 3 种括号,编写一个算法判断表达式中的括号是否正确配对。

11. 设从键盘输入一个序列的字符 $a_1,a_2,\cdots,a_n$。设计一个算法实现这样的功能:若 a_i 为数字字符,a_i 进队;若 a_i 为小写字母,将队首元素出队;若 a_i 为其他字符,表示输入结束。要求使用环形队列。

12. 设计一个算法,将一个环形队列(容量为 n,元素的下标从 0 到 $n-1$)中的元素倒置。例如,图 3.27(a)中为倒置前的队列($n=10$),图 3.27(b)中为倒置后的队列。

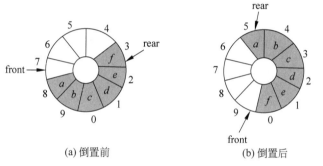

(a) 倒置前   (b) 倒置后

图 3.27 一个环形队列倒置前后的状态

13. 编写一个程序,输入 n(由用户输入)个 10 以内的数,每输入 $i(0 \leqslant i \leqslant 9)$ 就把它插到第 i 号队列中,最后把 10 个队中的非空队列按队列号从小到大的顺序串接成一条链,并输出该链中的所有元素。

上机实验题 3

验证性实验

实验题 1:实现顺序栈的各种基本运算的算法

目的:领会顺序栈的存储结构和掌握顺序栈中各种基本运算算法的设计。

内容:编写一个程序 sqstack.cpp,实现顺序栈(假设栈中的元素类型 ElemType 为 char)的各种基本运算,并在此基础上设计一个程序 exp3-1.cpp 完成以下功能。

(1) 初始化栈 s。
(2) 判断栈 s 是否非空。
(3) 依次进栈元素 a、b、c、d、e。
(4) 判断栈 s 是否非空。
(5) 输出出栈序列。

(6) 判断栈 s 是否非空。
(7) 释放栈。

实验题 2：实现链栈的各种基本运算的算法

目的：领会链栈的存储结构和掌握链栈中各种基本运算算法的设计。

内容：编写一个程序 listack.cpp，实现链栈（假设栈中的元素类型 ElemType 为 char）的各种基本运算，并在此基础上设计一个程序 exp3-2.cpp 完成以下功能。

(1) 初始化栈 s。
(2) 判断栈 s 是否非空。
(3) 依次进栈元素 a、b、c、d、e。
(4) 判断栈 s 是否非空。
(5) 输出出栈序列。
(6) 判断栈 s 是否非空。
(7) 释放栈。

实验题 3：实现环形队列的各种基本运算的算法

目的：领会环形队列的存储结构和掌握环形队列中各种基本运算算法的设计。

内容：编写一个程序 squeue.cpp，实现环形队列（假设栈中的元素类型 ElemType 为 char）的各种基本运算，并在此基础上设计一个程序 exp3-3.cpp 完成以下功能。

(1) 初始化队列 q。
(2) 判断队列 q 是否非空。
(3) 依次进队元素 a、b、c。
(4) 出队一个元素，输出该元素。
(5) 依次进队元素 d、e、f。
(6) 输出出队序列。
(7) 释放队列。

实验题 4：实现链队的各种基本运算的算法

目的：领会链队的存储结构和掌握链队中各种基本运算算法的设计。

内容：编写一个程序 liqueue.cpp，实现链队（假设栈中的元素类型 ElemType 为 char）的各种基本运算，并在此基础上设计一个程序 exp3-4.cpp 完成以下功能。

(1) 初始化链队 q。
(2) 判断链队 q 是否非空。
(3) 依次进链队元素 a、b、c。
(4) 出队一个元素，输出该元素。
(5) 依次进链队元素 d、e、f。
(6) 输出出队序列。
(7) 释放链队。

● 设计性实验

实验题 5：用栈求解迷宫问题的所有路径及最短路径

目的：掌握栈在求解迷宫问题中的应用。

内容：编写一个程序 exp3-5.cpp,改进3.1.4节的求解迷宫问题程序,要求输出如图3.28所示的迷宫的所有路径,并求第一条最短路径及其长度。

实验题6：编写病人看病模拟程序

目的：掌握队列应用的算法设计。

内容：编写一个程序 exp3-6.cpp,反映病人到医院排队看医生的情况。在病人排队过程中主要重复下面两件事。

（1）病人到达诊室,将病历本交给护士,排到等待队列中候诊。

（2）护士从等待队列中取出下一位病人的病历,该病人进入诊室就诊。

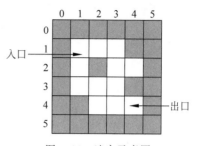

图3.28 迷宫示意图

要求模拟病人等待就诊这一过程。程序采用菜单方式,其选项及功能说明如下。

1：排队——输入排队病人的病历号,加入病人排队队列中。

2：就诊——病人排队队列中最前面的病人就诊,并将其从队列中删除。

3：查看排队——从队首到队尾列出所有排队病人的病历号。

4：不再排队,余下依次就诊——从队首到队尾列出所有排队病人的病历号,并退出运行。

5：下班——退出运行。

实验题7：求解栈元素排序问题

目的：掌握栈应用的算法设计。

内容：编写一个程序 exp3-7.cpp,按升序对一个字符栈进行排序,即最小元素位于栈顶,注意最多只能使用一个额外的栈存放临时数据,并输出栈排序的过程。

综合性实验

实验题8：用栈求解 n 皇后问题

目的：深入掌握栈应用的算法设计。

内容：编写一个程序 exp3-8.cpp 求解 n 皇后问题,即在 $n \times n$ 的方格棋盘上放置 n 个皇后,要求每个皇后不同行、不同列、不同左右对角线。图3.29所示为八皇后问题的一个解。在本实验中,皇后个数 n 由用户输入,其值不能超过20,输出所有的解;采用类似于用栈求解迷宫问题的方法。

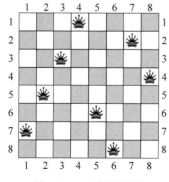

图3.29 八皇后问题

实验题9：编写停车场管理程序

目的：深入掌握栈和队列应用的算法设计。

内容：编写满足以下要求的停车场管理程序 exp3-9.cpp。设停车场内只有一个可停放 n 辆汽车的狭长通道,且只有一个大门可供汽车进出。

汽车在停车场内按车辆到达时间的先后顺序依次由南向北排列（大门在最北端,最先到达的第一辆车停放在停车场的最南端）,若停车场内已停满 n 辆车,则后来的汽车只能在门外的便道（即候车场）上等候,一旦有车开走,则排在便道上的第一辆车即可开入；当停车场内的某辆车要离开时,在它之后进入的车辆必须先退出停车场为它让路,待该辆车开出大门外,其他车辆再按原次序进入停车场,每辆停放在停车场的车在它离开停车场时必须按停留的时间长短交纳费用。整个停车场的示意图如图 3.30 所示。

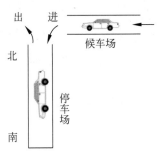

图 3.30　停车场示意图

LeetCode 在线编程题 3

1. LeetCode1381——设计一个支持增量操作的栈★★
2. LeetCode155——最小栈★
3. LeetCode20——有效的括号★
4. LeetCode1249——移除无效的括号★★
5. LeetCode946——验证栈序列★★
6. LeetCode1441——用栈操作构建数组★
7. LeetCode150——逆波兰表达式求值★★
8. LeetCode227——基本计算器Ⅱ★★
9. LeetCode224——基本计算器★★★
10. LeetCode622——设计循环队列★★
11. LeetCode641——设计循环双端队列★★
12. LeetCode225——用队列实现栈★
13. LeetCode232——用栈实现队列★

第 4 章 串

本章思政

字符串简称为串,串是由字符元素构成的,其中元素的逻辑关系也是一种线性关系。串的处理在计算机非数值处理中占有重要的地位,例如信息检索系统、文字编辑等都是以串数据作为处理对象。

本章介绍串的基本概念、串的存储结构、串的基本运算和模式匹配算法设计。

4.1 串的基本概念

串（string）是由零个或多个字符组成的有限序列。含零个字符的串称为空串，用 $\varnothing$ 表示。串中所含字符的个数称为该串的长度（或串长）。通常将一个串表示成"$a_1a_2\cdots a_n$"的形式，其中最外边的双引号（或单引号）不是串的内容，它们是串的标志，用于将串与标识符（例如变量名等）加以区别。每个 $a_i(1 \leqslant i \leqslant n)$ 代表一个字符，不同的计算机和编程语言对合法字符（即允许使用的字符）有不同的规定。但在一般情况下，英文字母、数字（0,1,…,9）和常用的标点符号以及空格符等都是合法的字符。

两个串相等当且仅当这两个串的长度相等并且各对应位置上的字符都相同。一个串中任意个连续字符组成的序列称为该串的**子串**（substring），例如串"abcde"的子串有"a"、"ab"、"abc"和"abcd"等。为了表述清楚，在串中空格字符用"□"符号表示，例如"a□□b"是一个长度为 4 的串，其中含有两个空格字符。空串是不包含任何字符的串，其长度为 0，空串是任何串的子串。

串的抽象数据类型描述如下：

```
ADT String
{  数据对象：
        D = { a_i | 1≤i≤n, n≥0, a_i 为 char 类型 }
   数据关系：
        R = { <a_i, a_{i+1}> | a_i, a_{i+1} ∈ D, i=1, …, n-1 }
   基本运算：
        StrAssign(&s, cstr)：将字符串常量 cstr 赋给串 s，即生成其值等于 cstr 的串 s。
        DestroyStr(&s)：销毁串，释放为串 s 分配的存储空间。
        StrCopy(&s, t)：串复制，将串 t 赋给串 s。
        StrEqual(s, t)：判断串是否相等，若两个串 s 与 t 相等则返回真；否则返回假。
        StrLength(s)：求串长，返回串 s 中字符的个数。
        Concat(s, t)：串连接，返回由两个串 s 和 t 连接在一起形成的新串。
        SubStr(s, i, j)：求子串，返回串 s 中从第 i(1≤i≤n) 个字符开始的由连续 j
            个字符组成的子串。
        InsStr(s1, i, s2)：子串的插入，将串 s2 插入串 s1 的第 i(1≤i≤n+1) 个位置，
            并返回产生的新串。
        DelStr(s, i, j)：子串的删除，从串 s 中删去从第 i(1≤i≤n) 个字符开始的长度为 j 的
            子串，并返回产生的新串。
        RepStr(s, i, j, t)：子串的替换，在串 s 中将从第 i(1≤i≤n) 个字符开始的 j 个字符构
            成的子串用串 t 替换，并返回产生的新串。
        DispStr(s)：串的输出，输出串 s 的所有字符值。
}
```

4.2 串的存储结构

和线性表一样，串也有顺序存储结构和链式存储结构。前者简称为**顺序串**，后者简称为**链串**。

4.2.1 串的顺序存储结构——顺序串

顺序串中的字符被依次存放在一组连续的存储单元里,与顺序表类似,用字符数组 data 存放所有字符,用 length 表示实际字符的个数,顺序串的类型声明如下:

```
typedef struct
{   char data[MaxSize];           //存放串字符
    int length;                   //存放串长
} SqString;                       //顺序串类型
```

顺序串的基本运算算法设计与顺序表类似,这里仅以子串插入算法 $InsStr(s1,i,s2)$ 为例讨论,其功能是将顺序串 $s2$ 插入顺序串 $s1$ 的第 $i(1 \leqslant i \leqslant n+1)$ 个位置上,并返回产生的结果串,如果参数不正确则返回一个空串。

子串插入算法的设计过程是,首先创建一个空的结果串 str,当 $i<=0$ 或者 $i>s1.length+1$ 时说明参数 i 不正确,直接返回空串 str,否则将 $s1$ 的前 $i-1$ 个字符(即 $s1.data[0..i-2]$)复制到 str 中,接着将 $s2$ 的全部字符复制到 str 中,再将 $s1$ 的余下字符复制到 str 中,设置 str 的长度为 $s1$、$s2$ 的长度和,最后返回 str。算法如下:

```
SqString InsStr(SqString s1,int i,SqString s2)
{   int j;
    SqString str;                 //定义结果串
    str.length=0;                 //设置 str 为空串
    if (i<=0 || i>s1.length+1)    //参数不正确时返回空串
        return str;
    for (j=0;j<i-1;j++)           //s1.data[0..i-2]→str
        str.data[j]=s1.data[j];
    for (j=0;j<s2.length;j++)     //s2.data[0..s2.length-1]→str
        str.data[i+j-1]=s2.data[j];
    for (j=i-1;j<s1.length;j++)   //s1.data[i-1..s1.length-1]→str
        str.data[s2.length+j]=s1.data[j];
    str.length=s1.length+s2.length;
    return str;
}
```

说明:在本章算法设计中顺序串参数采用直接传递顺序串的方法,不同于第 2 章的顺序表算法中采用的顺序表指针。

【例 4.1】 假设串采用顺序串存储,设计一个算法 $Strcmp(s,t)$ 按字典顺序比较两个串 s 和 t 的大小。

解 本例的算法思路如下。

(1) 比较 s 和 t 两个串共同长度范围内的对应字符:

① 若 s 的字符大于 t 的字符,返回 1;

② 若 s 的字符小于 t 的字符,返回 -1;

③ 若 s 的字符等于 t 的字符,按上述规则继续比较。

(2) 当(1)中的对应字符均相同时比较 s 和 t 的长度:

① 两者相等时返回 0;

② s 的长度大于 t 的长度,返回 1;
③ s 的长度小于 t 的长度,返回 -1。

对应的算法如下:

```
int Strcmp(SqString s,SqString t)
{   int i,comlen;
    if (s.length<t.length) comlen=s.length;     //求 s 和 t 的共同长度
    else comlen=t.length;
    for (i=0;i<comlen;i++)                      //在共同长度内逐个字符比较
        if (s.data[i]>t.data[i])
            return 1;
        else if (s.data[i]<t.data[i])
            return -1;
    if (s.length==t.length)                     //s==t
        return 0;
    else if (s.length>t.length)                 //s>t
        return 1;
    else return -1;                             //s<t
}
```

【例 4.2】 假设串采用顺序串存储,设计一个算法求串 s 中出现的第一个最长的连续相同字符构成的平台。

解 用 index 保存最长的平台在 s 中的开始位置,maxlen 保存其长度,先将它们初始化为 0。遍历串 s,计算局部重复子串的长度 length,若比 maxlen 大,则更新 maxlen,并用 index 记下其开始位置。遍历结束后,s.data[index..index+maxlen-1]为第一个最长的平台。对应的算法如下:

```
void LongestString(SqString s,int &index,int &maxlen)
{   int length,i=1,start;                       //局部平台为 data[i-1..i+length-2]
    index=0,maxlen=1;                           //最长平台为 data[index..index+maxlen-1]
    while (i<s.length)
    {   start=i-1;                              //查找局部重复子串
        length=1;
        while (i<s.length && s.data[i]==s.data[i-1])
        {   i++;
            length++;
        }
        if (maxlen<length)                      //当前平台的长度大,则更新 maxlen 和 index
        {   maxlen=length;
            index=start;
        }
        i++;
    }
}
```

视频讲解

4.2.2 串的链式存储结构——链串

串采用链式存储结构存储时称为链串,这里采用带头结点的单链表作为链串。链串的组织形式与一般的单链表类似,主要的区别在于链串中的一个结点可以存储多个字符。通常将链串中每个结点所存储的字符个数称为结点大小。

当结点大小大于1(例如结点大小为4)时,链串的尾结点的各个数据域不一定总能全被字符占满。此时应在这些未占用的数据域里补上不属于字符集的特殊符号(例如'♯'字符),以示区别。显然结点大小越大,存储密度越大,但相关算法设计越麻烦,因为可能引起大量字符的移动。当结点大小为1时,每个结点存放一个字符,相关算法设计十分方便,但存储密度较低。为了简便,这里规定链串的结点大小均为1,相应的链串结点类型 LinkStrNode 的声明如下:

```
typedef struct snode
{    char data;                              //存放字符
     struct snode * next;                    //指向下一个结点的指针
} LinkStrNode;                               //链串的结点类型
```

链串上的基本运算算法设计与单链表类似,这里仅以求子串算法 SubStr(s,i,j) 为例进行讨论,其功能是返回链串 s 中从第 i($1 \leqslant i \leqslant n$)个字符开始的、由连续 j 个字符组成的子串。当参数不正确时返回一个空串。

求子串算法是采用尾插法建立结果链串 str 并返回它。其过程是首先创建空串 str,当 $i<=0$ 或者 $i>$StrLength(s)或者 $j<0$ 或者 $i+j-1>$StrLength(s)时说明参数不正确,直接返回空串 str,否则让 p 指向第 i 个结点,依次复制连续的 j 个结点并插入 str 的尾部,最后返回 str。算法如下:

```
LinkStrNode * SubStr(LinkStrNode * s,int i,int j)
{    int k;
     LinkStrNode * str, * p=s->next, * q, * r;
     str=(LinkStrNode * )malloc(sizeof(LinkStrNode));
     str->next=NULL;                         //置结果串 str 为空串
     r=str;                                  //r 指向结果串的尾结点
     if (i<=0 || i>StrLength(s) || j<0 || i+j-1>StrLength(s))
          return str;                        //参数不正确时返回空串
     for (k=1;k<i;k++)                       //让 p 指向链串 s 的第 i 个结点
          p=p->next;
     for (k=1;k<=j;k++)                      //将 s 的从第 i 个结点开始的 j 个结点复制到 str
     {    q=(LinkStrNode * )malloc(sizeof(LinkStrNode));
          q->data=p->data;
          r->next=q;r=q;
          p=p->next;
     }
     r->next=NULL;                           //将尾结点的 next 域置为空
     return str;
}
```

【例 4.3】 假设串采用链串存储,设计一个算法把串 s 中最先出现的子串"ab"改为"xyz"。

解 在串 s 中找到最先出现的子串"ab",即 p 指向 data 域值为'a'的结点,其后继结点是 data 域值为'b'的结点。将它们的 data 域值分别改为'x'和'z',再创建一个 data 域值为'y'的结点(由 q 指向它),将其插到 p 所指的结点之后。算法如下:

```c
void Repl(LinkStrNode * &s)
{   LinkStrNode * p=s->next, * q;
    bool find=false;
    while (p!=NULL && p->next!=NULL && !find)          //查找'ab'子串
    {   if (p->data=='a' && p->next->data=='b')        //找到了这样的子串
        {   p->data='x'; p->next->data='z';            //替换
            q=(LinkStrNode * )malloc(sizeof(LinkStrNode));
            q->data='y'; q->next=p->next; p->next=q;
            find=true;
        }
        else p=p->next;                                //尚未找到时继续查找
    }
}
```

4.3 串的模式匹配

设有两个串 s 和 t，s 称为**目标串**(target string)，t 称为**模式串**(pattern string)，在串 s 中找一个与串 t 相等的子串称为**模式匹配**(pattern matching)。模式匹配成功指在目标串 s 中找到了一个模式串 t；不成功则指目标串 s 中不存在模式串 t。

模式匹配是一个比较复杂的串操作，许多人对此提出了很多效率各不相同的算法。在此介绍两种算法，并假设串均采用顺序存储结构。

4.3.1 Brute-Force 算法

Brute-Force(暴力)简称为 BF 算法，也称简单匹配算法，采用穷举方法，其基本思路是从目标串 $s=$"$s_0 s_1 \cdots s_{n-1}$"的第一个字符开始和模式串 $t=$"$t_0 t_1 \cdots t_{m-1}$"中的第一个字符比较，若相等，则继续逐个比较后续字符；否则从目标串 s 的第二个字符开始重新与模式串 t 的第一个字符进行比较。以此类推，若从目标串 s 的第 i 个字符开始，每个字符依次和模式串 t 中的对应字符相等，则匹配成功，该算法返回位置 i(表示此时 t 的第一个字符在 s 中出现的下标)。如果从 s 的每个字符开始均匹配失败，则 t 不是 s 的子串，算法返回 -1(这里为了简便，均使用物理下标)。

例如设目标串 $s=$"aaaaab"，模式串 $t=$"aaab"，BF 模式匹配的直观过程如图 4.1 所示。

```
s:  a a a a a b
t:  a a a b        从s的第1个字符开始匹配⇒失败
t:    a a a b      从s的第2个字符开始匹配⇒失败
t:      a a a b    从s的第3个字符开始匹配⇒成功
```

图 4.1 BF 模式匹配的直观过程

假设目标串 s 中含有 n 个字符，模式串 t 中含有 m 个字符，用 i 遍历目标串 s 的字符，用 j 遍历模式串 t 的字符：

(1) 第 l(l 从 1 开始)趟匹配是从 s 中的字符 s_{l-1} 与 t 中的第一个字符 t_0 比较开始的。

(2) 在某一趟匹配中出现 $s_i = t_j$，则 i、j 后移继续进行字符的比较，即执行 $i++$，$j++$。

(3) 在某一趟匹配中出现 $s_i \neq t_j$（称为"失配"），如图 4.2 所示，则有 $s_{i-j} = t_0$，$s_{i-j+1} = t_1$，…，$s_{i-1} = t_{j-1}$，即 $t_0 \sim t_{j-1}$ 的 j 个字符依次与目标串 s 中 s_i 之前的 j 个字符相同。也就是说，本趟匹配是从目标串 s 的 s_{i-j} 字符比较开始的，由于匹配失败，下一趟匹配应该从目标串 s 中的 s_{i-j+1} 与 t_0 比较开始。所以，无论当前是第几趟匹配，只要出现失配，即 $s_i \neq t_j$，则执行 $i = i-j+1$（表示开始下一趟匹配，从目标串 s 中的 s_{i-j+1} 开始比较，即 i 回溯），$j=0$（每趟匹配都是从 t_0 开始的）。

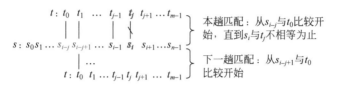

图 4.2 BF 模式匹配的一般性过程

(4) 在匹配中一旦 j 超界（$j=m$），表示模式串 t 的所有字符与目标串 s 的对应字符均相同，则 t 是 s 的子串，即模式匹配成功，并且 t 在 s 中的位置是 $i-m$。

(5) 如果按上述过程匹配时出现 i 超界（$i=n$），表示模式匹配失败，返回 -1。

(6) BF 算法的过程是从 $l=1$ 开始的，若模式匹配成功则返回，否则 $l=2$，…。由于穷举了所有的情况，所以 BF 算法是正确的。

对于前例，目标串 $s=$ "aaaaab"，模式串 $t=$ "aaab"。s 的长度 $n=6$，t 的长度 $m=4$。i、j 分别遍历目标串 s 和模式串 t。BF 模式匹配的过程如图 4.3 所示，总共需要进行 12 次字符比较（恰好为字符间纵向连接线条数，含比较不相同的情况）。

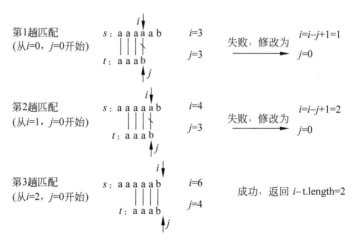

图 4.3 BF 模式匹配的过程

对应的 BF 算法如下：

```
int BF(SqString s, SqString t)
{   int i=0, j=0;
    while (i<s.length && j<t.length)     //两个串都没有遍历完时循环
```

```
        {   if (s.data[i]==t.data[j])            //当前比较的两个字符相同
            {   i++;j++; }                       //依次比较后续的两个字符
            else                                  //当前比较的两个字符不相同
            {   i=i-j+1;j=0; }                   //遍历s的i回退,遍历t的j从0开始
        }
        if (j>=t.length)                          //j超界,表示t是s的子串
            return(i-t.length);                   //返回t在s中的位置
        else                                      //模式匹配失败
            return(-1);                           //返回-1
}
```

这个算法简单且易于理解,但效率不高,主要原因是主串指针 i 在若干个字符比较相等后,若有一个字符比较不相等,就需回溯(即 $i=i-j+1$)。该算法在最好情况下的时间复杂度为 $O(m)$,即主串的前 m 个字符正好等于模式串的 m 个字符;在最坏情况下的时间复杂度为 $O(n \times m)$。可以证明其平均时间复杂度也是 $O(n \times m)$,也就是说,该算法的平均时间性能接近最坏的情况。

4.3.2 KMP 算法

KMP 算法是由 D. E. Knuth、J. H. Morris 和 V. R. Pratt 共同提出的,称之为 Knuth-Morris-Pratt 算法,简称 KMP 算法。该算法与 Brute-Force 算法相比有较大的改进,主要是消除了主串指针的回溯,从而使算法的效率有了某种程度的提高。

1. 从模式串 t 中提取加速匹配的信息

在 KMP 算法中,通过分析模式串 t 从中提取出加速匹配的有用信息。这种信息是对于 t 的每个字符 $t_j(0 \leq j \leq m-1)$ 存在一个整数 $k(k<j)$,使得模式串 t 中开头的 k 个字符 $(t_0 t_1 \cdots t_{k-1})$ 依次与 t_j 的前面 k 个字符 $(t_{j-k} t_{j-k+1} \cdots t_{j-1})$,这里第一个字符 t_{j-k} 最多从 t_1 开始,所以 $k<j$) 相同。如果这样的 k 有多个,取其中最大的一个。模式串 t 中每个位置 j 的字符都有这种信息,采用 next 数组表示,即 $next[j]=MAX\{k\}$。

例如模式串 $t=$"aaab",对于 $j=3, t_3=$'b',有 $t_2=t_0=$'a'(即 t_3 的前面有一个字符和开头的一个字符相同),$k=1$;又有 $t_1 t_2=t_0 t_1=$"aa"(即 t_3 的前面有两个字符和开头的两个字符相同),$k=2$,所以 $next[3]=MAX\{1,2\}=2$。

归纳起来,求模式串 t 的 next 数组的公式如下:

$$next[j] = \begin{cases} -1 & \text{当 } j=0 \text{ 时} \\ MAX\{k \mid 0<k<j \text{ 且 } "t_0 t_1 \cdots t_{k-1}"="t_{j-k} t_{j-k+1} \cdots t_{j-1}"\} & \text{当此集合非空时} \\ 0 & \text{其他情况} \end{cases}$$

next 数组的求解过程如下:

(1) $next[0]=-1, next[1]=0$(当 $j=1$ 时 $1 \sim j-1$ 的位置上没有字符,属于其他情况)。

(2) 如果 $next[j]=k$,表示有 $"t_0 t_1 \cdots t_{k-1}"="t_{j-k} t_{j-k+1} \cdots t_{j-1}"$:

① 若 $t_k=t_j$,即有 $"t_0 t_1 \cdots t_{k-1} t_k"="t_{j-k} t_{j-k+1} \cdots t_{j-1} t_j"$,显然有 $next[j+1]=k+1$。

② 若 $t_k \neq t_j$,说明 t_j 之前不存在长度为 $next[j]+1$ 的子串和开头字符起的子串相同,

那么是否存在一个长度较短的子串和开头字符起的子串相同呢？设 $k'=\text{next}[k]$（回退），则下一步应该将 t_j 与 $t_{k'}$ 比较：若 $t_j=t_{k'}$，则说明 t_j 之前存在长度为 $\text{next}[k']+1$ 的子串和开头字符起的子串相同；否则以此类推找更短的子串，直到不存在可匹配的子串，置 $\text{next}[j+1]=0$。所以，当 $t_k \neq t_j$ 时置 $k=\text{next}[k]$。

对应的求模式串 t 的 next 数组的算法如下：

```
void GetNext(SqString t,int next[])        //由模式串 t 求出 next 数组
{   int j,k;
    j=0;k=-1;                              //j 遍历 t,k 记录 t[j]之前与 t 开头相同的字符个数
    next[0]=-1;                            //设置 next[0]值
    while (j<t.length-1)                   //求 t 所有位置的 next 值
    {   if (k==-1 || t.data[j]==t.data[k])    //k 为-1 或比较的字符相等时
        {   j++;k++;                       //j、k 依次移到下一个字符
            next[j]=k;                     //设置 next[j]为 k
        }
        else k=next[k];                    //k 回退
    }
}
```

【例 4.4】 求模式串 $t=$"aaab"的 next 数组。

解 $\text{next}[0]=-1$，$\text{next}[1]=0$。

$j=2$ 时，$1 \sim j-1$ 的位置上只有一个字符 'a' 与 t 的开头字符相同，所以 $\text{next}[2]=1$。

$j=3$ 时，$1 \sim j-1$ 的位置上有字符串"a"和"aa"，均与 t 的开头字符串相同，所以 $\text{next}[3]=2$。

归纳起来，模式串 t 对应的 next 数组如表 4.1 所示。

表 4.1 模式串 t 的 next 数组

j	0	1	2	3
$t[j]$	a	a	a	b
$\text{next}[j]$	-1	0	1	2

2. KMP 算法的模式匹配过程

当求出模式串 t 的 next 数组表示的信息后，就可以用来消除主串指针的回溯。这里仍以目标串 $s=$"aaaaab"，模式串 $t=$"aaab"为例进行说明。

第 1 趟匹配是从 $i=0$、$j=0$ 开始的，失配处为 $i=3$，$j=3$。尽管本趟匹配失败了，但得到这样的"部分匹配"信息：$s_1 s_2$ 与 $t_1 t_2$ 相同，如图 4.4(a)所示。

模式串 t 中有 $\text{next}[3]=2$，表明 $t_1 t_2=t_0 t_1$，所以有 $s_1 s_2=t_0 t_1$，如图 4.4(b)所示。

BF 的第 2 趟匹配是从 $i=1$、$j=0$ 开始的，即需要回溯。现在既然有 $s_1 s_2=t_0 t_1$ 成立，第 2 趟匹配可以从 $i=3$、$j=2(=\text{next}[3])$ 开始，如图 4.4(c)所示，即保持主串指针 i 不变，模式串 t 右滑 $j-\text{next}[j]=1$ 个位置，让 s_i 和 $t_{\text{next}[j]}$ 对齐进行比较。

下面讨论一般情况，设目标串 $s=$"$s_0 s_1 \cdots s_{n-1}$"，模式串 $t=$"$t_0 t_1 \cdots t_{m-1}$"，在进行 s_{i-j+1}/t_0 开始的一趟匹配时出现如图 4.5 所示的失配情况（$s_i \neq t_j$）。

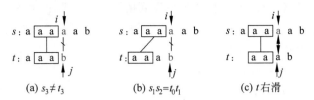

(a) $s_3 \neq t_3$ (b) $s_1 s_2 = t_0 t_1$ (c) t 右滑

图 4.4 利用 next 值消除主串指针的回溯

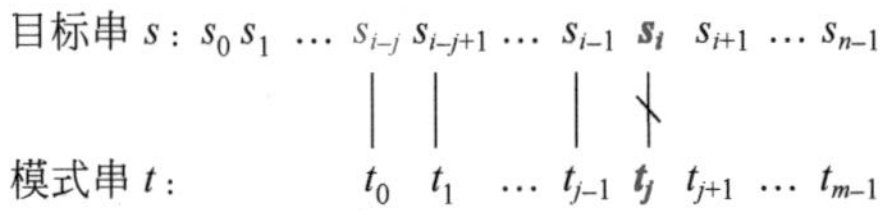

目标串 s: $s_0\ s_1\ \cdots\ s_{i-j}\ s_{i-j+1}\ \cdots\ s_{i-1}\ s_i\ s_{i+1}\ \cdots\ s_{n-1}$

模式串 t: $\qquad\qquad t_0\ t_1\ \cdots\ t_{j-1}\ t_j\ t_{j+1}\ \cdots\ t_{m-1}$

图 4.5 目标串和模式串匹配的一般情况

这时的部分匹配是"$t_0 t_1 \cdots t_{j-1}$"="$s_{i-j} s_{i-j+1} \cdots s_{i-1}$",显然在 $k < j$ 时有:

$$\text{"}t_{j-k} t_{j-k+1} \cdots t_{j-1}\text{"} = \text{"}s_{i-k} s_{i-k+1} \cdots s_{i-1}\text{"} \qquad (4.1)$$

因为 $\text{next}[j] = k$,即:

$$\text{"}t_0 t_1 \cdots t_{k-1}\text{"} = \text{"}t_{j-k} t_{j-k+1} \cdots t_{j-1}\text{"} \qquad (4.2)$$

由以上两式说明"$t_0 t_1 \cdots t_{k-1}$"="$s_{i-k} s_{i-k+1} \cdots s_{i-1}$"成立。下一趟就不再从 s_{i-j+1}/t_0 开始匹配,而是直接将 s_i 和 t_k 进行比较,这样可以把上一趟比较"失配"时的模式串 t 从当前位置直接右滑 $j-k$ 个字符,如图 4.6 所示。

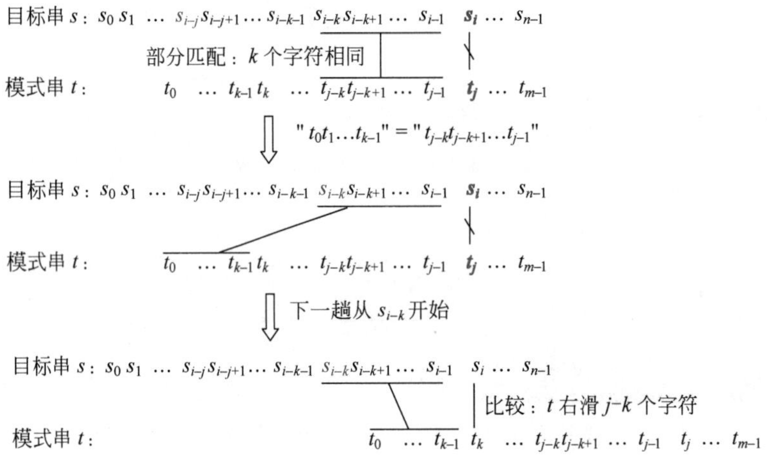

图 4.6 模式串右滑 $j-k$ 个字符

在上述过程中,从第 $i-j+1$ 趟匹配(从 s_{i-j} 开始)直接转到第 $i-k+1$ 趟匹配(从 s_{i-k} 开始),中间可能跳过一些匹配趟数(即第 $i-j+2$ 趟~第 $i-k$ 趟),那么 KMP 算法是否正确呢?实际上,因为 $\text{next}[j] = k$,容易证明中间的匹配趟数是不必要的。

通过一个示例进行验证。设目标串 $s = $"$s_0 s_1 s_2 s_3 s_4 s_5 s_6$",模式串 $t = $"$t_0 t_1 t_2 t_3 t_4 t_5$",$\text{next}[5] = 2$。从 s_1 开始匹配(第 2 趟),失配处为 $s_6 \neq t_5$,这里 $i = 6, j = 5, k = 2$,下面说明第 $i-j+2(=3)$~第 $i-k(=4)$ 趟是不必要的。

如图 4.7 所示,部分匹配信息有"$t_1 t_2 t_3 t_4$"="$s_2 s_3 s_4 s_5$"。因为 $\text{next}[5] = 2$,有"$t_0 t_1$"=

"t_3t_4",同时有"$t_0t_1t_2t_3$" $\neq$ "$t_1t_2t_3t_4$"(若相等,则 next[5]=4 而不是 2),从而推出"$s_2s_3s_4s_5$" $\neq$ "$t_0t_1t_2t_3$"。所以从 s_2 开始匹配(第 3 趟)是不必要的。

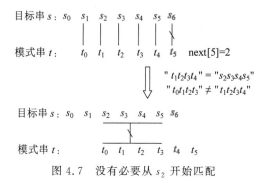

图 4.7 没有必要从 s_2 开始匹配

同样,因为 next[5]=2,有"$t_0t_1t_2$" $\neq$ "$t_2t_3t_4$"(若相等,则 next[5]=3 而不是 2),推出从 s_3 开始匹配(第 4 趟)是不必要的。下一趟应该从 s_4 开始匹配(第 5 趟),而且直接将 s_6 与 t_2 进行比较。

所以,当模式串 t 中 t_0 与目标串 s 中的某个字符 s_i 失配时,用 next[0]=-1 表示 t 中已经没有字符与当前字符 s_i 进行比较了。i 应该移动到目标串 s 的下一个字符,再和模式串 t 中的第一个字符进行比较。

另外,BF 算法的匹配过程是第 1 趟从 s_0 和 t_0 比较开始,第 2 趟从 s_1 和 t_0 比较开始,第 3 趟从 s_2 和 t_0 比较开始,以此类推。而 KMP 算法的第 1 趟从 s_0 和 t_0 比较开始,第 2 趟不一定从 s_1 开始,所以和 BF 算法相比可能会减少匹配的趟数。

因此 KMP 过程如下:

```
i=0; j=0;
while (s 和 t 都没有遍历完)
{   if (j=-1 或者它们所指的字符相同)
        i 和 j 分别增 1;
    else
        i 不变,j 回退到 j=next[j](即模式串右滑);
}
if (j 超界) 返回 i-t 的长度;          //模式匹配成功
else 返回-1;                         //模式匹配失败
```

对应的 KMP 算法如下:

```
int KMPIndex(SqString s,SqString t)       //KMP 算法
{   int next[MaxSize],i=0,j=0;
    GetNext(t,next);
    while (i<s.length && j<t.length)
    {   if (j==-1 || s.data[i]==t.data[j])
        {   i++;
            j++;                          //i,j 各增 1
        }
```

```
        else j=next[j];             //i不变,j后退
    }
    if (j>=t.length)                //匹配成功
        return(i-t.length);         //返回子串的位置
    else
        return(-1);                 //返回-1
}
```

设主串 s 的长度为 n,子串 t 的长度为 m,在 KMP 算法中求 next 数组的时间复杂度为 $O(m)$,在后面的匹配中因目标串 s 的下标 i 不减(即不回溯),比较次数可记为 n,所以 KMP 算法的平均时间复杂度为 $O(n+m)$,优于 BF 算法。但并不等于说在任何情况下 KMP 算法都优于 BF 算法,当模式串的 next 数组中 next[0]=-1,而其他元素值均为 0 时,KMP 算法退化为 BF 算法。

【例 4.5】 设目标串 s="aaaaab",模式串 t="aaab",给出 KMP 进行模式匹配的过程。

解 模式串 t 对应的 next 数组如表 4.1 所示,采用 KMP 算法的模式匹配过程如图 4.8 所示。首先用 i、j 分别遍历 s 和 t(初始时 $i=0,j=0$),若当前比较的字符相同则均增 1,比较到 $i=3,j=3$ 失败为止;i 值不变(不回溯到前面),修改 $j=$next[3]=2;下一趟从 $i=3/j=2$ 开始比较,比较到 $i=4/j=3$ 失败为止;i 值不变(不回溯到前面),修改 $j=$next[3]=2;下一趟从 $i=4/j=2$ 开始比较,这之后所有字符均相同,i、j 递增到 t 扫描完毕,此时 $i=6/j=4$,返回 $i-t.\text{length}=2$,表示 t 是 s 的子串,且位置为 2,总共需要进行 8 次字符比较。

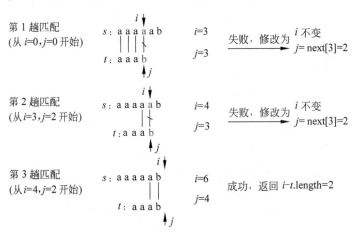

图 4.8 KMP 算法的模式匹配过程

3. 改进的 KMP 算法

上述 KMP 算法中定义的 next 数组仍然存在缺陷。例如设目标串 s 为"aaabaaaab",模式串 t 为"aaaab",模式串 t 对应的 next 数组如表 4.2 所示。

表 4.2 模式串 t 的 next 数组值

j	0	1	2	3	4
$t[j]$	a	a	a	a	b
next$[j]$	-1	0	1	2	3

这两个串匹配的过程如图 4.9 所示,从中可以看到,当 $i=3/j=3$ 时,$s_3 \neq t_3$,由 next[j] 可知还需要进行 $i=3/j=2,i=3/j=1,i=3/j=0$ 的 3 次比较,总共需要进行 12 次字符比较。

实际上,因为模式串 t 中的 t_0、t_1、t_2 字符和 t_3 字符都相等,所以不需要再和目标串中的 s_3 进行比较,可以将模式一次向右滑动 4 个字符的位置,即直接进行 $i=4/j=0$ 的字符比较,对应图 4.9(a) 和 (e),总共需要进行 9 次字符比较。

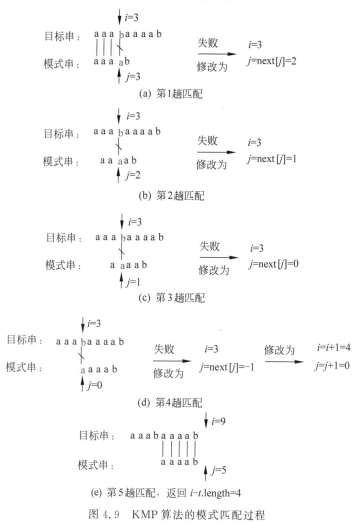

图 4.9 KMP 算法的模式匹配过程

这就是说,若按前面的定义得到 next[j]=k,如果模式串中有 $t_j=t_k$,当目标串中的字符 s_i 和模式串中的字符 t_j 比较不相同时,s_i 一定和 t_k 也不相同,所以没有必要再将 s_i 和 t_k 进行比较,而是直接将 s_i 和 $t_{next[k]}$ 进行比较。为此将 next[j] 修正为 nextval[j]。

nextval 数组的定义是 nextval[0]=−1,当 $t_j=t_{next[j]}$ 时 nextval[j]=nextval[next[j]],否则 nextval[j]=next[j]。

用 nextval 取代 next,得到改进的 KMP 算法如下:

```
void GetNextval(SqString t, int nextval[])    //由模式串 t 求出 nextval 值
{   int j=0, k=-1;
    nextval[0]=-1;
```

```
        while (j<t.length-1)
        {   if (k==-1 || t.data[j]==t.data[k])
            {   j++; k++;
                if (t.data[j]!=t.data[k])
                    nextval[j]=k;
                else
                    nextval[j]=nextval[k];
            }
            else
                k=nextval[k];
        }
}
int KMPIndex1(SqString s,SqString t)        //改进后的KMP算法
{   int nextval[MaxSize],i=0,j=0;
    GetNextval(t,nextval);
    while (i<s.length && j<t.length)
    {   if (j==-1 || s.data[i]==t.data[j])
        {   i++;
            j++;
        }
        else
            j=nextval[j];
    }
    if (j>=t.length)
        return(i-t.length);
    else
        return(-1);
}
```

与改进前的KMP算法一样,本算法的时间复杂度也是 $O(n+m)$ 。

【例4.6】 设目标串 $s=$ "abcaabbabcabaacbacba",模式串 $t=$ "abcabaa",计算模式串 t 的nextval数组值,并给出利用改进的KMP算法进行模式匹配的过程。

解 模式串 t 的nextval数组值如表4.3所示。

表 4.3 模式串 t 的 nextval 数组值

j	$t[j]$	next$[j]$	nextval$[j]$
0	a	-1	-1
1	b	0	0
2	c	0	0
3	a	0	-1
4	b	1	0
5	a	2	2
6	a	1	1

利用改进的KMP算法的匹配过程如图4.10所示。

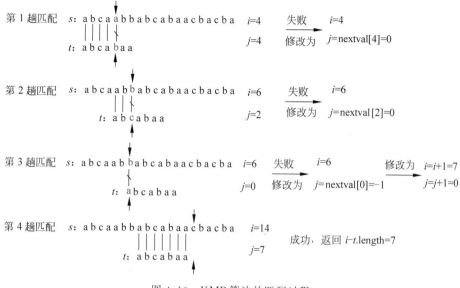

图 4.10 KMP 算法的匹配过程

本章小结

本章的基本学习要点如下：
(1) 理解串和一般线性表之间的差异。
(2) 掌握在顺序串上和链串上实现串的基本运算算法设计。
(3) 掌握串的简单匹配算法，理解 KMP 算法的高效匹配过程。
(4) 灵活地运用串这种数据结构解决一些综合应用问题。

练习题 4

1. 串是一种特殊的线性表，请从存储和运算两方面分析它的特殊之处。
2. 为什么在模式匹配中 BF 算法是有回溯算法，而 KMP 算法是无回溯算法？
3. 在 KMP 算法中计算模式串的 next 时，若 $j=0$，为什么要置 next$[0]=-1$？
4. KMP 算法是简单模式匹配算法的改进，以目标串 $s=$"aabaaabc"、模式串 $t=$"aaabc"为例说明 next 的作用。
5. 给出以下模式串的 next 值和 nextval 值：
(1) ababaa
(2) abaabaab
6. 设目标串 $s=$"abcaabbabcabaacbacba"，模式串 $t=$"abcabaa"。
(1) 计算模式串 t 的 nextval 数组。
(2) 不写算法，给出利用改进的 KMP 算法进行模式匹配的过程。
(3) 总共进行了多少次字符比较？
7. 有两个顺序串 $s1$ 和 $s2$，设计一个算法求顺序串 $s3$，该串中的字符是 $s1$ 和 $s2$ 中的公共字符(即两个串都包含的字符)。

8. 采用顺序结构存储串,设计一个实现串通配符匹配的算法 pattern_index(),其中的通配符只有'?',它可以和任何一个字符匹配成功。例如,pattern_index("? re","there are")返回的结果是2。

9. 设计一个算法,在顺序串 s 中从后向前查找子串 t,即求 t 在 s 中最后一次出现的位置。

10. 设计一个算法,判断一个字符串 s 是否为形如"序列1@为序列2"模式的字符序列,其中序列1和序列2都不含'@'字符,且序列2是序列1的逆序列。例如"$a+b@b+a$"属于该模式的字符序列,而"$1+3@3-1$"不是。

11. 采用顺序结构存储串,设计一个算法求串 s 中出现的第一个最长重复子串的下标和长度。

12. 用带头结点的单链表表示链串,每个结点存放一个字符。设计一个算法,将链串 s 中所有值为 x 的字符删除,要求算法的时间复杂度为 $O(n)$、空间复杂度为 $O(1)$。

上机实验题 4

验证性实验

实验题 1:实现顺序串的各种基本运算的算法

目的:领会顺序串存储结构和掌握顺序串中各种基本运算算法的设计。

内容:编写一个程序 sqstring.cpp,实现顺序串的各种基本运算,并在此基础上设计一个程序 exp4-1.cpp 完成以下功能。

(1) 建立串 s="abcdefghijklmn"和串 $s1$="xyz"。

(2) 输出串 s。

(3) 输出串 s 的长度。

(4) 在串 s 的第9个字符的位置插入串 $s1$ 而产生串 $s2$。

(5) 输出串 $s2$。

(6) 删除串 s 从第2个字符开始的5个字符而产生串 $s2$。

(7) 输出串 $s2$。

(8) 将串 s 从第2个字符开始的5个字符替换成串 $s1$ 而产生串 $s2$。

(9) 输出串 $s2$。

(10) 提取串 s 从第2个字符开始的10个字符而产生串 $s3$。

(11) 输出串 $s3$。

(12) 将串 $s1$ 和串 $s2$ 连接起来而产生串 $s4$。

(13) 输出串 $s4$。

实验题 2:实现链串的各种基本运算的算法

目的:领会链串存储结构和掌握链串中各种基本运算算法的设计。

内容:编写一个程序 listring.cpp,实现链串的各种基本运算,并在此基础上设计一个程序 exp4-2.cpp 完成以下功能。

(1) 建立串 s="abcdefghijklmn"和串 $s1$="xyz"。

(2) 输出串 s。

(3) 输出串 s 的长度。

(4) 在串 s 的第 9 个字符的位置插入串 $s1$ 而产生串 $s2$。

(5) 输出串 $s2$。

(6) 删除串 s 从第 2 个字符开始的 5 个字符而产生串 $s2$。

(7) 输出串 $s2$。

(8) 将串 s 从第 2 个字符开始的 5 个字符替换成串 $s1$ 而产生串 $s2$。

(9) 输出串 $s2$。

(10) 提取串 s 从第 2 个字符开始的 10 个字符而产生串 $s3$。

(11) 输出串 $s3$。

(12) 将串 $s1$ 和串 $s2$ 连接起来而产生串 $s4$。

(13) 输出串 $s4$。

实验题 3：实现顺序串的各种模式匹配算法

目的：掌握串的模式匹配算法(即 BF 和 KMP 算法)设计。

内容：编写一个程序 exp4-3.cpp，实现顺序串的各种模式匹配运算，并在此基础上完成以下功能。

(1) 建立目标串 $s=$"abcabcdabcdeabcdefabcdefg"和模式串 $t=$"abcdeabcdefab"。

(2) 采用简单匹配算法求 t 在 s 中的位置。

(3) 由模式串 t 求出 next 数组值和 nextval 数组值。

(4) 采用 KMP 算法求 t 在 s 中的位置。

(5) 采用改进的 KMP 算法求 t 在 s 中的位置。

设计性实验

实验题 4：文本串加密和解密程序

目的：掌握串的应用算法设计。

内容：一个文本串可用事先给定的字母映射表进行加密。例如，设字母映射表为：

a b c d e f g h i j k l m n o p q r s t u v w x y z

n g z q t c o b m u h e l k p d a w x f y i v r s j

则字符串"encrypt"被加密为"tkzwsdf"。编写一个程序 exp4-4.cpp，将输入的文本串加密后输出(非小写字母原样输出)，然后进行解密并输出。

实验题 5：求一个串中出现的第一个最长重复子串

目的：掌握串的模式匹配应用算法设计。

内容：采用顺序结构存储串，编写一个程序 exp4-5.cpp，利用简单模式匹配方法求串 s 中出现的第一个最长重复子串的下标和长度。

综合性实验

实验题 6：利用 KMP 算法求子串在主串中不重叠出现的次数

目的：深入掌握 KMP 算法的应用。

内容：编写一个程序 exp4-6.cpp，利用 KMP 算法求子串 t 在主串 s 中不重叠出现的次数，并以 $s=$"aaabbdaabbde"，$t=$"aabbd"为例(答案为 2)显示匹配过程。

实验题 7：利用 KMP 算法求子串在主串中重叠出现的次数

目的：深入掌握 KMP 算法的应用。

内容：编写一个程序 exp4-7.cpp，利用 KMP 算法求子串 t 在主串 s 中重叠出现的次数，并以 $s=$"aaaaa"，$t=$"aa" 为例（答案为 4）显示匹配过程。

LeetCode 在线编程题 4

1. LeetCode125——验证回文串 ★
2. LeetCode14——最长公共前缀 ★
3. LeetCode443——压缩字符串 ★★
4. LeetCode28——实现 strStr() ★
5. LeetCode459——重复的子字符串 ★
6. LeetCode1408——数组中的字符串匹配 ★

第 5 章 递归

本章思政

在算法设计中经常需要用递归方法求解,特别是后面的树和二叉树、图、查找及排序等章节中大量地用到了递归算法。递归是计算机科学中的一个重要工具,很多程序设计语言(例如 C/C++)都支持递归程序设计。

本章介绍递归的定义和递归算法设计方法等,为后面的学习打下基础。

5.1 什么是递归

5.1.1 递归的定义

在定义一个过程或函数时出现调用本过程或本函数的成分称为**递归**(recursion)。若调用自身,称为**直接递归**(direct recursion)。若过程或函数 p 调用过程或函数 q,而 q 又调用 p,称为**间接递归**(indirect recursion)。在算法设计中,任何间接递归算法都可以转换为直接递归算法来实现,所以后面主要讨论直接递归。

递归不仅是数学中的一个重要概念,也是计算技术中的重要概念之一。在计算技术中,与递归有关的概念有递归数列、递归过程、递归算法、递归程序和递归方法等。

视频讲解

(1) 递归数列指的是由递归关系所确定的数列。
(2) 递归过程指的是直接或间接调用自身的过程。
(3) 递归算法指的是包含递归过程的算法。
(4) 递归程序指的是直接或间接调用自身的程序。
(5) 递归方法指的是一种在有限步骤内根据特定的法则或公式对一个或多个前面的元素进行运算,以确定一系列元素(例如数或函数)的方法。

【例 5.1】 根据求阶乘的定义,给出求 $n!$ (n 为正整数)的递归函数。

解 求 $n!$ 的定义是 $1!=1, n!=n*(n-1)!$,对应的递归函数 $fact(n)$ 如下:

```
int fact(int n)
{   if (n==1)                   //语句1
        return 1;               //语句2
    else                        //语句3
        return n * fact(n-1);   //语句4
}
```

递归算法通常把一个大的复杂问题层层转化为一个或多个与原问题相似的规模较小的问题来求解,递归策略只需少量的代码就可以描述出解题过程中所需要的多次重复计算,大大减少了算法的代码量。

一般来说,能够用递归解决的问题应该满足以下 3 个条件:

(1) 需要解决的问题可以转化为一个或多个子问题来求解,而这些子问题的求解方法与原问题完全相同,只是在数量规模上不同。
(2) 递归调用的次数必须是有限的。
(3) 必须有结束递归的条件来终止递归。

递归算法的优点是结构简单、清晰,易于阅读,方便其正确性证明;缺点是算法执行中占用的内存空间较多,执行效率低,不容易优化。

5.1.2 何时使用递归

在以下 3 种情况下经常要用到递归方法。

1. 定义是递归的

有许多数学公式、数列等的定义是递归的。例如,求 $n!$ 和 Fibonacci 数列等。对于这些问题的求解可以将其递归定义直接转化为对应的递归算法。例如,求 $n!$ 可以转化为例 5.1 的递归算法。求 Fibonacci 数列的递归算法如下:

```
int Fib1(int n)              //求 Fibonacci 数列的第 n 项
{   if (n==1 || n==2)
        return(1);
    else
        return(Fib1(n-1)+Fib1(n-2));
}
```

2. 数据结构是递归的

有些数据结构是递归的。例如第 2 章中介绍的单链表就是一种递归数据结构,其结点类型声明如下:

```
typedef struct LNode
{   ElemType data;            //存放结点数据
    struct LNode * next;      //指向下一个同类型结点的指针
} LinkNode;                   //单链表的结点类型
```

其中,结构体 LNode 的声明用到了它自身,即指针域 next 是一种指向相同类型结点的指针,所以它是一种递归数据结构。

对于递归数据结构,采用递归的方法编写算法既方便又有效。例如求一个不带头结点的单链表 L 的所有 data 域(假设为 int 类型)之和的递归算法如下:

```
int Sum(LinkNode * L)
{   if (L==NULL)
        return 0;
    else
        return(L->data+Sum(L->next));
}
```

3. 问题的求解方法是递归的

有些问题的解法是递归的,典型的有 Hanoi 问题的求解,该问题的描述是,设有 3 个分别命名为 X、Y 和 Z 的塔座,在塔座 X 上有 n 个直径各不相同的盘片,从小到大依次编号为 $1,2,\cdots,n$。现要求将 X 塔座上的这 n 个盘片移到塔座 Z 上并仍按同样的顺序叠放,移动盘片时必须遵守以下规则:每次只能移动一个盘片;盘片可以插在 X、Y 和 Z 中的任一塔座上;任何时候都不能将一个较大的盘片放在较小的盘片上。图 5.1 所示为 $n=4$ 时的 Hanoi 问题。设计求解该问题的算法。

图 5.1　Hanoi 问题（$n=4$）

Hanoi 问题特别适合采用递归方法来求解。设 Hanoi(n,x,y,z) 表示将 n 个盘片从 x 塔座借助 y 塔座移到 z 塔座上，递归分解的过程如下：

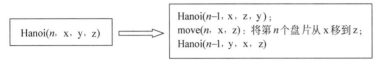

其含义是首先将 x 塔座上的 $n-1$ 个盘片借助 z 塔座移到 y 塔座上；此时 x 塔座上只有一个盘片，将其直接移到 z 塔座上；再将 y 塔座上的 $n-1$ 个盘片借助 x 塔座移到 z 塔座上。由此得到 Hanoi1 递归算法如下：

```
void Hanoi1(int n,char X,char Y,char Z)
{   if (n==1)                                //只有一个盘片的情况
        printf("\t将第%d个盘片从%c移动到%c\n",n,X,Z);
    else                                     //有两个或多个盘片的情况
    {   Hanoi1(n-1,X,Z,Y);
        printf("\t将第%d个盘片从%c移动到%c\n",n,X,Z);
        Hanoi1(n-1,Y,X,Z);
    }
}
```

5.1.3　递归模型

递归模型是递归算法的抽象，它反映一个递归问题的递归结构。例如，例 5.1 的递归算法对应的递归模型如下：

$$f(n)=1 \qquad n=1$$
$$f(n)=n*f(n-1) \qquad n>1$$

其中，第一个式子给出了递归的终止条件，第二个式子给出了 $f(n)$ 的值与 $f(n-1)$ 的值之间的关系，把第一个式子称为递归出口，把第二个式子称为递归体。

一般情况下，一个递归模型由递归出口和递归体两部分组成。**递归出口**（recursive exit）确定递归到何时结束，即指出明确的递归结束条件。**递归体**（recursive body）确定递归求解时的递推关系。

递归出口的一般格式如下：

$$f(s_1)=m_1 \tag{5.1}$$

这里的 s_1 与 m_1 均为常量，有些递归问题可能有几个递归出口。递归体的一般格式如下：

$$f(s_n) = g(f(s_i), f(s_{i+1}), \cdots, f(s_{n-1}), c_j, c_{j+1}, \cdots, c_m) \tag{5.2}$$

其中，n、i、j、m 均为正整数。这里的 s_n 是一个递归"大问题"，s_i、s_{i+1}、$\cdots$、s_{n-1} 为递归"小问题"，c_j、c_{j+1}、$\cdots$、c_m 是若干个可以直接（用非递归方法）解决的问题，g 是一个非递归函数，可以直接求值。

实际上，递归思路是把一个不能或不好直接求解的"大问题"转化成一个或几个"小问题"来解决，如图 5.2 所示，再把这些"小问题"进一步分解成更小的"小问题"来解决，如此分解，直到每个"小问题"都可以直接解决（此时分解到递归出口）。但递归分解不是随意地分解，递归分解要保证"大问题"与"小问题"相似，即求解过程与环境都相似。

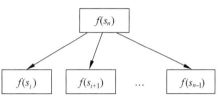

图 5.2　把大问题 $f(s_n)$ 转化成几个小问题来解决

为了讨论方便，设简化的递归模型（即将一个"大问题"分解为一个"小问题"）如下：

$$f(s_1) = m_1 \tag{5.3}$$

$$f(s_n) = g(f(s_{n-1}), c_{n-1}) \tag{5.4}$$

在求 $f(s_n)$ 时的分解过程如下：

$$f(s_n)$$
$$\downarrow$$
$$f(s_{n-1})$$
$$\downarrow$$
$$\vdots$$
$$\downarrow$$
$$f(s_2)$$
$$\downarrow$$
$$f(s_1)$$

一旦遇到递归出口，分解过程结束，开始求值过程，所以分解过程是"量变"过程，即原来的"大问题"在慢慢变小，但尚未解决，遇到递归出口后便发生了"质变"，即原递归问题便转化成直接问题。上面的求值过程如下：

$$f(s_1) = m_1$$
$$\downarrow$$
$$f(s_2) = g(f(s_1), c_1)$$
$$\downarrow$$
$$f(s_3) = g(f(s_2), c_2)$$
$$\downarrow$$
$$\vdots$$
$$\downarrow$$
$$f(s_n) = g(f(s_{n-1}), c_{n-1})$$

这样 $f(s_n)$ 便计算出来了。因此，递归的执行过程由分解和求值两部分构成，分解部分就是用递归体将"大问题"分解成"小问题"，直到递归出口为止，然后进行求值过程，即已知

"小问题"计算"大问题"。前面的 fun(5) 的求解过程如图 5.3 所示。

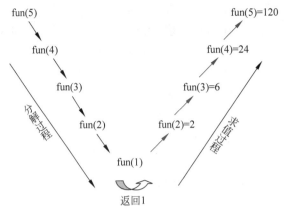

图 5.3 fun(5) 的求值过程

在递归算法的执行中，最长的递归调用的链长称为该算法的递归调用深度。例如求 $n!$ 对应的递归算法在求 fun(5) 时递归调用深度是 5。

对于复杂的递归算法，其执行过程可能需要循环反复地分解和求值才能获得最终解。例如，对于前面求 Fibonacci 数列的 Fib1 算法，求 Fib1(6) 的过程构成的递归树如图 5.4 所示，向下的实箭头表示分解，向上的虚箭头表示求值，每个方框旁边的数字是该方框的求值结果，最后求得 Fib1(6) 为 8。该递归树的高度为 5，所以递归调用深度也是 5。

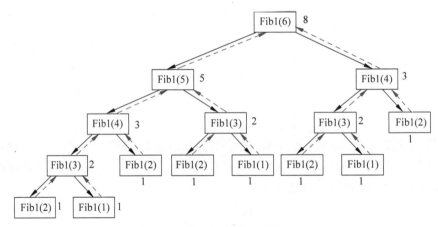

图 5.4 求 Fib(6) 对应的递归树

5.1.4 递归与数学归纳法

从递归体可以看到，如果已知 s_i、s_{i+1}、…、s_{n-1}，就可以确定 s_n。从数学归纳法的角度来看，这相当于数学归纳法的归纳步骤的内容。但仅有这个关系还不能确定这个数列，若要使它完全确定，还应给出这个数列的初始值 s_1。

例如，采用数学归纳法证明下式：

$$1+2+\cdots+n=\frac{n(n+1)}{2}$$

当 $n=1$ 时,左式$=1$,右式$=\frac{1\times 2}{2}=1$,左、右两式相等,等式成立。

假设当 $n=k-1$ 时等式成立,有 $1+2+\cdots+(k-1)=\frac{k(k-1)}{2}$

当 $n=k$ 时,左式$=1+2+\cdots+k=1+2+\cdots+(k-1)+k=\frac{k(k-1)}{2}+k=\frac{k(k+1)}{2}$

等式成立。即证。

数学归纳法是一种论证方法,而递归是算法和程序设计的一种实现技术,数学归纳法是递归求解问题的理论基础。可以说递归的思想来自数学归纳法。

5.2 栈和递归

5.2.1 函数调用栈

视频讲解

函数调用操作包括从一块代码到另一块代码之间的双向数据传递和执行控制转移。数据传递通过函数参数和返回值实现,另外还需要在进入函数时为函数的局部变量分配存储空间,并且在退出函数时收回这部分空间。

大多数 CPU 上的程序实现使用栈来支持函数调用操作。单个函数调用操作所使用的函数调用栈被称为**栈帧**(stack frame)结构。每次函数调用时都会相应地创建一帧,保存返回地址、函数实参和局部变量值等,并将该帧压入调用栈。若在该函数返回之前又发生了新的调用,则同样要与新函数对应的一帧进栈,成为栈顶。函数一旦执行完毕,对应的帧便出栈,控制权交还给该函数的上层调用函数,并按照该帧中保存的返回地址确定程序中继续执行的位置。

例如,若有以下程序:

```
int main()
{   int m,n;
    ...
    f(m,n);                    //后面第一个语句的地址为 d1
    ...
    return 1;
}
void f(int s,int t)
{   int i;
    ...
    g(i);                      //后面第一个语句的地址为 d2
    ...
}
void g(int d)
{   int x,y;
    ...
}
```

在执行上述程序时，假设 main 函数的返回地址为 d_0。当执行 main 函数时，将栈帧①进栈。在 main 函数中调用 f 函数时，将栈帧②进栈。在 f 函数中调用 g 函数时，将栈帧③进栈，如图 5.5 所示。当 g 函数执行完毕，将栈帧③退栈，控制权交回到 f 函数，转向其中的 d_2 地址继续执行，其余执行过程类似。

图 5.5 函数调用栈

5.2.2 递归调用的实现

递归是函数调用的一种特殊情况，即它是调用自身代码。因此，也可以把每一次递归调用理解成调用自身代码的一个复制件。由于每次调用时它的参数和局部变量可能不相同，所以也就保证了各个复制件执行时的独立性。

但这些调用在内部实现时并不是每次调用真正去复制一个复制件存放到内存中，而是采用代码共享的方式，也就是它们都是调用同一个函数的代码，系统为每一次调用开辟一组存储单元，用来存放本次调用的返回地址以及被中断的函数的参数值。这些单元以栈的形式存放，每调用一次进栈一次，当返回时执行出栈操作，把当前栈顶保留的值送回相应的参数中进行恢复，并按栈顶中的返回地址从断点继续执行。下面通过计算 fun(5) 的值介绍递归调用过程实现的内部机理。

表 5.1 给出了求解 fun(5) 的递归调用过程中程序的执行及栈的变化情况，设调用 fun(5) 的返回地址为 d_0。

在调用 fun(5) 时，先把返回地址 d_0 以及参数 5 进栈，然后执行语句 1、3、4，当遇到其中的 fun(5-1)（即 fun(4)）时，必须中断当前执行的程序，转去调用 fun(4)，记录下其返回地址为 d_1；在调用 fun(4) 时，先把返回地址 d_1 以及参数 4 进栈，然后执行语句 1、3、4，当遇到其中的 fun(3) 时转去调用 fun(3)，记录下其返回地址为 d_2；…。直到调用 fun(1)，把返回地址 d_4 以及参数 1 进栈。

表 5.1 fun(5) 的执行过程

序号	调用/执行	返回地址	进/出栈	栈内情况		执行语句	说明
				返回地址	实参		
1	调用 fun(5)	d_0	进栈	d_0	5	1,3,4	
2	调用 fun(4)	d_1	进栈	d_1	4	1,3,4	
				d_0	5		
3	调用 fun(3)	d_2	进栈	d_2	3	1,3,4	
				d_1	4		
				d_0	5		

续表

序号	调用/执行	返回地址	进/出栈	栈内情况 返回地址	栈内情况 实参	执行语句	说明
4	调用 fun(2)	d_3	进栈	d_3 d_2 d_1 d_0	2 3 4 5	1,3,4	
5	调用 fun(1)	d_4	进栈	d_4 d_3 d_2 d_1 d_0	1 2 3 4 5	1,3,4	
6	执行 fun(1)	返回 d_4	出栈	d_3 d_2 d_1 d_0	2 3 4 5	1,2	求得 fun(1)=1
7	执行 fun(2)	返回 d_3	出栈	d_2 d_1 d_0	3 4 5	4	求得 fun(2)=2
8	执行 fun(3)	返回 d_2	出栈	d_1 d_0	4 5	4	求得 fun(3)=6
9	执行 fun(4)	返回 d_1	出栈	d_0	5	4	求得 fun(4)=24
10	执行 fun(5)	返回 d_0		栈空		4	求得 fun(5)=120

然后执行 fun(1),执行语句 1、2,返回 1 并出栈一次;执行 fun(2),执行语句 4,返回 2 并出栈一次;…。直到执行 fun(5),此时栈空,返回 120 并转向 d_0。

例如,已知程序如下:

```
int S(int n)
{   return (n<=0) ? 0 : S(n-1)+n; }
int main()
{   printf("%d\n",S(1));
    return 1;
}
```

程序执行时使用一个栈来保存调用过程的信息,这些信息用 main()、S(0)和 S(1)表示,那么自栈底到栈顶保存的信息的顺序是怎样的?

首先从 main()开始执行程序,将 main()信息进栈,遇到调用 S(1),将 S(1)信息进栈,在执行递归函数 S(1)时又遇到调用 S(0),再将 S(0)信息进栈。所以,自栈底到栈顶保存的信息的顺序是 main()→S(1)→S(0)。

5.2.3 递归算法的时空性能分析

1. 递归算法的时间复杂度分析

递归算法分析不能简单地采用非递归算法分析的方法,递归算法分析属于变长时空分析,非递归算法分析属于定长时空分析。

在递归算法分析中,首先写出对应的递推式,然后求解递推式得出算法的执行时间或者空间。例如,对于前面求 Hanoi 问题的递归算法,分析其时间复杂度的过程如下。

设 Hanoi1(n,x,y,z) 的执行时间为 $T(n)$,则两个问题规模为 $n-1$ 的子问题的执行时间均为 $T(n-1)$,总时间是累加关系。对应的递推式如下:

$$T(n)=1 \quad \text{当 } n=1 \text{ 时}$$
$$T(n)=2T(n-1)+1 \quad \text{当 } n>1 \text{ 时}$$

则:
$$\begin{aligned}
T(n) &= 2T(n-1)+1 = 2(2T(n-2)+1)+1 \\
&= 2^2 T(n-2)+2+1 = 2^2(2T(n-3)+1)+2+1 \\
&= 2^3 T(n-3)+2^2+2+1 \\
&= \cdots \\
&= 2^{n-1} T(1)+2^{n-2}+\cdots+2^2+2+1 \\
&= 2^n-1 = O(2^n)
\end{aligned}$$

【例 5.2】 有如下递归算法:

```
void fun(int a[],int n,int k)          //数组 a 共有 n 个元素,执行时间为 T1(n,k)
{    int i;
     if (k==n-1)
     {    for (i=0;i<n;i++)
              printf("%d\n",a[i]);       //该语句的执行次数为 n
     }
     else
     {    for (i=k;i<n;i++)
              a[i]=a[i]+i*i;              //该语句的执行次数为 n-k
          fun(a,n,k+1);                 //执行时间为 T1(n,k+1)
     }
}
```

调用上述算法的语句为 fun($a,n,0$),求其时间复杂度。

解 设 fun(a,n,k) 的执行时间为 $T_1(n,k)$,fun($a,n,0$) 的执行时间为 $T(n)$。显然有 $T(n)=T_1(n,0)$。由 fun() 算法得到如下执行时间的递推式:

$$T_1(n,k)=\begin{cases} n & \text{当 } k=n-1 \text{ 时} \\ (n-k)+T_1(n,k+1) & \text{其他情况} \end{cases}$$

则：
$$T(n)=T_1(n,0)=n+T_1(n,1)$$
$$=n+(n-1)+T_1(n,2)$$
$$\vdots$$
$$=n+(n-1)+\cdots+2+T_1(n,n-1)$$
$$=\frac{(n+2)(n-1)}{2}+n=\frac{n^2}{2}+\frac{3n}{2}-1$$
$$=O(n^2)$$

所以调用 fun($a,n,0$) 的时间复杂度为 $O(n^2)$。

2. 递归算法的空间复杂度分析

递归算法执行中使用了系统栈空间，因此需要根据递归调用的深度来分析递归算法的空间复杂度，其过程与递归算法的时间复杂度分析类似。例如，对于前面求 Hanoi 问题的递归算法，分析其空间复杂度的过程如下。

设 Hanoi1(n,x,y,z) 的临时空间为 $S(n)$，则两个问题规模为 $n-1$ 的子问题的临时空间均为 $S(n-1)$，总空间是最大值关系，因为前一个子问题执行完毕其空间被释放，释放的空间被后一个子问题重复使用。对应的递推式如下：

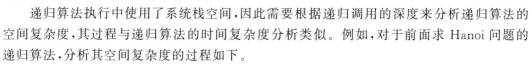

则：
$$S(n)=S(n-1)+1=(S(n-2)+1)+1$$
$$=\cdots$$
$$=S(1)+1+\cdots+1$$
$$=\underbrace{1+1+\cdots+1}_{n\uparrow 1}=O(n)$$

【例 5.3】 对于例 5.2 的递归算法，分析调用语句 fun($a,n,0$) 的空间复杂度。

解 设 fun(a,n,k) 占用的临时空间为 $S_1(n,k)$，fun($a,n,0$) 占用的临时空间为 $S(n)$。显然有 $S(n)=S_1(n,0)$。由 fun() 算法得到如下占用临时空间的递推式：

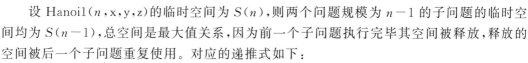

则：
$$S(n)=S_1(n,0)=1+S_1(n,1)$$
$$=1+1+S_1(n,2)$$
$$\vdots$$
$$=1+1+\cdots+1+S_1(n,n-1)$$
$$=\underbrace{1+1+\cdots+1}_{n\uparrow 1}=O(n)$$

所以调用 fun($a,n,0$) 的空间复杂度为 $O(n)$。

5.2.4 递归到非递归的转换*

通常递归算法的执行效率比较差，当递归调用层次较深时容易出现"栈溢出"，可以将递归算法转换为等效的非递归算法,主要有两种方法,即直接转换法和间接转换法。

1. 直接转换法

所谓直接转换法就是用迭代方式或者循环语句替代多次重复的递归调用。直接转换法通常用来消除尾递归和单向递归。

视频讲解

如果一个递归函数中的递归调用语句是最后一条执行语句,且把当前运算结果放在参数里传给下层函数,称这种递归调用为**尾递归**(tail recursion)。例如,例 5.1 的递归函数转换为尾递归函数如下:

```
int fact1(int n,int ans)              //求 n!的尾递归算法
{   if(n==1)
        return ans;
    else
        return fact1(n−1,n * ans);
}
```

利用上述算法求 5! 的过程是,fact1(5,1)→fact1(4,5)→fact1(3,20)→fact1(2,60)→fact1(1,120),最后返回值 120 表示 5!=120。有些编译器针对尾递归的特点通过优化将返回地址不保存在系统栈中,从而节省栈空间开销。单向递归是指递归的求值过程总是朝着一个方向进行的,例如,前面求 Fibonacci 数列的递归算法 Fib1 就属于单向递归,因为求值过程是 1,1,2,3,5,8,…,即单向生长的。可以采用迭代方式将 Fib1 转换为如下非递归算法:

```
int Fib2(int n)                        //求 Fibonacci 数列的第 n 项
{   int a=1,b=1,i,s;
    if (n==1 ‖ n==2)
        return 1;
    else
    {   for (i=3;i<=n;i++)
        {   s=a+b;
            a=b;
            b=s;
        }
        return s;
    }
}
```

2. 间接转换法

其他相对复杂的递归算法不能直接求值,在执行中需要回溯。可以在理解递归调用实现过程的基础上用栈来模拟递归执行过程,即使用栈保存中间结果,从而将其转换为等效的非递归算法,这称为间接转换法。

例如,在将前面求解 Hanoi 问题的递归算法 Hanoi1 转换为等价的非递归算法时,需要使用一个栈暂时存放还不能直接移动盘片的任务/子任务。

首先将任务 Hanoi(n,x,y,z)进栈,栈不空时循环:出栈一个任务 Hanoi(n,x,y,z),如果它是可直接移动的,就移动盘片;否则该任务转化为 Hanoi($n-1$,x,z,y)、move(n,x,z)、

Hanoi($n-1,y,x,z$),按相反顺序(即将 3 个任务 Hanoi($n-1,y,x,z$)、move(n,x,z)和 Hanoi($n-1,x,z,y$))依次进栈,其中 move(n,x,z)是可直接移动的任务。为此设计一个顺序栈的类型如下:

```
typedef struct
{   int n;                          //盘片的个数
    char x,y,z;                     //3 个塔座
    bool flag;                      //可直接移动盘片时为 true,否则为 false
} ElemType;                         //顺序栈中元素的类型
typedef struct
{   ElemType data[MaxSize];         //存放元素
    int top;                        //栈顶指针
} StackType;                        //顺序栈的类型
```

栈中的每个元素对应一个求解任务,flag 标识该任务是否可以直接移动盘片。采用第 3 章的原理设计好顺序栈的基本运算算法(除了将 SqStack 改为 StackType 以外,其他代码都是相同的)。对应的求解 Hanoi 问题的非递归算法如下:

```
void Hanoi2(int n, char x, char y, char z)
{   StackType *st;                  //定义顺序栈指针
    ElemType e,e1,e2,e3;
    if (n<=0) return;               //参数错误时直接返回
    InitStack(st);                  //初始化栈
    e.n=n; e.x=x; e.y=y; e.z=z; e.flag=false;
    Push(st,e);                     //元素 e 进栈
    while (!StackEmpty(st))         //栈不空时循环
    {   Pop(st,e);                  //出栈元素 e
        if (e.flag==false)          //当不能直接移动盘片时
        {   e1.n=e.n-1; e1.x=e.y; e1.y=e.x; e1.z=e.z;
            if (e1.n==1)            //只有一个盘片时可直接移动
                e1.flag=true;
            else                    //有一个以上盘片时不能直接移动
                e1.flag=false;
            Push(st,e1);            //处理 Hanoi($n-1,y,x,z$)步骤
            e2.n=e.n; e2.x=e.x; e2.y=e.y; e2.z=e.z; e2.flag=true;
            Push(st,e2);            //处理 move($n,x,z$)步骤
            e3.n=e.n-1; e3.x=e.x; e3.y=e.z; e3.z=e.y;
            if (e3.n==1)            //只有一个盘片时可直接移动
                e3.flag=true;
            else
                e3.flag=false;      //有一个以上盘片时不能直接移动
            Push(st,e3);            //处理 Hanoi($n-1,x,z,y$)步骤
        }
        else                        //当可以直接移动时
            printf("\t将第%d个盘片从%c移动到%c\n",e.n,e.x,e.z);
    }
    DestroyStack(st);               //销毁栈
}
```

5.3 递归算法的设计

5.3.1 递归算法的设计步骤

递归算法设计的基本步骤是先确定求解问题的递归模型,再转换成对应的C/C++语言函数。由于递归模型反映递归问题的"本质",所以前一步是关键,也是讨论的重点。

递归算法的求解过程是先将整个问题划分为若干个子问题,然后分别求解子问题,最后获得整个问题的解。这是一种分而治之的思路,通常由整个问题划分的若干子问题的求解是独立的,所以求解过程对应一棵递归树。如果在设计算法时就考虑递归树中的每一个分解/求值部分会使问题复杂化,不妨只考虑递归树中第1层和第2层之间的关系,即"大问题"和"小问题"的关系,其他关系与之相似。

由此得出获取求解问题递归模型(简化递归模型)的步骤如下:

(1) 对原问题 $f(s_n)$ 进行分析,假设出合理的小问题 $f(s_{n-1})$。

(2) 假设小问题 $f(s_{n-1})$ 是可解的,在此基础上确定大问题 $f(s_n)$ 的解,即给出 $f(s_n)$ 与 $f(s_{n-1})$ 之间的关系,也就是确定递归体(与数学归纳法中假设 $i=n-1$ 时等式成立,再求证 $i=n$ 时等式成立的过程相似)。

(3) 确定一个特定情况(例如 $f(1)$ 或 $f(0)$)的解,由此作为递归出口(与数学归纳法中求证 $i=1$ 或 $i=0$ 时等式成立相似)。

【例5.4】 采用递归算法求实数数组 $A[0..n-1]$ 中的最小值。

解 假设用 $f(A,i)$ 求数组元素 $A[0..i]$(共 $i+1$ 个元素)中的最小值。当 $i=0$ 时,有 $f(A,i)=A[0]$;假设 $f(A,i-1)$ 已求出,显然有 $f(A,i)=\text{MIN}(f(A,i-1),A[i])$,其中 MIN() 为求两个值中较小值的函数。因此得到以下递归模型:

$$f(A,i) = \begin{cases} A[0] & \text{当 } i=0 \text{ 时} \\ \text{MIN}(f(A,i-1),A[i]) & \text{其他情况} \end{cases}$$

由此得到以下递归求解算法:

```
double Min(double A[], int i)
{   double min;
    if (i==0) return A[0];
    else
    {   min=Min(A,i-1);
        if (min>A[i]) return(A[i]);
        else return(min);
    }
}
```

例如,若一个实数数组为 double $a[]=\{9.2,5.5,3.8,7.1,6.5\}$,调用 Min($a$,4) 返回最小元素 3.8。

【例 5.5】 求含 $n(n>1)$ 个元素的顺序表 L 中的最大元素。

解法 1：顺序表 L 采用数组 data$[0..n-1]$ 存放全部元素，采用与例 5.4 类似的思路。对应的递归算法如下：

```
ElemType Max1(SqList L,int i)          //解法1:求顺序表L中的最大元素
{   ElemType max;
    if (i==0) return L.data[0];
    else
    {   max=Max1(L,i-1);
        if (max<L.data[i]) return L.data[i];
        else return max;
    }
}
```

解法 2：假设顺序表 L 中 data 数组的元素为 $a_0, a_1, \cdots, a_{n-1}$，将其分解成 $(a_0, a_1, \cdots, a_m)$ 和 $(a_{m+1}, \cdots, a_{n-1})$ 左、右两个子表，分别求得它们的最大元素为 max1 和 max2，则整个顺序表 L 的最大元素就是 max1 和 max2 中的较大者，而左、右子表求最大元素是两个相似的子问题。对应的递归算法如下：

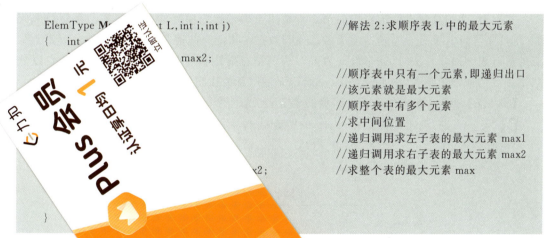

5.3.2 基于递归数据结构的算法设计

具有递归特性的数据结构通常是采用递归方式定义的。在一个递归数据结构中通常包含递归运算。

例如，正整数的定义是，1 是正整数，若 n 是正整数，则 $n+1$ 也是正整数。从中可以看出，正整数就是一种递归数据结构，反过来说，若 n 是正整数，$m=n-1$ 也是正整数，也就是说，对于大于 1 的正整数 n 可以通过 $n-1$ 来求解。

所以在求 $n!$ 的算法中，递归体是 $n!=n\times(n-1)!$，这里的递归出口是 $1!=1$，因为对于大于 1 的 n，n 和 $n-1$ 都是正整数。

一般情况下，对于递归数据结构采用递归求解方法，其递归模型如下：

$$RD=(D, Op)$$

其中，$D=\{d_i\}(1\leqslant i\leqslant n$，共 n 个元素)为构成该数据结构的所有元素的集合，Op 是递归运算的集合，$Op=\{op_j\}(1\leqslant j\leqslant m$，共 m 个运算)。对于 $d_i\in D$，不妨设 op_j 为一元运算符，则有 $op_j(d_i)\in D$，也就是说，递归运算具有封闭性。

在上述正整数的定义中，D 是正整数的集合，$Op=\{op_1,op_2\}$ 由两个基本递归运算符构成，op_1 的定义为 $op_1(n)=n-1(n\geqslant 1)$；$op_2$ 的定义为 $op_2(n)=n+1(n\geqslant 1)$。

对于不带头结点的单链表，其结点类型为 LinkNode，每个结点的 next 域为 LinkNode 类型的指针，这样的单链表通过首结点指针来标识。采用递归数据结构的定义如下：

$$SL=(D,Op)$$

其中，D 是由部分或全部结点构成的单链表的集合(含空单链表)，$Op=\{op_1\}$，op_1 的定义如下：

$op_1(L)=L\rightarrow next$ //L 为含一个或一个以上结点的单链表

显然这个递归运算符是一元运算符，且具有封闭性。也就是说，若 L 为不带头结点的非空单链表，则 $L\rightarrow next$ 也是一个不带头结点的单链表。

实际上，递归算法设计步骤中的第 2 步是用于确定递归模型中的递归体。在假设原问题 $f(s)$ 合理的小问题 $f(s')$ 时，需要考虑递归数据结构的递归运算。例如，在设计不带头结点的单链表的递归算法时，通常设 s 为以 L 为首结点指针的整个单链表，s' 为除首结点以外余下结点构成的单链表(由 $L\rightarrow next$ 标识，而该运算为递归运算)。

【例 5.6】 假设有一个不带头结点的单链表 L，设计一个算法释放其中的所有结点。

解 设 $f(L)$ 的功能是释放 $a_1\sim a_n$ 的所有结点，则 $f(L\rightarrow next)$ 的功能是释放 $a_2\sim a_n$ 的所有结点，如图 5.6 所示。假设 $f(L\rightarrow next)$ 是可实现的，则 $f(L)$ 的功能是先调用 $f(L\rightarrow next)$，然后释放 L 所指的结点。

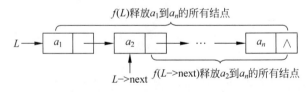

图 5.6 一个不带头结点的单链表

对应的递归模型如下：

$f(L) \equiv$ 不做任何事情   当 $L=$NULL 时
$f(L) \equiv f(L\rightarrow next)$；释放 L 所指的结点   其他情况

其中，"$\equiv$"表示功能等价关系。对应的算法如下：

```
void release(LinkNode * &L)
{   if (L!=NULL)
    {   release(L->next);
```

```
        free(L);
    }
}
```

说明：在对单链表设计递归算法时通常采用不带头结点的单链表。以图 5.6 为例，$L \rightarrow next$ 表示的单链表一定是不带头结点的，也就是说"小问题"的单链表是不带头结点的单链表，这样"大问题"（即整个单链表）也应设计成不带头结点的单链表。

所以在设计递归算法时，如果处理的数据是递归数据结构，需要对该数据结构及其递归运算进行分析，从而设计出正确的递归体。再假设一种特殊情况，得到递归出口。

5.3.3 基于递归求解方法的递归算法设计

扫一扫

视频讲解

当求解问题的方法是递归（例如 Hanoi 问题）的或者可以转换成递归方法求解时（例如皇后问题），可以设计成递归算法。

例如，求 $f(n) = 1 + 2 + \cdots + n(n \geqslant 1)$，这个问题可以转化为用递归方法求解，假设"小问题"是 $f(n-1) = 1 + 2 + \cdots + (n-1)$，它是可求的，则 $f(n) = f(n-1) + n$。

对于采用递归方法求解的问题，需要对问题本身进行分析，确定大、小问题解之间的关系，构造合理的递归体。

【例 5.7】 采用递归算法求解迷宫问题，并输出从入口到出口的所有迷宫路径。

解 迷宫问题在第 3 章中介绍过，设 mgpath(int xi, int yi, int xe, int ye, PathType path) 是求从 (xi,yi) 到 (xe,ye) 的迷宫路径，用 path 变量保存一条迷宫路径，其中 PathType 类型的声明如下。

```
typedef struct
    {   int i;              //方块的行号
        int j;              //方块的列号
    } Box;                  //方块的类型
typedef struct
    {   Box data[MaxSize];  //存放一条路径上的所有方块
        int length;         //迷宫路径的长度
    } PathType;             //迷宫路径的类型
```

当从 (xi,yi) 方块找到一个相邻的可走方块 (i,j) 后，mgpath(i,j,xe,ye,path) 表示求从 (i,j) 到出口 (xe,ye) 的迷宫路径。显然，mgpath(xi,yi,xe,ye,path) 是"大问题"，而 mgpath(i,j,xe,ye,path) 是"小问题"（即大问题＝试探一步＋小问题）。求解上述迷宫问题的递归模型如下：

mgpath(xi,yi,xe,ye,path) ≡ 将(xi,yi)添加到 path 中；输出 path 中的迷宫路径；
　　　　　　　　　　　　　　若(xi,yi)＝(xe,ye)为出口
mgpath(xi,yi,xe,ye,path) ≡ 对于(xi,yi)四周的每一个相邻方块(i,j)：若(xi,yi)不是出口且可走
　　　　　　　　　　　　　　① 将(xi,yi)添加到 path 中；
　　　　　　　　　　　　　　② mg[xi][yi]＝−1；
　　　　　　　　　　　　　　③ mgpath(i,j,xe,ye,path);

④ path 回退一步并置 mg[xi][yi]＝0;
mgpath(xi,yi,xe,ye,path) ≡ 不做任何事情; 若(xi,yi)不是出口且不可走

在上述递归模型中，当完成"小问题"mgpath(i,j,xe,ye,path)后将 path 回退并置 mg[xi][yi]为 0(对应④)，其目的是恢复前面求迷宫路径而改变的环境，以便找出所有的迷宫路径。对应的递归算法如下：

```
void mgpath(int xi,int yi,int xe,int ye,PathType path)
//求解迷宫路径为(xi,yi)-->(xe,ye)
{   int di,k,i,j;
    if (xi==xe && yi==ye)                    //找到了出口,输出一个迷宫路径
    {   path.data[path.length].i=xi;         //将(xi,yi)添加到 path 中
        path.data[path.length].j=yi;
        path.length++;
        printf("迷宫路径%d 如下:\n",++count); //输出 path 中的迷宫路径
        for (k=0;k<path.length;k++)
            printf("\t(%d,%d)",path.data[k].i,path.data[k].j);
        printf("\n");
    }
    else                                     //(xi,yi)不是出口
    {   if (mg[xi][yi]==0)                   //(xi,yi)是一个可走方块
        {   di=0;
            while (di<4)                     //处理(xi,yi)四周的每一个相邻方块(i,j)
            {   path.data[path.length].i=xi; //①将(xi,yi)添加到 path 中
                path.data[path.length].j=yi;
                path.length++;               //路径长度增 1
                switch(di)
                {
                case 0:i=xi-1; j=yi;   break;
                case 1:i=xi;   j=yi+1; break;
                case 2:i=xi+1; j=yi;   break;
                case 3:i=xi;   j=yi-1; break;
                }
                mg[xi][yi]=-1;               //②mg[xi][yi]=-1
                mgpath(i,j,xe,ye,path);      //③mgpath(i,j,xe,ye,path)
                mg[xi][yi]=0;                //④恢复(xi,yi)为可走
                path.length--;               //回退一个方块
                di++;                        //继续处理(xi,yi)下一个相邻方块
            }
        }
    }
}
```

本算法输出所有的迷宫路径，对于如图 5.7(a)所示的迷宫，指定入口为(1,1)、出口为(4,4)，求出的迷宫路径有 4 条，如图 5.7(b)所示，可以通过比较路径长度求出最短迷宫路径(可能存在多条最短迷宫路径)。

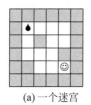

(a) 一个迷宫

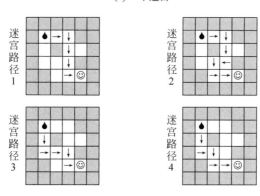

(b) 求出的所有迷宫路径

图 5.7 一个迷宫及其所有的迷宫路径

本章的基本学习要点如下：
(1) 理解递归的定义和递归模型。
(2) 理解递归算法的执行过程。
(3) 掌握递归算法设计的一般方法。
(4) 灵活地运用递归算法解决一些较复杂的应用问题。

练习题 5

1. 有以下递归函数：

```
void fun(int n)
{   if (n==1)
        printf("a:%d\n",n);
    else
    {   printf("b:%d\n",n);
        fun(n-1);
        printf("c:%d\n",n);
    }
}
```

分析调用 fun(5) 的输出结果。

2. 有以下递归算法用于对数组 $a[i..j]$ 中的元素进行归并排序：

```
void mergesort(int a[],int i,int j)
{    int m;
     if (i!=j)
     {    m=(i+j)/2;
          mergesort(a,i,m);
          mergesort(a,m+1,j);
          merge(a,i,j,m);
     }
}
```

求执行 mergesort$(a,0,n-1)$ 的时间复杂度。其中，merge(a,i,j,m) 用于两个有序子序列 $a[i..m]$ 和 $a[m+1..j]$ 的合并，是非递归函数，它的时间复杂度为 O(合并的元素个数)。

3. 已知 $A[0..n-1]$ 为实数数组，设计一个递归算法求这 n 个元素的平均值。

4. 设计一个算法求正整数 n 的位数。

5. 上楼可以一步上一阶，也可以一步上两阶，设计一个递归算法，计算共有多少种不同的走法。

6. 设计一个递归算法，利用顺序串的基本运算求串 s 的逆串。

7. 设有一个不带表头结点的单链表 L，设计一个递归算法 count(L) 求以 L 为首结点指针的单链表的结点个数。

8. 设有一个不带表头结点的单链表 L，设计两个递归算法，traverse(L) 正向输出单链表 L 中的所有结点值，traverseR(L) 反向输出单链表 L 中的所有结点值。

9. 设有一个不带表头结点的单链表 L，设计两个递归算法，del(L,x) 删除单链表 L 中第一个值为 x 的结点，delall(L,x) 删除单链表 L 中所有值为 x 的结点。

10. 设有一个不带表头结点的单链表 L，设计两个递归算法，maxnode(L) 返回单链表 L 中的最大结点值，minnode(L) 返回单链表 L 中的最小结点值。

11. 设计一个模式匹配算法，其中模式串 t 中含一个或多个通配符 ' * '，每个 ' * ' 可以和任意子串匹配。对于目标串 s，求其中匹配模式串 t 的一个子串的位置（' * ' 不能出现在 t 的开头）。

上机实验题 5

验证性实验

实验题 1：采用递归和非递归方法求解 Hanoi 问题

目的：领会基本递归算法的设计和递归到非递归的转换方法。

内容：编写程序 exp5-1.cpp，采用递归和非递归方法求解 Hanoi 问题，输出 3 个盘片的移动过程。

实验题 2：求路径和路径条数问题

目的：领会基本递归算法的设计和递归的执行过程。

内容：编写程序 exp5-2.cpp 求路径和路径条数。有一个 $m \times n$ 的网格，如图 5.8 所示为一个 2×5 的网格。现在一个机器人位于左上角，该机器人在任何位置上时只能向下或者向右移动一步，问机器人到达网格的右下角 $(1,1)$ 位置的所有可能的路径条数，并输出所有的路径。以 $m=2$，$n=2$ 为例说明输出所有路径的过程。

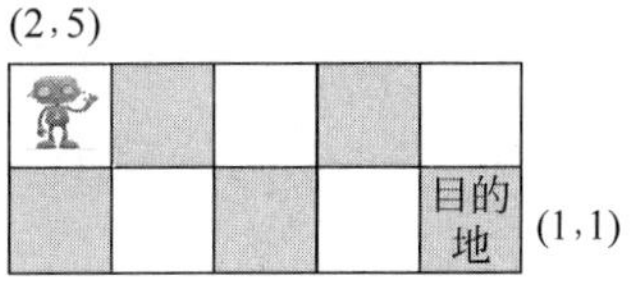

图 5.8 一个 2×5 的网格

设计性实验

实验题 3：恢复 IP 地址

目的：掌握基本递归算法的设计。

内容：编写程序 exp5-3.cpp 恢复 IP 地址。给定一个仅包含数字的字符串，恢复它的所有可能的有效 IP 地址。例如，给定字符串为"25525511135"，返回"255.255.11.135"和"255.255.111.35"(顺序可以任意)。

实验题 4：高效求解 x^n

目的：掌握基本递归算法的设计。

内容：编写程序 exp5-4.cpp 高效求解 x^n，要求最多使用 $O(\log_2 n)$ 次递归调用。

实验题 5：用递归方法逆置带头结点的单链表

目的：掌握单链表递归算法的设计方法。

内容：编写一个程序 exp5-5.cpp，用递归方法逆置一个带头结点的单链表。

实验题 6：用递归方法求单链表中的倒数第 k 个结点

目的：掌握单链表递归算法的设计方法。

内容：编写一个程序 exp5-6.cpp，用递归方法求单链表中的倒数第 k 个结点。

综合性实验

实验题 7：用递归方法求解 n 皇后问题

目的：深入掌握递归算法的设计方法。

内容：编写一个程序 exp5-7.cpp，用递归方法求解 n 皇后问题，对 n 皇后问题的描述参见第 3 章中的实验题 8。

实验题 8：用递归方法求解 0/1 背包问题

目的：深入掌握递归算法的设计方法。

内容：编写一个程序 exp5-8.cpp，用递归方法求解 0/1 背包问题。0/1 背包问题是设有 n 件物品，每件物品有相应的重量和价值，求从这 n 件物品中选取全部或部分物品的方案，使选中物品的总重量不超过指定的限制重量 W，但选中物品的价值之和为最大。注意，每种物品要么被选中，要么不被选中。

LeetCode 在线编程题 5

1. LeetCode509——斐波那契数 ★
2. LeetCode50——Pow(x,n) ★★

3. LeetCode206——翻转链表★
4. LeetCode234——回文链表★
5. LeetCode24——两两交换链表中的结点★★
6. LeetCode59——螺旋矩阵Ⅱ★★
7. LeetCode51——n 皇后★★★

第6章 数组和广义表

本章思政

　　数组（array）是具有相同类型的数据元素的有限序列，可以将它看作线性表的推广，稀疏矩阵是一种特殊的二维数组。广义表也可以看成线性表的推广，它是采用递归方法定义的。

　　本章介绍数组、稀疏矩阵和广义表的存储结构及相关算法设计。

6.1 数 组

6.1.1 数组的基本概念

从逻辑结构上看,一维数组 A 是 $n(n>1)$ 个相同类型的数据元素 a_1、a_2、$\cdots$、a_n 构成的有限序列,其逻辑表示如下:

$$A=(a_1,a_2,\cdots,a_n)$$

其中,$a_i(1 \leqslant i \leqslant n)$ 表示数组 A 的第 i 个元素。

一个二维数组可以看作每个数据元素都是相同类型的一维数组的一维数组。以此类推,任何多维数组都可以看作一个线性表,这时线性表中的每个数据元素也是一个线性表。

推广到 $d(d \geqslant 3)$ 维数组,不妨把它看作一个由 $d-1$ 维数组作为数据元素的线性表;或者可以这样理解,它是一种较复杂的线性结构,由简单的数据结构(即线性表)辗转合成而得,所以说数组是线性表的推广。在 d 维数组中,每个元素的位置由 d 个整数的 d 维下标来标识。

d 维数组的抽象数据类型描述如下:

```
ADT Array
{  数据对象:
       D = {a_{j_1,j_2,…,j_d} | j_i = 1,…,b_i, i = 1,2,…,d}    //第 i 维的长度为 b_i
   数据关系:
       R = {r_1, r_2, …, r_d}
       r_i = {<a_{j_1…j_i…j_d}, a_{j_1…j_i+1…j_d}> | 1 ≤ j_k ≤ b_k, 1 ≤ k ≤ d 且 k ≠ i, 1 ≤ j_i ≤ b_i − 1, i = 2,…,d}
   基本运算:
       InitArray(&A): 初始化数组,即为数组 A 分配存储空间。
       DestroyArray(&A): 销毁数组,即释放数组 A 的存储空间。
       Value(A, index_1, index_2, …, index_d): A 是已存在的 d 维数组,index_1、index_2、…、index_d 是一个
           有效的 d 维下标,运算结果是返回由该下标指定的 A 中的元素值。
       Assign(A, e, index_1, index_2, …, index_d): A 是已存在的 d 维数组,index_1、index_2、…、index_d 是一个
           有效的 d 维下标,运算结果是将 e 赋给 A 中该下标的元素。
}
```

从以上可以看出,数组除了可以初始化和销毁以外,在数组中通常只有下面两种操作。

- 读操作(或取操作):给定一组下标,读取相应的数组元素。
- 写操作(或存操作):给定一组下标,存储或者修改相应的数组元素。

几乎所有的计算机高级语言都实现了数组数据结构,并称之为数组类型。这里以 C/C++ 语言为例,其中数组数据类型具有以下性质:

(1) 数组中的数据元素数目固定,一旦定义了一个数组,其数据元素数目不再有增减的变化。

(2) 数组中的数据元素具有相同的数据类型。

(3) 数组中的每个数据元素都和一组唯一的下标对应。
(4) 数组具有随机存储特性,可随机存取数组中的任意数据元素。
因此,用户可以在 C/C++ 程序中直接使用数组的存取操作完成相应的功能。

【例 6.1】 利用数组求解约瑟夫问题:设有 n 个人站成一圈,其编号为 $1\sim n$。从编号为 1 的人开始按顺时针方向"1,2,3,4,…"循环报数,数到 m 的人出列,然后从出列者的下一个人重新开始报数,数到 m 的人又出列,如此重复进行,直到 n 个人都出列为止,要求输出这 n 个人的出列顺序。

例如,有 8 个人的初始序列为

```
1 2 3 4 5 6 7 8
```

当 $m=4$ 时,出列顺序为

```
4 8 5 2 1 3 7 6
```

解 采用一维数组 $p[\ ]$ 存放人的编号,先将 n 个人的编号存入 $p[0]\sim p[n-1]$ 中。从编号为 1 的人(下标 $t=0$)开始循环报数,数到 m 的人 $p[t]$(下标 $t=(t+m-1)\%i$,i 表示当前未出列的人数)输出并将其从数组中删除(即将后面的元素前移一个位置),因此每次报数的起始位置就是上次报数的出列位置。反复执行,直到出列 n 个人为止。算法如下:

```
void josephus(int n,int m)
{    int p[MaxSize];
     int i,j,t;
     for (i=0;i<n;i++)                    //构建初始序列(1,2,…,n)
         p[i]=i+1;
     t=0;                                  //首次报数的起始位置
     printf("出列顺序:");
     for (i=n;i>=1;i--)                   //i 为数组 p 中当前的人数,出列一次,人数减 1
     {    t=(t+m-1)%i;                    //t 为出列者的编号
          printf("%d ",p[t]);              //编号为 t 的元素出列
          for (j=t+1;j<=i-1;j++)          //后面的元素前移一个位置
              p[j-1]=p[j];
     }
     printf("\n");
}
```

需要注意的是,本章的数组是作为一种数据结构讨论的,而 C/C++ 中的数组是一种数据类型,前者可以借助后者来存储,像线性表的顺序存储结构(即顺序表)就是借助一维数组这种数据类型来存储的。二者不能混淆。

6.1.2 数组的存储结构

在设计数组的存储结构时,通常将数组的所有元素存储到存储器的一块地址连续的内存单元中,即数组特别适合采用顺序存储结构来存储。

1. 一维数组的存储结构

对于一维数组$(a_1, a_2, \cdots, a_i, \cdots, a_n)$,按元素顺序存储到一块地址连续的内存单元中。假设第一个元素a_1的存储地址用$\text{LOC}(a_1)$表示,每个元素占用k个存储单元,则任一数组元素a_i的存储地址$\text{LOC}(a_i)$即可由以下公式求出:

$$\text{LOC}(a_i) = \text{LOC}(a_1) + (i-1) \times k \qquad (2 \leqslant i \leqslant n) \qquad (6.1)$$

该式说明一维数组中任一元素的存储地址可直接计算得到,即一维数组中的任一元素可直接存取,正因为如此,一维数组具有随机存储特性。

2. 二维数组的存储结构

对于一个m行n列的二维数组$A_{m \times n}$:

$$A_{m \times n} = \begin{bmatrix} a_{1,1} & a_{1,2} & \cdots & a_{1,n} \\ a_{2,1} & a_{2,2} & \cdots & a_{2,n} \\ \vdots & \vdots & \ddots & \vdots \\ a_{m,1} & a_{m,2} & \cdots & a_{m,n} \end{bmatrix}$$

将$A_{m \times n}$简记为A,A是这样的一维数组:

$$A = (A_1, A_2, \cdots, A_i, \cdots, A_m)$$

其中,$A_i = (a_{i,1}, a_{i,2}, \cdots, a_{i,n})(1 \leqslant i \leqslant m)$。

对于二维数组来说,其存储方式主要有两种,即按行优先存放(或者以行序为主序存放)和按列优先存放(或者以列序为主序存放)。

1) 二维数组按行优先存放

二维数组按行优先存放的示意图如图6.1所示,即先存储第1行,紧接着存储第2行,以此类推,最后存储第m行。

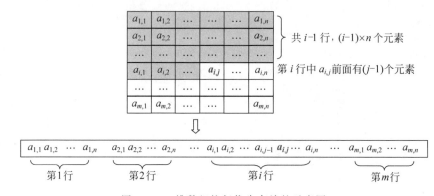

图6.1 二维数组按行优先存放的示意图

假设第一个元素$a_{1,1}$的存储地址用$\text{LOC}(a_{1,1})$表示,每个元素占用k个存储单元,则该二维数组中的任一元素$a_{i,j}$的存储地址可由下式确定:

$$\text{LOC}(a_{i,j}) = \text{LOC}(a_{1,1}) + [(i-1) \times n + (j-1)] \times k \qquad (6.2)$$

上式推导的思路是,在内存中元素$a_{i,j}$前面有$i-1$行,每行n个元素,即已存放了$(i-1) \times n$个元素,占用了$(i-1) \times n \times k$个内存单元;在第i行中元素$a_{i,j}$前面有$j-1$个元素,即已存放了$j-1$个元素,占用了$(j-1) \times k$个内存单元;该数组是从基地址$\text{LOC}(a_{1,1})$开始存放的。所以元素 $a_{i,j}$ 的内存地址为上述 3 个部分之和。

以上讨论假设二维数组的行、列下界为 1。在更一般的情况下，假设二维数组的行下界是 c_1，行上界是 d_1，列下界是 c_2，列上界是 d_2，即数组 $A[c_1..d_1,c_2..d_2]$[①]，则式(6.2)可改写为：

$$\text{LOC}(a_{i,j}) = \text{LOC}(a_{c1,c2}) + [(i-c_1) \times (d_2-c_2+1) + (j-c_2)] \times k \quad (6.3)$$

2) 二维数组按列优先存放

当二维数组采用以列序为主序的存储方式时，先存储第 1 列，紧接着存储第 2 列，以此类推，最后存储第 n 列。

与式(6.2)的推导过程相似，得出以列序为主序的存储方式下元素 $a_{i,j}$ 的存储地址可由下式确定：

$$\text{LOC}(a_{i,j}) = \text{LOC}(a_{1,1}) + [(j-1) \times m + (i-1)] \times k \quad (6.4)$$

同样，在更一般的情况下，假设二维数组的行下界是 c_1，行上界是 d_1，列下界是 c_2，列上界是 d_2，则式(6.4)可改写为：

$$\text{LOC}(a_{i,j}) = \text{LOC}(a_{c1,c2}) + [(j-c_2) \times (d_1-c_1+1) + (i-c_1)] \times k \quad (6.5)$$

从中可以看出，二维数组无论是按行优先存储还是按列优先存储，都可以在 $O(1)$ 的时间内计算出指定下标元素的存储地址，体现出随机存储特性。

可以将以上二维数组存储方法的思路推广到三维数组和更高维数组。对于高维数组，按行优先存储的思路是最右边的下标先变化，即最右下标从小到大，循环一遍后，右边第二个下标再变化，以此类推，最后是最左下标。按列优先存储的思路是最左边的下标先变化，即最左下标从小到大，循环一遍后，左边第二个下标再变化，以此类推，最后是最右下标。

6.1.3 特殊矩阵的压缩存储

特殊矩阵是指非零元素或零元素的分布有一定规律的矩阵，为了节省存储空间，特别是在高阶矩阵的情况下，可以利用特殊矩阵的规律对它们进行压缩存储，以提高存储空间效率。

特殊矩阵的主要形式有对称矩阵、对角矩阵等。它们都是方阵，即行数和列数相同。

1. 对称矩阵的压缩存储

若一个 n 阶方阵 $A[n][n]$ 中的元素满足 $a_{i,j}=a_{j,i}(0 \leqslant i,j \leqslant n-1)$，则称其为 n 阶**对称矩阵**(symmetric matrix)。

一般情况下，一个 n 阶方阵的所有元素可以分为 3 个部分，即主对角部分(含 n 个元素)、上三角部分和下三角部分，如图 6.2 所示。已知一个元素的下标就可以确定它属于哪个部分。

对称矩阵中的元素是按主对角线对称的，即上三角部分和下三角部分中的对应元素相等，因此在存储时可以只存储主对角线加上三角部分的元素，或者主对角线加下三角部分的元素，让对称的两个元素共享一个存储空间。

不失一般性，对称矩阵采用以行序为主序存储主对角线加下三角部分的元素。如图 6.3 所示，假设以一维数组 $B[0..n(n+1)/2-1]$ 作为 n 阶对称矩阵 A 的存储结构，A 中的元素 $a_{i,j}$ 存储在 B 中的元素 b_k 中，那么 k 与 i、j 是什么关系呢？分为以下两种情况：

[①] $A[c_1..d_1,c_2..d_2]$ 表示数组 A 的行号从 c_1 到 d_1，列号从 c_2 到 d_2。例如，由于 C/C++语言中规定数组的下标从 0 开始，所以 $A[m]$ 数组可以表示为 $A[0..m-1]$，$A[m][n]$ 或 $A[m,n]$ 数组可以表示为 $A[0..m-1,0..n-1]$。

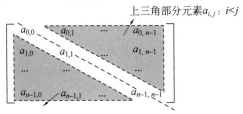

图 6.2 一个 n 阶方阵的 3 个部分

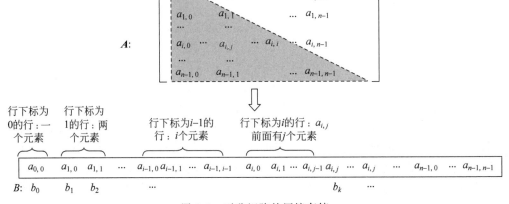

图 6.3 对称矩阵的压缩存储

(1) 若 $a_{i,j}$ 是 A 中主对角线或者下三角部分的元素,有 $i \geqslant j$。在以行序为主序的存储方式下不计行下标为 i 的行,元素 $a_{i,j}$ 的前面共存储了 i 行(行下标为 $0 \sim i-1$,行下标为 0 的行有一个元素,行下标为 1 的行有两个元素,$\cdots$,行下标为 $i-1$ 的行有 i 个元素),这 i 行有 $1+2+\cdots+i=i(i+1)/2$ 个元素;在行下标为 i 的行中,元素 $a_{i,j}$ 的前面也存储了 j 个元素。所以元素 $a_{i,j}$ 的前面共存储了 $i(i+1)/2+j$ 个元素,而 B 数组的下标也是从 0 开始的,所以有 $k=i(i+1)/2+j$。

(2) 若 $a_{i,j}$ 是 A 中上三角部分的元素,有 $i<j$。其值等于 $a_{j,i}$,而元素 $a_{j,i}$ 属于情况(1),它存放在 B 中下标为 $j(j+1)/2+i$ 的位置,所以此时有 $k=j(j+1)/2+i$。

将两种情况合起来,得到 k 与 i、j 的关系如下:

$$k = \begin{cases} \dfrac{i(i+1)}{2}+j & i \geqslant j \\ \dfrac{j(j+1)}{2}+i & i < j \end{cases} \tag{6.6}$$

显然,一维数组 B 中存放的元素个数为 $1+2+\cdots+n=n(n+1)/2$。如果 A 直接采用一个 n 行 n 列的二维数组存储,所需要的存储空间为 n^2 个元素,所以这种压缩存储方法几乎节省了一半的存储空间。另外,由于一维数组 B 具有随机存取特性,所以采用这种压缩存储方法后对称矩阵 A 仍然具有随机存取特性。

归纳起来,在计算 A 中的元素 $a_{i,j}$ 在 B 中的存储位置 k 时,首先求出元素 $a_{i,j}$ 前面共存放了多少个元素(设为 m 个);再看 B 中存放元素的下标是从 0 开始还是从 1 开始(设 B 的初始下标为 s),则 $k=m+s$。

2. 上、下三角矩阵的压缩存储

所谓**上三角矩阵**(upper triangular matrix),是指矩阵的下三角部分中的元素均为常数 c 的 n 阶方阵。同样,**下三角矩阵**(lower triangular matrix)是指矩阵的上三角部分中的元素均为常数 c 的 n 阶方阵。

对于上三角矩阵,其压缩存储方法是采用以行序为主序存储其主对角线加上三角部分的元素,另外用一个元素存储常数 c,并将压缩结果存放在一维数组 B 中,如图 6.4 所示。显然,B 中元素的个数为 $n(n+1)/2+1$,即用 $B[0..n(n+1)/2]$ 存放 A 中的元素。

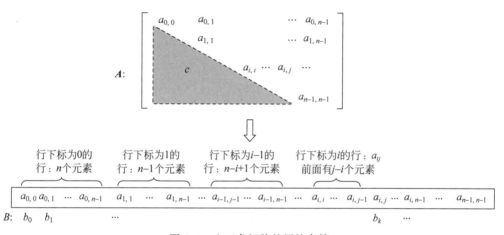

图 6.4 上三角矩阵的压缩存储

同样,A 中的元素 $a_{i,j}$ 存储在 B 的元素 b_k 中,那么 k 与 i、j 是什么关系呢?这里也分为如下两种情况:

(1) 若 $a_{i,j}$ 是 A 中主对角线或者上三角部分的元素,有 $i \leqslant j$。在以行序为主序的存储方式下不计行下标为 i 的行,元素 $a_{i,j}$ 的前面共存储了 i 行(行下标为 $0 \sim i-1$,行下标为 0 的行有 n 个元素,行下标为 1 的行有 $n-1$ 个元素,…,行下标为 $i-1$ 的行有 $n-i+1$ 个元素),这 i 行有 $n+(n-1)+\cdots+(n-i+1)=i(2n-i+1)/2$ 个元素;在行下标为 i 的行中,元素 $a_{i,j}$ 的前面也存储了 $j-i$ 个元素。所以元素 $a_{i,j}$ 的前面共存储了 $i(2n-i+1)/2+j-i$ 个元素,而 B 数组的下标也是从 0 开始的,所以有 $k=i(2n-i+1)/2+j-i$。

(2) 若 $a_{i,j}$ 是 A 中下三角部分的元素,有 $i>j$。其值为常数 c,用 B 中的最后一个位置(即下标为 $n(n+1)/2$ 的元素)存放常数 c。

将两种情况合起来,得到 k 与 i、j 的关系如下:

$$k = \begin{cases} \dfrac{i(2n-i+1)}{2}+j-i & i \leqslant j \\ \dfrac{n(n+1)}{2} & i > j \end{cases} \quad (6.7)$$

对于下三角矩阵 A,其常见的压缩存储方法是采用以行序为主序存储其主对角线加下三角部分的元素,另外用一个元素存储常数 c,并将压缩结果存放在一维数组 B 中,采用类

似于对称矩阵的推导过程,得到 k 与 i、j 的关系如下:

$$k = \begin{cases} \dfrac{i(i+1)}{2} + j & i \geqslant j \\ \dfrac{n(n+1)}{2} & i < j \end{cases} \tag{6.8}$$

3. 对角矩阵的压缩存储

若一个 n 阶方阵 $\boldsymbol{A}$ 满足其所有非零元素都集中在以主对角线为中心的带状区域中,则称其为 n 阶**对角矩阵**(diagonal matrix)。其主对角线的上、下方各有 b 条非零元素构成的次对角线,称 b 为矩阵的半带宽,$(2b+1)$ 为矩阵的带宽。对于半带宽为 $b(0 \leqslant b \leqslant (n-1)/2)$ 的对角矩阵,其 $|i-j| \leqslant b$ 的元素 $a_{i,j}$ 不为零,其余元素为零。图 6.5 所示为半带宽为 b 的对角矩阵的示意图。

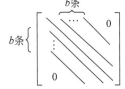

图 6.5 半带宽为 b 的对角矩阵

对于 $b=1$ 的三对角矩阵,只存储其非零元素,并存储到一维数组 B 中,将 $\boldsymbol{A}$ 的非零元素 $a_{i,j}$ 存储到 B 的元素 b_k 中。

$\boldsymbol{A}$ 中行下标为 0 的行和行下标为 $n-1$ 的行都只有两个非零元素,其余各行有 3 个非零元素。

对于行下标不为 0 的非零元素 $a_{i,j}$ 来说,在它前面存储了矩阵的前 i 行元素,这些元素的总数为 $2+3(i-1)$。元素 $a_{i,j}$ 在行下标为 i 的行(本行)中分为 3 种情况:

(1) 若 $a_{i,j}$ 是本行中的第 1 个非零元素,则 $k=2+3(i-1)=3i-1$,此时 $j=i-1$,即 $k=2i+i-1=2i+j$。

(2) 若 $a_{i,j}$ 是本行中的第 2 个非零元素,则 $k=2+3(i-1)+1=3i$,此时 $i=j$,即 $k=2i+i=2i+j$。

(3) 若 $a_{i,j}$ 是本行中的第 3 个非零元素,则 $k=2+3(i-1)+2=3i+1$,此时 $j=i+1$,即 $k=2i+i+1=2i+j$。

归纳起来有 $k=2i+j$。

以上讨论的对称矩阵、三角矩阵、对角矩阵的压缩存储方法是把分布有规律的特殊元素(值相同的元素、常量元素)压缩存储到一个存储空间中,这样的压缩存储只需在算法中按公式做映射即可实现特殊矩阵元素的随机存取。

6.2 稀疏矩阵

当一个阶数较大的矩阵中的非零元素个数 s 相对于矩阵元素的总个数 t 非常小时,即 $s \ll t$ 时,称该矩阵为**稀疏矩阵**(sparse matrix)。例如一个 100×100 的矩阵,若其中只有 100 个非零元素,就可称其为稀疏矩阵。

稀疏矩阵和 6.1 节介绍的特殊矩阵相比有一个明显的差异:特殊矩阵中特殊元素的分布具有某种规律,而稀疏矩阵中特殊元素(非零元素)的分布没有规律,即具有随机性。

稀疏矩阵抽象数据类型与 $d(d=2)$ 维数组抽象数据类型的描述相似,这里不再介绍。

6.2.1 稀疏矩阵的三元组表示

不同于前面讨论的特殊矩阵的压缩存储方法,稀疏矩阵的压缩存储方法是只存储非零元素。由于稀疏矩阵中非零元素的分布没有任何规律,所以在存储非零元素时必须同时存储该非零元素对应的行下标、列下标和元素值。这样稀疏矩阵中的每一个非零元素由一个三元组 $(i,j,a_{i,j})$ 唯一确定,稀疏矩阵中的所有非零元素构成三元组线性表。

$$A_{6\times7}=\begin{bmatrix}0&0&1&0&0&0&0\\0&2&0&0&0&0&0\\3&0&0&0&0&0&0\\0&0&0&5&0&0&0\\0&0&0&0&0&6&0&0\\0&0&0&0&0&7&4\end{bmatrix}$$

图 6.6 稀疏矩阵 A

假设有一个 6×7 阶稀疏矩阵 A,A 中的元素如图 6.6 所示,则对应的三元组线性表为:

$((0,2,1),(1,1,2),(2,0,3),(3,3,5),(4,4,6),(5,5,7),(5,6,4))$

若把稀疏矩阵的三元组线性表按顺序存储结构存储,则称为稀疏矩阵的三元组顺序表,简称为**三元组表**(list of 3-tuples)。三元组顺序表的数据类型声明如下:

```
♯define M <稀疏矩阵的行数>
♯define N <稀疏矩阵的列数>
♯define MaxSize <稀疏矩阵中非零元素的最多个数>
typedef struct
{   int r;                                  //行号
    int c;                                  //列号
    ElemType d;                             //元素值
} TupNode;                                  //三元组类型
typedef struct
{   int rows;                               //行数
    int cols;                               //列数
    int nums;                               //非零元素的个数
    TupNode data[MaxSize];
} TSMatrix;                                 //三元组顺序表的类型
```

其中,data 域中表示的非零元素通常以行序为主序排列,即为一种下标按行有序的存储结构。例如,前面的稀疏矩阵 A 对应的三元组表示如图 6.7 所示。这种有序存储结构可简化大多数稀疏矩阵运算算法,下面的讨论都假设 data 域是按行有序存储的。

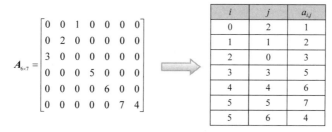

视频讲解

图 6.7 稀疏矩阵 A 对应的三元组表示

稀疏矩阵的运算包括矩阵转置、矩阵加、矩阵减和矩阵乘等,这里仅讨论一些基本运算算法。

1. 从一个二维稀疏矩阵创建其三元组表示

采用以行序为主序的方式遍历二维稀疏矩阵 A,将其中非零的元素依次插入三元组顺序表 t 中。算法如下:

```
void CreateMat(TSMatrix &t, ElemType A[M][N])
{   int i,j;
    t.rows=M; t.cols=N; t.nums=0;
    for (i=0;i<M;i++)
    {   for (j=0;j<N;j++)
            if (A[i][j]!=0)                     //只存储非零元素
            {   t.data[t.nums].r=i;t.data[t.nums].c=j;
                t.data[t.nums].d=A[i][j];t.nums++;
            }
    }
}
```

2. 三元组元素的赋值

该运算就是对于稀疏矩阵 A 执行 $A[i][j]=x$(x 通常是一个非零值)。先在三元组顺序表 t 中找到适当的位置 k,如果该位置对应一个非零元素,将其 d 数据域修改为 x;否则需要插入一个非零元素,将 $k \sim t.nums-1$ 的元素均后移一个位置,再将非零元素 x 插入 $t.data[k]$ 处。算法如下:

```
bool Value(TSMatrix &t,ElemType x, int i, int j)
{   int k=0,k1;
    if (i>=t.rows || j>=t.cols)                 //i、j 参数超界
        return false;                           //返回假
    while (k<t.nums &&i>t.data[k].r) k++;       //查找到第 i 行的第一个非零元素
    while (k<t.nums &&i==t.data[k].r && j>t.data[k].c)
        k++;                                    //在第 i 行找非零元素
    if (t.data[k].r==i && t.data[k].c==j)       //若存在这样的非零元素
        t.data[k].d=x;                          //修改非零元素的值
    else                                        //若不存在这样的非零元素
    {   for (k1=t.nums-1;k1>=k;k1--)            //若干元素均后移一个位置
        {   t.data[k1+1].r=t.data[k1].r;
            t.data[k1+1].c=t.data[k1].c;
            t.data[k1+1].d=t.data[k1].d;
        }
        t.data[k].r=i;t.data[k].c=j;t.data[k].d=x;  //插入非零元素 x
        t.nums++;                               //非零元素的个数增 1
    }
    return true;                                //成功操作后返回真
}
```

3. 将指定位置的元素值赋给变量

该运算就是对于稀疏矩阵 A 执行 $x=A[i][j]$,即提取 A 中指定下标的元素值。先在

三元组顺序表 t 中查找指定的位置,若找到了,说明是一个非零元素,将其值赋给 x;否则说明是零元素,置 x=0。算法如下:

```
bool Assign(TSMatrix t, ElemType &x, int i, int j)
{   int k=0;
    if (i>=t.rows || j>=t.cols)                //参数超界
        return false;                          //返回假
    while (k<t.nums && i>t.data[k].r) k++;     //查找第i行
    while (k<t.nums && i==t.data[k].r && j>t.data[k].c)
        k++;                                   //在第i行的非零元素中查找第j列
    if (t.data[k].r==i && t.data[k].c==j)      //若存在这样的非零元素
        x=t.data[k].d;                         //提取元素值
    else                                       //若不存在这样的非零元素
        x=0;                                   //置 x 为 0
    return true;                               //成功操作后返回真
}
```

4. 输出三元组

该运算从头到尾扫描三元组顺序表 t,依次输出元素值。算法如下:

```
void DispMat(TSMatrix t)
{   int k;
    if (t.nums<=0)                             //没有非零元素时直接返回
        return;
    printf("\t%d\t%d\t%d\n",t.rows,t.cols,t.nums);
    printf("\t------------------\n");
    for (k=0;k<t.nums;k++)                     //输出所有非零元素
        printf("\t%d\t%d\t%d\n",t.data[k].r,t.data[k].c,t.data[k].d);
}
```

5. 稀疏矩阵的转置

该运算对于一个 $m \times n$ 的稀疏矩阵 $A_{m \times n}$,求其转置矩阵 $B_{n \times m}$,即 $b_{i,j}=a_{j,i}$,其中 $0 \leqslant i \leqslant m-1, 0 \leqslant j \leqslant n-1$。采用的算法思路是 A 对应的三元组顺序表为 t,其转置矩阵 B 对应的三元组顺序表为 tb。按 $v=0,1,\cdots,t.\text{cols}$ 在 t 中找列号为 v 的元素,每找到一个这样的元素,将行、列交换后添加到 tb 中。算法如下:

```
void TranTat(TSMatrix t, TSMatrix &tb)
{   int k,k1=0,v;                              //k1 记录 tb 中元素的个数
    tb.rows=t.cols;tb.cols=t.rows;tb.nums=t.nums;
    if (t.nums!=0)                             //当存在非零元素时执行转置
    {   for (v=0;v<t.cols;v++)                 //按 v=0,1,…,t.cols 循环
            for (k=0;k<t.nums;k++)             //k 用于扫描 t.data 的所有元素
                if (t.data[k].c==v)            //找到一个列号为 v 的元素
                {   tb.data[k1].r=t.data[k].c; //将行、列交换后添加到 tb 中
```

```
                    tb.data[k1].c=t.data[k].r;
                    tb.data[k1].d=t.data[k].d;
                    k1++;              //tb 中元素的个数增 1
                }
            }
        }
```

以上算法中含有两重 for 循环,其时间复杂度为 $O(t.\text{cols} \times t.\text{nums})$。最坏的情况是当稀疏矩阵中的非零元素个数 $t.\text{nums}$ 和 $m \times n$ 同数量级时,时间复杂度为 $O(m \times n^2)$,所以这不是一种高效的算法。

从以上可以看出,稀疏矩阵采用三元组顺序表存储后,当非零元素的个数较少时会在一定程度上节省存储空间。如果用一个二维数组直接存储稀疏矩阵,此时具有随机存取特性,但采用三元组顺序表存储后会丧失随机存取特性。

6.2.2 稀疏矩阵的十字链表表示

十字链表(orthogonal list)是稀疏矩阵的一种链式存储结构(相应地,前面的三元组顺序表是稀疏矩阵的一种顺序存储结构)。有如下 3 行 4 列的稀疏矩阵:

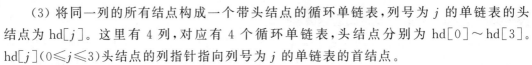

创建稀疏矩阵 **B** 的十字链表的步骤如下:

(1) 对于稀疏矩阵中的每个非零元素创建一个结点存放它,包含元素的行号、列号和元素值。这里有 4 个非零元素,创建 4 个数据结点。

视频讲解

(2) 将同一行的所有结点构成一个带头结点的循环单链表,行号为 i 的单链表的头结点为 hr[i]。这里有 3 行,对应有 3 个循环单链表,头结点分别为 hr[0]~hr[2]。hr[i]($0 \leqslant i \leqslant 2$)头结点的行指针指向行号为 i 的单链表的首结点。

(3) 将同一列的所有结点构成一个带头结点的循环单链表,列号为 j 的单链表的头结点为 hd[j]。这里有 4 列,对应有 4 个循环单链表,头结点分别为 hd[0]~hd[3]。hd[j]($0 \leqslant j \leqslant 3$)头结点的列指针指向列号为 j 的单链表的首结点。

由此创建了 3+4=7 个循环单链表,头结点的个数也为 7 个。实际上,可以将 hr[i] 和 hd[i] 合起来变为 h[i],即 h[i] 同时包含行指针和列指针。h[i]($0 \leqslant i \leqslant 2$)头结点的行指针指向行号为 i 的单链表的首结点,h[i]($0 \leqslant i \leqslant 3$)头结点的列指针指向列号为 i 的单链表的首结点,这样头结点的个数为 MAX{3,4}=4 个。

(4) 再将所有头结点 h[i]($0 \leqslant i \leqslant 3$)连起来构成一个带头结点的循环单链表,这样需要增加一个总头结点 hm,总头结点中存放稀疏矩阵的行数和列数等信息。

采用上述过程创建的稀疏矩阵 **B** 的十字链表如图 6.8 所示。每个非零元素就好比在一个十字路口,由此称为十字链表。

在稀疏矩阵的十字链表中包含两种类型的结点,一种是存放非零元素的数据结点,其结构如图 6.9(a)所示;另一种是头结点,其结构如图 6.9(b)所示。

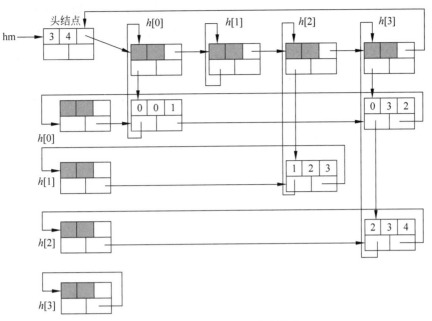

图 6.8 一个稀疏矩阵的十字链表

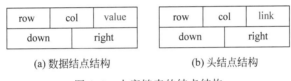

(a) 数据结点结构　　　　(b) 头结点结构

图 6.9 十字链表的结点结构

为了方便算法设计,将两种类型的结点统一起来,设计稀疏矩阵的十字链表的结点类型 MatNode 如下:

```
#define M <稀疏矩阵的行数>
#define N <稀疏矩阵的列数>
#define Max ((M)>(N)?(M):(N))      //矩阵行、列的较大者
typedef struct mtxn
{   int row;                       //行号或者行数
    int col;                       //列号或者列数
    struct mtxn * right, * down;   //行、列指针
    union
    {   ElemType value;            //非零元素值
        struct mtxn * link;        //指向下一个头结点
    } tag;
} MatNode;                         //十字链表的结点类型
```

从中可以看出,在十字链表中行、列头结点是共享的,而且采用头结点数组存储,通过头结点 $h[i]$ 的 $h[i]$->right 指针可以逐行搜索行下标为 i 的所有非零元素,通过其 $h[i]$->down 指针可以逐列搜索列下标为 i 的所有非零元素。每一个非零元素同时包含在两个链

表中,方便算法中行方向和列方向的搜索,因而大大降低了算法的时间复杂度。

对于一个 $m \times n$ 的稀疏矩阵,总的头结点个数为 $\text{MAX}\{m,n\}+1$。

由于稀疏矩阵的十字链表的运算算法设计比较复杂,这里不再赘述。

【例 6.2】 设计一个用于存储双层集合的存储结构,所谓双层集合是指这样的集合,其中每个元素又是一个集合(称为集合元素),该集合元素由普通的整数元素构成。例如 $S=\{\{1,3\},\{1,7,8\},\{5,6\}\}$。

解 采用类似于十字链表的思路,将每个集合元素设计成带头结点的单链表,将这些集合元素头结点串起来构成一个单链表,设置 h 所指的结点作为集合头结点,如图 6.10 所示。

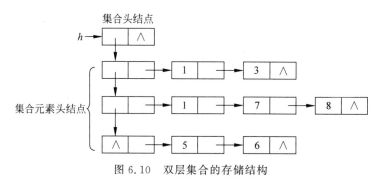

图 6.10 双层集合的存储结构

数据结点的类型声明如下:

```
typedef struct dnode
{   int data;
    struct dnode * next;
} DType;
```

集合元素头结点的类型声明如下:

```
typedef struct hnode
{   DType * next;
    struct hnode * link;
} HType;
```

集合头结点的类型与集合元素头结点的类型相同。

6.3 广义表

6.3.1 广义表的定义

广义表(generalized table)是线性表的推广,是有限个元素的序列,其逻辑结构采用括号表示法表示如下:

$$\text{GL}=(a_1,a_2,\cdots,a_i,\cdots,a_n)$$

其中 n 表示广义表的长度,即广义表中所含元素的个数,$n \geq 0$。若 $n=0$,称为空表。a_i 为广义表的第 i 个元素,如果 a_i 属于原子类型(原子类型的值是不可分解的,如 C/C++ 语言中的整型、实型和字符型等),称为广义表 GL 的**原子**(atom);如果 a_i 又是一个广义表,称为广义表 GL 的**子表**(subgeneralized table)。

广义表具有以下重要的特性:

(1) 广义表中的数据元素是有相对次序的。

(2) 广义表的长度定义为最外层包含元素的个数。

(3) 广义表的深度定义为所含括弧的重数,其中原子的深度为 0,空表的深度为 1。

(4) 广义表可以共享,一个广义表可以被其他广义表共享,这种共享广义表称为再入表。

(5) 广义表可以是一个递归的表,一个广义表可以是自己的子表,这种广义表称为递归表。理论上讲,递归表的深度是无穷值,而长度是有限值。

广义表抽象数据类型的定义如下:

```
ADT Glist
{   数据对象:
        D = { e_i | 1≤i≤n, n≥0, e_i ∈ AtomSet 或 e_i ∈ GList, AtomSet 为某个数据对象 }
    数据关系:
        R = { <e_{i-1}, e_i> | e_{i-1}, e_i ∈ D, 2≤i≤n }
    基本运算:
        CreateGL(s): 创建广义表 g,由括号表示法 s 创建并返回一个广义表。
        DestroyGL(&g): 销毁广义表,释放广义表 g 的存储空间。
        GLLength(g): 求广义表 g 的长度。
        GLDepth(g): 求广义表 g 的深度。
        DispGL(g): 输出广义表 g。
}
```

为了简单,下面讨论的广义表不包括前面定义的再入表和递归表,即只讨论一般的广义表。另外,规定用小写字母表示原子,用大写字母表示广义表的表名。例如:

$A=()$

$B=(e)$

$C=(a,(b,c,d))$

$D=(A,B,C)=((),(e),(a,(b,c,d)))$

$E=((a,(a,b),((a,b),c)))$

其中:

A 是一个空表,其长度为 0;

B 是一个只含单个原子 e 的表,其长度为 1;

C 中有两个元素,一个是原子,另一个是子表,C 的长度为 2;

D 中有 3 个元素,每个元素又都是一个子表,D 的长度为 3;

E 中只含一个元素,该元素是一个子表,E 的长度为 1。

如果把每个表的名称(若有)写在其表的前面,没有给出名称的子表为匿名表,用"•"表

示,则上面的5个广义表可相应地表示如下:

    A()
    B(e)
    C(a,·(b,c,d))
    D(A(),B(e),C(a,·(b,c,d)))
    E(·(a,·(a,b),·(·(a,b),c)))

若用圆圈和方框分别表示表和原子,并用线段把表和它的元素(元素结点应在其表结点的下方)连接起来,则可得到一个广义表的图形表示。例如,上面5个广义表的图形表示如图6.11所示。

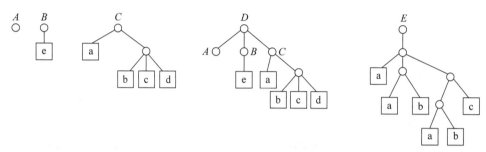

图6.11 广义表的图形表示

广义表 GL 的表头为第一个元素 a_1,其余部分 $(a_2,\cdots,a_i,\cdots,a_n)$ 为 GL 的表尾,分别记作 head(GL)=a_1 和 tail(GL)=$(a_2,\cdots,a_i,\cdots,a_n)$。显然,一个广义表的表尾始终是一个广义表。空表无表头、表尾。这里仍取上面的示例:

    A 无表头、表尾
    head(B)=e;tail(B)=()
    head(C)=a;tail(C)=((b,c,d))
    head(D)=();tail(D)=((e),(a,(b,c,d)))
    head(E)=(a,(a,b),((a,b),c));tail(E)=()

其中,广义表 A 和 B 的深度为1(注意广义表 A 和广义表 B 的深度相同,因为它们均只有一重括号),广义表 C、D、E 的深度分别为2、3 和 4。

6.3.2 广义表的存储结构

广义表是一种递归的数据结构,因此很难为每个广义表分配固定大小的存储空间,所以其存储结构只好采用链式存储结构。

从图6.11中可以看到,广义表有两类结点,一类为圆圈结点,在这里对应子表;另一类为方形结点,在这里对应原子。

为了使子表和原子两类结点既能在形式上保持一致,又能进行区别,可采用以下结构形式:

tag	sublist/data	link

其中,tag 域为标志字段,用于区分两类结点,即由 tag 决定是使用结点的 sublist 还是

data 域：

（1）若 tag=0，表示该结点为原子结点，则第 2 个域为 data，存放相应原子元素的信息。

（2）若 tag=1，表示该结点为表/子表结点，则第 2 个域为 sublist，存放相应表/子表中第一个元素对应结点的地址。

link 域存放同一层的下一个元素对应结点（兄弟结点）的地址，当没有兄弟结点时，其 link 域为 NULL。

例如，前面的广义表 C 的链式存储结构如图 6.12 所示。

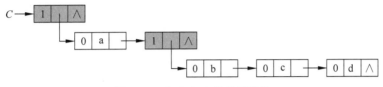

图 6.12　广义表 C 的存储结构

采用 C/C++语言描述广义表的结点类型 GLNode，其声明如下：

```
typedef struct lnode
{   int tag;                        //结点类型标识
    union
    {   ElemType data;              //存放原子值
        struct lnode * sublist;     //指向子表的指针
    } val;
    struct lnode * link;            //指向下一个元素
} GLNode;                           //广义表的结点类型
```

6.3.3　广义表的运算*

为了使算法方便，在广义表的逻辑表示中用"(♯)"表示空表。

1. 广义表的算法设计方法

在广义表的链式存储结构中，tag=1 的结点可以看成一个单链表的头结点，由 sublist 域指向它的所有元素构成的单链表的首结点，link 域指向它的兄弟结点。从中可以看到，广义表的链式存储结构具有递归性，可以从两个方面来理解这种递归性，从而得到广义表的两种递归算法方法。

解法 1：一个非空广义表的基本存储结构如图 6.13 所示，将其看成带头结点的单链表，

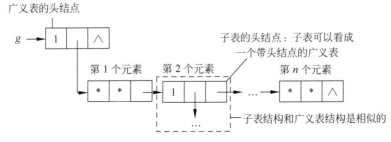

图 6.13　一个非空广义表的基本存储结构

对于原子结点,可以直接进行处理,以实现原子操作;对于子表结点,由于子表的存储结构和整个广义表的存储结构是相似的,所以子表的处理和整个广义表的处理是相似的。从这个角度出发设计求解广义表递归算法的一般格式如下:

```
void fun1(GLNode * g)           //g为广义表的结点指针
{   GLNode  * g1=g -> val.sublist;  //g1指向第一个元素
    while (g1!=NULL)            //元素未处理完时循环
    {   if(g1 -> tag==1)        //为子表时
            fun1(g1);           //递归处理子表          ┐
        else                    //为原子时              ├── 先处理一个元素
            原子处理语句;        //实现原子操作          ┘
        g1=g1 -> link;          //处理兄弟              ──── 再处理后继元素
    }
}
```

解法 2:一个非空广义表存储结构中两类结点的基本结构如图 6.14 所示。每个原子结点的 data 域为原子值,link 域指向其兄弟;每个表/子表结点的 sublist 域指向它的元素,link 域指向其兄弟。因此,对于原子结点,其兄弟的处理与整个广义表的处理是相似的;对于表/子表结点,其元素和兄弟的处理与整个广义表的处理是相似的。

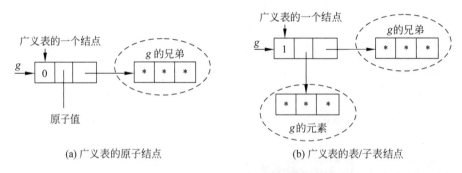

(a) 广义表的原子结点　　　　　　(b) 广义表的表/子表结点

图 6.14　广义表中两类结点的基本结构

从这个角度出发设计求解广义表递归算法的一般格式如下:

```
void fun2(GLNode * g)           //g为广义表的结点指针
{   if (g!=NULL)
    {   if (g -> tag==1)        //为子表时
            fun2(g -> val.sublist);  //递归处理其元素    ┐
        else                    //为原子时              ├── 先处理data/sublist域,即元素部分
            原子处理语句;        //实现原子操作          ┘
        fun2(g -> link);        //递归处理其兄弟       ──── 再处理link域,即兄弟部分
    }
}
```

在实际应用中可以根据求解问题的特点选择其中一种解法来设计递归算法。

2. 求广义表的长度

在广义表中,同一层次的每个结点是通过 link 域链接起来的,将其看成带头结点的单链表,如图 6.13 所示,这样求广义表的长度就是求单链表的长度。对应的非递归算法如下:

```
int GLLength(GLNode *g)              //求广义表 g 的长度
{   int n=0;                         //累计元素的个数,初始值为 0
    GLNode *g1;
    g1=g->val.sublist;               //g1 指向广义表的第一个元素
    while (g1!=NULL)                 //扫描所有元素结点
    {   n++;                         //元素的个数增 1
        g1=g1->link;
    }
    return n;                        //返回元素的个数
}
```

3. 求广义表的深度

对于广义表 g,其深度等于所有元素的最大深度加 1。若 g 为原子,其深度为 0,求广义表深度的递归模型 $f(g)$ 如下:

$$f(g) = 0 \qquad \text{若 } g \text{ 为原子}$$
$$f(g) = 1 \qquad \text{若 } g \text{ 为空表}$$
$$f(g) = \MAX_{\text{subg 是 } g \text{ 的子表}} \{f(subg)\} + 1 \qquad \text{其他情况}$$

求广义表 g 的深度的算法如下:

```
int GLDepth(GLNode *g)               //求广义表 g 的深度
{   GLNode *g1;
    int maxd=0,dep;
    if (g->tag==0)                   //为原子时返回 0
        return 0;
    g1=g->val.sublist;               //g1 指向第一个元素
    if (g1==NULL)                    //为空表时返回 1
        return 1;
    while (g1!=NULL)                 //遍历表中的每一个元素
    {   if (g1->tag==1)              //元素为子表的情况
        {   dep=GLDepth(g1);         //递归调用求出子表的深度
            if (dep>maxd)            //maxd 为同一层的子表中深度的最大值
                maxd=dep;
        }
        g1=g1->link;                 //使 g1 指向下一个元素
    }
    return(maxd+1);                  //返回表的深度
}
```

实际上,本算法是采用前面介绍的广义表算法设计方法中的解法 1 实现的。

4. 输出广义表

输出广义表 g 的过程 $f(g)$ 为,若 g 不为 NULL,先输出 g 的元素,当有兄弟时再输出兄弟。输出 g 的元素的过程是,如果该元素为原子,则直接输出原子值;若为子表,输出'(',如果为空表则输出'#'(空表用"(#)"表示),如果为非空子表则递归调用 $f(g\text{->val.sublist})$ 以输出子表,再输出')'。输出 g 的兄弟的过程是输出',',递归调用 $f(g\text{->link})$ 以输出兄弟。

输出一个广义表的算法如下:

```
void DispGL(GLNode * g)                  //输出广义表 g
{   if (g!=NULL)                         //表不为空时判断
    {   if (g->tag==0)                   //g 的元素为原子时
            printf("%c", g->val.data);   //输出原子值
        else                             //g 的元素为子表时
        {   printf("(");                 //输出'('
            if (g->val.sublist==NULL)    //为空表时
                printf("#");
            else                         //为非空子表时
                DispGL(g->val.sublist);  //递归输出子表
            printf(")");                 //输出')'
        }
        if (g->link!=NULL)
        {   printf(",");
            DispGL(g->link);             //递归输出 g 的兄弟
        }
    }
}
```

视频讲解

实际上,本算法是采用前面介绍的广义表算法设计方法中的解法 2 实现的。

【例 6.3】 对采用链式存储结构的广义表 g 设计一个算法求原子的个数。

解 需要遍历广义表 g 中的所有结点,可以采用前面介绍的广义表算法设计方法中的两种解法来实现。对应的算法如下:

```
//采用解法 1 的方法
int Count1(GLNode * g)                   //求广义表 g 的原子个数
{   int n=0;
    GLNode * g1=g->val.sublist;
    while (g1!=NULL)                     //对每个元素进行循环处理
    {   if (g1->tag==0)                  //为原子时
            n++;                         //原子个数增 1
        else                             //为子表时
            n+=Count1(g1);               //累加元素的原子个数
        g1=g1->link;                     //累加兄弟的原子个数
    }
    return n;                            //返回总原子个数
}
//采用解法 2 的方法
```

```
int Count2(GLNode *g)                    //求广义表g的原子个数
{   int n=0;
    if (g!=NULL)                         //对每个元素进行循环处理
    {   if (g->tag==0)                   //为原子时
            n++;                         //原子个数增1
        else                             //为子表时
            n+=Count2(g->val.sublist);   //累加元素的原子个数
        n+=Count2(g->link);              //累加兄弟的原子个数
    }
    return n;                            //返回总原子个数
}
```

本章小结

本章的基本学习要点如下：

(1) 理解数组和一般线性表之间的异同。
(2) 掌握数组的顺序存储结构和元素地址的计算方法。
(3) 掌握各种特殊矩阵(例如对称矩阵、上/下三角矩阵和对角矩阵)的压缩存储方法。
(4) 掌握稀疏矩阵的各种存储结构及其特点。
(5) 掌握广义表的递归特性和存储结构设计。
(6) 掌握广义表的相关算法设计方法。
(7) 综合运用数组和广义表解决一些复杂的实际问题。

扫一扫

视频讲解

练习题 6

1. 如何理解数组是线性表的推广？

2. 三维数组 $a[0..7,0..8,0..9]$ 采用按行序优先存储，数组的起始地址是 1000，每个元素占用两字节，试给出下面的结果：

(1) 元素 $a_{1,6,8}$ 的起始地址。
(2) 数组 a 所占用的存储空间。

3. 如果某个一维数组 A 的元素个数 n 很大，存在大量重复的元素，且所有值相同的元素紧挨在一起，请设计一种压缩存储方式使得存储空间更节省。

4. 一个 n 阶对称矩阵 A 采用压缩存储存储在一维数组 B 中，则 B 中包含多少个元素？

5. 设 $n \times n$ 的上三角矩阵 $A[0..n-1,0..n-1]$ 已压缩到一维数组 $B[0..m]$ 中，若按列为主序存储，则 $A[i][j]$ 对应的 B 中的存储位置 k 为多少？给出推导过程。

6. 利用三元组存储任意稀疏数组 A，假设其中一个元素和一个整数占用的存储空间相同，问在什么条件下才能节省存储空间？

7. 用十字链表存储一个有 k 个非零元素的 $m \times n$ 的稀疏矩阵，则其总的结点数为多少？

8. 求下列广义表运算的结果。

(1) head[(x,y,z)]

(2) tail[((a,b),(x,y))]

注意：为了清楚,在括号层次较多时将 head 和 tail 的参数用中括号表示。例如 head[G]、tail[G]分别表示求广义表 G 的表头和表尾。

9. 设二维整数数组 B[0..m−1,0..n−1] 的数据在行、列方向上都按从小到大的顺序排序,且整型变量 x 中的数据在 B 中存在。设计一个算法,找出一对满足 B[i][j]=x 的 i、j 值,要求比较次数不超过 m+n。

10. 设计一个算法,计算一个用三元组表表示的稀疏矩阵的对角线元素之和。

11. 设计一个算法 Same(g1,g2),判断两个广义表 g1 和 g2 是否相同。

上机实验题 6

▍验证性实验

实验题 1：实现稀疏矩阵(采用三元组表示)的基本运算

目的：领会稀疏矩阵的三元组存储结构及其基本算法设计。

内容：假设 $n \times n$ 的稀疏矩阵 **A** 采用三元组表示,设计一个程序 exp6-1.cpp 实现以下功能。

(1) 生成以下两个稀疏矩阵的三元组 a 和 b。

$$\begin{bmatrix} 1 & 0 & 3 & 0 \\ 0 & 1 & 0 & 0 \\ 0 & 0 & 1 & 0 \\ 0 & 0 & 1 & 1 \end{bmatrix} \quad \begin{bmatrix} 3 & 0 & 0 & 0 \\ 0 & 4 & 0 & 0 \\ 0 & 0 & 1 & 0 \\ 0 & 0 & 0 & 2 \end{bmatrix}$$

(2) 输出 a 转置矩阵的三元组。

(3) 输出 a+b 的三元组。

(4) 输出 a×b 的三元组。

实验题 2：实现广义表的基本运算

目的：领会广义表的链式存储结构及其基本算法设计。

内容：编写一个程序 exp6-2.cpp 实现广义表的各种运算,并在此基础上设计一个主程序完成以下功能。

(1) 建立广义表 g ="(b,(b,a,(♯),d),((a,b),c,((♯))))"的链式存储结构。

(2) 输出广义表 g 的长度。

(3) 输出广义表 g 的深度。

(4) 输出广义表 g 的最大原子。

▍设计性实验

实验题 3：求 5×5 阶的螺旋方阵

目的：掌握数组的算法设计。

内容：以下是一个 5×5 阶的螺旋方阵,编写一个程序 exp6-3.cpp 输出该形式的

$n×n(n<10)$ 阶方阵(按顺时针方向旋进)。

```
 1  2  3  4  5
16 17 18 19  6
15 24 25 20  7
14 23 22 21  8
13 12 11 10  9
```

实验题 4：求一个矩阵的马鞍点

目的：掌握数组的算法设计。

内容：如果矩阵 A 中存在一个元素满足以下条件，即 $A[i][j]$ 是第 i 行中值最小的元素，且又是第 j 列中值最大的元素，则称之为该矩阵的一个马鞍点。设计一个程序 exp6-4.cpp 计算出 $m×n$ 的矩阵 A 的所有马鞍点。

综合性实验

实验题 5：求两个对称矩阵之和与乘积

目的：掌握对称矩阵的压缩存储方法及相关算法设计。

内容：已知 A 和 B 为两个 $n×n$ 阶的对称矩阵，在输入时，对称矩阵只输入下三角形元素，存入一维数组，如图 6.15 所示(对称矩阵 M 存储在一维数组 A 中)，设计一个程序 exp6-5.cpp 实现以下功能。

（1）求对称矩阵 A 和 B 的和。

（2）求对称矩阵 A 和 B 的乘积。

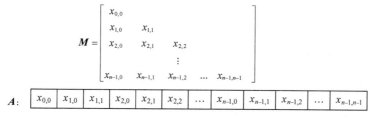

图 6.15 对称矩阵的存储转换形式

LeetCode 在线编程题 6

1. LeetCode485——最大连续 1 的个数 ★
2. LeetCode169——多数元素 ★
3. LeetCode283——移动 0 ★
4. LeetCode867——转置矩阵 ★
5. LeetCode1572——矩阵对角线元素的和 ★
6. LeetCode566——重塑矩阵 ★
7. LeetCode766——托普利茨矩阵 ★

第 7 章　树和二叉树

在前面介绍了几种常用的线性结构,本章讨论树形结构。树形结构属于非线性结构,常用的树形结构有树和二叉树。线性结构可以表示元素或元素之间的一对一关系,而在树形结构中一个结点可以与多个结点相对应,因此能够表示层次结构的数据。

本章主要讨论树和二叉树两种树形结构的基本概念、相关算法设计和应用。

7.1 树的基本概念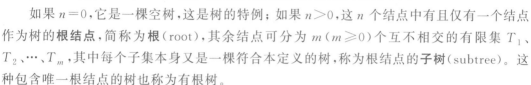

7.1.1 树的定义

树(tree)是由 $n(n \geq 0)$ 个结点(或元素)组成的有限集合(记为 T)。

如果 $n=0$,它是一棵空树,这是树的特例;如果 $n>0$,这 n 个结点中有且仅有一个结点作为树的**根结点**,简称为**根**(root),其余结点可分为 $m(m \geq 0)$ 个互不相交的有限集 T_1、T_2、…、T_m,其中每个子集本身又是一棵符合本定义的树,称为根结点的**子树**(subtree)。这种包含唯一根结点的树也称为有根树。

从以上可以看出,树的定义是递归的,因为在树的定义中又用到树定义。它刻画了树的固有特性,即一棵树由若干棵互不相交的子树构成,而子树又由更小的若干棵子树构成。

树结构常用于表示具有层次关系的数据。树的抽象数据类型描述如下:

```
ADT Tree
{  数据对象:
        D={a_i| 1≤i≤n,n≥0,a_i 为 ElemType 类型}      //ElemType 是自定义类型标识符
    数据关系:
        R={<a_i,a_j> | a_i,a_j ∈D,1≤i,j≤n,其中有且仅有一个结点没有前驱结点,其余每个结
        点只有一个前驱结点,但可以有零个或多个后继结点}
    基本运算:
        InitTree(&t):初始化树,造一棵空树 t。
        DestroyTree(&t):销毁树,释放为树 t 分配的存储空间。
        TreeHeight(t):求树 t 的高度。
        Parent(t,p):求树 t 中 p 所指结点的双亲结点。
        Brother(t,p):求树 t 中 p 所指结点的所有兄弟结点。
        Sons(t,p):求树 t 中 p 所指结点的所有子孙结点。
        ...
}
```

7.1.2 树的逻辑表示方法

树的逻辑表示方法有多种,但不管采用哪种表示方法,都应该能够正确地表达出树中结点之间的层次关系。下面介绍树的几种常见的逻辑表示方法。

(1) **树形表示法**(tree representation):用一个圆圈表示一个结点,圆圈内的符号代表该结点的数据信息,结点之间的关系通过分支线表示。虽然每条分支线上都不带有箭头,但它默认是有方向的,其方向隐含着从上向下,即分支线的上方结点是下方结点的前驱结点,下方结点是上方结点的后继结点。它的直观形象是一棵倒置的树(树根在上,树叶在下),如图 7.1(a)所示。

(2) **文氏图表示法**(venn diagram representation):每棵树对应一个圆圈,圆圈内包含根结点和子树的圆圈,同一个根结点下的各子树对应的圆圈是不能相交的。在用这种方法

表示的树中,结点之间的关系是通过圆圈的包含来表示的。图 7.1(a)所示的树对应的文氏图表示法如图 7.1(b)所示。

(3) 凹入表示法(concave representation):每棵树的根结点对应一个条形,其子树的根对应着一个较短的条形,且树根在上,子树的根在下,同一个根下的各子树的根对应的条形长度是一样的,所有条形右对齐。图 7.1(a)所示的树对应的凹入表示法如图 7.1(c)所示。

(4) 括号表示法(bracket representation):每棵树对应一个形如"根(子树1,子树2,…,子树 m)"的字符串,每棵子树的表示方式与整棵树类似,各子树之间用逗号分开。在用这种方法表示的树中,结点之间的关系是通过括号的嵌套表示的。图 7.1(a)所示的树对应的括号表示法如图 7.1(d)所示。

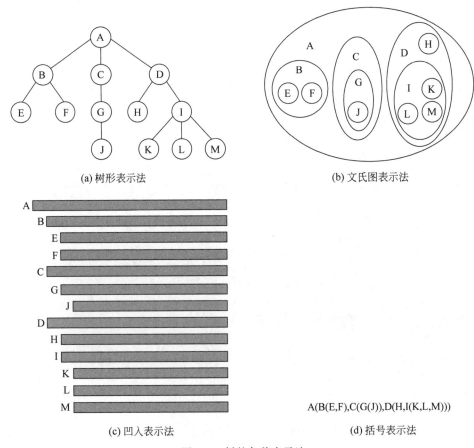

图 7.1 树的各种表示法

7.1.3 树的基本术语

下面介绍树的常用术语。

(1) 结点的度与树的度:树中某个结点的子树的个数称为该**结点的度**(degree of node)。树中所有结点的度中的最大值称为**树的度**(degree of tree),通常将度为 m 的树称为 ***m* 次树**(m-tree)。例如,图 7.1(a)所示为一棵 3 次树。

(2) **分支结点与叶子结点**：树中度不为零的结点称为非终端结点，又叫**分支结点**(branch)。度为零的结点称为**叶子结点**(leaf)。在分支结点中，每个结点的分支数就是该结点的度。如对于度为 1 的结点，其分支数为 1，被称为**单分支结点**；对于度为 2 的结点，其分支数为 2，被称为**双分支结点**，以此类推。例如，在图 7.1(a)所示的树中，B、C 和 D 等是分支结点，而 E、F 和 J 等是叶子结点。

(3) **路径与路径长度**：对于树中的任意两个结点 k_i 和 k_j，若树中存在一个结点序列 $(k_i, k_{i1}, k_{i2}, \cdots, k_{in}, k_j)$，使得序列中除 k_i 以外的任一结点都是其在序列中的前一个结点的后继结点，则称该结点序列为由 k_i 到 k_j 的一条**路径**(path)。**路径长度**(path length)是该路径所通过的结点数目减 1(即路径上的分支数目)。可见路径就是从 k_i 出发"自上而下"到达 k_j 所通过的树中结点序列。显然从树的根结点到树中其余结点均存在一条路径。例如在图 7.1(a)所示的树中，从 A 到 K 的路径为(A,D,I,K)，其长度为 3，而(K,I,D,A)为 A 到 K 的逆路径。

(4) **孩子结点、双亲结点和兄弟结点**：在一棵树中，每个结点的后继结点被称为该结点的**孩子结点**(children)。相应地，该结点被称为孩子结点的**双亲结点**(parents)。具有同一双亲结点的孩子结点互为**兄弟结点**(sibling)。进一步推广这些关系，可以把每个结点对应子树中的所有结点(除自身外)称为该结点的**子孙结点**(descendant)，把从根结点到达某个结点的路径上经过的所有结点(除自身外)称为该结点的**祖先结点**(ancestor)。例如在图 7.1(a)所示的树中，结点 B、C、D 互为兄弟结点，结点 D 的子孙结点有 H、I、K、L 和 M，结点 I 的祖先结点有 A、D。

(5) **结点层次和树的高度**：树中的每个结点都处在一定的层次上。**结点层次**(level)或**结点深度**(depth)是从树根开始定义的，根结点为第一层，它的孩子结点为第二层，以此类推，一个结点所在的层次为其双亲结点的层次加 1。树中结点的最大层次称为**树的高度**(height of tree)或**树的深度**(depth of tree)。

(6) **有序树和无序树**：若树中各结点的子树是按照一定的次序从左向右安排的，且相对次序是不能随意变换的，则称为**有序树**(ordered tree)，否则称为**无序树**(unordered tree)。一般情况下，如果没有特别说明，默认树都是指有序树。

(7) **森林**：$m(m \geq 0)$ 棵互不相交的树的集合称为森林。把含有多棵子树的树的根结点删去就成了**森林**(forest)。反之，给 $m(m>1)$ 棵独立的树加上一个根结点，并把这 m 棵树作为该结点的子树，则森林就变成了一棵树。

7.1.4 树的性质

视频讲解

性质 1：树中的结点数等于所有结点的度数之和加 1。

证明：根据树的定义，在一棵树中除根结点以外，每个结点有且仅有一个前驱结点。也就是说，每个结点与指向它的一个分支一一对应。所以除根结点以外的结点数等于所有结点分支数之和，即结点数等于所有结点分支数之和加 1，而所有结点分支数之和恰好等于所有结点的度数之和，因此树中的结点数等于所有结点的度数之和加 1。

性质 2：度为 m 的树中第 i 层上最多有 m^{i-1} 个结点($i \geq 1$)。

证明：采用数学归纳法证明。

对于第一层，非空树中的第一层上只有一个根结点，由 $i=1$ 代入 m^{i-1}，得 $m^{i-1}=m^{1-1}=1$，显然结论成立。

假设对于第$(i-1)$层$(i \geq 2)$命题成立,即度为m的树中第$(i-1)$层上最多有m^{i-2}个结点,根据树的度的定义,度为m的树中每个结点最多有m个孩子结点,所以第i层上的结点数最多为第$(i-1)$层上结点数的m倍,即最多为$m^{i-2} \times m = m^{i-1}$个结点,故命题成立。

推广:当一棵m次树的第i层上有m^{i-1}个结点$(i \geq 1)$时,称该层是满的,若一棵m次树的每一层都是满的,称之为**满m次树**(full m-tree)。显然,满m次树是所有相同高度的m次树中结点总数最多的树。也可以说,对于n个结点,构造的m次树为满m次树或者接近满m次树,此时树的高度最小。

性质3:高度为h的m次树最多有$\dfrac{m^h-1}{m-1}$个结点。

证明:由树的性质2可知,第i层上最多的结点数为m^{i-1}($i=1 \sim h$),显然当高度为h的m次树为满m次树时结点个数最多,因此有以下关系。

最多结点数 = 每一层最多结点数之和 = $m^0 + m^1 + m^2 + \cdots + m^{h-1} = \dfrac{m^h-1}{m-1}$。

所以,满m次树的另一种定义为当一棵高度为h的m次树上的结点数等于$\dfrac{m^h-1}{m-1}$时称该树为满m次树。例如,对于一棵高度为5的满2次树,结点数为$\dfrac{2^5-1}{2-1}=31$;对于一棵高度为5的满3次树,结点数为$\dfrac{3^5-1}{3-1}=121$。

性质4:具有n个结点的m次树的最小高度为$\lceil \log_m(n(m-1)+1) \rceil$①。

证明:设具有n个结点的m次树的最小高度为h,若在该树中前$h-1$层都是满的,即每一层的结点数都等于m^{i-1}($1 \leq i \leq h-1$)个,第h层(即最后一层)的结点数可能满,也可能不满,但至少有一个结点,则该树具有最小的高度。

根据树的性质3可得:$\dfrac{m^{h-1}-1}{m-1}+1 \leq n \leq \dfrac{m^h-1}{m-1}$

前者结点个数对应的树是$1 \sim h-1$层都是满的,第h层只有一个结点;后者结点个数对应的树是$1 \sim h$层都是满的。

为了便于计算,将其等价地改为: $\dfrac{m^{h-1}-1}{m-1} < n \leq \dfrac{m^h-1}{m-1}$

均乘$(m-1)$后加1: $m^{h-1} < n(m-1)+1 \leq m^h$

取以m为底的对数: $h-1 < \log_m(n(m-1)+1) \leq h$

即有: $\log_m(n(m-1)+1) \leq h < \log_m(n(m-1)+1)+1$

因h只能取整数,所以有: $h = \lceil \log_m(n(m-1)+1) \rceil$

结论得证。

例如,对于2次树,求最小高度的计算公式为$\lceil \log_2(n+1) \rceil$,若$n=20$,则最小高度为5;对于3次树,求最小高度的计算公式为$\lceil \log_3(2n+1) \rceil$,若$n=20$,则最小高度为4。

【例7.1】 含有n个结点的4次树的最小高度是多少?最大高度是多少?

解 根据树的性质4,含有n个结点的4次树的最小高度 $\min h = \lceil \log_4(3n+1) \rceil$。

对于4次树,其中至少有一个结点的度为4,这样的树具有最大高度:除了某一层含有

---

① $\lceil x \rceil$表示大于或等于x的最小整数,例如$\lceil 2.4 \rceil=3$;$\lfloor x \rfloor$表示小于或等于x的最大整数,例如$\lfloor 2.8 \rfloor=2$。

4个结点以外,其余各层都只有一个结点,显然高度为 $n-4+1=n-3$。所以,含有 n 个结点的4次树的最大高度 maxh 是 $n-3$。

【例7.2】 若一棵3次树中度为3的结点有两个,度为2的结点有一个,度为1的结点有两个,则该3次树中总的结点个数和叶子结点个数分别是多少?

解 设该3次树中总的结点个数为 n、度为 i 的结点个数为 $n_i (0 \leqslant i \leqslant 3)$。依题意有 $n_1=2, n_2=1, n_3=2$。

每个度为 i 的结点在所有结点度数之和中贡献 i 个度,所以所有结点度数之和 $=1 \times n_1+2 \times n_2+3 \times n_3=1 \times 2+2 \times 1+3 \times 2=10$。

由树的性质1可知,$n=$ 所有结点度数之和 $+1=10+1=11$。

对于3次树,显然有 $n=n_0+n_1+n_2+n_3$,则 $n_0=n-n_1-n_2-n_3=11-2-1-2=6$。

所以该3次树中总的结点个数和叶子结点个数分别是11和6。

说明:在 m 次树中计算结点个数时常用的关系式有①所有结点度数之和 $=n-1$;②所有结点度数之和 $=n_1+2n_2+\cdots+mn_m$;③$n=n_0+n_1+\cdots+n_m$。

7.1.5 树的基本运算

由于树属于非线性结构,结点之间的关系比线性结构复杂一些,所以树的运算比以前讨论过的各种线性数据结构的运算要复杂很多。树的运算主要分为以下3大类:

(1) 寻找满足某种特定条件的结点,例如寻找当前结点的双亲结点等。

(2) 插入或删除某个结点,例如在树的指定结点上插入一个孩子结点或删除指定结点的第 i 个孩子结点等。

视频讲解

(3) 遍历树中的所有结点。

树的**遍历**(traversal)运算是指按某种方式访问树中的所有结点且每一个结点只被访问一次。树的遍历方式主要有先根遍历、后根遍历和层次遍历3种。注意,树的先根遍历和后根遍历的过程都是递归的。

1. 先根遍历

先根遍历(preorder traversal)的过程如下:

(1) 访问根结点。

(2) 按照从左到右的顺序先根遍历根结点的每一棵子树。

例如,对于图7.1(a)所示的树,采用先根遍历得到的结点序列为 ABEFCGJDHIKLM。从中可以看出,先根遍历序列的第一个元素即为根结点对应的结点值。

2. 后根遍历

后根遍历(postorder traversal)的过程如下:

(1) 按照从左到右的顺序后根遍历根结点的每一棵子树。

(2) 访问根结点。

例如,对于图7.1(a)所示的树,采用后根遍历得到的结点序列为 EFBJGCHKLMIDA。从中可以看出,后根遍历序列的最后一个元素即为根结点对应的结点值。

3. 层次遍历

层次遍历(level traversal)的过程是从根结点开始按从上到下、从左到右的次序访问树中的每一个结点。

例如,对于图 7.1(a)所示的树,采用层次遍历得到的结点序列为 ABCDEFGHIJKLM。从中可以看出,层次遍历序列的第一个元素即为根结点对应的结点值。

7.1.6 树的存储结构

存储树的基本要求是既要存储结点的数据元素本身,又要存储结点之间的逻辑关系。有关树的存储结构很多,下面介绍 3 种常用的存储结构,即双亲存储结构、孩子链存储结构和孩子兄弟链存储结构。

1. 双亲存储结构

双亲存储结构(parent storage structure)是一种顺序存储结构,用一组连续空间存储树的所有结点,同时在每个结点中附设一个伪指针指示其双亲结点的位置(因为除了根结点以外,每个结点只有唯一的双亲结点,将根结点的双亲结点的位置设置为特殊值−1)。

双亲存储结构的类型声明如下:

```
typedef struct
{   ElemType data;           //存放结点的值
    int parent;              //存放双亲的位置
} PTree[MaxSize];            //PTree 为双亲存储结构类型
```

例如,图 7.2(a)所示的树对应的双亲存储结构如图 7.2(b)所示,其中根结点 A 的伪指针为−1,其孩子结点 B、C 和 D 的双亲伪指针均为 0,E、F 和 G 的双亲伪指针均为 2。

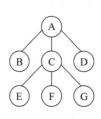
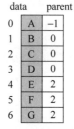

(a) 一棵树　　　　(b) 对应的双亲存储结构

图 7.2　一棵树的双亲存储结构

该存储结构利用了每个结点(根结点除外)只有唯一双亲的性质。在这种存储结构中,求某个结点的双亲结点十分容易,但在求某个结点的孩子结点时需要遍历整个存储结构。

2. 孩子链存储结构

在**孩子链存储结构**(child chain storage structure)中,每个结点不仅包含结点值,还包含指向所有孩子结点的指针。由于树中每个结点的子树的个数(即结点的度)不同,如果按各个结点的度设计变长结构,则会因为结点的孩子结点的指针域的个数不同而导致算法的实现非常麻烦。孩子链存储结构可按树的度(即树中所有结点度的最大值)设计结点的孩子结点的指针域的个数。

孩子链存储结构的结点类型声明如下:

```
typedef struct node
{   ElemType data;                  //结点的值
    struct node *sons[MaxSons];     //指向孩子结点
} TSonNode;                         //孩子链存储结构中的结点类型
```

其中,MaxSons 为最多的孩子结点个数,或称为该树的度。

例如,图 7.3(a)所示的一棵树,其度为 3,所以在设计其孩子链存储结构时每个结点的指针域的个数应为 3,对应的孩子链存储结构如图 7.3(b)所示。

孩子链存储结构的优点是查找某结点的孩子结点十分方便,其缺点是查找某结点的双亲结点需要遍历树,另外,当树的度较大时存在较多的空指针域。

【**例 7.3**】 以孩子链作为树的存储结构,设计一个求树 t 的高度的递归算法。

解 设 $f(t)$ 为树 t 的高度,其递归模型如下。

$$f(t) = 0 \qquad \text{若 } t=\text{NULL}$$
$$f(t) = \underset{p\text{指向}t\text{的孩子}}{\text{MAX}}\{f(p)\}+1 \qquad \text{其他情况}$$

对应的递归算法如下:

```
int TreeHeight1(TSonNode *t)
{   TSonNode *p;
    int i,h,maxh=0;
    if (t==NULL) return 0;              //空树返回高度 0
    else                                //处理非空树
    {   for(i=0;i<MaxSons;i++)
        {   p=t->sons[i];               //p 指向 t 的第 i+1 个孩子结点
            if (p!=NULL)                //若存在第 i+1 个孩子
            {   h=TreeHeight1(p);       //求出对应子树的高度
                if (maxh<h) maxh=h;     //求所有子树的最大高度
            }
        }
        return(maxh+1);                 //返回 maxh+1
    }
}
```

3. 孩子兄弟链存储结构

孩子兄弟链存储结构(child brother chain storage structure)是为每个结点设计 3 个域,即一个数据元素域、一个指向该结点的左边第一个孩子结点(长子)的指针域、一个指向该结点的下一个兄弟结点的指针域。

兄弟链存储结构中结点的类型声明如下:

```
typedef struct tnode
{   ElemType data;                    //结点的值
    struct tnode * hp;                //指向兄弟
    struct tnode * vp;                //指向孩子结点
} TSBNode;                            //孩子兄弟链存储结构中的结点类型
```

图 7.3(a)所示的树的孩子兄弟链存储结构如图 7.3(c)所示。

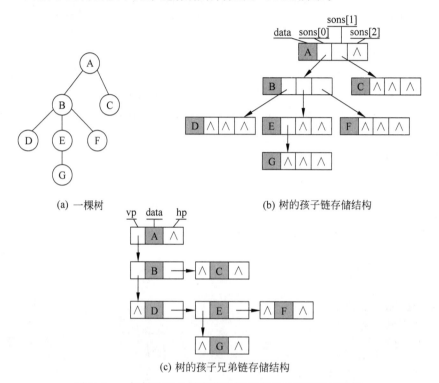

图 7.3 一棵树的孩子链存储结构和孩子兄弟链存储结构

由于树的孩子兄弟链存储结构固定有两个指针域,并且这两个指针是有序的(即兄弟域和孩子域不能混淆),所以孩子兄弟链存储结构实际上是把该树转换为二叉树的存储结构。

在后面将会讨论把树转换为二叉树所对应的结构恰好就是这种孩子兄弟链存储结构,所以孩子兄弟链存储结构的最大优点是可以方便地实现树和二叉树的相互转换。孩子兄弟链存储结构的缺点和孩子链存储结构的缺点一样,就是查找一个结点的双亲结点需要遍历树。

【例 7.4】 以孩子兄弟链作为树的存储结构设计一个求树 t 的高度的递归算法。

解 其递归模型与例 7.3 的完全相同,针对孩子兄弟链存储结构,对应的递归算法如下:

```
int TreeHeight2(TSBNode * t)
{   TSBNode * p;
    int h, maxh=0;
    if (t==NULL) return 0;            //空树返回 0
    else
    {   p=t→vp;                       //p 指向第 1 个孩子结点
```

```
        while (p!=NULL)              //扫描 t 的所有子树
        {   h=TreeHeight2(p);        //求出 p 子树的高度
            if (maxh<h) maxh=h;      //求所有子树的最大高度
            p=p->hp;                 //继续处理 t 的其他子树
        }
        return(maxh+1);              //返回 maxh+1
    }
}
```

例 7.4 和例 7.3 的功能相同,但树的存储结构不同,所以在算法的设计上存在差异。

说明:当树采用孩子兄弟链存储结构时,树的算法和广义表的算法设计方法十分相似。

7.2 二叉树的概念和性质

7.2.1 二叉树的定义

二叉树(binary tree)是一个有限的结点集合,这个集合或者为空,或者由一个根结点和两棵互不相交的称为左子树(left subtree)和右子树(right subtree)的二叉树组成。

二叉树的抽象数据类型描述和树的抽象数据类型描述相似,这里不再介绍。显然,和树的定义一样,二叉树的定义也是一个递归定义。二叉树的结构简单、存储效率高,其运算算法也相对简单,而且任何 m 次树都可以转化为二叉树结构,因此二叉树具有很重要的地位。

二叉树和度为 2 的树(2 次树)是不同的,对于非空树,其差别表现在以下两点:

(1) 度为 2 的树中至少有一个结点的度为 2,而二叉树没有这种要求。

(2) 度为 2 的树不区分左、右子树,而二叉树是严格区分左、右子树的。

二叉树有 5 种基本形态,如图 7.4 所示,任何复杂的二叉树都可以看成这 5 种基本形态的复合。其中图 7.4(a)是空二叉树,图 7.4(b)是单个结点的二叉树,图 7.4(c)是右子树为空的二叉树,图 7.4(d)是左子树为空的二叉树,图 7.4(e)是左、右子树都不空的二叉树。

(a) 空二叉树　(b) 单个结点的二叉树　(c) 右子树为空的二叉树　(d) 左子树为空的二叉树　(e) 左、右子树都不空的二叉树

图 7.4　二叉树的 5 种基本形态

二叉树的表示法也和树的表示法一样,有树形表示法、文氏图表示法、凹入表示法和括号表示法等。另外,7.1.3 节介绍的树的所有术语对于二叉树都适用。

在一棵二叉树中,如果所有分支结点都有左右孩子结点,并且叶子结点都集中在二叉树的最下一层,这样的二叉树称为**满二叉树**(full binary tree)。图 7.5(a)所示就是一棵满二叉树。用户可以对满二叉树的结点进行**层序编号**(level coding),约定编号从树根为 1 开始,

按照层数从小到大、同一层从左到右的次序进行,图 7.5(a)中每个结点外边的数字为对该结点的编号。当然也可以从结点个数和树高度之间的关系来定义,即一棵高度为 h 且有 2^h-1 个结点的二叉树称为满二叉树。

非空满二叉树的特点如下:

(1) 叶子结点都在最下一层。

(2) 只有度为 0 和度为 2 的结点。

若二叉树中最多只有最下面两层的结点的度数可以小于 2,并且最下面一层的叶子结点都依次排列在该层最左边的位置上,则这样的二叉树称为**完全二叉树**(complete binary tree),图 7.5(b)所示为一棵完全二叉树。同样可以对完全二叉树中的每个结点进行层序编号,编号的方法和满二叉树相同,图 7.5(b)中每个结点外边的数字为对该结点的编号。

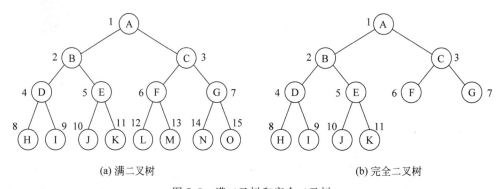

(a) 满二叉树　　　　　　　　　　　　　(b) 完全二叉树

图 7.5　满二叉树和完全二叉树

不难看出,满二叉树是完全二叉树的一种特例,并且完全二叉树与同高度的满二叉树的对应位置结点的编号相同。图 7.5(b)所示的完全二叉树与等高度的满二叉树相比在最后一层的右边缺少了 4 个结点。

非空完全二叉树的特点如下:

(1) 叶子结点只可能在最下面两层中出现。

(2) 对于最大层次中的叶子结点,都依次排列在该层最左边的位置上。

(3) 如果有度为 1 的结点,只可能有一个,且该结点只有左孩子而无右孩子。

(4) 在按层序编号时,一旦出现编号为 i 的结点是叶子结点或只有左孩子,则编号大于 i 的结点均为叶子结点。

(5) 当结点总数 n 为奇数时,$n_1=0$,当结点总数 n 为偶数时,$n_1=1$。

7.2.2　二叉树的性质

视频讲解

性质 1:非空二叉树上的叶子结点数等于双分支结点数加 1。

证明:设二叉树上的叶子结点数为 n_0、单分支结点数为 n_1、双分支结点数为 n_2(如果没有特别指出,后面均采用这种设定),则总结点数 $n=n_0+n_1+n_2$。在一棵二叉树中,所有结点的分支数(即所有结点的度之和)等于单分支结点数加上双分支结点数的两倍,即总的分支数$=n_1+2n_2$。

由于二叉树中除了根结点以外,每个结点都有唯一的一个分支指向它,所以在二叉树中总的分支数$=n-1$。

由上述3个等式可得$n_1+2n_2=n_0+n_1+n_2-1$,即$n_0=n_2+1$。

说明:在二叉树中计算结点时常用的关系式有①所有结点的度之和$=n-1$;②所有结点的度之和$=n_1+2n_2$;③$n=n_0+n_1+n_2$。

性质2:非空二叉树的第i层上最多有2^{i-1}个结点($i\geq 1$)。

由树的性质2可推出。

性质3:高度为h的二叉树最多有2^h-1个结点($h\geq 1$)。

由树的性质3可推出。

性质4:完全二叉树中层序编号为i的结点($1\leq i\leq n,n\geq 1,n$为结点数)有以下性质。

(1) 若$i\leq \lfloor n/2 \rfloor$,即$2i\leq n$,则编号为$i$的结点为分支结点,否则为叶子结点。

(2) 若n为奇数,则每个分支结点都既有左孩子结点,又有右孩子结点(例如图7.5(b)所示的完全二叉树就是这种情况,其中$n=11$,分支结点1~5都有左、右孩子结点);若n为偶数,则编号最大的分支结点(编号为$\lfloor n/2 \rfloor$)只有左孩子结点,没有右孩子结点,其余分支结点都有左、右孩子结点。

(3) 若编号为i的结点有左孩子结点,则左孩子结点的编号为$2i$;若编号为i的结点有右孩子结点,则右孩子结点的编号为$2i+1$。

(4) 除根结点以外,若一个结点的编号为i,则它的双亲结点的编号为$\lfloor i/2 \rfloor$。

上述性质均可采用归纳法证明,请读者自己完成。

性质5:具有n个($n>0$)结点的完全二叉树的高度为$\lceil \log_2(n+1) \rceil$或$\lfloor \log_2 n \rfloor+1$。

由完全二叉树的定义和树的性质4可推出。

说明:对于一棵完全二叉树,结点总数n可以确定其形态,n_1只能是0或1。当n为偶数时,$n_1=1$;当n为奇数时,$n_1=0$。

【**例7.5**】 已知一棵完全二叉树的第6层(设根为第1层)有8个叶子结点,则该完全二叉树的结点个数最多是多少?

解 完全二叉树的叶子结点只能在最下两层,对于本题,结点最多的情况是第6层为倒数第2层,即1~6层构成一棵满二叉树,其结点总数为$2^6-1=63$。第6层有$2^5=32$个结点,其中含8个叶子结点,另外有$32-8=24$个非叶子结点,它们中的每个结点都有两个孩子结点(均为第7层的叶子结点),计48个叶子结点,这样最多的结点个数$=63+48=111$。

7.2.3 二叉树与树、森林之间的转换

树、森林与二叉树之间有一个自然的对应关系,它们之间可以互相转换,即任何一个森林或一棵树都可以唯一地对应一棵二叉树,而任何一棵二叉树也能唯一地对应到一个森林或一棵树上。正是由于有这样的一一对应关系,可以把在树中处理的问题对应到二叉树中进行处理,从而把问题简单化,因此二叉树在树的应用中显得特别重要。下面介绍森林、树与二叉树相互转换的方法。

1. 森林、树转换为二叉树

这种转换分为两种情况,一是单棵树转换成二叉树,二是由多棵树构成的森林转换成二

叉树，但是不论哪种情况都只转换成一棵二叉树。

将一棵树转换成二叉树的过程如下：

(1) 树中所有相邻兄弟之间加一条连线。

(2) 对树中的每个结点只保留它与长子（即最左边的孩子结点）之间的连线，删除与其他孩子之间的连线。

(3) 以树的根结点为轴心，将整棵树顺时针转动 $45°$，使之结构层次分明。

【例 7.6】 将如图 7.6(a)所示的树转换成二叉树。

解 转换过程如图 7.6(b)～(d)所示，最终结果如图 7.6(d)所示。

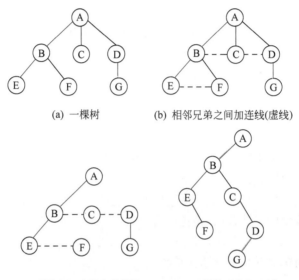

图 7.6 一棵树转换成一棵二叉树的过程

从中可以看到，一棵树 T 转换成二叉树 BT 后，BT 中的左分支仍表示 T 中的孩子关系，但 BT 中的右分支却表示 T 中的兄弟关系。由于 T 的根结点没有兄弟，所以 BT 的根结点一定没有右孩子结点。

若要转换为二叉树的森林由两棵或两棵以上的树构成，将这样的森林转换为二叉树的过程如下：

(1) 将森林中的每棵树转换成相应的二叉树。

(2) 第一棵二叉树不动，从第二棵二叉树开始，依次把后一棵二叉树的根结点作为前一棵二叉树的根结点的右孩子结点，当所有二叉树连在一起后，此时得到的二叉树就是由森林转换得到的二叉树。

实际上，当森林 F 由两棵或两棵以上的树 $\{T_1, T_2, \cdots, T_n\}$ 构成时，所有这些树的根结点构成兄弟关系，所以森林 F 转换成一棵二叉树 BT 后，将第一棵树 T_1 的根结点作为 BT 的根结点 t_1，T_2 的根结点作为 t_1 的右孩子结点 t_2，T_3 的根结点作为 t_2 的右孩子结点 t_3，以此类推。

【例 7.7】 将如图 7.7(a)所示的森林转换成二叉树。

解 转换过程如图 7.7(b)～(e)所示，最终结果如图 7.7(e)所示。

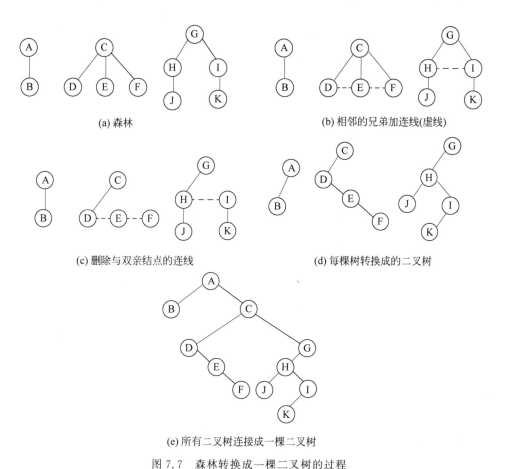

(a) 森林

(b) 相邻的兄弟加连线(虚线)

(c) 删除与双亲结点的连线

(d) 每棵树转换成的二叉树

(e) 所有二叉树连接成一棵二叉树

图 7.7 森林转换成一棵二叉树的过程

【例 7.8】 设森林 F 中有 3 棵树,第 1、第 2、第 3 棵树的结点个数分别为 9、8、7,将其转换成二叉树,该二叉树根结点的右子树上的结点个数是多少?

解 与森林 F 对应的二叉树根结点的右子树上的结点是由第 2 和第 3 棵树的全部结点转换而来的,所以二叉树根结点的右子树上的结点个数$=8+7=15$。

2. 二叉树还原为树/森林

由于转换过程分为两种情况,所以还原过程也相应地分为两种情况,一是由单棵树转换成的二叉树还原成树,二是由多棵树构成的森林转换成的二叉树还原成树。

若一棵二叉树是由一棵树转换而来的,则该二叉树还原为树的过程如下:

(1) 若某结点是其双亲的左孩子,则把该结点的右孩子、右孩子的右孩子等都与该结点的双亲结点用连线连起来。

(2) 删除原二叉树中所有双亲结点与右孩子结点之间的连线。

(3) 整理由前面两步得到的树,即以根结点为轴心,逆时针转动 $45°$,使之结构层次分明。

实际上,二叉树的还原就是将二叉树中的左分支保持不变,将二叉树中的右分支还原成兄弟关系。

【例 7.9】 将如图 7.8(a)所示的一棵二叉树还原为一棵树。

解 还原过程如图 7.8(b)~(d)所示,最终结果如图 7.8(d)所示。

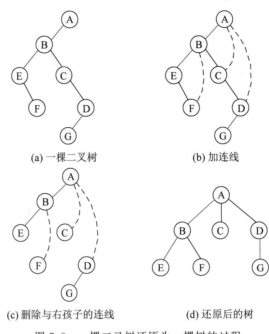

(a) 一棵二叉树　　(b) 加连线

(c) 删除与右孩子的连线　　(d) 还原后的树

图 7.8　一棵二叉树还原为一棵树的过程

若一棵二叉树是由 m 棵树构成的森林转换而来的,该二叉树的根结点一定有 $m-1$ 个右下孩子,该二叉树还原为森林的过程如下:

(1) 抹掉二叉树根结点右链上的所有结点之间的"双亲－右孩子"关系,将其分成若干个以右链上的结点为根结点的二叉树,设这些二叉树为 bt_1、bt_2、…、bt_m。

(2) 分别将二叉树 bt_1、bt_2、…、bt_m 各自还原成一棵树。

【例 7.10】　将如图 7.9(a)所示的二叉树还原为森林。

解　还原为森林的过程如图 7.9(b)和(c)所示,最终结果如图 7.9(c)所示。

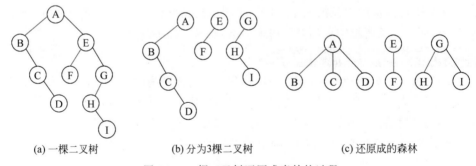

(a) 一棵二叉树　　(b) 分为3棵二叉树　　(c) 还原成的森林

图 7.9　一棵二叉树还原成森林的过程

7.3　二叉树的存储结构

与线性表一样,二叉树也有顺序存储结构和链式存储结构。

7.3.1 二叉树的顺序存储结构

二叉树的顺序存储结构就是用一组地址连续的存储单元来存放二叉树的数据元素,因此必须确定好树中各数据元素的存放次序,使得各数据元素在这个存放次序中的相互位置能反映出数据元素之间的逻辑关系。

由二叉树的性质 4 可知,对于完全二叉树和满二叉树,树中结点的层序编号可以唯一地反映出结点之间的逻辑关系,所以可以用一维数组按从上到下、从左到右的顺序存储树中的所有结点值,通过数组元素的下标关系反映完全二叉树或满二叉树中结点之间的逻辑关系。

例如,图 7.5(b)所示的完全二叉树对应的顺序存储结构如图 7.10 所示,编号为 i 的结点值存放在数组下标为 i 的元素中('♯'表示空结点)。由于 C/C++ 语言中的数组下标从 0 开始,这里为了一致性而没有使用下标为 0 的数组元素。

位置	1	2	3	4	5	6	7	8	9	10	11	12	13	14	...	MaxSize-1
结点值	A	B	C	D	E	F	G	H	I	J	K	♯	♯	♯	...	♯

图 7.10 一棵完全二叉树的顺序存储结构

然而对于一般的二叉树,如果仍按照从上到下和从左到右的顺序将树中的结点顺序存储在一维数组中,则数组元素下标之间的关系不能够反映二叉树中结点之间的逻辑关系,这时可将一般二叉树进行改造,增添一些并不存在的空结点,使之成为一棵完全二叉树的形式。

图 7.11(a)所示为一棵一般的二叉树,添加一些虚结点使其成为一棵完全二叉树,结果如图 7.11(b)所示,再对所有结点按层序编号,然后仅保留实际存在的结点,如图 7.11(c)所示。接着把各结点值按编号存储到一维数组中,在二叉树中人为增添的结点(空结点)在数组中所对应的元素值为一特殊值,例如'♯'字符,如图 7.12 所示。

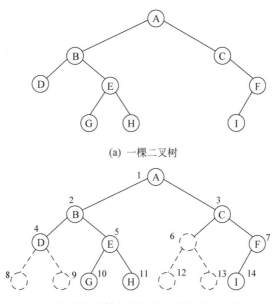

(a) 一棵二叉树

(b) 添加虚结点使其成为一棵完全二叉树

图 7.11 一般二叉树按完全二叉树结点编号

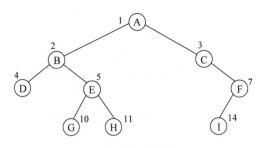

(c) 仅保留实际存在的结点

图 7.11 （续）

位置	1	2	3	4	5	6	7	8	9	10	11	12	13	14	…	MaxSize−1
结点值	A	B	C	D	E	#	F	#	#	G	H	#	#	I	#	#

图 7.12　一棵二叉树的顺序存储结构

也就是说，一般二叉树采用顺序存储结构后，二叉树中各结点的编号与等高度的完全二叉树中对应位置上结点的编号相同，这样对于一个编号（下标）为 i 的结点，如果有双亲，其双亲结点的编号（下标）为 $\lfloor i/2 \rfloor$；如果它有左孩子，其左孩子结点的编号（下标）为 $2i$；如果它有右孩子，其右孩子结点的编号（下标）为 $2i+1$。

二叉树顺序存储结构的类型声明如下：

typedef ElemType **SqBinTree**[MaxSize];

其中，ElemType 为二叉树中结点的数据值类型，MaxSize 为顺序表的最大长度。为了方便运算，通常将下标为 0 的位置空着，空结点用'#'值表示。

显然，完全二叉树或满二叉树采用顺序存储结构比较合适，既能够最大可能地节省存储空间，又可以利用数组元素的下标确定结点在二叉树中的位置以及结点之间的关系。对于一般二叉树，如果它接近于完全二叉树形态，需要增加的空结点个数不多，也可以采用顺序存储结构。如果需要增加很多空结点才能将一棵二叉树改造成一棵完全二叉树，采用顺序存储结构会造成空间的大量浪费。最坏情况是右单支树（除叶子结点外每个结点只有一个右孩子），一棵高度为 h 的右单支树只有 h 个结点，却需要分配 2^h-1 个元素空间。

在顺序存储结构中，查找一个结点的孩子、双亲结点都很方便，编号（下标）为 i 的结点的层次为 $\lceil \log_2(i+1) \rceil$。

由于二叉树顺序存储结构具有顺序存储结构的固有缺陷，使得二叉树的插入、删除等运算十分麻烦，所以对于一般二叉树通常采用下面介绍的链式存储方式。

7.3.2　二叉树的链式存储结构

二叉树的链式存储结构是指用一个链表来存储一棵二叉树，二叉树中的每一个结点用链表中的一个结点来存储。二叉树链式存储结构中结点的标准存储结构如下：

lchild	data	rchild

其中，data 表示值域，用于存储对应的数据元素，lchild 和 rchild 分别表示左指针域和右指针域，分别用于存储左孩子结点和右孩子结点的存储地址。这种链式存储结构通常简称为**二叉链**(binary linked list)。在二叉链中通过根结点指针 b 来唯一标识整个存储结构，称为二叉树 b。

二叉链中结点类型 BTNode 的声明如下：

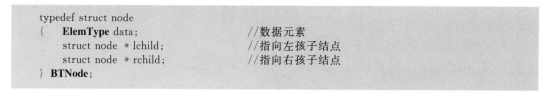

由于本章后面的算法均用到二叉链存储结构，所以将其类型定义存储到头文件 btree.h 中。例如，图 7.13(a)所示的二叉树对应的二叉链存储结构如图 7.13(b)所示。

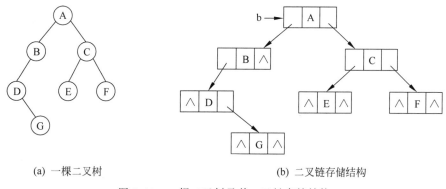

(a) 一棵二叉树　　　　　　　　　　(b) 二叉链存储结构

图 7.13　一棵二叉树及其二叉链存储结构

二叉链存储结构的优点是对于一般的二叉树比较节省存储空间，在二叉链中访问一个结点的孩子很方便，但访问一个结点的双亲结点需要遍历树。有时为了高效地访问一个结点的双亲结点，可在每个结点中再增加一个指向双亲的指针域 parent，这样就构成了二叉树的 3 叉链表，其结点结构如图 7.14 所示。

lchild	parent	data	rchild

图 7.14　二叉树的 3 叉链表结点结构

说明：为了简便，在后面讨论的二叉树中均假设每个结点值为单个字符，即 ElemType 为 char 类型。在没有特别指出的情况下，假设一棵二叉树中的所有结点值均不相同。

7.4　二叉树的基本运算及其实现

7.4.1　二叉树的基本运算的概述

归纳起来，二叉树有以下基本运算，为了方便，假设二叉树均采用二叉链存储结构进行存储。

- CreateBTree(b,str)：创建二叉树，根据二叉树的括号表示法字符串 str 生成对应的二叉链存储结构，b 为创建的二叉链的根结点指针。
- DestroyBTree(&b)：销毁二叉树，释放二叉树 b 中所有结点的分配空间。
- FindNode(b,x)：查找结点，在二叉树 b 中查找 data 域值为 x 的结点，并返回指向该结点的指针。
- LchildNode(p)和 RchildNode(p)：找孩子结点，分别求二叉树中 p 所指结点的左孩子结点和右孩子结点。
- BTHeight(b)：求二叉树 b 的高度。
- DispBTree(b)：以括号表示法输出一棵二叉树 b。

7.4.2 二叉树的基本运算算法的实现

本节采用二叉链存储结构讨论二叉树的基本运算算法。

1. 创建二叉树：CreateBTree(*b, *str)

假设采用括号表示法表示的二叉树字符串 str 是正确的，用 ch 遍历 str，其中只有 4 类字符，其处理方式如下：

- 若 ch='('，表示前面刚创建的结点 p 存在孩子结点，需要将其进栈，以便建立它和它的孩子结点之间的关系（如果一个结点刚创建完毕，其后一个字符不是'('，表示该结点是叶子结点，不需要进栈）。然后开始处理该结点的左孩子，置 $k=1$（表示其后创建的结点将作为当前栈顶结点的左孩子结点）。
- 若 ch=')'，表示以栈顶结点为根结点的子树创建完毕，将其退栈。
- 若 ch=','，表示开始处理栈顶结点的右孩子结点，置 $k=2$（表示其后创建的结点将作为当前栈顶结点的右孩子结点）。
- 其他情况：只能是单个字符，对应二叉树中的某个结点值，需要创建一个结点 p 存放该结点值。根据 k 值建立它与栈顶结点之间的联系。当 $k=1$ 时，将结点 p 作为栈顶结点的左孩子；当 $k=2$ 时，将结点 p 作为栈顶结点的右孩子。

如此循环，直到 str 遍历完毕。在算法中使用一个栈保存双亲结点，为了简单用数组 St 表示栈，top 为栈顶指针，k 指定其后处理的结点是双亲结点（栈顶结点）的左孩子（$k=1$）还是右孩子（$k=2$）。

对应的算法如下：

```
#include "btree.h"                              //包含二叉树的存储结构声明
void CreateBTree(BTNode * &b,char * str)
{   BTNode * St[MaxSize], * p;                  //St 数组作为顺序栈
    int top=-1,k,j=0;                           //top 为栈顶指针
    char ch;
    b=NULL;                                     //初始时二叉链为空
    ch=str[j];
    while (ch!='\0')                            //遍历 str 中的每个字符
    {   switch(ch)
        {
```

```
            case '(':top++;St[top]=p;k=1; break;      //开始处理左孩子结点
            case ')':top--; break;                     //栈顶结点的子树处理完毕
            case ',':k=2; break;                       //开始处理右孩子结点
            default: p=(BTNode *)malloc(sizeof(BTNode)); //创建一个结点,由 p 指向它
                p->data=ch;                            //存放结点值
                p->lchild=p->rchild=NULL;              //左、右指针都设置为空
                if (b==NULL)                           //若尚未建立根结点
                    b=p;                               //p 所指结点作为根结点
                else                                   //已建立二叉树根结点
                { switch(k)
                    {
                    case 1:St[top]->lchild=p;break;    //新建结点作为栈顶结点的左孩子
                    case 2:St[top]->rchild=p;break;    //新建结点作为栈顶结点的右孩子
                    }
                }
        }
        j++;                                           //继续遍历 str
        ch=str[j];
    }
}
```

例如,对于括号表示的字符串"A(B(D(,G)),C(E,F))",建立二叉树链式存储结构的过程如表 7.1 所示(栈中的元素 A 表示 A 结点的地址),最后生成的二叉链如图 7.13(b)所示。

表 7.1 建立二叉树链式存储结构的过程

ch	算法执行的操作	St 中的元素(栈底⇨栈顶)
A	建立 A 结点,b 指向该结点	空
(	A 结点进栈,置 $k=1$	A
B	建立 B 结点,因 $k=1$,将其作为 A 结点的左孩子	A
(	B 结点进栈,置 $k=1$	AB
D	建立 D 结点,因 $k=1$,将其作为 B 结点的左孩子	AB
(	D 结点进栈,置 $k=1$	ABD
,	置 $k=2$	ABD
G	建立 G 结点,因 $k=2$,将其作为 D 结点的右孩子	ABD
)	退栈一次	AB
)	退栈一次	A
,	置 $k=2$	A
C	建立 C 结点,因 $k=2$,将其作为 A 结点的右孩子	A
(	C 结点进栈,置 $k=1$	AC
E	建立 E 结点,因 $k=1$,将其作为 C 结点的左孩子	AC
,	置 $k=2$	AC
F	建立 F 结点,因 $k=2$,将其作为 C 结点的右孩子	AC
)	退栈一次	A
)	退栈一次	空
str 遍历完毕	算法结束	

2. 销毁二叉树：DestroyBTree(&b)

设 $f(b)$ 的功能是释放为二叉树 b 中的所有结点分配的空间。其递归模型如下：

$f(b) \equiv$ 不做任何事情　　　　　　　　　　　　　　若 $b=$ NULL
$f(b) \equiv f(b \rightarrow $ lchild$)$；$f(b \rightarrow $ rchild$)$；释放 b 所指结点；　　其他情况

对应的递归算法如下：

```
void DestroyBTree(BTNode * &b)
{   if (b!=NULL)
    {   DestroyBTree(b->lchild);
        DestroyBTree(b->rchild);
        free(b);
    }
}
```

3. 查找结点：FindNode(b, x)

设 $f(b,x)$ 的功能是在二叉树 b 中查找值为 x 的结点，找到后返回其地址，否则返回 NULL。其递归模型如下：

$f(b,x) = $ NULL　　　　　　　　　　若 $b==$ NULL
$f(b,x) = b$　　　　　　　　　　　　若 $b \rightarrow $ data$==x$
$f(b,x) = p$　　　　　　　　　　　　若在左子树中找到了，即 $p=f(b \rightarrow $ lchild$,x)$ 且 $p!=$ NULL
$f(b,x) = f(b \rightarrow $ rchild$,x)$　　其他情况

对应的递归算法如下：

```
BTNode * FindNode(BTNode * b, ElemType x)
{   BTNode * p;
    if (b==NULL)
        return NULL;
    else if (b->data==x)
        return b;
    else
    {   p=FindNode(b->lchild,x);
        if (p!=NULL)
            return p;
        else
            return FindNode(b->rchild,x);
    }
}
```

4. 找孩子结点：LchildNode(p)和RchildNode(p)

其用于直接返回结点 p 的左孩子或右孩子结点地址。算法如下：

```
BTNode * LchildNode(BTNode * p)        //返回结点 p 的左孩子结点地址
{
```

```
        return p -> lchild;
}
BTNode * RchildNode(BTNode * p)          //返回结点 p 的右孩子结点地址
{
        return p -> rchild;
}
```

5. 求高度：BTHeight(b)

求二叉树 b 的高度的递归模型 $f(b)$ 如下：

$f(b) = 0$ 若 b=NULL
$f(b) = \text{MAX}\{f(b \to \text{lchild}), f(b \to \text{rchild})\}+1$ 其他情况

对应的递归算法如下：

```
int BTHeight(BTNode * b)
{   int lchildh, rchildh;
    if (b==NULL) return(0);                          //空树的高度为 0
    else
    {   lchildh=BTHeight(b -> lchild);               //求左子树的高度为 lchildh
        rchildh=BTHeight(b -> rchild);               //求右子树的高度为 rchildh
        return (lchildh > rchildh)? (lchildh+1):(rchildh+1);
    }
}
```

6. 输出二叉树：DispBTree(b)

其过程是对于非空二叉树 b，先输出结点 b 的结点值，当它存在左孩子或右孩子时输出一个"("符号，然后递归输出左子树；当存在右孩子时，输出一个","符号，再递归输出右子树，最后输出一个")"符号。对应的递归算法如下：

```
void DispBTree(BTNode * b)
{   if (b!=NULL)
    {   printf("%c",b -> data);
        if (b -> lchild!=NULL || b -> rchild!=NULL)
        {   printf("(");                             //有孩子结点时才输出"("
            DispBTree(b -> lchild);                  //递归输出左子树
            if (b -> rchild!=NULL) printf(",");      //有右孩子结点时才输出","
            DispBTree(b -> rchild);                  //递归输出右子树
            printf(")");                             //有孩子结点时才输出")"
        }
    }
}
```

例如，调用前面的函数 CreateBTree(b,"A(B(D(,G)),C(E,F))")构造一棵二叉树 b，再调用 DispBTree(b)，其输出结果如下：

A(B(D(,G)),C(E,F))

7.5 二叉树的遍历

7.5.1 二叉树遍历的概念

二叉树遍历是指按照一定的次序访问二叉树中的所有结点,并且每个结点仅被访问一次的过程。它是二叉树最基本的运算,是二叉树中所有其他运算实现的基础。

一棵二叉树由 3 个部分(即根结点、左子树和右子树)构成,可以从任何部分开始遍历,所以有 3!(即 6)种遍历方法。若规定子树的遍历总是先左后右(先右后左与之对称),则对于非空二叉树,可得到 3 种递归的遍历方法,即先序遍历、中序遍历和后序遍历。另外还有一种常见的层次遍历方法。

视频讲解

1. 先序遍历

先序遍历(preorder traversal)二叉树的过程如下:

(1) 访问根结点。

(2) 先序遍历左子树。

(3) 先序遍历右子树。

例如,图 7.13(a)所示的二叉树的先序序列为 ABDGCEF。显然,在一棵二叉树的先序序列中,第一个元素即为根结点对应的结点值。

2. 中序遍历

中序遍历(inorder traversal)二叉树的过程如下:

(1) 中序遍历左子树。

(2) 访问根结点。

(3) 中序遍历右子树。

例如,图 7.13(a)所示的二叉树的中序序列为 DGBAECF。显然,在一棵二叉树的中序序列中,根结点值将其序列分为前、后两个部分,前部分为左子树的中序序列,后部分为右子树的中序序列。

3. 后序遍历

后序遍历(postorder traversal)二叉树的过程如下:

(1) 后序遍历左子树。

(2) 后序遍历右子树。

(3) 访问根结点。

例如,图 7.13(a)所示的二叉树的后序序列为 GDBEFCA。显然,在一棵二叉树的后序序列中,最后一个元素即为根结点对应的结点值。

4. 层次遍历

层次遍历(level traversal)不同于前面 3 种遍历方法,它是非递归定义的,用于一层一层地访问二叉树中的所有结点。其过程如下：

若二叉树非空(假设其高度为 h)，则：

(1) 访问根结点(第 1 层)。

(2) 从左到右访问第 2 层的所有结点。

(3) 从左到右访问第 3 层的所有结点、…、第 h 层的所有结点。

例如，图 7.13(a)所示的二叉树的层次遍历序列为 ABCDEFG。显然，在一棵二叉树的层次遍历序列中，第一个元素即为根结点对应的结点值。

7.5.2 先序、中序和后序遍历递归算法

由二叉树的先序、中序和后序 3 种遍历过程直接得到以下 3 种递归算法：

```
void PreOrder(BTNode * b)                //先序遍历递归算法
{   if (b!=NULL)
    {   printf("%c ",b->data);           //访问根结点
        PreOrder(b->lchild);             //先序遍历左子树
        PreOrder(b->rchild);             //先序遍历右子树
    }
}
void InOrder(BTNode * b)                 //中序遍历递归算法
{   if (b!=NULL)
    {   InOrder(b->lchild);              //中序遍历左子树
        printf("%c ",b->data);           //访问根结点
        InOrder(b->rchild);              //中序遍历右子树
    }
}
void PostOrder(BTNode * b)               //后序遍历递归算法
{   if (b!=NULL)
    {   PostOrder(b->lchild);            //后序遍历左子树
        PostOrder(b->rchild);            //后序遍历右子树
        printf("%c ",b->data);           //访问根结点
    }
}
```

在上述算法中访问结点采用的是直接输出结点值，在实际中访问一个结点可以对其进行各种操作，例如结点的计数、删除结点等。

递归算法在执行中需要多次调用自身。例如，对于图 7.13(b)所示的二叉链，先序遍历算法 PreOrder(A)的执行过程如图 7.15 所示。为了简便，其中参数 A 表示结点 A 的地址，其余类同。图中的实箭头表示调用步(对应递归的分解)，虚箭头表示返回步(对应递归的求值)。

从上面可以看出，3 种递归算法虽然简单，但执行过程是十分复杂的。一般情况下，递归调用从哪里开始，执行最后一定要返回到这个调用的地方。

【例 7.11】 假设二叉树采用二叉链存储结构存储，设计一个算法，计算一棵给定二叉树的所有结点个数。

解 二叉链的基本结构如图 7.16 所示。设 $f(b)$ 求二叉树 b 中的所有结点个数是"大问

题",则 $f(b->\text{lchild})$ 和 $f(b->\text{rchild})$ 分别求左、右子树中的所有结点个数,是两个"小问题",它们与大问题的求解过程是相似的。递归模型 $f(b)$ 如下:

$$f(b) = 0 \qquad\qquad\qquad 若 b=\text{NULL}$$
$$f(b) = f(b->\text{lchild}) + f(b->\text{rchild}) + 1 \qquad 其他情况$$

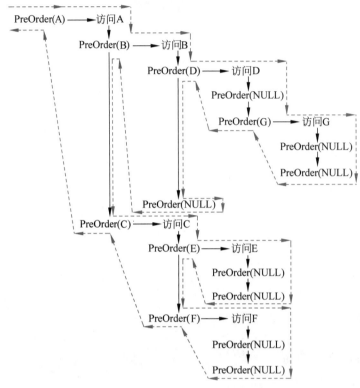

图 7.15　PreOrder(A)的执行过程

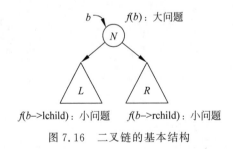

图 7.16　二叉链的基本结构

对应的递归算法如下:

```
int Nodes(BTNode * b)
{   if (b==NULL)
        return 0;
    else
```

```
        return Nodes(b->lchild)+Nodes(b->rchild)+1;
}
```

其中最后语句的执行过程是先遍历左子树,再遍历右子树,最后是根结点(计1),所以本算法采用的是后序遍历思路。由于"+1"可以放在返回表达式的任何位置,对应不同的遍历思路。也就是说,本例算法可以基于3种遍历的递归算法中的任何一种。

说明：从例7.11可以看出,直接采用递归算法设计方法和基于某种遍历递归方法会得到相同的结果,实际上前者是后者的基础,所以掌握基本的二叉树的递归算法设计方法对于二叉树问题的求解是十分重要的。

【**例7.12**】 假设二叉树采用二叉链存储结构存储,试设计一个算法,输出一棵给定二叉树的所有叶子结点。

解 输出一棵二叉树的所有叶子结点的递归模型 $f(b)$ 如下。

$f(b) \equiv$ 不做任何事件　　　　　　　　若 b=NULL
$f(b) \equiv$ 输出 b 所指结点的 data 域　　　若 b 所指结点为叶子结点
$f(b) \equiv f(b$->lchild); $f(b$->rchild)　　其他情况

对应的递归算法如下：

```
void DispLeaf(BTNode * b)
{   if (b!=NULL)
    {   if (b->lchild==NULL && b->rchild==NULL)
            printf("%c ",b->data);      //访问叶子结点
        DispLeaf(b->lchild);            //输出左子树中的叶子结点
        DispLeaf(b->rchild);            //输出右子树中的叶子结点
    }
}
```

上述算法实际上是采用先序遍历递归算法输出所有叶子结点的,所以叶子结点是以从左到右的次序输出的,若要改成以从右到左的次序输出所有叶子结点,显然只需要将先序遍历方式的左、右子树的访问次序倒过来即可。对应的算法如下：

```
void DispLeaf1(BTNode * b)
{   if (b!=NULL)
    {   if (b->lchild==NULL && b->rchild==NULL)
            printf("%c ",b->data);      //访问叶子结点
        DispLeaf1(b->rchild);           //输出右子树中的叶子结点
        DispLeaf1(b->lchild);           //输出左子树中的叶子结点
    }
}
```

一棵二叉树由根结点、左子树和右子树3个部分构成,又可以分为根结点和子树两类,在设计二叉树算法时根结点是可以直接处理的,子树的处理不是直接的,需要递归处理。

如果必须先处理根结点,再处理子树,就是基于先序遍历的思路。例如,例7.12的算法是要输出叶子结点,所以先判断当前结点是否为叶子结点。尽管也可以在左、右子树处理之

后再来判断是否为叶子结点,但后者不如前者清晰。

如果必须先处理子树,再处理根结点,就是基于后序遍历的思路。例如,在7.4.2节中,销毁二叉树的DestroyBTree(&b)算法就是基于后序遍历的,如果先释放根结点,那么就找不到它的左、右子树了。

有些问题在求解时既可以先处理根结点,又可以先处理子树,也就是说与根结点和子树的处理次序无关,这样可以采用基于先序遍历或者后序遍历的思路来求解。例如,例7.12的算法便是如此。

如果子树的处理需要特别区分左、右子树,就需要考虑中序遍历的思路,这种情况比较少,所以二叉树算法大部分都是基于先序遍历或者后序遍历的思路来求解的。

【例7.13】 假设二叉树采用二叉链存储结构,设计一个算法求二叉树 b 中结点值为 x 的结点的层次(或者深度),并利用二叉树的基本运算算法编写一个完整的程序,建立图7.13(a)所示的二叉树的二叉链,对于用户输入的任何结点值计算出在该二叉树中的层次。

解 设计算法为 Level(b,x,h),其返回值为二叉树 b 中结点 x 的层次,返回0表示未找到,其中 h 对应结点 b 的层次(b 指向根结点时 h 为1)。如果 b 为空树,返回0;如果当前根结点的结点值为 x,则返回 h;否则在左子树中查找(层次 h 需要增1),若在左子树中未找到,再在右子树中查找(层次 h 需要增1)。

实现本例功能的完整程序如下:

```
#include "btree.cpp"
int Level(BTNode *b, ElemType x, int h)      //h置初值1
{   int l;
    if (b==NULL)
        return(0);
    else if (b->data==x)
        return(h);
    else
    {   l=Level(b->lchild,x,h+1);             //在左子树中查找
        if (l!=0)
            return(l);                         //在左子树中找到了,返回l
        else
            return(Level(b->rchild,x,h+1));    //在左子树中未找到,再在右子树中查找
    }
}
int main()
{   BTNode *b;
    int h;
    ElemType x;
    CreateBTree(b,"A(B(D(,G)),C(E,F))");
    printf("b:");DispBTree(b);printf("\n");
    printf("结点值:");
    scanf("%c",&x);
    h=Level(b,x,1);
    if (h==0)
```

```
        printf("b 中不存在%c 结点\n", x);
    else
        printf("在 b 中%c 结点的层次为%d\n", x, h);
    DestroyBTree(b);                    //销毁二叉树
    return 1;
}
```

Level(b, x, h)算法采用的是基于先序遍历的思路。以上程序执行一次的结果如下：

```
b: A(B(D(,G)),C(E,F))
结点值: E↙
在 b 中 E 结点的层次为 3
```

本例涉及递归算法形参赋初值的问题。在 Level 算法中，b 形参用于在二叉链中遍历结点，该算法中又需要知道它的层次，在这种情况下就需要增加一个形参 h，它表示 b 所指的结点层次。在调用本算法时总是从根结点开始查找，而根结点的层次为 1，所以 h 的初值为 1，即调用方式是 Level(b, x, 1)。

【**例 7.14**】 假设二叉树采用二叉链存储结构，设计一个算法求二叉树 b 中第 k 层的结点个数。

解 设计算法为 Lnodenum(b, h, k, &n)，其中 h 表示 b 所指的结点层次，n 是引用型参数，用于求第 k 层的结点个数。在初始调用时，b 为根结点指针，h 为 1，n 赋值为 0，即调用方式是 n = 0; Lnodenum(b, 1, k, n)。

采用基于先序遍历的思路得到以下算法：

```
void Lnodenum(BTNode *b, int h, int k, int &n)
{   if (b==NULL)                         //空树直接返回
        return;
    else                                 //处理非空树
    {   if (h==k) n++;                   //当前访问的结点在第 k 层时 n 增 1
        else if (h<k)                    //若当前结点层次小于 k，递归处理左、右子树
        {   Lnodenum(b->lchild, h+1, k, n);
            Lnodenum(b->rchild, h+1, k, n);
        }
    }
}
```

在上述算法中，引用型形参 n 用于累计二叉树 b 中第 k 层的结点个数，也可以用全局变量来代替，功能等价的算法如下：

```
int n=0;                                 //全局变量
void Lnodenum1(BTNode *b, int h, int k)
{   if (b==NULL)                         //空树直接返回
        return;
    else                                 //处理非空树
    {   if (h==k) n++;                   //当前访问的结点在第 k 层时 n 增 1
        else if (h<k)                    //若当前结点层次小于 k，递归处理左、右子树
```

```
        {   Lnodenum1(b->lchild,h+1,k);
            Lnodenum1(b->rchild,h+1,k);
        }
    }
}
```

在算法执行完毕后,求得的 n 为二叉树 b 中第 k 层的结点个数。从中可以看出,函数中的引用型形参可以用全局变量来代替。一般情况下,只有在函数的形参个数比较多并且数据类型复杂时为了简化算法才采用这种方法。

【例 7.15】 假设二叉树采用二叉链存储结构,设计一个算法判断两棵二叉树是否相似。所谓二叉树 $b1$ 和 $b2$ 相似指的是 $b1$ 和 $b2$ 都是空的二叉树;或者 $b1$ 和 $b2$ 的根结点是相似的,以及 $b1$ 的左子树和 $b2$ 的左子树是相似的,并且 $b1$ 的右子树和 $b2$ 的右子树是相似的。

解 判断两棵二叉树 $b1$ 和 $b2$ 是否相似的递归模型 $f(b1,b2)$ 如下。

$f(b1,b2)=\text{true}$ 若 $b1=b2=\text{NULL}$
$f(b1,b2)=\text{false}$ 若 $b1,b2$ 之一为 NULL,另一个不为 NULL
$f(b1,b2)=f(b1->\text{lchild},b2->\text{lchild})$ && 其他情况
     $f(b1->\text{rchild},b2->\text{rchild})$

对应的算法如下:

```
bool Like(BTNode * b1,BTNode * b2)
//b1 和 b2 两棵二叉树相似时返回 true,否则返回 false
{   bool like1,like2;
    if (b1==NULL && b2==NULL)
        return true;
    else if (b1==NULL || b2==NULL)
        return false;
    else
    {   like1=Like(b1->lchild,b2->lchild);
        like2=Like(b1->rchild,b2->rchild);
        return (like1 && like2);              //返回 like1 和 like2 的与运算结果
    }
}
```

【例 7.16】 假设二叉树采用二叉链存储结构,设计一个算法输出值为 x 的结点的所有祖先。

解 根据二叉树中祖先的定义可知,若结点 p 的左孩子或右孩子是结点 q,则结点 p 是结点 q 的祖先;若结点 p 的左孩子或右孩子是 q 结点的祖先,则结点 p 也是结点 q 的祖先。

设 $f(b,x)$ 表示结点 b 是否为 x 结点的祖先,若结点 b 是 x 结点的祖先,$f(b,x)$ 返回 true;否则 $f(b,x)$ 返回 false。当 $f(b,x)$ 为 true 时,输出结点 b 的值。求 x 结点的所有祖先的递归模型 $f(b,x)$ 如下:

$f(b,x)=$ false	若 $b=$ NULL
$f(b,x)=$ true,并输出 $b \to$ data	若结点 b 的左孩子或右孩子的 data 域为 x
$f(b,x)=$ true,并输出 $b \to$ data	若 $f(b \to \text{lchild}, x)$ 为 true 或 $f(b \to \text{rchild}, x)$ 为 true
$f(b,x)=$ false	其他情况

对应的算法如下:

```
bool ancestor(BTNode * b, ElemType x)
{   if (b==NULL)
        return false;
    else if (b->lchild!=NULL && b->lchild->data==x
        || b->rchild!=NULL && b->rchild->data==x)
    {   printf("%c ",b->data);
        return true;
    }
    else if (ancestor(b->lchild,x) || ancestor(b->rchild,x))
    {   printf("%c ",b->data);
        return true;
    }
    else return false;
}
```

7.5.3　先序、中序和后序遍历非递归算法*

二叉树是一种递归数据结构,其先序、中序和后序遍历算法采用递归方式设计是十分自然的,但大家掌握对应的非递归算法可以进一步加深对这 3 种遍历算法的理解,提高应用它们的能力。

1. 先序遍历非递归算法

先序遍历非递归算法主要有两种设计方法。

1) 先序遍历非递归算法 1

由先序遍历过程可知,先访问根结点,再遍历左子树,最后遍历右子树。由于在二叉链中左、右子树是通过根结点的指针域指向的,在访问根结点后遍历左子树时会丢失右子树的地址,需要使用一个栈来临时保存左、右子树的地址。

由于栈的特点是先进后出,而先序遍历是先遍历左子树,再遍历右子树,所以当访问完一个非叶子结点后应先将其右孩子进栈,再将其左孩子进栈。对应的非递归过程如下:

```
将根结点 b 进栈;
while (栈不空)
{   出栈结点 p 并访问之;
    若 p 结点有右孩子,将其右孩子进栈;
    若 p 结点有左孩子,将其左孩子进栈;
}
```

扫一扫

视频讲解

该算法中的栈采用顺序栈存储结构,其类型声明如下:

```
typedef struct
{   BTNode *data[MaxSize];            //存放栈中的数据元素
    int top;                          //存放栈顶指针
} SqStack;                            //顺序栈类型
```

相关的栈运算算法设计见 3.1.2 节,本小节的所有非递归算法都使用这样的顺序栈。先序遍历非递归算法 1 如下:

```
void PreOrder1(BTNode *b)             //先序遍历非递归算法 1
{   BTNode *p;
    SqStack *st;                      //定义栈指针 st
    InitStack(st);                    //初始化栈 st
    if (b!=NULL)
    {   Push(st,b);                   //根结点进栈
        while (!StackEmpty(st))       //栈不为空时循环
        {   Pop(st,p);                //退栈结点 p 并访问它
            printf("%c ",p->data);
            if (p->rchild!=NULL)      //有右孩子时将其进栈
                Push(st,p->rchild);
            if (p->lchild!=NULL)      //有左孩子时将其进栈
                Push(st,p->lchild);
        }
        printf("\n");
    }
    DestroyStack(st);                 //销毁栈
}
```

对于图 7.13(b)所示的二叉树 b,执行上述算法的输出序列为 ABDGCEF。

2) 先序遍历非递归算法 2

先序遍历的顺序是根结点、左子树和右子树,所以先访问根结点 b 及其所有左下结点,由于在二叉链中无法由孩子找到其双亲,所以需要将这些访问过的结点进栈保存起来。此时当前栈顶结点要么没有左子树(实际上是没有左孩子),要么左子树已遍历过,所以在栈不空时出栈结点 p 并转向它的右子树,对右子树的处理与上述过程类似。对应的非递归过程如下:

```
p=b;
while (栈不空或者 p!=NULL)
{   while (结点 p 不空)               //对于结点 p 及其所有的左下结点,边访问边进栈
    {   访问结点 p;将其进栈;
        p=p->lchild;
    }
    //此时栈顶结点(已访问)没有左孩子,或者左子树已遍历过
    if (栈不空)
    {   出栈 p;
        p=p->rchild;
    }
}
```

首先让 p 指向根结点,然后开始外循环,每一轮循环分为两个阶段,第一个阶段是沿着

结点 p 的左下方向查找，边访问边进栈，直到最左下结点（它没有左孩子）；第二个阶段是出栈一个结点 p，通过让 p 指向它的右孩子再重复循环来遍历右子树。

每一轮外循环结束时，所有栈中的结点均已访问且栈顶结点的左子树已遍历（或者左子树为空），等待遍历其右子树；让 p 指向刚出栈结点的右子树，显然，当栈空而且 p＝NULL 时表示所有结点都访问了，算法结束。

例如，对于图 7.13(b)所示的二叉树，其先序遍历非递归算法 2 的执行过程如图 7.17 所示，其中箭头表示处理结点的过程，整个过程是从 A 结点开始的。结点旁的数字表示访问该结点的次序，"＋"表示该结点进栈，"－"表示该结点出栈，下同。

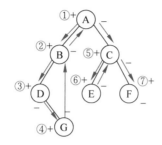

图 7.17　先序遍历非递归算法 2 的执行过程

对应的先序遍历非递归算法 2 如下：

```
void PreOrder2(BTNode * b)            //先序遍历非递归算法 2
{   BTNode * p;
    SqStack * st;                     //定义一个顺序栈指针 st
    InitStack(st);                    //初始化栈 st
    p=b;
    while (!StackEmpty(st) || p!=NULL)
    {   while (p!=NULL)               //访问结点 p 及其所有左下结点并进栈
        {   printf("%c ",p->data);    //访问结点 p
            Push(st,p);               //结点 p 进栈
            p=p->lchild;              //移动到左孩子
        }
        if (!StackEmpty(st))          //若栈不空
        {   Pop(st,p);                //出栈结点 p
            p=p->rchild;              //转向处理其右子树
        }
    }
    printf("\n");
    DestroyStack(st);                 //销毁栈
}
```

2. 中序遍历非递归算法

中序遍历非递归算法是在前面先序遍历非递归算法 2 的基础上修改的，中序遍历的顺序是左子树、根结点、右子树，所以需要将根结点及其左下结点依次进栈，但还不能访问，因为它们的左子树没有遍历。当到达根结点的最左下结点时，它是中序序列的开始结点，也是栈顶结点，出栈并访问它，然后转向它的右子树，对右子树的处理与上述过程类似。对应的非递归过程如下：

```
    p=b;
    while (栈不空或者 p!=NULL)
    {   while (结点 p 不空)
        {   将 p 进栈;
            p=p->lchild;
        }
        //此时栈顶结点(尚未访问)没有左孩子或左子树已遍历过
        if (栈不空)
        {   出栈 p 并访问之;
            p=p->rchild;
        }
    }
```

当每一轮外循环结束时,所有栈中结点均未访问但找顶结点的左子树已遍历(或者左子树为空),出栈结点并访问之,让 p 指向刚访问结点(出栈结点)的右子树,显然,当栈空而且 $p=$NULL 时,表示所有结点都访问了,算法结束。

例如,对于图 7.13(b)所示的二叉树,其中序遍历非递归算法的执行过程如图 7.18 所示。

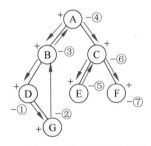

图 7.18 中序遍历非递归算法的执行过程

对应的中序遍历非递归算法如下:

```
void InOrder1(BTNode * b)            //中序遍历非递归算法
{   BTNode * p;
    SqStack * st;                     //定义一个顺序栈指针 st
    InitStack(st);                    //初始化栈 st
    p=b;
    while (!StackEmpty(st) || p!=NULL)
    {   while (p!=NULL)               //找结点 p 的所有左下结点并进栈
        {   Push(st,p);               //结点 p 进栈
            p=p->lchild;              //移动到左孩子
        }
        if (!StackEmpty(st))          //若栈不空
        {   Pop(st,p);                //出栈结点 p
            printf("%c ",p->data);    //访问结点 p
            p=p->rchild;              //转向处理其右子树
        }
    }
}
```

```
        printf("\n");
        DestroyStack(st);                           //销毁栈
}
```

3. 后序遍历非递归算法

后序遍历非递归算法是在前面中序遍历非递归算法的基础上修改的,后序遍历的顺序是左子树、右子树、根结点,所以先将根结点及其左下结点依次进栈,即使栈顶结点 p 的左子树已遍历或为空,仍不能访问结点 p,因为它们的右子树没有遍历,只有当这样的 p 结点的右子树已遍历完才能访问结点 p。后序遍历的非递归过程如下:

```
p=b;
do
{   while (结点 p 不空)
    {   将结点 p 进栈;
        p=p->lchild;
    }
    //此时栈顶结点(尚未访问)没有左孩子或左子树已遍历过
    while (栈不空且结点 p 是栈顶结点)
    {   取栈顶结点 p;
        if (结点 p 的右子树已遍历)
        {   访问结点 p;
            退栈;
        }
        else p=p->rchild;       //转向处理其右子树
    }
} while (栈不空);
```

需要进一步解决以下两个问题:

一是如何判断当前处理的结点 p 是栈顶结点,这比较简单,设置一个布尔变量 flag,在 do-while 循环中的第一个 while 循环结束后开始处理栈顶结点,置 flag 为 true;一旦转向处理右子树,置 flag 为 false。

二是如何判断结点 p 的右子树已遍历过,这是算法的主要难点。在一棵二叉树中,任何一棵非空子树的后序遍历序列中最后访问的一定是该子树的根结点,也就是说,若结点 p 的右孩子刚访问过,说明它的右子树已遍历完,可以访问结点 p 了。当然,若结点 p 的右孩子为空,也可以访问结点 p。为此设置一个指针变量 r,它指向刚访问过的结点,其初始值为 NULL。对于正在处理的栈顶结点 p,一旦 p->rchild==r 成立,说明结点 p 的左、右子树都遍历过了,可以访问结点 p。

不同于中序遍历非递归算法,这里的第二个阶段可能重复执行多次,当访问栈顶结点 p 之后,将其出栈,需要对新栈顶结点做同样的处理,直到 p 转向一棵右子树为止。后序遍历非递归算法如下:

```
void PostOrder1(BTNode * b)                //后序遍历非递归算法
{   BTNode * p, * r;
    bool flag;
```

```
    SqStack * st;                           //定义一个顺序栈指针 st
    InitStack(st);                          //初始化栈 st
    p=b;
    do
    {   while (p!=NULL)                     //栈结点 p 的所有左下结点并进栈
        {   Push(st,p);                     //结点 p 进栈
            p=p->lchild;                    //移动到左孩子
        }
        r=NULL;                             //r 指向刚访问的结点,初始时为空
        flag=true;                          //flag 为真表示正在处理栈顶结点
        while (!StackEmpty(st) && flag)
        {   GetTop(st,p);                   //取出当前的栈顶结点 p
            if (p->rchild==r)               //若结点 p 的右孩子为空或者为刚访问过的结点
            {   printf("%c ",p->data);      //访问结点 p
                Pop(st,p);
                r=p;                        //r 指向刚访问过的结点
            }
            else
            {   p=p->rchild;                //转向处理其右子树
                flag=false;                 //表示当前不是处理栈顶结点
            }
        }
    } while (!StackEmpty(st));              //栈不空时循环
    printf("\n");
    DestroyStack(st);                       //销毁栈
}
```

当每一轮外循环结束时,所有栈中结点均未访问但栈顶结点的左子树已遍历(或者左子树为空),等待遍历其右子树并访问它;所以一旦栈空,表示没有任何需要访问的结点,算法结束。但在外循环之前没有任何结点进栈,所以外循环采用 do-while 循环,即后判断栈是否为空。

例如,对于图 7.13(b)所示的二叉树,其后序遍历非递归算法的执行过程如图 7.19 所示。

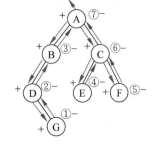

图 7.19　后序遍历非递归算法的执行过程

以上后序遍历非递归算法有这样的特点:当访问某个结点时,栈中保存的正好是该结点的所有祖先结点,从栈顶到栈底正好是该结点的双亲结点到根结点逆路径上的结点序列。有些复杂的算法可以利用这个特点求解,例 7.17 就是如此。

【例 7.17】　假设二叉树采用二叉链存储结构,设计一个算法输出从根结点到每个叶子结点的路径逆序列,要求采用后序遍历非递归算法实现。

解　利用后序遍历非递归算法的特点,将其中的访问结点改为判断该结点是否为叶子结点,若是,输出栈中的所有结点值即可。对应的算法如下:

```
void AllPath1(BTNode * b)
{   BTNode * p, * r;
    bool flag;
```

```
    SqStack * st;                           //定义一个顺序栈指针 st
    InitStack(st);                          //初始化栈 st
    p=b;
    do
    {   while (p!=NULL)                     //找结点 p 的所有左下结点并进栈
        {   Push(st,p);                     //结点 p 进栈
            p=p->lchild;                    //将 p 移动到左孩子
        }
        r=NULL;                             //r 指向刚访问的结点,初始时为空
        flag=true;                          //flag 为真表示正在处理栈顶结点
        while (!StackEmpty(st) && flag)
        {   GetTop(st,p);                   //取出当前的栈顶结点 p
            if (p->rchild==r)               //若结点 p 的右孩子为空或者为刚访问过的结点
            {   if (p->lchild==NULL && p->rchild==NULL)    //若为叶子结点
                {                           //输出栈中的所有结点值
                    for (int i=st->top;i>0;i--)
                        printf("%c ->",st->data[i]->data);
                    printf("%c\n",st->data[0]->data);
                }
                Pop(st,p);
                r=p;                        //r 指向刚访问过的结点
            }
            else
            {   p=p->rchild;                //转向处理其右子树
                flag=false;                 //表示当前不是处理栈顶结点
            }
        }
    } while (!StackEmpty(st));              //栈不空时循环
    DestroyQueue(st);                       //销毁栈
}
```

对于图 7.13(b)所示的二叉树,其输出结果为 G→D→B→A、E→C→A 和 F→C→A 共 3 条逆路径序列。

7.5.4 层次遍历算法

视频讲解

一棵二叉树的层次遍历就是按层次从上到下、每一层从左到右的顺序访问树中的全部结点。某一层中先访问的结点在下一层中它的孩子也先访问,这样与队列的特征相吻合。因此层次遍历算法采用一个环形队列 qu 来实现。算法中的环形队列采用顺序队存储结构,其类型声明如下:

```
typedef struct
{   BTNode * data[MaxSize];                 //存放队中元素
    int front,rear;                         //队头和队尾指针
} SqQueue;                                  //顺序队类型
```

相关的环形队列运算算法设计见 3.2.2 节。

层次遍历过程是先将根结点进队,在队不空时循环:出队一个结点 p 并访问它,若它有

左孩子,将左孩子结点进队;若它有右孩子,将右孩子结点进队。如此操作,直到队空为止。该过程称为**基本层次遍历**过程,对应的算法如下:

```
void LevelOrder(BTNode * b)                //基本层次遍历算法
{   BTNode * p;
    SqQueue * qu;                          //定义环形队列指针
    InitQueue(qu);                         //初始化队列
    enQueue(qu,b);                         //根结点进队
    while (!QueueEmpty(qu))                //队不空时循环
    {   deQueue(qu,p);                     //出队结点 p
        printf("%c ",p->data);             //访问结点 p
        if (p->lchild!=NULL)               //有左孩子时将其进队
            enQueue(qu,p->lchild);
        if (p->rchild!=NULL)               //有右孩子时将其进队
            enQueue(qu,p->rchild);
    }
    DestroyQueue(qu);                      //销毁队列
}
```

【**例 7.18**】 采用层次遍历方法设计例 7.17 的算法。

解 采用类似于 3.2.4 节中使用队列求解迷宫问题的方法。这里设计的队列为容量足够大的环形队列或者非环形队列,队列的相关类型声明如下:

```
typedef struct snode
{   BTNode * p;                            //存放当前结点指针
    int parent;                            //存放双亲结点在队列中的位置
} NodeType;                                //队列中的元素类型
typedef struct
{   NodeType data[MaxSize];                //存放队列元素
    int front,rear;                        //队头指针和队尾指针
} QuType;                                  //顺序队类型
```

从根结点开始层次遍历,所有已访问过的结点均在队中(这就是采用非环形队列的原因),并在队列中保存其双亲结点的位置。当找到一个叶子结点时,在队列中通过双亲结点的位置输出根结点到该叶子结点的路径的逆序列。对应的算法如下:

```
void AllPath2(BTNode * b)
{   int k;
    BTNode * p;
    NodeType e;
    QuType * qu;                           //定义队列 qu
    InitQueue(qu);                         //初始化队列
    e.p=b; e.parent=-1;                    //创建根结点对应的队列元素
    enQueue(qu,e);                         //根结点进队
    while (!QueueEmpty(qu))                //队不空时循环
    {   deQueue(qu,e);                     //出队元素 e,它在队中的下标为 qu->front
        p=e.p;                             //取元素 e 对应的结点 p
        if (p->lchild==NULL && p->rchild==NULL)    //结点 p 为叶子结点
```

```
        {   k=qu->front;                      //输出结点 p 到根结点的路径的逆序列
            while (qu->data[k].parent!=-1)
            {   printf("%c->",qu->data[k].p->data);
                k=qu->data[k].parent;
            }
            printf("%c\n",qu->data[k].p->data);
        }
        if (p->lchild!=NULL)                   //结点 p 有左孩子
        {   e.p=p->lchild;                     //创建结点 p 的左孩子对应的队列元素
            e.parent=qu->front;                //结点 p 的左孩子的双亲位置为 qu->front
            enQueue(qu,e);                     //结点 p 的左孩子进队
        }
        if (p->rchild!=NULL)                   //结点 p 有右孩子
        {   e.p=p->rchild;                     //创建结点 p 的右孩子对应的队列元素
            e.parent=qu->front;                //结点 p 的右孩子的双亲位置为 qu->front
            enQueue(qu,e);                     //结点 p 的右孩子进队
        }
    }
    DestroyQueue(qu);                          //销毁队列
}
```

对于图 7.13(b)所示的二叉树,上述算法的输出结果为 E→C→A、F→C→A 和 G→D→B→A 共 3 条逆路径序列。

在前面的基本层次遍历中结点是一层一层地访问的,但无法判断某一层的结点何时访问完毕,可以通过队列状态来判断。首先将根结点进队,在队不空时循环:此时队列元素个数 cnt 表示当前层的结点个数,做 cnt 次这样的操作,出队一个结点 p 并访问它,若它有左孩子,将左孩子结点进队,若它有右孩子,将右孩子结点进队,cnt 次操作后表示当前层次的结点访问完毕,此时队列中恰好包含下一层的全部结点,依次处理直到队列为空。该过程称为**分层次的层次遍历**过程,对应的算法如下:

```
void LevelOrder1(BTNode * b)                   //分层次的层次遍历算法
{   BTNode   * p;
    SqQueue  * qu;
    InitQueue(qu);                             //初始化队列
    int curl=1;                                //表示当前层次(初始化为 1)
    enQueue(qu,b);                             //根结点指针进入队列
    while (!QueueEmpty(qu))                    //队不空时循环
    {   printf("第%d层: ",curl);
        int cnt=Count(qu);                     //求当前层次的结点个数 cnt
        for(int i=0;i<cnt;i++)                 //循环 cnt 次访问当前层的全部结点
        {   deQueue(qu,p);                     //出队结点 p
            printf("%c ",p->data);             //访问结点 p
            if (p->lchild!=NULL)               //有左孩子时将其进队
                enQueue(qu,p->lchild);
            if (p->rchild!=NULL)               //有右孩子时将其进队
```

```
                    enQueue(qu,p->rchild);
            }
            curl++;                              //当前层访问完毕,进入下一层处理
            printf("\n");
        }
        DestroyQueue(qu);                        //销毁队列
    }
```

例如,对于图 7.13(b)所示的二叉树,上述分层次的层次遍历算法的输出结果如下:

第 1 层: A
第 2 层: B C
第 3 层: D E F
第 4 层: G

7.6 二叉树的构造

假设二叉树中的每个结点值为单个字符,而且所有结点值均不相同(本节的算法均基于这种假设),同一棵二叉树具有唯一的先序序列、中序序列和后序序列,但不同的二叉树可能具有相同的先序序列、中序序列和后序序列。

例如,如图 7.20 所示的 5 棵二叉树,先序序列都为 ABC;如图 7.21 所示的 5 棵二叉树,中序序列都为 ACB;如图 7.22 所示的 5 棵二叉树,后序序列都为 CBA。

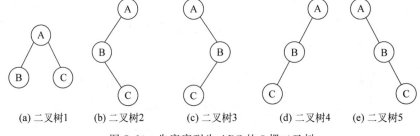

(a) 二叉树1　　(b) 二叉树2　　(c) 二叉树3　　(d) 二叉树4　　(e) 二叉树5

图 7.20　先序序列为 ABC 的 5 棵二叉树

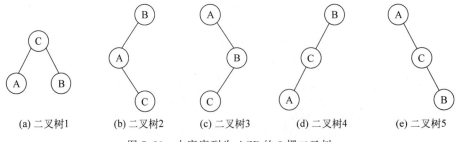

(a) 二叉树1　　(b) 二叉树2　　(c) 二叉树3　　(d) 二叉树4　　(e) 二叉树5

图 7.21　中序序列为 ACB 的 5 棵二叉树

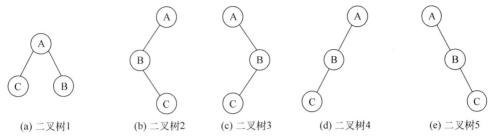

图 7.22 后序序列为 CBA 的 5 棵二叉树

显然,仅由先序序列、中序序列和后序序列中的任何一个无法确定这棵二叉树的树形。但是,如果同时知道了一棵二叉树的先序序列和中序序列,或者同时知道了中序序列和后序序列,就能确定这棵二叉树。

例如,先序序列是 ABC,而中序序列是 ACB 的二叉树必定如图 7.20(c)所示。

类似地,中序序列是 ACB,而后序序列是 CBA 的二叉树必定如图 7.21(c)所示。

但是,同时知道先序序列和后序序列仍不能确定二叉树的树形,例如图 7.20 和图 7.22 中除第一棵以外的 4 棵二叉树的先序序列都是 ABC,后序序列都是 CBA。

定理 7.1:任何 $n(n \geqslant 0)$ 个不同结点的二叉树,都可由它的中序序列和先序序列唯一地确定。

证明:采用数学归纳法证明。

当 $n=0$ 时,二叉树为空,结论正确。

假设结点数小于 n 的任何二叉树都可以由其先序序列和中序序列唯一地确定。

若某棵二叉树含有 $n(n>0)$ 个不同结点,其先序序列是 $a_0 a_1 \cdots a_{n-1}$、中序序列是 $b_0 b_1 \cdots b_{k-1} b_k b_{k+1} \cdots b_{n-1}$。

因为在先序遍历过程中访问根结点后紧跟着遍历左子树,最后再遍历右子树,所以 a_0 必定是二叉树的根结点,而且 a_0 必然在中序序列中出现。也就是说,在中序序列中必有某个 $b_k (0 \leqslant k \leqslant n-1)$ 就是根结点 a_0。

由于 b_k 是根结点,而在中序遍历过程中先遍历左子树,再访问根结点,最后再遍历右子树,所以在中序序列中 $b_0 b_1 \cdots b_{k-1}$ 必是根结点 b_k(也就是 a_0)左子树的中序序列,即 b_k 的左子树有 k 个结点(注意,$k=0$ 表示结点 b_k 没有左子树),而 $b_{k+1} \cdots b_{n-1}$ 必是根结点 b_k 右子树的中序序列,即 b_k 的右子树有 $n-k-1$ 个结点(注意,$k=n-1$ 表示结点 b_k 没有右子树)。

另外,在先序序列中,紧跟在根结点 a_0 之后的 k 个结点的序列 $a_1 \cdots a_k$ 就是左子树的先序序列,$n-k-1$ 个结点的序列 $a_{k+1} \cdots a_{n-1}$ 就是右子树的先序序列,其示意图如图 7.23 所示。

根据归纳假设,子先序序列 $a_1 \cdots a_k$ 和子中序序列 $b_0 b_1 \cdots b_{k-1}$ 可以唯一地确定根结点 a_0 的左子树,而子先序序列 $a_{k+1} \cdots a_{n-1}$ 和子中序序列 $b_{k+1} \cdots b_{n-1}$ 可以唯一地确定根结点 a_0 的右子树。

综上所述,这棵二叉树的根结点已经确定,而且其左、右子树都唯一地确定了,所以整个

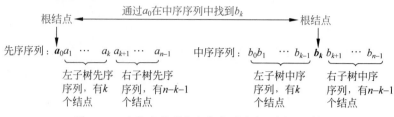

图 7.23 由先序序列和中序序列确定一棵二叉树

二叉树也就唯一地确定了。

实际上,先序序列的作用是确定一棵二叉树的根结点(其第一个元素即为根结点),中序序列的作用是在已知根结点时确定左、右子树的中序序列,进而可以确定左、右子树的先序序列。再递归构造左、右子树。

例如,已知先序序列为 ABDGCEF、中序序列为 DGBAECF,则构造二叉树的过程如图 7.24 所示。

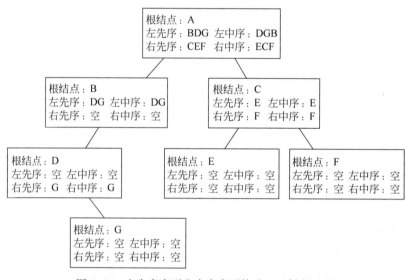

图 7.24 由先序序列和中序序列构造二叉树的过程

由上述定理得到以下构造二叉树的算法:

```
BTNode *CreateBT1(char *pre,char *in,int n)
//pre 存放先序序列,in 存放中序序列,n 为二叉树的结点个数,本算法执行后返回构造的二叉链的根
//结点指针 b
{   BTNode *b;
    char *p;
    int k;
    if (n<=0) return NULL;
    b=(BTNode *)malloc(sizeof(BTNode));         //创建二叉树结点 b
    b->data= *pre;
    for (p=in;p<in+n;p++)                        //在中序序列中找等于 *pre 字符的位置 k
```

```
            if ( * p== * pre)                    //pre 指向根结点
                break;                           //在 in 中找到后退出循环
            k=p-in;                              //确定根结点在 in 中的位置
            b -> lchild=CreateBT1(pre+1,in,k);   //递归构造左子树
            b -> rchild=CreateBT1(pre+k+1,p+1,n-k-1);     //递归构造右子树
            return b;
    }
```

定理 7.2：任何 $n(n \geqslant 0)$ 个不同结点的二叉树都可由它的中序序列和后序序列唯一地确定。

证明：同样采用数学归纳法证明。

当 $n=0$ 时，二叉树为空，结论正确。

假设结点数小于 n 的任何二叉树都可以由其中序序列和后序序列唯一地确定。

已知某棵二叉树含有 $n(n>0)$ 个不同结点，其中序序列是 $b_0 b_1 \cdots b_{k-1} b_k b_{k+1} \cdots b_{n-1}$、后序序列是 $a_0 a_1 \cdots a_{n-1}$。

因为在后序遍历过程中先遍历左子树，再遍历右子树，最后访问根结点，所以 a_{n-1} 必定是二叉树的根结点，而且 a_{n-1} 必然在中序序列中出现。也就是说，在中序序列中必有某个 $b_k (0 \leqslant k \leqslant n-1)$ 就是根结点 a_{n-1}。

由于 b_k 是根结点，而在中序遍历过程中先遍历左子树，再访问根结点，最后再遍历右子树，所以在中序序列中 $b_0 \cdots b_{k-1}$ 必是根结点 b_k（也就是 a_{n-1}）左子树的中序序列，即 b_k 的左子树有 k 个结点（注意，$k=0$ 表示结点 b_k 没有左子树），而 $b_{k+1} \cdots b_{n-1}$ 必是根结点 b_k 右子树的中序序列，即 b_k 的右子树有 $n-k-1$ 个结点（注意，$k=n-1$ 表示结点 b_k 没有右子树）。

另外，在后序序列中，在根结点 a_{n-1} 之前的 $n-k-1$ 个结点的序列 $a_k \cdots a_{n-2}$ 就是右子树的后序序列，k 个结点的序列 $a_0 \cdots a_{k-1}$ 就是左子树的后序序列，其示意图如图 7.25 所示。

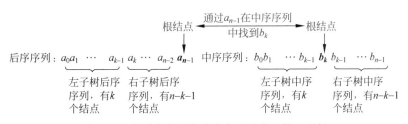

图 7.25 由后序序列和中序序列确定一棵二叉树

根据归纳假设，子中序序列 $b_0 \cdots b_{k-1}$ 和子后序序列 $a_0 \cdots a_{k-1}$ 可以唯一地确定根结点 b_k（也就是 a_{n-1}）的左子树，而子中序序列 $b_{k+1} \cdots b_{n-1}$ 和子后序序列 $a_k \cdots a_{n-2}$ 可以唯一地确定根结点 b_k 的右子树。

综上所述，这棵二叉树的根结点已经确定，而且其左、右子树都唯一地确定了，所以整个二叉树也就唯一地确定了。

例如，已知中序序列为 DGBAECF、后序序列为 GDBEFCA，则构造二叉树的过程如图 7.26 所示。

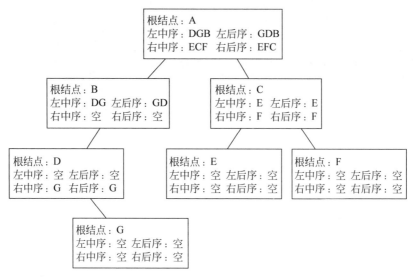

图 7.26　由后序序列和中序序列构造二叉树的过程

由上述定理得到以下构造二叉树的算法：

```
BTNode *CreateBT2(char *post,char *in,int n)
/*post 存放后序序列,in 存放中序序列,n 为二叉树的结点个数,本算法执行后返回构造的二叉链的
根结点指针 b*/
{   BTNode *b;
    char r,*p;
    int k;
    if (n<=0) return NULL;
    r=*(post+n-1);                                      //post 中最后元素是根结点值
    b=(BTNode *)malloc(sizeof(BTNode));                 //创建二叉树结点 b
    b->data=r;
    for (p=in;p<in+n;p++)                               //在 in 中查找根结点
        if (*p==r) break;
    k=p-in;                                             //k 为根结点在 in 中的下标
    b->lchild=CreateBT2(post,in,k);                     //递归构造左子树
    b->rchild=CreateBT2(post+k,p+1,n-k-1);              //递归构造右子树
    return b;
}
```

【例 7.19】　设计一个算法，将二叉树的顺序存储结构转换成二叉链存储结构。

解　设二叉树的顺序存储结构为 a，由 $f(a,i)$ 返回创建的以 $a[i]$ 为根结点的二叉链存储结构（初始调用为 $b=f(a,1)$）。转换过程对应的递归模型如下：

$f(a,i)=$ NULL　　　　　　　　　　　　　　i 大于 MaxSize

$f(a,i)=$ NULL　　　　　　　　　　　　　　i 对应的结点为空，即 $a[i]=$ '#'

$f(a,i)=b$(创建根结点 b，其 data 值为 $a[i]$);　其他情况
　　b->lchild=$f(a,2*i)$;
　　b->rchild=$f(a,2*i+1)$

对应的递归算法如下：

```
BTNode * trans(SqBTree a,int i)
{   BTNode * b;
    if (i > MaxSize)
        return(NULL);
    if (a[i]=='#')return(NULL);            //空结点返回 NULL
    b=(BTNode * )malloc(sizeof(BTNode));   //创建根结点 b
    b -> data=a[i];
    b -> lchild=trans(a,2 * i);            //递归创建左子树
    b -> rchild=trans(a,2 * i+1);          //递归创建右子树
    return(b);                             //返回根结点
}
```

7.7 线索二叉树

7.7.1 线索二叉树的概念

对于具有 n 个结点的二叉树，当采用二叉链存储结构时，每个结点有两个指针域，总共有 $2n$ 个指针域，又由于只有 $n-1$ 个结点被有效指针域所指向（n 个结点中只有根结点没有被有效指针域指向），则共有 $2n-(n-1)=n+1$ 个空链域。

遍历二叉树的结果是一个结点的线性序列，可以利用这些空链域存放指向结点的前驱结点和后继结点的地址。其规定是当某结点的左指针为空时，令该指针指向这个线性序列中该结点的前驱结点；当某结点的右指针为空时，令该指针指向这个线性序列中该结点的后继结点，这样的指向该线性序列中"前驱结点"和"后继结点"的指针称为**线索**（thread）。

创建线索的过程称为**线索化**。线索化的二叉树称为**线索二叉树**（threaded binary-tree）。

由于遍历方式不同，产生的遍历线性序列也不同，会得到相应的线索二叉树，一般有先序线索二叉树、中序线索二叉树和后序线索二叉树。创建线索二叉树的目的是提高该遍历过程的效率。

那么，在线索二叉树中如何区分左指针指向的是左孩子结点还是前驱结点，右指针指向的是右孩子结点还是后继结点呢？为此在结点的存储结构上增加两个标志位来区分这两种情况：

左标志 ltag = $\begin{cases} 0 & 表示 lchild 指向左孩子结点 \\ 1 & 表示 lchild 指向前驱结点 \end{cases}$

右标志 rtag = $\begin{cases} 0 & 表示 rchild 指向右孩子结点 \\ 1 & 表示 rchild 指向后继结点 \end{cases}$

这样，每个结点的存储结构如下：

ltag	lchild	data	rchild	rtag

在某遍历方式的线索二叉树中，若开始结点 p 没有左孩子，将 p 结点的左指针改为线

索,其左指针仍为空;若最后结点 q 没有右孩子,将 q 结点的右指针改为线索,其右指针仍为空。对于其他结点 r,若它没有左孩子,将左指针改为指向前驱结点的非空线索;若它没有右孩子,将右指针改为指向后继结点的非空线索。

为了使创建线索二叉树的算法设计方便,在线索二叉树中再增加一个头结点。头结点的 data 域为空;lchild 指向无线索时的根结点,ltag 为 0;rchild 指向按某种方式遍历二叉树时的最后一个结点,rtag 为 1。图 7.27 为图 7.13(a)所示的二叉树的线索二叉树,其中,图 7.27(a)是中序线索二叉树(中序序列为 DGBAECF),图 7.27(b)是先序线索二叉树(先序序列为 ABDGCEF),图 7.27(c)是后序线索二叉树(后序序列为 GDBEFCA)。图中的实线表示二叉树原来指针所指的结点,虚线表示线索二叉树所添加的线索。

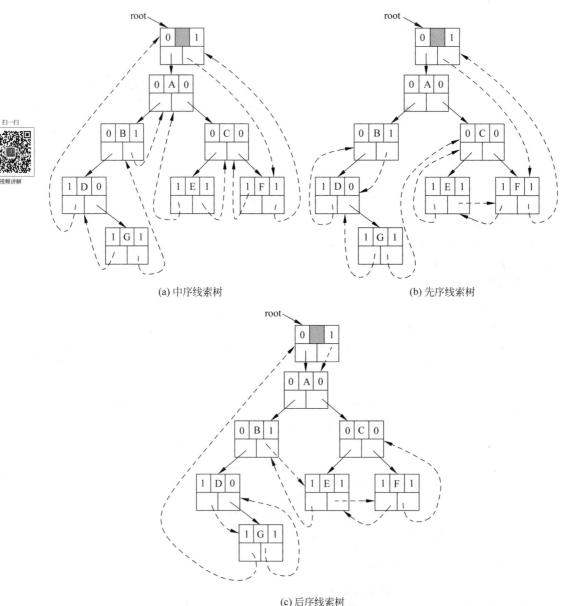

图 7.27 线索二叉树

7.7.2 线索化二叉树

建立线索二叉树,或者说对二叉树线索化,实际上就是遍历一棵二叉树,在遍历的过程中检查当前结点的左、右指针域是否为空,如果为空,将它们改为指向前驱结点或后继结点的线索。

为了实现线索化二叉树,将前面二叉树结点的类型声明修改如下:

```
typedef struct node
{   ElemType data;                  //结点数据域
    int ltag,rtag;                  //增加的线索标记
    struct node * lchild;           //左孩子或线索指针
    struct node * rchild;           //右孩子或线索指针
} TBTNode;                          //线索二叉树中的结点类型
```

下面以中序线索二叉树为例讨论建立线索二叉树的算法。

CreateThread(b)算法的功能是将以二叉链存储的二叉树 b 进行中序线索化,并返回线索化后头结点的指针 root。Thread(p)算法的功能是对以结点 p 为根的二叉树进行中序线索化。在整个算法中 p 指向当前被线索化的结点,而 pre 作为全局变量,总是指向刚访问过的结点,结点 pre 是结点 p 的前驱结点,结点 p 是结点 pre 的后继结点。

CreateThread(b)算法的思路是先创建头结点 root,其 lchild 域为链指针,rchild 域为线索。将 lchild 指针指向根结点 b,如果 b 为空,则将其 lchild 指向自身,否则将 root 的 lchild 指向结点 b,首先 p 指向结点 b,pre 指向头结点 root。再调用 Thread(b)对整个二叉树线索化,最后加入指向头结点的线索,并将头结点的 rchild 指针域线索化为指向最后一个结点(由于线索化直到 p 等于 NULL 为止,所以最后访问的是结点 pre)。

Thread(p)算法类似于中序遍历的递归算法。在中序遍历中,p 指向当前访问的结点,pre 指向中序遍历的前一个结点(初始时,pre 指向中序线索二叉树的头结点 root)。若结点 p 原来左指针为空,改为指向结点 pre 的左线索,若结点 pre 原来右指针为空,改为指向结点 p 的右线索,如图 7.28 所示。

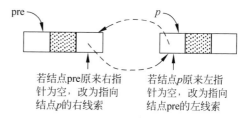

图 7.28 将空指针改为线索的过程

中序线索二叉树的算法如下:

```
TBTNode * pre;                      //全局变量
void Thread(TBTNode * &p)           //对二叉树 p 进行中序线索化
{   if (p!=NULL)
    {   Thread(p->lchild);          //左子树线索化
        if (p->lchild==NULL)        //左孩子不存在,进行前驱结点线索化
        {   p->lchild=pre;          //建立当前结点的前驱结点线索
            p->ltag=1;
        }
        else                        //p 结点的左子树已线索化
```

```
            p -> ltag=0;
        if (pre -> rchild==NULL)                //对 pre 的后继结点线索化
        {   pre -> rchild=p;                    //建立前驱结点的后继结点线索
            pre -> rtag=1;
        }
        else
            pre -> rtag=0;
        pre=p;
        Thread(p -> rchild);                    //右子树线索化
    }
}
TBTNode *CreateThread(TBTNode *b)               //中序线索化二叉树
{   TBTNode *root;
    root=(TBTNode *)malloc(sizeof(TBTNode));    //创建头结点
    root -> ltag=0; root -> rtag=1;
    if (b==NULL)                                //空二叉树
    {   root -> lchild=root;
        root -> rchild=NULL;
    }
    else
    {   root -> lchild=b;
        pre=root;                               //pre 是结点 p 的前驱结点,供加线索用
        Thread(b);                              //中序遍历线索化二叉树
        pre -> rchild=root;                     //最后处理,加入指向头结点的线索
        pre -> rtag=1;
        root -> rchild=pre;                     //头结点右线索化
    }
    return root;
}
```

7.7.3 遍历线索化二叉树

遍历某种次序的线索二叉树就是从该次序下的开始结点出发,反复找到该结点在该次序下的后继结点,直到头结点。

下面仍以中序线索二叉树的中序遍历为例进行讨论。在中序线索二叉树中,开始结点是根结点的最左下结点,该结点的左指针域为线索(指向头结点的线索),即 ltag=1,所以找开始结点的过程如下:

```
p 指向根结点;
while (p -> ltag==0)
    p=p -> lchild;
```

当找到开始结点 p 后访问它。如果结点 p 的右指针是右线索,说明右线索指向的是后继结点,就跳到后继结点并继续遍历;如果结点 p 的右指针不是右线索,它指向的是右子树,就转向右子树,右子树的遍历和对整个二叉树的遍历是相似的,所以中序遍历过程如下:

```
p 指向根结点;
while p≠root 时循环
{   找开始结点 p;
    访问 p 结点;
    while (p 结点有右线索)
        一直访问下去;
    p 转向右孩子结点;                    //不是右线索的情况
}
```

对应的算法如下:

```
void ThInOrder(TBTNode * tb)                //tb 指向中序线索二叉树的头结点
{   TBTNode  * p=tb→lchild;                //p 指向根结点
    while (p!=tb)
    {   while (p→ltag==0) p=p→lchild;      //找开始结点
        printf("%c",p→data);                //访问开始结点
        while (p→rtag==1 && p→rchild!=tb)
        {   p=p→rchild;
            printf("%c",p→data);
        }
        p=p→rchild;
    }
}
```

显然该算法是非递归的,其中也没有使用栈。尽管其时间复杂度仍然为 $O(n)$（n 为二叉树中的结点个数),但空间性能得到了改善,空间复杂度为 $O(1)$。

7.8 哈夫曼树

7.8.1 哈夫曼树概述

在许多应用中经常将树中的结点赋予一个有某种意义的数值,称此数值为该结点的权。从根结点到该结点之间的路径长度与该结点上权的乘积称为结点的**带权路径长度**(weighted path length,WPL)。树中所有叶子结点的带权路径长度之和称为该树的带权路径长度,通常记为:

$$\text{WPL} = \sum_{i=1}^{n_0} w_i l_i$$

其中,n_0 表示叶子结点的个数,w_i 和 l_i 分别表示第 i 个叶子结点的权值和根到它之间的路径长度(即从根结点到该叶子结点的路径上经过的分支数)。

在 n_0 个带权叶子结点构成的所有二叉树中,带权路径长度最小的二叉树称为**哈夫曼树**(Huffman tree)或最优二叉树。因为构造这种树的算法最早是由哈夫曼于 1952 年提出的,所以用他的名字命名。

例如,给定 4 个叶子结点,设其权值分别为 1、3、5、7,可以构造出形状不同的 4 棵二叉树,如图 7.29 所示。它们的带权路径长度分别如下:

(a) WPL=1×2+3×2+5×2+7×2=32
(b) WPL=1×2+3×3+5×3+7×1=33
(c) WPL=7×3+5×3+3×2+1×1=43
(d) WPL=1×3+3×3+5×2+7×1=29

由此可见,对于一组具有确定权值的叶子结点可以构造出多个具有不同带权路径长度的二叉树。可以证明,图 7.29(d)所示的二叉树是一棵哈夫曼树,它的带权路径长度最小。

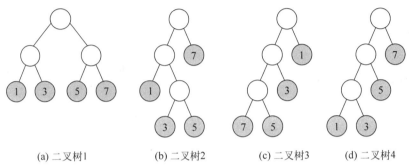

(a) 二叉树1　　　(b) 二叉树2　　　(c) 二叉树3　　　(d) 二叉树4

图 7.29　由 4 个叶子结点构成的不同的带权二叉树

7.8.2　哈夫曼树的构造算法

给定 n_0 个权值,如何构造一棵含有 n_0 个带有给定权值的叶子结点的二叉树,使其带权路径长度最小呢?哈夫曼最早给出了一个带有一般规律的算法,称为哈夫曼算法。哈夫曼算法如下:

(1) 根据给定的 n_0 个权值 $(w_1, w_2, \cdots, w_{n_0})$,对应结点构成 n_0 棵二叉树的森林 $F = (T_1, T_2, \cdots, T_{n_0})$,其中每棵二叉树 $T_i (1 \leqslant i \leqslant n_0)$ 中都有一个权值为 w_i 的根结点,其左、右子树均为空。

(2) 在森林 F 中选取两棵结点的权值最小的子树分别作为左、右子树构造一棵新的二叉树,并且置新的二叉树的根结点的权值为其左、右子树上根的权值之和。

(3) 在森林 F 中,用新得到的二叉树代替这两棵树。

(4) 重复(2)和(3),直到 F 中只含一棵树为止。这棵树便是哈夫曼树。

例如,假设仍采用上例中给定的权值 $W=(1,3,5,7)$ 来构造一棵哈夫曼树,按照上述算法,则图 7.30 给出了一棵哈夫曼树的构造过程,其中图 7.30(d)就是最后生成的哈夫曼树,它的带权路径长度为 29。

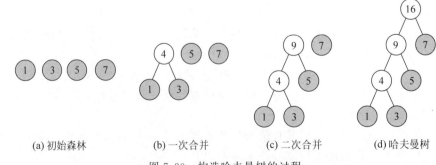

(a) 初始森林　　　(b) 一次合并　　　(c) 二次合并　　　(d) 哈夫曼树

图 7.30　构造哈夫曼树的过程

定理7.3：对于具有 n_0 个叶子结点的哈夫曼树，共有 $2n_0-1$ 个结点。

证明：在哈夫曼树的构造过程中，每次都是将两棵树合并为一棵树，所以哈夫曼树中不存在度为1的结点，即 $n_1=0$。由二叉树的性质1可知 $n_0=n_2+1$，即 $n_2=n_0-1$，则 $n=n_0+n_1+n_2=n_0+n_2=n_0+n_0-1=2n_0-1$。

为了实现构造哈夫曼树的算法，设计哈夫曼树中的结点类型如下：

```
typedef struct
{   char data;                    //结点值
    double weight;                //权重
    int parent;                   //双亲结点
    int lchild;                   //左孩子结点
    int rchild;                   //右孩子结点
} HTNode;
```

用 ht[] 数组存放哈夫曼树，对于具有 n_0 个叶子结点的哈夫曼树，总共有 $2n_0-1$ 个结点。其算法思路是，n_0 个叶子结点（存放在 ht[0]~ht[n_0-1] 中）只有 data 和 weight 域值，先将 $2n_0-1$ 个结点的 parent、lchild 和 rchild 域值置为初值 -1。然后处理每个非叶子结点 ht[i]（存放在 ht[n_0]~ht[$2n_0-2$] 中）：从 ht[0]~ht[$i-1$] 中找出根结点（其 parent 域为 -1）最小的两个结点 ht[lnode] 和 ht[rnode]，将它们作为 ht[i] 的左、右子树，将 ht[lnode] 和 ht[rnode] 的双亲结点置为 ht[i]，并且 ht[i].weight=ht[lnode].weight+ht[rnode].weight。如此这样，直到 n_0-1 个非叶子结点处理完毕。构造哈夫曼树的算法如下：

```
void CreateHT(HTNode ht[],int n0)
{   int i,k,lnode,rnode;
    double min1,min2;
    for (i=0;i<2*n0-1;i++)                    //所有结点的相关域置初值-1
        ht[i].parent=ht[i].lchild=ht[i].rchild=-1;
    for (i=n0;i<=2*n0-2;i++)                  //构造哈夫曼树的n0-1个分支结点
    {   min1=min2=32767;                      //lnode和rnode指向两个权值最小的结点
        lnode=rnode=-1;
        for (k=0;k<=i-1;k++)                  //在ht[0..i-1]中找两个权值最小的结点
        {   if (ht[k].parent==-1)             //只在尚未构造二叉树的结点中查找
            {   if (ht[k].weight<min1)
                {   min2=min1;rnode=lnode;
                    min1=ht[k].weight;lnode=k;
                }
                else if (ht[k].weight<min2)
                {   min2=ht[k].weight;rnode=k; }
            }
        }
        ht[i].weight=ht[lnode].weight+ht[rnode].weight;
        ht[i].lchild=lnode;ht[i].rchild=rnode;   //ht[i]作为双亲结点
        ht[lnode].parent=i;ht[rnode].parent=i;
    }
}
```

7.8.3 哈夫曼编码

在数据通信中，经常需要将传送的文字转换为由二进制字符0和1组成的二进制字符串,称这个过程为编码。显然,我们希望电文编码的代码长度最短。哈夫曼树可用于构造使电文编码的代码长度最短的编码方案。

具体构造方法如下:设需要编码的字符集合为$\{d_1,d_2,\cdots,d_n\}$,各个字符在电文中出现的次数集合为$\{w_1,w_2,\cdots,w_n\}$,以$d_1,d_2,\cdots,d_n$作为叶子结点,以$w_1,w_2,\cdots,w_n$作为各根结点到每个叶子结点的权值构造一棵哈夫曼树,规定哈夫曼树中的左分支为0、右分支为1,则从根结点到每个叶子结点所经过的分支对应的0和1组成的序列便是该结点对应字符的编码。这样的编码称为**哈夫曼编码**(Huffman coding)。

哈夫曼编码的实质就是使用频率越高的字符采用越短的编码。

为了实现构造哈夫曼编码的算法,设计存放每个结点的哈夫曼编码的类型如下:

扫一扫

视频讲解

```
typedef struct
{   char cd[N];              //存放当前结点的哈夫曼编码
    int start;               //表示cd[start..n0]部分是哈夫曼编码
} HCode;
```

由于哈夫曼树中每个叶子结点的哈夫曼编码长度不同,为此采用 HCode 类型变量的 $cd[start..n_0]$ 存放当前结点的哈夫曼编码,只需对叶子结点求哈夫曼编码。对于当前叶子结点 $ht[i]$,先将对应的哈夫曼编码 $hcd[i]$ 的 start 域值置初值 n_0,找其双亲结点 $ht[f]$,若当前结点是双亲结点的左孩子结点,则在 $hcd[i]$ 的 cd 数组中添加'0',若当前结点是双亲结点的右孩子结点,则在 $hcd[i]$ 的 cd 数组中添加'1',并将 start 域减 1。再对双亲结点进行同样的操作,如此这样,直到无双亲结点(即到达根结点),所以 start 指向哈夫曼编码最开始的字符。

根据哈夫曼树求对应的哈夫曼编码的算法如下:

```
void CreateHCode(HTNode ht[],HCode hcd[],int n0)
{   int i,f,c;
    HCode hc;
    for (i=0;i<n0;i++)                    //根据哈夫曼树求哈夫曼编码
    {   hc.start=n0;c=i;
        f=ht[i].parent;
        while (f!=-1)                     //循环,直到无双亲结点,即到达根结点
        {   if (ht[f].lchild==c)          //当前结点是双亲结点的左孩子
                hc.cd[hc.start--]='0';
            else                          //当前结点是双亲结点的右孩子
                hc.cd[hc.start--]='1';
            c=f;f=ht[f].parent;           //再对双亲结点进行同样的操作
        }
        hc.start++;                       //start指向哈夫曼编码最开始的字符
        hcd[i]=hc;
    }
}
```

说明：在一组字符的哈夫曼编码中，任一字符的哈夫曼编码不可能是另一字符哈夫曼编码的前缀。

【**例 7.20**】 假设用于通信的电文仅由 a、b、c、d、e、f、g、h 几个字母组成，字母在电文中出现的频率分别为 0.07、0.19、0.02、0.06、0.32、0.03、0.21 和 0.10，试为这些字母设计哈夫曼编码。

解 构造哈夫曼树的过程如下。

第 1 步选择频率最低的 c 和 f 构造一棵二叉树，其根结点的频率为 0.05，记为结点 d_1。
第 2 步选择频率低的 d_1 和 d 构造一棵二叉树，其根结点的频率为 0.11，记为结点 d_2。
第 3 步选择频率低的 a 和 h 构造一棵二叉树，其根结点的频率为 0.17，记为结点 d_3。
第 4 步选择频率低的 d_2 和 d_3 构造一棵二叉树，其根结点的频率为 0.28，记为结点 d_4。
第 5 步选择频率低的 b 和 g 构造一棵二叉树，其根结点的频率为 0.4，记为结点 d_5。
第 6 步选择频率低的 d_4 和 e 构造一棵二叉树，其根结点的频率为 0.6，记为结点 d_6。
第 7 步选择频率低的 d_5 和 d_6 构造一棵二叉树，其根结点的频率为 1.0，记为结点 d_7。

最后构造的哈夫曼树如图 7.31 所示（树中的叶子结点用圆或椭圆表示，分支结点用矩形表示，其中的数字表示结点的频率），给所有的左分支加上 0，给所有的右分支加上 1，从而得到各字母的哈夫曼编码如下。

a：1010   b：00   c：10000   d：1001
e：11   f：10001   g：01   h：1011

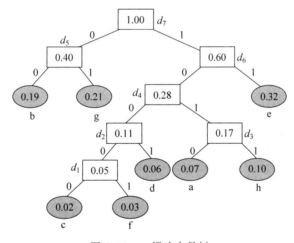

图 7.31 一棵哈夫曼树

这样，该哈夫曼树的带权路径长度 WPL＝4×0.07＋2×0.19＋5×0.02＋4×0.06＋2×0.32＋5×0.03＋2×0.21＋4×0.1＝2.61。

7.9 用并查集求解等价问题

等价关系是现实世界中广泛存在的一种关系。对于集合 S 中的关系 R，若具有自反、对称和传递性，则 R 是一个等价关系。由等价关系 R 可以产生集合 S 的等价类，可以采用并查集高效地求解等价类问题。

7.9.1 并查集的定义

先通过求亲戚关系的例子说明并查集的相关概念。

问题：对于亲戚关系问题，现给出一些亲戚关系的信息，如 Marry 和 Tom 是亲戚、Tom 和 Ben 是亲戚等，需要从这些信息中推出 Marry 和 Ben 是否为亲戚。

输入：第一部分以 N、M 开始。N 为问题涉及的人的个数（$1 \leq N \leq 20\,000$）。这些人的编号为 $1、2、3、\cdots、N$。下面有 M 行（$1 \leq M \leq 1\,000\,000$），每行有两个数 a_i、b_i，表示已知 a_i 和 b_i 是亲戚。

第二部分以 Q 开始。以下 Q 行对应 Q 个询问（$1 \leq Q \leq 1\,000\,000$），每行为 c_i、d_i，表示询问 c_i 和 d_i 是否为亲戚。

输出：对于每个询问 c_i、d_i，输出一行，若 c_i 和 d_i 为亲戚，则输出"Yes"，否则输出"No"。

输入样例：

```
10 7           //N=10,M=7
2 4            //表示2和4是亲戚
5 7            //表示5和7是亲戚
1 3            //表示1和3是亲戚
8 9            //表示8和9是亲戚
1 2            //表示1和2是亲戚
5 6            //表示5和6是亲戚
2 3            //表示2和3是亲戚
3              //Q=3
3 4            //问3和4是否为亲戚
7 10           //问7和10是否为亲戚
8 9            //问8和9是否为亲戚
```

问题分析：亲戚关系是一种典型的等价关系。将每个人抽象成一个点（每个点用其编号唯一标识），输入数据给出 M 个边的关系，当两个人是亲戚的时候这两点间有一条边，很自然地就得到了一个含 N 个顶点、M 条边的无向图，在图的一个连通子图中的任意点之间都是亲戚。对于最后的 Q 个询问，即判断所询问的两个顶点是否在同一个连通子图中。

采用集合的思路求解：对于每个人建立一个集合，在开始的时候集合元素是这个人本身，表示开始时不知道任何人是他的亲戚，以后每次给出一个亲戚关系时就将对应的两个集合合并，这样实时地得到了在当前状态下总的亲戚关系。对于每个询问就看对应的两个元素是否属于同一集合，如果是则说明他们是亲戚，否则不是亲戚。对于样例数据的解释如表 7.2 所示。

表7.2 对亲戚关系样例数据的解释

输入关系	合并结果
初始状态	{1}{2}{3}{4}{5}{6}{7}{8}{9}{10}
(2,4)	{1}{2,4}{3}{5}{6}{7}{8}{9}{10}
(5,7)	{1}{2,4}{3}{5,7}{6}{8}{9}{10}
(1,3)	{1,3}{2,4}{5,7}{6}{8}{9}{10}
(8,9)	{1,3}{2,4}{5,7}{6}{8,9}{10}
(1,2)	{1,2,3,4}{5,7}{6}{8,9}{10}
(5,6)	{1,2,3,4}{5,6,7}{8,9}{10}
(2,3)	{1,2,3,4}{5,6,7}{8,9}{10}

由表7.2的最后合并结果可以看出,3和4是亲戚,7和10不是亲戚,8和9是亲戚。

将上述亲戚关系问题抽象成这样的数据结构,给定的数据是 n 个结点的集合 U,结点编号为 $1\sim n$,即 $U=\{1,2,\cdots,n\}$,再给定一个等价关系 R(如所有表示亲戚关系的二元组就是一个等价关系),由等价关系 R 产生所有结点的一个划分 $S=U/R=\{S_1,S_2,\cdots,S_k\}$,每个集合 $S_i(1\leqslant i\leqslant k)$ 表示一个等价类 $[x]_R$,其中 x 作为 S_i 的一个代表,x 可以是 S_i 中的任意结点。U 中每个结点属于一个等价类,所有的等价类是不相交的。并查集包含的基本运算如下:

(1) Init(S,n):初始化。
(2) Find(S,x):查找 x 结点所属的等价类。
(3) Union(S,x,y):将 x 和 y 所属的两个等价类合并。

上述数据结构的主要运算是查找和合并,所以称为**并查集**(disjoint set),也称为不相交集。并查集作为一种数据结构在算法设计中具有十分广泛的应用。

7.9.2 并查集的算法实现

视频讲解

并查集的实现方式有多种,这里采用树结构来实现。将并查集看成一个森林,每个等价类用一棵有根树表示,树中包含该等价类中的所有结点,用根结点作为其代表,由于树中所有结点是 U 的一个子集,所以称为子集树。每棵子集树采用双亲存储结构存储,这样并查集结点类型声明如下:

```
typedef struct
{   int rank;              //结点秩
    int parent;            //结点的双亲
} UFSTree;                 //并查集树的结点类型
```

其中,结点秩 rank 大致为该结点对应子树的高度,准确地说是对应子树高度的下界;parent 指向该结点的双亲结点,如果一个结点是子集树的根结点,则其 parent 指向自己。

例如,前面亲戚关系问题的合并结果为 $S=\{\{1,2,3,4\},\{5,6,7\},\{8,9\},\{10\}\}$,对应4棵树,如图7.32所示,其中,结点4、7、9和10为子集树的根结点。

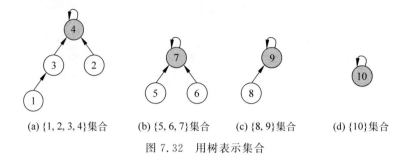

(a) {1, 2, 3, 4}集合　　(b) {5, 6, 7}集合　　(c) {8, 9}集合　　(d) {10}集合

图 7.32　用树表示集合

1. 并查集的初始化

建立一个存放并查集的数组 S，对于前面的求亲戚关系的例子，每个结点对应一个人，$S(i)$ 表示结点 i，将其 rank 值设置为 0，parent 值设置为自己。算法如下：

```
void MAKE_SET(UFSTree s[], int n)         //初始化并查集树
{   int i;
    for (i=1;i<=n;i++)
    {   s[i].rank=0;                      //秩初始化为 0
        s[i].parent=i;                    //双亲初始化指向自己
    }
}
```

上述算法的时间复杂度为 $O(n)$。

2. 查找一个结点所属的子集树

该运算是查找 x 结点所属子集树的根结点（根结点 rx 满足条件 $S[rx].parent=rx$），这是通过 $S[x].parent$ 向上找双亲实现的，显然树的高度越小查找性能越好。为此，在查找过程中进行路径压缩（即在查找过程中把查找路径上的结点逐一指向根结点），如图 7.33 所示，查找 x 结点的根结点为 A，查找路径是 $x→B→A$，找到 A 结点后，将路径上的所有结点的双亲置为 A 结点。这样，以后再查找 x 和 B 结点的根结点时效率更高。

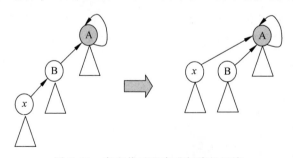

图 7.33　在查找过程中进行路径压缩

那么，为什么不直接将一棵子集树中的所有结点的双亲都置为根结点呢？这是因为还有合并运算，合并运算可能破坏这种结构。

查找运算的递归算法如下：

```
int Find(UFSTree S[],int x)             //递归算法:查找 x 的集合编号
{   if (x!=S[x].parent)                 //非根结点
        S[x].parent=Find(S,S[x].parent);//路径压缩
    return S[x].parent;
}
```

查找运算的非递归算法如下:

```
int Find(UFSTree S[],int x)             //非递归算法:查找 x 的集合编号
{   int rx=x;
    while (S[rx].parent!=rx)            //找 x 的根 rx
        rx=S[rx].parent;
    int y=x;
    while (y!=rx)                       //路径压缩
    {   int tmp=S[y].parent;
        S[y].parent=rx;                 //将结点 y 的双亲置为 rx
        y=tmp;
    }
    return rx;                          //返回根
}
```

由于任何一棵子集树的高度不超过 $\log_2 n$,上述两个查找算法的时间复杂度均不超过 $O(\log_2 n)$。实际上,由于采用了路径压缩,当总结点个数 $n < 10\,000$ 时,每一棵子集树的高度一般不超过 8,从而查找算法的时间复杂度可以看成常数级。

3. 两个结点所属子集树的合并

所谓合并,是给定一个等价关系 (x,y) 后,需要将 x 和 y 所属的子集树合并为一棵子集树。首先查找 x 和 y 所属子集树的根结点 rx 和 ry,若 rx==ry,说明它们属于同一棵子集树,不需要合并;否则需要合并。注意,合并是根结点 rx 和 ry 的合并,并且希望合并后的子集树高度(rx 或者 ry 子集树的高度通过秩 rank[rx]或者 rank[ry]反映)尽可能小。其合并过程是:

① 若 rank[rx]<rank[ry],将高度较小的 rx 结点作为 ry 的孩子结点,ry 子树高度不变。

② 若 rank[rx]>rank[ry],将高度较小的 ry 结点作为 rx 的孩子结点,rx 子树高度不变。

③ 若 rank[rx]==rank[ry],将 rx 结点作为 ry 的孩子结点或者将 ry 结点作为 rx 的孩子结点均可,但此时合并后的子树高度增 1。

简单地说,高度不同时将高度较高的结点作为合并子集树的根结点,合并子集树高度不变;高度相同时可以任意合并结点,但合并子集树高度增 1。对应的合并算法如下:

```
void Union(UFSTree S[],int x,int y)     //将 x 和 y 所属子集树合并
{   int rx=Find(S,x);
    int ry=Find(S,y);
    if (rx==ry)                         //x 和 y 属于同一棵子集树
```

```
            return;
    if (S[rx].rank>S[ry].rank)          //rx 结点秩大于 ry 结点秩
        S[ry].parent=rx;                //将结点 ry 作为结点 rx 的孩子结点
    else                                //rx 结点秩小于等于 ry 结点秩
    {   S[rx].parent=ry;                //将结点 rx 作为结点 ry 的孩子结点
        if (S[rx].rank==S[ry].rank)     //秩相同时
            S[ry].rank++;               //ry 结点的秩增 1
    }
}
```

合并算法的主要时间花费在查找上,其时间复杂度可以看成接近 $O(1)$。

【例 7.21】 假设有 $n(n<100)$ 个微信用户,编号为 $1\sim n$,现在建立若干朋友圈,一个朋友圈中的用户至少有两个,每个用户只能加入一个朋友圈。任意两个属于同一个朋友圈的用户称为朋友对,用二维数组 R 给出所有的朋友对,共 m 个朋友对,每个朋友对形如 (a,b)。设计一个算法,求朋友圈的个数。

解 朋友对 (a,b) 表示 a 和 b 是朋友关系(所有具有朋友关系的用户在一个朋友圈中),朋友关系是一种等价关系(满足自反性和对称性是显然的,若 a 和 b 在同一个朋友圈中并且 b 和 c 在同一个朋友圈中,则 a 和 c 也一定在同一个朋友圈中,所以满足传递性)。

采用并查集求解。首先初始化并查集 S,遍历 R 中的所有朋友对 (a,b),调用并查集的合并元素 Union(S,a,b) 将 a 和 b 所在的朋友圈合并。在并查集中找到所有子集树的根结点 i(满足 S[i].parent=i),累计其中满足 S[i].rank>0(表示对应的朋友圈人数至少是 2)的根结点个数 ans,最后返回 ans。对应的算法如下:

```
int friends(int R[][2],int m,int n)     //求解算法
{   UFSTree S[MaxSize];                 //定义并查集 S
    Init(S,n);                          //初始化
    for(int i=0;i<m;i++)                //遍历所有朋友对
    {   int a=R[i][0];                  //朋友对为(a,b)
        int b=R[i][1];
        Union(S,a,b);                   //合并
    }
    int ans=0;                          //表示朋友圈个数
    for(int i=1;i<=n;i++)
    {   if (S[i].parent==i && S[i].rank>0)   //找到一个朋友圈
            ans++;
    }
    return ans;
}
```

将合并运算 Union 的执行时间看成 $O(1)$,上述算法的时间复杂度为 $O(m+n)$。

本章小结

本章的基本学习要点如下:

(1) 掌握树的相关概念,包括树、结点的度、树的度、分支结点、叶子结点、孩子结点、双亲结点、子孙结点、祖先结点、结点的层次、树的高度和森林等定义。

(2) 掌握树的表示,包括树形表示法、文氏图表示法、凹入表示法和括号表示法等。

(3) 掌握树的性质、树的遍历方法。

(4) 掌握树的3种存储结构。

(5) 掌握二叉树的概念,包括二叉树、满二叉树和完全二叉树的定义。

(6) 掌握二叉树的性质。

(7) 掌握树/森林和二叉树的转换与还原。

(8) 重点掌握二叉树的存储结构,包括二叉树顺序存储结构和二叉链存储结构。

(9) 掌握二叉树的基本运算实现。

(10) 重点掌握二叉树的各种遍历算法及其应用。

(11) 掌握二叉树的构造方法。

(12) 掌握线索二叉树的概念和相关算法的实现。

(13) 掌握哈夫曼树的定义、哈夫曼树的构造过程和哈夫曼编码产生的方法。

(14) 掌握并查集的相关概念和应用。

(15) 灵活运用二叉树这种数据结构解决一些综合应用问题。

练习题 7

1. 有一棵树的括号表示为 A(B,C(E,F(G)),D),回答下面的问题:

(1) 指出树的根结点。

(2) 指出这棵树的所有叶子结点。

(3) 结点 C 的度是多少?

(4) 这棵树的度为多少?

(5) 这棵树的高度是多少?

(6) 结点 C 的孩子结点是哪些?

(7) 结点 C 的双亲结点是谁?

2. 若一棵度为 4 的树中度为 2、3、4 的结点个数分别为 3、2、2,则该树的叶子结点的个数是多少?

3. 为了实现以下各种功能,x 结点表示该结点的位置,给出树的最适合的存储结构:

(1) 求 x 和 y 结点的最近祖先结点。

(2) 求 x 结点的所有子孙结点。

(3) 求根结点到 x 结点的路径。

(4) 求 x 结点的右边兄弟结点。

(5) 判断 x 结点是否为叶子结点。

(6) 求 x 结点的所有孩子结点。

4. 设二叉树 bt 的一种存储结构如表 7.3 所示。其中,bt 为树根结点指针,lchild、rchild 分别为结点的左、右孩子指针域,在这里使用结点编号作为指针域值,0 表示指针域值为空;data 为结点的数据域。请完成下列各题:

(1) 画出二叉树 bt 的树形表示。

(2) 写出按先序、中序和后序遍历二叉树 bt 所得到的结点序列。

(3) 画出二叉树 bt 的后序线索树(不带头结点)。

表 7.3　二叉树 bt 的一种存储结构

	1	2	3	4	5	6	7	8	9	10
lchild	0	0	2	3	7	5	8	0	10	1
data	j	h	f	d	b	a	c	e	g	i
rchild	0	0	0	9	4	0	0	0	0	0

5. 含有 60 个叶子结点的二叉树的最小高度是多少？

6. 已知一棵完全二叉树的第 6 层(设根结点为第 1 层)有 8 个叶子结点，则该完全二叉树的结点个数最多是多少？最少是多少？

7. 已知一棵满二叉树的结点个数为 20~40，此二叉树的叶子结点有多少个？

8. 已知一棵二叉树的中序序列为 cbedahgijf，后序序列为 cedbhjigfa，给出该二叉树的树形表示。

9. 给定 6 个字符 a~f，它们的权值集合 W＝{2,3,4,7,8,9}，试构造关于 W 的一棵哈夫曼树，求其带权路径长度 WPL 和各个字符的哈夫曼编码。

10. 假设有 9 个结点，编号为 1~9，初始并查集为 S＝{{1},{2},{3},{4},{5},{6},{7},{8},{9}}，给出在 S 上执行以下一系列并查集运算的过程和结果：Union(1,2)，Union(3,4)，Union(5,6)，Union(7,8)，Union(2,4)，Union(8,9)，Union(6,8)，Find(5)，Union(4,8)，Find(1)。在合并中两个子集树秩相同时以编号较大的结果作为根结点。

11. 假设二叉树中每个结点的值为单个字符，设计一个算法，将一棵以二叉链方式存储的二叉树 b 转换成对应的顺序存储结构 a。

12. 假设二叉树中的每个结点值为单个字符，采用顺序存储结构存储。设计一个算法，求二叉树 t 中的叶子结点个数。

13. 假设二叉树中的每个结点值为单个字符，采用二叉链存储结构存储。设计一个算法，计算一棵给定二叉树 b 中的所有单分支结点个数。

14. 假设二叉树中的每个结点值为单个字符，采用二叉链存储结构存储。设计一个算法，求二叉树 b 中的最小结点值。

15. 假设二叉树中的每个结点值为单个字符，采用二叉链存储结构存储。设计一个算法，将二叉链 b1 复制到二叉链 b2 中。

16. 假设二叉树中的每个结点值为单个字符，采用二叉链存储结构存储。设计一个算法，求二叉树 b 中第 k 层上的叶子结点个数。

17. 假设二叉树中的每个结点值为单个字符，采用二叉链存储结构存储。设计一个算法，判断值为 x 的结点与值为 y 的结点是否互为兄弟，假设这样的结点值是唯一的。

18. 假设二叉树中的每个结点值为单个字符，采用二叉链存储结构存储。设计一个算法，采用先序遍历方法求二叉树 b 中值为 x 的结点的子孙结点，假设值为 x 的结点是唯一的。

19. 假设二叉树采用二叉链存储结构，设计一个算法把二叉树 b 的左、右子树进行交换，要求不破坏原二叉树，并用相关数据进行测试。

20．假设二叉树采用二叉链存储结构，设计一个算法判断一棵二叉树 b 的左、右子树是否同构。

21．假设二叉树以二叉链存储，设计一个算法判断一棵二叉树 b 是否为完全二叉树。

上机实验题 7

一、验证性实验

实验题 1：实现二叉树的各种基本运算的算法

目的：领会二叉链存储结构和掌握二叉树中各种基本运算算法的设计。

内容：编写一个程序 btree.cpp，实现二叉树的基本运算，并在此基础上设计一个程序 exp7-1.cpp 完成以下功能。

（1）由图 7.34 所示的二叉树创建对应的二叉链存储结构 b，该二叉树的括号表示串为"A(B(D,E(H(J,K(L,M(,N))))),C(F,G(,I)))"。

（2）输出二叉树 b。

（3）输出 'H' 结点的左、右孩子结点值。

（4）输出二叉树 b 的高度。

（5）释放二叉树 b。

实验题 2：实现二叉树的各种遍历算法

目的：领会二叉树的各种遍历过程以及遍历算法设计。

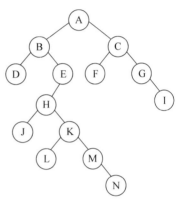

图 7.34 一棵二叉树

内容：编写一个程序 exp7-2.cpp，实现二叉树的先序遍历、中序遍历和后序遍历的递归和非递归算法，以及层次遍历的算法，并对图 7.33 所示的二叉树 b 给出求解结果。

实验题 3：由遍历序列构造二叉树

目的：领会二叉树的构造过程以及构造二叉树的算法设计。

内容：编写一个程序 exp7-3.cpp，实现由先序序列和中序序列以及由中序序列和后序序列构造一棵二叉树的功能（二叉树中的每个结点值为单个字符），要求以括号表示法和凹入表示法输出该二叉树，并用先序遍历序列"ABDEHJKLMNCFGI"和中序遍历序列"DBJHLKMNEAFCGI"以及由中序遍历序列"DBJHLKMNEAFCGI"和后序遍历序列"DJLNMKHEBFIGCA"进行验证。

实验题 4：实现二叉树的中序线索化

目的：领会线索二叉树的构造过程以及构造线索二叉树的算法设计。

内容：编写一个程序 exp7-4.cpp，实现二叉树的中序线索化，采用递归和非递归两种方式输出中序线索二叉树的中序序列，并以图 7.33 所示的二叉树 b 对程序进行验证。

实验题 5：构造哈夫曼树和生成哈夫曼编码

目的：领会哈夫曼树的构造过程以及哈夫曼编码的生成过程。

内容：编写一个程序 exp7-5.cpp，构造一棵哈夫曼树，输出对应的哈夫曼编码和 WPL，并对如表 7.4 所示的数据进行验证。

表 7.4 单词及出现的频度

单词	The	of	a	to	and	in	that	he	is	at	on	for	His	are	be
出现频度	1192	677	541	518	462	450	242	195	190	181	174	157	138	124	123

🔵 设计性实验

实验题 6：求二叉树中的结点个数、叶子结点个数以及某结点的层次和二叉树的宽度

目的：掌握二叉树遍历算法的应用，熟练使用先序、中序、后序 3 种递归遍历算法和层次遍历算法进行二叉树问题的求解。

内容：编写一个程序 exp7-6.cpp 实现以下功能，并对图 7.33 所示的二叉树进行验证。

(1) 输出二叉树 b 的结点个数。
(2) 输出二叉树 b 的叶子结点个数。
(3) 求二叉树 b 中指定结点值(假设所有结点值不同)的结点的层次。
(4) 利用层次遍历求二叉树 b 的宽度。

实验题 7：求二叉树中从根结点到叶子结点的路径

目的：掌握二叉树遍历算法的应用，熟练使用先序、中序、后序递归和非递归遍历算法以及层次遍历算法进行二叉树问题的求解。

内容：编写一个程序 exp7-7.cpp 实现以下功能，并对图 7.33 所示的二叉树进行验证。

(1) 采用先序遍历方法输出所有从叶子结点到根结点的逆路径。
(2) 采用先序遍历方法输出第一条最长的逆路径。
(3) 采用后序非递归遍历方法输出所有从叶子结点到根结点的逆路径。
(4) 采用层次遍历方法输出所有从叶子结点到根结点的逆路径。

实验题 8：简单算术表达式二叉树的构建和求值

目的：掌握二叉树遍历算法的应用，熟练使用先序、中序、后序 3 种递归遍历算法进行二叉树问题的求解。

内容：编写一个程序 exp7-8.cpp，先用二叉树表示一个简单算术表达式，树的每一个结点包括一个运算符或运算数。在简单算术表达式中只包含＋、－、＊、／和一位正整数且格式正确(不包含括号)，并且要按照先乘除后加减的原则构造二叉树。如图 7.35 所示为"1＋2＊3－4/5"算术表达式对应的二叉树。然后由对应的二叉树计算该表达式的值。

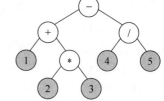

图 7.35 用二叉树表示简单算术表达式

🔵 综合性实验

实验题 9：用二叉树表示家谱关系并实现各种查找功能

目的：掌握二叉树遍历算法的应用，熟练使用先序、中序、后序 3 种递归遍历算法进行二叉树问题的求解。

内容：编写一个程序 exp7-9.cpp，采用一棵二叉树表示一个家谱关系(由若干家谱记录构成，每个家谱记录由父亲、妻子和儿子的姓名构成，其中姓名是关键字)，要求程序具有以

下功能。

（1）文件操作功能：家谱记录的输入，家谱记录的输出，清除全部文件记录和将家谱记录存盘，要求在输入家谱记录时按从祖先到子孙的顺序输入，第一个家谱记录的父亲域为所有人的祖先。

（2）家谱操作功能：用括号表示法输出家谱二叉树，查找某人的所有儿子，查找某人的所有祖先(这里的祖先是指所设计的二叉树结构中某结点的所有祖先结点)。

实验题 10：大学的数据统计

目的：掌握树的存储结构，熟练使用树遍历算法进行问题的求解。

内容：编写一个程序 exp7-10.cpp 实现大学的数据统计。某大学的组织结构如表 7.5 所示，该数据存放在文本文件 abc.txt 中。要求采用树的孩子链存储结构存储它，并完成以下功能：

表 7.5 某大学的组织结构

单 位	下级单位（人数）	单 位	下级单位（人数）
中华大学	计算机学院	物联网	物联班
中华大学	电信学院	物联班	38
计算机学院	计算机科学	电信学院	电子信息类
计算机学院	信息安全	电信学院	信息工程
计算机学院	物联网	电子信息类	电信 1 班
计算机科学	计科 1 班	电子信息类	电信 2 班
计算机科学	计科 2 班	电子信息类	电信 3 班
计算机科学	计科 3 班	电信 1 班	40
计科 1 班	32	电信 2 班	38
计科 2 班	35	电信 3 班	42
计科 3 班	33	信息工程	信息 1 班
信息安全	信安 1 班	信息工程	信息 2 班
信息安全	信安 2 班	信息 1 班	38
信安 1 班	36	信息 2 班	35
信安 2 班	38		

（1）从 abc.txt 文件读数据到 R 数组中。

（2）由数组 R 创建树 t 的孩子链存储结构。

（3）采用括号表示法输出树 t。

（4）求计算机学院的专业数。

（5）求计算机学院的班数。

（6）求电信学院的学生数。

（7）销毁树。

实验题 11：二叉树的序列化和反序列化

目的：深入掌握二叉树的遍历和构造算法。

内容：编写一个程序 exp7-11.cpp，实现二叉树的序列化和反序列化。

这里介绍通过先序遍历实现二叉树的序列化和反序列化(也可以采用层次遍历实现序列化和反序列化),假设二叉树的每个结点值为单个字符(不含'♯',这里用'♯'字符表示对应空结点)。所谓序列化,就是对二叉树进行先序遍历产生一个字符序列的过程,与一般先序遍历不同的是,这里还要记录空结点。

例如,对于如图 7.36 所示的一棵二叉树,一般的先序遍历序列是"ABDEGCFHI",而这里的先序序列化的结果是"ABD♯♯E♯G♯♯C♯FH♯♯I♯♯",相当于在二叉树中标记上所有的空结点,如图 7.37 所示(也称为扩展二叉树),然后进行先序遍历。

所谓反序列化,就是通过先序序列化的结果串 str 构建对应的二叉树,其过程是用 i 从头到尾扫描 str,采用先序方法,当 i 超界时返回 NULL;否则若遇到'♯'字符,返回 NULL,若遇到其他字符,创建一个结点,然后递归构造它的左、右子树。可以证明,采用先序遍历实现的二叉树序列化和反序列化的结果是唯一的。

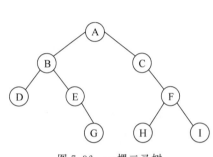

图 7.36 一棵二叉树

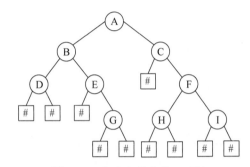

图 7.37 加上空结点的二叉树

实现上述过程,完成以下功能:

(1) 创建二叉链 b。

(2) 采用括号表示法输出二叉链 b。

(3) 对二叉链 b 进行先序遍历,产生先序序列化序列 str。

(4) 输出 str。

(5) 由 str 构建二叉链 $b1$(反序列化)。

(6) 采用括号表示法输出二叉链 $b1$。

(7) 销毁二叉链 b 和 $b1$。

对于串的操作可以使用本书第 4 章中设计的串基本运算算法。

实验题 12:判断二叉树 $b1$ 中是否有与 $b2$ 相同的子树

目的:深入掌握二叉树的遍历算法。

内容:编写一个程序 exp7-12.cpp,判断二叉树 $b1$ 中是否有与 $b2$ 相同的子树,要求算法尽可能高效。

实验题 13:判断二叉树 $b1$ 中是否有与 $b2$ 树结构相同的子树

目的:深入掌握二叉树的遍历算法。

内容:编写一个程序 exp7-13.cpp,判断二叉树 $b1$ 中是否有与 $b2$ 树结构相同的子树,要求算法尽可能高效。

LeetCode 在线编程题 7

1. LeetCode144——二叉树的先序遍历★★
2. LeetCode94——二叉树的中序遍历★★
3. LeetCode145——二叉树的后序遍历★★
4. LeetCode102——二叉树的层次遍历★★
5. LeetCode107——二叉树的层次遍历Ⅱ★★
6. LeetCode872——叶子相似的树★
7. LeetCode617——合并二叉树★
8. LeetCode236——二叉树的最近公共祖先★★
9. LeetCode226——翻转二叉树★
10. LeetCode114——二叉树展开为链表★★
11. LeetCode104——二叉树的最大深度★
12. LeetCode111——二叉树的最小深度★
13. LeetCode993——二叉树的堂兄弟结点★
14. LeetCode515——在每个树行中找最大值★
15. LeetCode513——找树左下角的值★
16. LeetCode101——对称二叉树★
17. LeetCode662——二叉树的最大宽度★★
18. LeetCode112——路径总和★
19. LeetCode257——二叉树的所有路径★
20. LeetCode113——路径总和Ⅱ★★
21. LeetCode105——从先序与中序遍历序列构造二叉树★★
22. LeetCode106——从中序与后序遍历序列构造二叉树★★
23. LeetCode889——根据先序和后序遍历序列构造二叉树★★
24. LeetCode654——最大二叉树★★
25. LeetCode100——相同的树★
26. LeetCode572——另一个树的子树★
27. LeetCode589——N叉树的先根遍历★
28. LeetCode429——N叉树的层次遍历★★

　　图形结构属于复杂的非线性数据结构,在实际应用中很多问题可以用图来描述。在图形结构中,每个元素可以有零个或多个前驱元素,也可以有零个或多个后继元素,也就是说元素之间的关系是多对多的。

　　本章介绍图的基本概念、图的存储结构、图的遍历和相关应用算法设计等内容。

第 8 章 图

8.1 图的基本概念

8.1.1 图的定义

无论多么复杂的图都是由顶点和边构成的。采用形式化的定义，图 G(graph)由两个集合 V(vertex)和 E(edge)组成，记为 $G=(V,E)$，其中 V 是顶点的有限集合，记为 $V(G)$，E 是连接 V 中两个不同顶点(顶点对)的边的有限集合，记为 $E(G)$。

可以用字母或自然数来标识图中的顶点，这里约定用 $i(0 \leqslant i \leqslant n-1)$ 表示第 i 个顶点的编号，其中 n 为图中顶点的个数。当 $E(G)$ 为空集时，图 G 只有顶点，没有边。

在图 G 中，如果表示边的顶点对(或序偶)是有序的，则称 G 为**有向图**(digraph)。在有向图中代表边的顶点对用尖括号括起来，用于表示一条有向边，如 $<i,j>$ 表示从顶点 i 到顶点 j 的一条边，可见 $<i,j>$ 和 $<j,i>$ 是两条不同的边。

在图 G 中，若 $<i,j> \in E(G)$ 必有 $<j,i> \in E(G)$，即 $E(G)$ 是对称的，则用 (i,j) 代替这两个顶点对，表示顶点 i 与顶点 j 的一条无向边，称 G 为**无向图**(undigraph)。显然在无向图中 (i,j) 和 (j,i) 所代表的是同一条边。所以，无向图可以看成有向图的特例。

图 8.1(a)所示为一个无向图 G_1，其顶点集合 $V(G_1)=\{0,1,2,3,4\}$，边集合 $E(G_1)=\{(1,2),(1,3),(1,0),(2,3),(3,0),(2,4),(3,4),(4,0)\}$。

图 8.1(b)所示为一个有向图 G_2，其顶点集合 $V(G_2)=\{0,1,2,3,4\}$，边集合 $E(G_2)=\{<1,2>,<1,3>,<0,1>,<2,3>,<0,3>,<2,4>,<4,3>,<4,0>\}$。

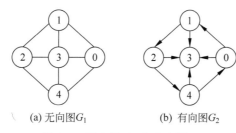

(a) 无向图 G_1　　　(b) 有向图 G_2

图 8.1　无向图 G_1 和有向图 G_2

图的抽象数据类型定义如下：

```
ADT Graph
{ 数据对象:
        D={ a_i | 1≤i≤n,n≥0, a_i 为 ElemType 类型}    //ElemType 是自定义类型标识符
  数据关系:
        R={<a_i,a_j> | a_i,a_j∈D,1≤i,j≤n,其中每个元素可以有零个或多个前驱元素,
           可以有零个或多个后继元素}
  基本运算:
        CreateGraph(&g): 创建图,由相关数据构造一个图 g。
        DestroyGraph(&g): 销毁图,释放为图 g 分配的存储空间。
        DispGraph(g): 输出图,显示图 g 的顶点和边信息。
```

```
    DFS(g,v)：从顶点v出发深度优先遍历图g。
    BFS(g,v)：从顶点v出发广度优先遍历图g。
    ...
}
```

8.1.2 图的基本术语

有关图的各种基本术语如下。

1. 端点和邻接点

在一个无向图中，若存在一条边(i,j)，则称顶点i和顶点j为该边的两个端点(endpoint)，并称它们互为**邻接点**(adjacent)，即顶点i是顶点j的一个邻接点，顶点j也是顶点i的一个邻接点，边(i,j)和顶点i、j关联。关联于相同两个端点的两条或者两条以上的边称为多重边，在数据结构中讨论的图都是指没有多重边的图。

在一个有向图中，若存在一条有向边$<i,j>$(也称为弧)，则称此边是顶点i的一条出边，同时也是顶点j的一条入边，i为此边的**起始端点**(简称起点)，j为此边的**终止端点**(简称终点)，顶点j是顶点i的**出边邻接点**，顶点i是顶点j的**入边邻接点**。

2. 顶点的度、入度和出度

在无向图中，一个顶点所关联的边的数目称为该**顶点的度**(degree)。在有向图中，顶点的度又分为入度和出度，以顶点j为终点的边数目，称为该顶点的**入度**(indegree)。以顶点i为起点的边数目，称为该顶点的**出度**(outdegree)。一个顶点的入度与出度的和为该**顶点的度**。

若一个图中有n个顶点和e条边，每个顶点的度为$d_i(0 \leq i \leq n-1)$，则有：

$$e = \frac{1}{2}\sum_{i=0}^{n-1} d_i$$

也就是说，一个图中所有顶点的度之和等于边数的两倍。因为图中的每条边分别作为两个邻接点的度各计一次。

3. 完全图

若无向图中的每两个顶点之间都存在着一条边，有向图中的每两个顶点之间都存在着方向相反的两条边，则称此图为**完全图**(completed graph)。显然，无向完全图包含$n(n-1)/2$条边，有向完全图包含$n(n-1)$条边。例如，图8.2(a)所示的图是一个具有4个顶点的无向完全图，共有6条边。图8.2(b)所示的图是一个具有4个顶点的有向完全图，共有12条边。

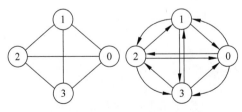

(a) 无向完全图　　　　(b) 有向完全图

图 8.2　两个具有4个顶点的完全图

4. 稠密图和稀疏图

当一个图接近完全图时,称为**稠密图**(dense graph)。相反,当一个图含有较少的边数(例如 $e < n\log_2 n$)时,称为**稀疏图**(sparse graph)。

5. 子图

设有两个图 $G=(V,E)$ 和 $G'=(V',E')$,若 V' 是 V 的子集,即 $V' \subseteq V$,且 E' 是 E 的子集,即 $E' \subseteq E$,则称 G' 是 G 的**子图**(subgraph)。

说明:图 G 的子图一定是个图,所以并非 V 的任何子集 V' 和 E 的任何子集 E' 都能构成 G 的子图,因为这样的 (V',E') 并不一定构成一个图。

6. 路径和路径长度

在一个图 $G=(V,E)$ 中,从顶点 i 到顶点 j 的一条**路径**(path)是一个顶点序列 $(i, i_1, i_2, \cdots, i_m, j)$。若此图是无向图,则边 $(i,i_1),(i_1,i_2),\cdots,(i_{m-1},i_m),(i_m,j)$ 属于 $E(G)$;若此图是有向图,则 $<i,i_1>,<i_1,i_2>,\cdots,<i_{m-1},i_m>,<i_m,j>$ 属于 $E(G)$。**路径长度**(path length)是指一条路径上经过的边的数目。若一条路径上除开始点和结束点可以相同以外,其余顶点均不相同,则称此路径为**简单路径**(simple path)。例如,在图 8.2(b) 中 $(0,2,1)$ 就是一条简单路径,其长度为 2。

7. 回路或环

若一条路径上的开始点与结束点为同一个顶点,则此路径被称为**回路**或**环**(cycle)。开始点与结束点相同的简单路径被称为**简单回路**或**简单环**(simple cycle)。例如,在图 8.2(b) 中 $(0,2,1,0)$ 就是一条简单回路,其长度为 3。

扫一扫

视频讲解

8. 连通、连通图和连通分量

在无向图 G 中,若从顶点 i 到顶点 j 有路径,则称顶点 i 和顶点 j 是**连通的**。若图 G 中的任意两个顶点都是连通的,则称 G 为**连通图**(connected graph),否则称为非连通图。无向图 G 中的极大连通子图称为 G 的**连通分量**(connected component)。显然,连通图的连通分量只有一个(即本身),而非连通图有多个连通分量。

9. 强连通图和强连通分量

在有向图 G 中,若从顶点 i 到顶点 j 有路径,则称从顶点 i 到顶点 j 是**连通的**。若图 G 中的任意两个顶点 i 和 j 都连通,即从顶点 i 到顶点 j 和从顶点 j 到顶点 i 都存在路径,则称图 G 是**强连通图**(strongly connected graph)。有向图 G 中的极大强连通子图称为图 G 的**强连通分量**(strongly connected component)。显然,强连通图只有一个强连通分量(即本身),非强连通图有多个强连通分量。

在一个非强连通图中找强连通分量的方法如下:

(1) 在图中找有向环。

(2) 扩展该有向环:如果某个顶点到该环中的任一顶点有路径,并且该环中的任一顶点到这个顶点也有路径,则加入这个顶点。

例如,图 8.3(a) 所示的是一个非强连通图,其中顶点 0、1、2 构成一个有向环,然后考查顶点 3,可以将它加入,而顶点 4 和 5 不能加入。最后得到 3 个强连通分量,如图 8.3(b) 所示。

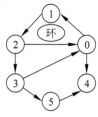
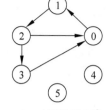

(a) 一个非强连通图　　　　(b) 3个强连通分量

图8.3　一个非强连通图的3个强连通分量

10. 权和网

图中的每一条边都可以附有一个对应的数值,这种与边相关的数值称为**权**。权可以表示从一个顶点到另一个顶点的距离或花费的代价。边上带有权的图称为**带权图**(weighted graph),也称作**网**(net)。例如,图8.4所示为一个带权有向图 G_3。

【**例8.1**】 $n(n \geq 2)$ 个顶点的强连通图至少有多少条边?这样的有向图是什么形状?

解 根据强连通图的定义可知,图中的任意两个顶点 i 和 j 都连通,即从顶点 i 到顶点 j 和从顶点 j 到顶点 i 都存在路径。这样,每个顶点的度 $d_i \geq 2$,设图中总的边数为 e,有:

$$e = \frac{1}{2}\sum_{i=0}^{n-1} d_i \geq \frac{1}{2}\sum_{i=0}^{n-1} 2 = n$$

即 $e \geq n$。因此 n 个顶点的强连通图至少有 n 条边。

而只有 n 条边的强连通图是环形的,即从顶点0到顶点1有一条有向边,从顶点1到顶点2有一条有向边,…,从顶点 $n-1$ 到顶点0有一条有向边,如图8.5所示。

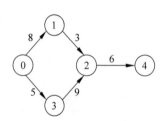
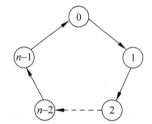

图8.4　一个带权有向图 G_3　　　图8.5　具有 n 个顶点、n 条边的强连通图

8.2　图的存储结构和基本运算算法

图的存储结构除了要存储图中各个顶点本身的信息以外,同时还要存储顶点与顶点之间的所有关系(边的信息)。常用的图的存储结构有邻接矩阵和邻接表。本节主要讨论图的两种存储结构和基本运算算法的设计。

8.2.1　邻接矩阵存储方法

图的**邻接矩阵**(adjacency matrix)是一种采用邻接矩阵数组表示顶点之间相邻关系的

存储结构。设 $G=(V,E)$ 是含有 $n(n>0)$ 个顶点的图,各顶点的编号为 $0\sim(n-1)$,则 G 的邻接矩阵数组 $\boldsymbol{A}$ 是 n 阶方阵,其定义如下。

(1) 如果 G 是不带权无向图,则:
$$\boldsymbol{A}[i][j]=\begin{cases}1 & 若(i,j)\in E(G) \\ 0 & 其他\end{cases}$$

(2) 如果 G 是不带权有向图,则:
$$\boldsymbol{A}[i][j]=\begin{cases}1 & 若<i,j>\in E(G) \\ 0 & 其他\end{cases}$$

(3) 如果 G 是带权无向图,则:
$$\boldsymbol{A}[i][j]=\begin{cases}w_{ij} & 若 i\neq j 且 (i,j)\in E(G),该边的权为 w_{ij} \\ 0 & i=j \\ \infty & 其他\end{cases}$$

(4) 如果 G 是带权有向图,则:
$$\boldsymbol{A}[i][j]=\begin{cases}w_{ij} & 若 i\neq j 且 <i,j>\in E(G),该边的权为 w_{ij} \\ 0 & i=j \\ \infty & 其他\end{cases}$$

例如,图 8.1(a)所示的无向图 G_1 对应邻接矩阵数组 $\boldsymbol{A}_1$,图 8.1(b)所示的有向图 G_2 对应邻接矩阵数组 $\boldsymbol{A}_2$,图 8.4 中的带权有向图 G_3 对应邻接矩阵数组 $\boldsymbol{A}_3$,这 3 个邻接矩阵数组如图 8.6 所示。

$$\boldsymbol{A}_1=\begin{bmatrix}0 & 1 & 0 & 1 & 1 \\ 1 & 0 & 1 & 1 & 0 \\ 0 & 1 & 0 & 1 & 1 \\ 1 & 1 & 1 & 0 & 1 \\ 1 & 0 & 1 & 1 & 0\end{bmatrix} \quad \boldsymbol{A}_2=\begin{bmatrix}0 & 1 & 0 & 1 & 0 \\ 0 & 0 & 1 & 1 & 0 \\ 0 & 0 & 0 & 1 & 1 \\ 0 & 0 & 0 & 0 & 0 \\ 1 & 0 & 0 & 1 & 0\end{bmatrix} \quad \boldsymbol{A}_3=\begin{bmatrix}0 & 8 & \infty & 5 & \infty \\ \infty & 0 & 3 & \infty & \infty \\ \infty & \infty & 0 & \infty & 6 \\ \infty & \infty & 9 & 0 & \infty \\ \infty & \infty & \infty & \infty & 0\end{bmatrix}$$

图 8.6　3 个邻接矩阵数组

图的完整邻接矩阵类型的声明如下:

```
#define MAXV <最大顶点个数>
#define INF 32767                    //定义∞
typedef struct
{   int no;                          //顶点的编号
    InfoType info;                   //顶点的其他信息
} VertexType;                        //顶点的类型
typedef struct
{   int edges[MAXV][MAXV];           //邻接矩阵数组
    int n,e;                         //顶点数,边数
    VertexType vexs[MAXV];           //存放顶点信息
} MatGraph;                          //完整的图邻接矩阵类型
```

邻接矩阵的特点如下:

(1) 图的邻接矩阵表示是唯一的。

(2) 对于含有 n 个顶点的图,当采用邻接矩阵存储时,无论是有向图还是无向图,也无论边的数目是多少,其存储空间都为 $O(n^2)$,所以邻接矩阵适合于存储边的数目较多的稠密图。

(3) 无向图的邻接矩阵数组一定是一个对称矩阵,因此可以采用压缩存储的思想,在存放邻接矩阵数组时只需存放上(或下)三角部分的元素即可。

(4) 对于无向图,邻接矩阵数组的第 i 行或第 i 列非零元素、非∞元素的个数正好是顶点 i 的度。

(5) 对于有向图,邻接矩阵数组的第 i 行(或第 i 列)非零元素、非∞元素的个数正好是顶点 i 的出度(或入度)。

(6) 在邻接矩阵中,判断图中两个顶点之间是否有边或者求两个顶点之间边的权的执行时间为 $O(1)$,所以在需要提取边权值的算法中通常采用邻接矩阵存储结构。

8.2.2 邻接表存储方法

图的**邻接表**(adjacency list)是一种顺序与链式存储相结合的存储方法。

对于含有 n 个顶点的图,每个顶点建立一个单链表,第 $i(0 \leqslant i \leqslant n-1)$ 个单链表中的结点表示关联于顶点 i 的边(对有向图是以顶点 i 为起点的边),也就是将顶点 i 的所有邻接点(对有向图是出边邻接点)链接起来,其中每个结点表示一条边的信息。

每个单链表再附设一个头结点,并将所有头结点构成一个头结点数组 adjlist,adjlist$[i]$ 表示顶点 i 的单链表的头结点,这样就可以通过顶点 i 快速地找到对应的单链表。

在邻接表中有两种类型的结点,一种是头结点,其个数恰好为图中顶点的个数;另一种是边结点,也就是单链表中的结点。对于无向图,边结点的个数等于边数的两倍;对于有向图,边结点的个数等于边数。

边结点和头结点的结构如下:

边结点		
adjvex	nextarc	weight

头结点	
data	firstarc

其中,边结点由 3 个域组成,adjvex 表示与顶点 i 邻接的顶点编号,nextarc 指向下一个边结点,weight 存储与该边相关的信息,例如权值等。头结点由两个域组成,data 存储顶点 i 的名称或其他信息,firstarc 指向顶点 i 的单链表中的首结点。

例如,图 8.1(a)所示的无向图 G_1 对应的邻接表如图 8.7(a)所示,图 8.1(b)所示的有向图 G_2 对应的邻接表如图 8.7(b)所示,图 8.4 中的带权有向图 G_3 对应的邻接表如图 8.7(c)所示。一般情况下,对于不带有权的图,邻接表中的边结点没有画出 weight 域。

图的完整邻接表存储类型的声明如下:

```
typedef struct ANode
{   int adjvex;              //该边的邻接点编号
    struct ANode * nextarc;  //指向下一条边的指针
    int weight;              //该边的相关信息,例如权值(这里用整型表示)
} ArcNode;                   //边结点的类型
typedef struct Vnode
```

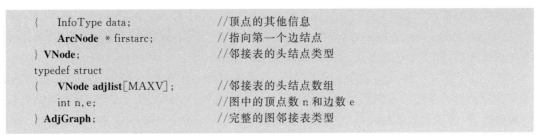

```
{    InfoType data;              //顶点的其他信息
     ArcNode  *firstarc;         //指向第一个边结点
} VNode;                         //邻接表的头结点类型
typedef struct
{    VNode adjlist[MAXV];        //邻接表的头结点数组
     int n,e;                    //图中的顶点数 n 和边数 e
} AdjGraph;                      //完整的图邻接表类型
```

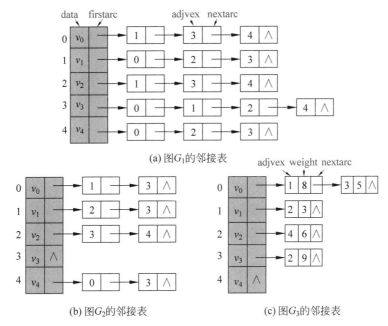

(a) 图 G_1 的邻接表

(b) 图 G_2 的邻接表

(c) 图 G_3 的邻接表

图 8.7　3 个邻接表

由于在有向图的邻接表中只存放了以一个顶点为起点的边，所以不易找到指向该顶点的边，为此可以设计有向图的逆邻接表。所谓**逆邻接表**(inverse adjacency list)，就是每个顶点链接的是指向该顶点的边。例如有向图 G 中有边 $<1,3>$、$<2,3>$、$<4,3>$，则以下标 3 为头结点的单链表包含 1、2 和 4 的结点。

例如，图 8.1(b)所示的有向图 G_2 和图 8.4 中的带权有向图 G_3 对应的逆邻接表分别如图 8.8(a)和图 8.8(b)所示。

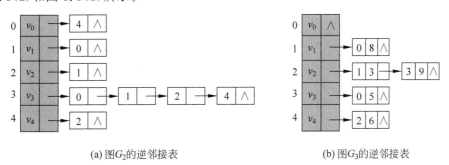

(a) 图 G_2 的逆邻接表

(b) 图 G_3 的逆邻接表

图 8.8　两个逆邻接表

邻接表的特点如下:

(1) 邻接表的表示不唯一,这是因为在每个顶点对应的单链表中各边结点的链接次序可以是任意的,取决于建立邻接表的算法以及边的输入次序。

(2) 对于有 n 个顶点和 e 条边的无向图,其邻接表有 n 个头结点和 $2e$ 个边结点;对于有 n 个顶点和 e 条边的有向图,其邻接表有 n 个头结点和 e 个边结点。显然,对于边数目较少的稀疏图,邻接表比邻接矩阵更节省存储空间。

(3) 对于无向图,邻接表中顶点 i 对应的第 i 个单链表的边结点数目正好是顶点 i 的度。

(4) 对于有向图,邻接表中顶点 i 对应的第 i 个单链表的边结点数目仅是顶点 i 的出度。顶点 i 的入度为邻接表中所有 adjvex 域值为 i 的边结点数目。

(5) 在邻接表中,查找顶点 i 关联的所有边是非常快速的,所以在需要提取某个顶点的所有邻接点的算法中通常采用邻接表存储结构。

8.2.3 图的基本运算算法设计

扫一扫
视频讲解

这里介绍创建图、输出图和销毁图的基本运算算法设计。对于邻接矩阵实现相关算法是十分容易的,下面讨论邻接表的相关算法设计。

1. 创建图的运算算法

根据邻接矩阵数组 A、顶点个数 n 和边数 e 来建立图的邻接表 G(采用邻接表指针方式)。首先为邻接表分配 G 的存储空间,并将所有头结点的 firstarc 指针设置为空。遍历数组 A 查找不为 0、不为 ∞ 的元素,若找到这样的元素 $A[i][j]$,创建一个 adjvex 域为 j、weight 域为 $A[i][j]$ 的边结点,采用头插法将它插入第 i 个单链表中。算法如下:

```
void CreateAdj(AdjGraph * &G,int A[MAXV][MAXV],int n,int e) //创建图的邻接表
{   int i,j; ArcNode * p;
    G=(AdjGraph * )malloc(sizeof(AdjGraph));
    for (i=0;i<n;i++)                                         //所有头结点指针域置为空
        G->adjlist[i].firstarc=NULL;
    for (i=0;i<n;i++)                                         //遍历邻接矩阵
    {   for (j=n-1;j>=0;j--)
            if (A[i][j]!=0 && A[i][j]!=INF)                   //存在一条边<i,j>
            {   p=(ArcNode * )malloc(sizeof(ArcNode));        //创建一个结点 p
                p->adjvex=j;                                  //存放邻接点
                p->weight=A[i][j];                            //存放权
                p->nextarc=G->adjlist[i].firstarc;            //采用头插法插入结点 p
                G->adjlist[i].firstarc=p;
            }
    }
    G->n=n; G->e=e;
}
```

2. 输出图的运算算法

遍历邻接表 G 的头结点数组 adjlist,对于每个单链表,先输出头结点的顶点信息(这里输出顶点编号),然后逐一输出单链表中的所有结点的顶点编号。算法如下:

```
void DispAdj(AdjGraph * G)              //输出邻接表G
{   int i;ArcNode * p;
    for (i=0;i<G->n;i++)
    {   p=G->adjlist[i].firstarc;
        printf("%3d: ",i);
        while (p!=NULL)
        {   printf("%3d[%d]→",p->adjvex,p->weight);
            p=p->nextarc;
        }
        printf("∧\n");
    }
}
```

3. 销毁图的运算算法

对于邻接表 G,遍历其头结点数组 adjlist 指向的所有单链表,逐一释放单链表中的边结点,最后释放头结点数组。算法如下:

```
void DestroyAdj(AdjGraph * &G)              //销毁邻接表
{   int i;ArcNode * pre, * p;
    for (i=0;i<G->n;i++)                    //遍历所有的单链表
    {   pre=G->adjlist[i].firstarc;         //p指向第i个单链表的首结点
        if (pre!=NULL)
        {   p=pre->nextarc;
            while (p!=NULL)                 //释放第i个单链表的所有边结点
            {   free(pre);
                pre=p; p=p->nextarc;
            }
            free(pre);
        }
    }
    free(G);                                //释放头结点数组
}
```

说明:将图的两种存储结构的声明代码存放在 graph.h 头文件中,将图的基本运算算法代码存放在 graph.cpp 文件中。

【**例 8.2**】 对于具有 n 个顶点的带权图 G:

(1) 设计一个将邻接矩阵转换为邻接表的算法;
(2) 设计一个将邻接表转换为邻接矩阵的算法;
(3) 分析上述两个算法的时间复杂度。

解 (1) 在图 G 的邻接矩阵 g 中查找值不为 0、不为 ∞ 的元素,若找到这样的元素,例如 g.edges[i][j],表示存在一条边,创建一个 adjvex 域为 j 的边结点,采用头插法将它插入第 i 个单链表中。算法如下:

```
void MatToList(MatGraph g, AdjGraph * &G)    //将邻接矩阵g转换成邻接表G
{   int i,j;
```

```
    ArcNode *p;
    G=(AdjGraph *)malloc(sizeof(AdjGraph));
    for (i=0;i<g.n;i++)                             //所有头结点指针域置空
        G->adjlist[i].firstarc=NULL;
    for (i=0;i<g.n;i++)                             //检查邻接矩阵中的每个元素
    {   for (j=g.n-1;j>=0;j--)
            if (g.edges[i][j]!=0&& g.edges[i][j]!=INF)  //存在一条边
            {   p=(ArcNode *)malloc(sizeof(ArcNode));   //创建一个边结点p
                p->adjvex=j; p->weight=g.edges[i][j];
                p->nextarc=G->adjlist[i].firstarc;      //采用头插法插入结点p
                G->adjlist[i].firstarc=p;
            }
    }
    G->n=g.n;G->e=g.e;
}
```

(2) 假设初始时邻接矩阵 g 中的所有主对角元素为 0,其他元素为∞,遍历邻接表 G 的所有单链表,通过第 i 个单链表查找顶点 i 的相邻结点 p,将邻接矩阵 g 中的元素 g.edges[i][p->adjvex]修改为该边的权 p->weight。算法如下:

```
void ListToMat(AdjGraph *G, MatGraph &g)            //将邻接表 G 转换成邻接矩阵 g
{   int i;
    ArcNode *p;
    for (i=0;i<G->n;i++)                            //扫描所有的单链表
    {   p=G->adjlist[i].firstarc;                   //p 指向第 i 个单链表的首结点
        while (p!=NULL)                             //扫描第 i 个单链表
        {   g.edges[i][p->adjvex]=p->weight;
            p=p->nextarc;
        }
    }
    g.n=G->n;g.e=G->e;
}
```

(3) 算法(1)中有两重 for 循环,其时间复杂度为 $O(n^2)$。算法(2)中虽然有两重循环,但只对邻接表的所有头结点和边结点访问一次,对于无向图,访问次数为 $n+2e$;对于有向图,访问次数为 $n+e$,所以算法(2)的时间复杂度为 $O(n+e)$,其中 e 为图的边数。

8.2.4 其他存储方法

1. 十字链表

十字链表(orthogonal list)是有向图的另外一种存储结构,它是邻接表和逆邻接表的结合。下面以图 8.9(a)所示的有向图来说明十字链表的创建过程。

(1) 图中的每个顶点对应一个头结点,结构为(data,firstin,firstout),其中 data 表示该顶点的信息;firstin 表示入边信息;firstout 表示出边信息。这里有 4 个顶点,构造 4 个头结点,编号为 0~3,与顶点的编号相对应,如图 8.9(b)所示。

(2) 图中的每条边对应一个边结点,结构为(tailvex,headvex,hlink,tlink,weight),其中 tailvex 和 headvex 分别表示该边的起点和终点;hlink 指向相同起点的下一个边结点;

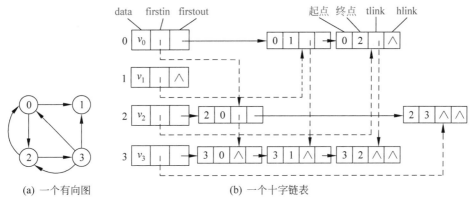

(a) 一个有向图　　　　(b) 一个十字链表

图 8.9　一个有向图的十字链表

tlink 指向相同终点的下一个边结点；weight 表示该边的信息,例如权(这里没有画出来)。该图有 7 条边,构造 7 个边结点,首先标出起点和终点。

(3) 构造横向链接：对于顶点 0,以它为起点的边有(0,1)和(0,2),让头结点 0 的 firstout 指向(0,1)边结点,让(0,1)边结点的 hlink 指向(0,2)边结点,(0,2)边结点的 hlink 置为空。对于其他顶点,采用类似方法构建,与邻接表的构造过程类似,如图 8.9(b)中的实线箭头。

(4) 构造纵向链接：对于顶点 0,以它为终点的边有(2,0)和(3,0),让头结点 0 的 firstin 指向(2,0)边结点,让(2,0)边结点的 tlink 指向(3,0)边结点,(3,0)边结点的 tlink 置为空。对于其他顶点,采用类似方法构建,与逆邻接表的构造过程类似,如图 8.9(b)中的虚线箭头。

在图的十字链表表示中,既容易找到以顶点 v 为起点的所有边(方便求其出度),也容易找到以顶点 v 为终点的所有边(方便求其入度)。

2. 邻接多重表

邻接多重表(adjacency multi-list)是无向图的另外一种存储结构,与十字链表类似。下面以图 8.10(a)所示的无向图来说明邻接多重表的创建过程。

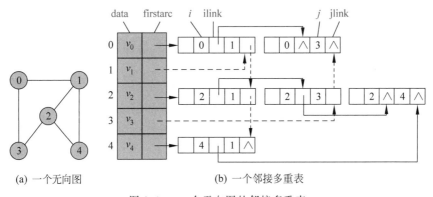

(a) 一个无向图　　　　(b) 一个邻接多重表

图 8.10　一个无向图的邻接多重表

(1) 图中的每个顶点对应一个头结点,结构为(data,firstarc),其中 data 表示该顶点的信息；firstarc 指向第一条依附该顶点的边。这里有 5 个顶点,构造 5 个头结点,编号为 0～4,与顶点的编号相对应。

（2）图中的每条边对应一个边结点，结构为(mark,i,ilink,j,jlink,weight)，其中mark为标志域，可用来标记该边是否被搜索过（这里均为空）；i、j表示该边的两个顶点；ilink指向下一条依附于顶点i的边结点；jlink指向下一条依附于顶点j的边结点；weight表示该边的信息，例如权（这里没有画出来）。该图有6条边，构造6个边结点，首先标出依附的顶点，如图8.10(b)所示。注意，由于是无向图，边$<i,j>$和$<j,i>$只构造一个边结点。

（3）构造链接：对于顶点0，依附的有边(0,1)和(0,3)，让头结点0的firstarc指向(0,1)边结点，让(0,1)边结点的ilink指向(0,3)边结点，(0,3)边结点的ilink置为空，在图8.10(b)中用实线箭头表示。

对于顶点1，依附的有边(0,1)、(2,1)和(4,1)，让头结点1的firstarc指向(0,1)边结点，让(0,1)边结点的jlink指向(2,1)边结点，(2,1)边结点的jlink指向(4,1)边结点，(4,1)边结点的jlink置为空，在图8.10(b)中用实线箭头表示。

对于顶点2，依附的有边(2,1)、(2,3)和(2,4)，让头结点2的firstarc指向(2,1)边结点，让(2,1)边结点的ilink指向(2,3)边结点，(2,3)边结点的ilink指向(2,4)边结点，(2,4)边结点的ilink置为空。

对于顶点3，依附的有边(2,3)和(0,3)，让头结点3的firstarc指向(2,3)边结点，让(2,3)边结点的jlink指向(0,3)边结点，(0,3)边结点的jlink置为空。

对于顶点4，依附的有边(4,1)和(2,4)，让头结点4的firstarc指向(4,1)边结点，让(4,1)边结点的ilink指向(2,4)边结点，(2,4)边结点的jlink置为空。

在邻接多重表中，所有依附于同一顶点的边串联在同一个链表中。与邻接表相比，邻接表中的同一条边对应两个边结点，而邻接多重表中只有一个边结点，它们的各种基本操作是相似的。

8.3 图的遍历

8.3.1 图的遍历的概念

从给定图中任意指定的顶点（称为初始点）出发，按照某种搜索方法沿着图的边访问图中的所有顶点，使每个顶点仅被访问一次，这个过程称为**图的遍历**。如果给定图是连通的无向图或者是强连通的有向图，则遍历过程一次就能完成，并可按访问的先后顺序得到由该图的所有顶点组成的一个序列。

图的遍历比树的遍历更复杂，因为从树根到达树中的任意结点只有一条路径，而从图的初始点到达图中的每个顶点可能存在着多条路径。当沿着图中的一条路径访问过某一顶点之后，可能还沿着另一条路径回到该顶点，即存在回路。为了避免同一个顶点被重复访问，大家必须记住每个被访问过的顶点。为此可设置一个访问标记数组visited，当顶点i被访问过时，将数组中的元素visited$[i]$置为1，否则置为0。

根据搜索方法的不同,图的遍历方法有两种:一种叫**深度优先遍历**(depth first search,DFS),另一种叫**广度优先遍历**(breadth first search,BFS)。

8.3.2 深度优先遍历

从图中某个初始点 v 出发进行深度优先遍历的过程如下:

(1) 先访问顶点 v。

(2) 选择一个与顶点 v 相邻且没被访问过的顶点 w,再从 w 出发进行深度优先遍历。

(3) 当 w 没有相邻点或者 w 的所有相邻点均已访问,则从 w 回退(回溯)到顶点 v,再选择一个与顶点 v 相邻且没被访问过的顶点 w_1。继续上述过程,直到图中与初始顶点 v 邻接的所有顶点都被访问过为止。

例如,对于图 8.4 所示的有向图,从顶点 0 开始进行深度优先遍历,可以得到以下访问序列:0 1 2 4 3,0 3 2 4 1。

以邻接表为存储结构的深度优先遍历算法如下(其中 v 是初始点,visited 是一个全局数组,初始时所有元素均为 0,表示所有顶点尚未被访问过):

```
int visited[MAX]={0};              //全局数组
void DFS(AdjGraph * G,int v)       //深度优先遍历算法
{   ArcNode * p;
    visited[v]=1;                  //置已访问标记
    printf("%d ",v);               //输出被访问顶点的编号
    p=G->adjlist[v].firstarc;      //p 指向顶点 v 的第一个邻接点
    while (p!=NULL)
    {   if (visited[p->adjvex]==0) //若 p->adjvex 顶点未被访问,递归访问它
            DFS(G,p->adjvex);
        p=p->nextarc;              //p 指向顶点 v 的下一个邻接点
    }
}
```

以邻接矩阵为存储结构的深度优先遍历算法与此类似,这里不再列出。

下面以图 8.7(a)所示的邻接表为例调用 DFS 算法,假设初始点 $v=2$,调用 DFS(G,2)的执行过程如下。

① DFS(G,2):访问顶点 2,找顶点 2 的相邻顶点 1,它未被访问过,转②;

② DFS(G,1):访问顶点 1,找顶点 1 的相邻顶点 0,它未被访问过,转③;

③ DFS(G,0):访问顶点 0,找顶点 0 的相邻顶点 1,它已被访问,找下一个相邻顶点 3,它未被访问过,转④;

④ DFS(G,3):访问顶点 3,找顶点 3 的相邻顶点 0、1、2,它们均已被访问,找下一个相邻顶点 4,它未被访问过,转⑤;

⑤ DFS(G,4):访问顶点 4,找顶点 4 的相邻顶点,所有相邻顶点均已被访问,退出 DFS(G,4),转⑥;

⑥ 继续 DFS(G,3):顶点 3 的所有后继相邻顶点均已被访问,退出 DFS(G,3),转⑦;

⑦ 继续 DFS(G,0):顶点 0 的所有后继相邻顶点均已被访问,退出 DFS(G,0),转⑧;

⑧ 继续 DFS(G,1):顶点 1 的所有后继相邻顶点均已被访问,退出 DFS(G,1),转⑨;

⑨ 继续 DFS(G,2):顶点 2 的所有后继相邻顶点均已被访问,退出 DFS(G,2),转⑩;

⑩ 遍历结束。

如图 8.11 所示，从顶点 2 出发的深度优先访问序列是 2 1 0 3 4。

对于具有 n 个顶点、e 条边的有向图或无向图，DFS 算法对图中的每个顶点最多调用一次，因此其递归调用总次数为 n。当访问某个顶点 v 时，DFS 的时间主要花在从该顶点出发查找它的邻接点上。当用邻接表表示图时，需要遍历该顶点的所有邻接点，所以 DFS 算法的总时间为 $O(n+e)$；当用邻接矩阵表示图时，需要遍历该顶点行的所有元素，所以 DFS 的总时间为 $O(n^2)$。

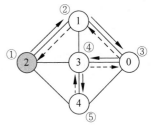

图 8.11　DFS(G,2) 的执行过程

8.3.3　广度优先遍历

从图中某个初始点 v 出发进行广度优先遍历的过程是先访问顶点 v，接着访问顶点 v 的所有未被访问过的邻接点 $v_1,v_2,\cdots,v_t$，然后按照 $v_1,v_2,\cdots,v_t$ 的次序访问每一个顶点的所有未被访问过的邻接点，以此类推，直到图中所有和初始点 v 有路径相通的顶点都被访问过为止。

例如，对于图 8.4 所示的有向图，从顶点 0 开始进行广度优先遍历，可以得到以下访问序列：0 1 3 2 4，0 3 1 2 4。

以邻接表为存储结构，在用广度优先遍历图时需要使用一个队列，这里采用环形队列，以类似于二叉树的层次遍历方式来遍历图。对应的算法如下（其中 v 是初始点）：

```
void BFS(AdjGraph *G,int v)
{   int w,i;ArcNode *p;
    SqQueue *qu;                              //定义环形队列指针
    InitQueue(qu);                            //初始化队列
    int visited[MAXV];                        //定义顶点访问标记数组
    for (i=0;i<G->n;i++) visited[i]=0;        //访问标记数组初始化
    printf("%2d",v);                          //输出访问顶点的编号
    visited[v]=1;                             //设置已访问标记
    enQueue(qu,v);
    while (!QueueEmpty(qu))                   //队不空时循环
    {   deQueue(qu,w);                        //出队一个顶点 w
        p=G->adjlist[w].firstarc;             //指向 w 的第一个邻接点
        while (p!=NULL)                       //查找 w 的所有邻接点
        {   if (visited[p->adjvex]==0)        //若当前邻接点未被访问
            {   printf("%2d",p->adjvex);      //访问该邻接点
                visited[p->adjvex]=1;         //设置已访问标记
                enQueue(qu,p->adjvex);        //该顶点进队
            }
            p=p->nextarc;                     //找下一个邻接点
        }
    }
    printf("\n");
}
```

以邻接矩阵为存储结构的广度优先遍历算法与此类似,这里不再列出。

下面以图8.7(a)所示的邻接表为例调用BFS算法,假设初始点$v=2$,调用BFS(G,2)的执行过程如下。

① 访问顶点2,2进队,转②;

② 第1次循环:顶点2出队,找其第一个相邻顶点1,它未被访问过,访问之并将1进队;找顶点2的下一个相邻顶点3,它未被访问过,访问之并将3进队;找顶点2的下一个相邻顶点4,它未被访问过,访问之并将4进队,转③;

③ 第2次循环:顶点1出队,找其第一个相邻顶点0,它未被访问过,访问之并将0进队;找顶点1的下一个相邻顶点2,它被访问过;找顶点1的下一个相邻顶点3,它被访问过,转④;

④ 第3次循环:顶点3出队,依次找其相邻顶点0、1、2、4,它们均已被访问过,转⑤;

⑤ 第4次循环:顶点4出队,依次找其相邻顶点0、2、3,它们均已被访问过,转⑥;

⑥ 第5次循环:顶点0出队,依次找其相邻顶点1、3、4,它们均已被访问过,转⑦;

⑦ 此时队列为空,遍历结束。

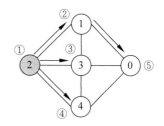

图8.12 BFS(G,2)的执行过程

如图8.12所示,从顶点2出发的广度优先遍历序列是 2 1 3 4 0。

对于具有n个顶点、e条边的有向图或无向图,在BFS算法中每个顶点都进队出队一次。当图采用邻接表表示图时,BFS算法的总时间为$O(n+e)$;当图采用邻接矩阵表示图时,BFS算法的总时间为$O(n^2)$。

8.3.4 非连通图的遍历

前面讨论了图的两种遍历方法,对于无向图来说,若是连通图,则一次遍历能够访问到图中的所有顶点;若无向图是非连通图,则只能访问到初始点所在连通分量中的所有顶点,其他连通分量中的顶点是不可能访问到的。为此需要从其他每个连通分量中选择初始点分别进行遍历,这样才能够访问到图中的所有顶点。

对于有向图来说,若从初始点到图中的每个顶点都有路径,则能够访问到图中的全部顶点;否则不能访问到图中全部顶点。

采用深度优先遍历非连通无向图的算法如下:

```
DFS1(AdjGraph *G)
{   int i;
    for (i=0;i<G->n;i++)
        if (visited[i]==0) DFS(G,i);
}
```

采用广度优先遍历非连通无向图的算法如下:

```
BFS1(AdjGraph * G)
{   int i;
    for (i=0;i<G->n;i++)
        if (visited[i]==0) BFS(G,i);
}
```

【例8.3】 假设图 G 采用邻接表存储,设计一个算法,判断无向图 G 是否为连通图。若是连通图,返回 true,否则返回 false。

解 可采用某种遍历方式判断无向图 G 是否为连通图。这里用深度优先遍历方法,先给 visited 数组(为全局变量)的所有元素置初值0,然后从顶点0开始遍历该图。在一次遍历之后,若所有顶点 i 的 visited[i] 均为1,则该图是连通图,否则是非连通图。对应的算法如下:

```
bool Connect(AdjGraph * G)          //判断无向图 G 的连通性
{   int i;
    bool flag=true;
    for (i=0;i<G->n;i++)             //给 visited 数组设置初值
        visited[i]=0;
    DFS(G,0);                        //调用前面的 DFS 算法,从顶点0开始深度优先遍历
    for (i=0;i<G->n;i++)
    {   if (visited[i]==0)           //若有顶点没有被访问到,说明是非连通图
        {   flag=false;
            break;
        }
    }
    return flag;
}
```

8.3.5 图遍历算法的应用

图遍历主要有深度优先遍历和广度优先遍历两种方法,下面讨论这两种遍历方法在图算法设计中的应用及其差异。

1. 基于深度优先遍历算法的应用

图的深度优先遍历过程是从初始点 v 出发,以纵向方式一步一步向前访问各个顶点的,一旦找不到相邻未访问的顶点就回退。这种思路常用于图查找算法中。

【例8.4】 假设图 G 采用邻接表存储,设计一个算法判断图 G 中从顶点 u 到顶点 v 是否存在简单路径。

解 所谓简单路径是指路径上的顶点不重复。采用深度优先遍历的方法,设 $f(G,u,v)$ 表示从顶点 u 到顶点 v 是否存在简单路径,从顶点 u 出发遍历到顶点 v 的过程如图8.13所示,若找到终点 v 则返回 true。

从递归角度看,$f(G,u,v)$ 是大问题,从顶点 u 出发找到一个相邻未访问的顶点 w,那么 $f(G,w,v)$ 是小问题。若执行 $f(G,w,v)$ 时返回 true,说明顶点 w 到顶点 v 存在简单路径,又由于存在边$<u,w>$,则顶点 u 到顶点 v 存在简单路径,即 $f(G,u,v)$ 为 true,如图8.14

所示。如果对于顶点 u 的所有相邻点 w 执行 $f(G,w,v)$ 时均返回 false,则顶点 u 到顶点 v 不存在简单路径,即 $f(G,u,v)$ 为 false。

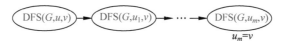

图 8.13　从顶点 u 到顶点 v 的深度优先遍历过程

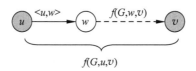

图 8.14　查找从顶点 u 到顶点 v 是否存在简单路径

对应的算法如下：

```
bool ExistPath(AdjGraph *G, int u, int v)
{   int w; ArcNode *p;
    visited[u]=1;                   //置已访问标记
    if (u==v) return true;          //找到了一条路径,返回 true
    p=G->adjlist[u].firstarc;       //p 指向顶点 u 的第一个邻接点
    while (p!=NULL)
    {   w=p->adjvex;                //w 为顶点 u 的邻接点
        if (visited[w]==0)          //若 w 顶点未访问
        {   if (ExistPath(G,w,v))   //若从顶点 w 出发找到到达顶点 v 的路径
                return true;        //返回 true
        }
        p=p->nextarc;               //p 指向顶点 u 的下一个邻接点
    }
    return false;                   //不存在 u 到 v 的路径,返回 false
}
```

其中粗体部分对应深度优先遍历过程。

【例 8.5】 假设图 G 采用邻接表存储,设计一个算法输出图 G 中从顶点 u 到顶点 v 的一条简单路径(假设图 G 中从顶点 u 到顶点 v 至少有一条简单路径)。

解 采用深度优先遍历方法,从顶点 u 出发找到顶点 v 的一条路径的过程如图 8.15 所示。为此在深度优先遍历算法的基础上增加 v、path 和 d 几个形参,其中 path 存放顶点 u 到顶点 v 的路径,d 表示 path 中的路径长度,其初值为 -1。当从顶点 u 遍历到顶点 v 后,输出 path[0..d] 并返回。查找从顶点 u 到顶点 v 的一条简单路径的过程如图 8.16 所示。

图 8.15　从顶点 u 到顶点 v 采用深度优先遍历找路径的过程

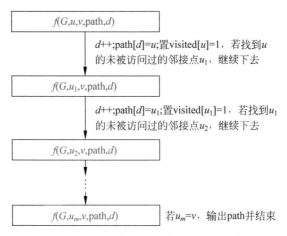

图 8.16 查找从顶点 u 到顶点 v 的一条简单路径

对应的算法如下：

```
void FindaPath(AdjGraph * G,int u,int v,int path[],int d)
{  //d 表示 path 中的路径长度,初始值为 -1
    int w,i;ArcNode * p;
    visited[u]=1;
    d++; path[d]=u;                    //路径长度 d 增 1,顶点 u 加入路径中
    if (u==v)                           //找到一条路径后输出并返回
    {   for (i=0;i<=d;i++)
            printf("%d ",path[i]);
        printf("\n");
        return;
    }
    p=G->adjlist[u].firstarc;           //p 指向顶点 u 的第一个邻接点
    while (p!=NULL)
    {   w=p->adjvex;                    //邻接点的编号为 w
        if (visited[w]==0)
            FindaPath(G,w,v,path,d);
        p=p->nextarc;                   //p 指向顶点 u 的下一个邻接点
    }
}
```

【例 8.6】 假设图 G 采用邻接表存储,设计一个算法输出图 G 中从顶点 u 到顶点 v 的所有简单路径(假设图 G 中从顶点 u 到顶点 v 至少有一条简单路径)。

解 本题利用带回溯的深度优先遍历方法,由于在遍历过程中每个顶点只访问一次,所以这条路径必定是一条简单路径。在深度优先遍历算法的基础上增加 v、path 和 d 几个形参,其中 path 存放顶点 u 到顶点 v 的路径,d 表示 path 中的路径长度,其初值为 -1。

当从顶点 u 出发遍历时,先将 visited[u]置为 1,并将 u 加到路径 path 中,如果满足顶点 u 就是终点 v 的条件,则表示找到了一条从顶点 u 到顶点 v 的简单路径,输出 path[0..d]。再从终点 v 回退(置 v 的访问标记为 0)继续找其他路径,也就是说允许曾经访问过的顶点出现在另外的路径中。查找从顶点 u 到顶点 v 的所有简单路径的过程如图 8.17 所示。

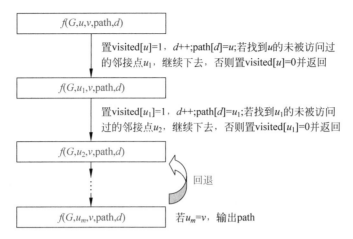

图 8.17 查找从顶点 u 到顶点 v 的所有简单路径

对应的算法如下：

```
void FindAllPath(AdjGraph * G,int u,int v,int path[],int d)
{   //d 表示 path 中的路径长度,初始值为−1
    int w,i;ArcNode * p;
    d++; path[d]=u;                      //路径长度 d 增 1,顶点 u 加入路径中
    visited[u]=1;                         //设置已访问标记
    if (u==v)                             //若找到一条路径则输出
    {   for (i=0;i<=d;i++)
            printf("%2d",path[i]);
        printf("\n");
        visited[u]=0;                     //恢复环境,使终点可重新访问
        return;
    }
    p=G->adjlist[u].firstarc;             //p 指向顶点 u 的第一个邻接点
    while (p!=NULL)
    {   w=p->adjvex;                      //w 为顶点 u 的邻接点
        if (visited[w]==0)                //若 w 顶点未被访问,递归访问它
            FindAllPath(G,w,v,path,d);
        p=p->nextarc;                     //p 指向顶点 u 的下一个邻接点
    }
    visited[u]=0;                         //恢复环境,使该顶点可重新访问
}
```

【例 8.7】 假设图 G 采用邻接表存储,设计一个算法,输出图 G 中从顶点 u 到顶点 v 的长度为 l 的所有简单路径。

解 其遍历思路和上例相似,只需将路径的输出条件改为 $u==v$ 且 $d==l$。查找从顶点 u 到顶点 v 的所有长度为 l 的简单路径的过程如图 8.18 所示。

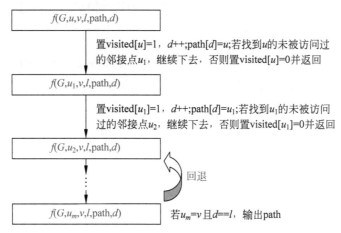

图 8.18 查找从顶点 u 到顶点 v 的所有长度为 l 的简单路径

对应的算法如下：

```
void PathlenAll(AdjGraph * G,int u,int v,int l,int path[ ],int d)
{ //d 表示 path 中的路径长度,初始值为-1
    int w,i; ArcNode * p;
    visited[u]=1;
    d++; path[d]=u;              //路径长度 d 增 1,顶点 u 加入路径中
    if (u==v && d==l)            //输出一条路径
    {   printf("  ");
        for (i=0;i<=d;i++)
            printf("%d ",path[i]);
        printf("\n");
        visited[u]=0;            //恢复环境,使终点可重新访问
        return;
    }
    p=G->adjlist[u].firstarc;    //p 指向顶点 u 的第一个邻接点
    while (p!=NULL)
    {   w=p->adjvex;             //w 为 u 的邻接点
        if (visited[w]==0)       //若该顶点未标记访问,则递归访问之
            PathlenAll(G,w,v,l,path,d);
        p=p->nextarc;            //p 指向顶点 u 的下一个邻接点
    }
    visited[u]=0;                //恢复环境,使该顶点可重新访问
}
```

设计以下主函数：

```
int main()
{   int path[MAXV];
    int u=1,v=4,l=3;
    int n=5, e=8;
    int A[MAXV][MAXV]={{0,1,0,1,1},{1,0,1,1,0},
                       {0,1,0,1,1},{1,1,1,0,1},{1,0,1,1,0}};
```

```
    AdjGraph *G;
    CreateAdj(G,A,n,e);                    //建立图8.1(a)所示无向图的邻接表
    for (int i=0;i<n;i++)                  //visited 数组置初值
        visited[i]=0;
    printf("图 G:\n");DispAdj(G);          //输出邻接表
    printf("从顶点%d 到顶点%d 的所有长度为%d 的路径:\n",u,v,l);
    PathAll(G,u,v,l,path,-1);
    printf("\n");
    DestroyAdj(G);                         //销毁邻接表
    return 1;
}
```

程序的执行结果如下:

```
图 G:
  0: 1[1] →3[1] →4[1] → ∧
  1: 0[1] →2[1] →3[1] → ∧
  2: 1[1] →3[1] →4[1] → ∧
  3: 0[1] →1[1] →2[1] →4[1] → ∧
  4: 0[1] →2[1] →3[1] → ∧
从顶点 1 到顶点 4 的所有长度为 3 的路径:
  1 0 3 4
  1 2 3 4
  1 3 0 4
  1 3 2 4
```

【例 8.8】 假设有向图 G 采用邻接表存储,设计一个算法,求图中通过某顶点 k 的所有简单回路(若存在),并输出如图 8.19 所示的有向图的邻接表和通过顶点 0 的所有简单回路。

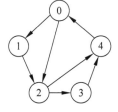

图 8.19 一个有向图

解 所谓简单回路是指路径上的顶点不重复,但第一个顶点与最后一个顶点相同的回路。利用带回溯的深度优先搜索方法从顶点 u 开始搜索与之相邻的顶点 w,若 w 等于顶点 v,且路径长度大于 1,表示找到了一条回路,输出 path 数组,然后继续搜索顶点 u 的未访问的邻接点查找其他回路。对应的算法如下:

视频讲解

```
int visited[MAXV];                          //全局变量
void DFSPath(AdjGraph *G,int u,int v,int path[],int d)
{   //d 表示 path 中的路径长度,初始为-1
    int w,i;ArcNode *p;
    visited[u]=1;
    d++;path[d]=u;
    p=G→adjlist[u].firstarc;                //p 指向顶点 u 的第一个邻接点
    while (p!=NULL)
    {   w=p→adjvex;                         //顶点 w 为顶点 u 的邻接点
        if (w==v && d>1)                    //找到一个回路,输出之
        {   printf("  ");
            for (i=0;i<=d;i++)
                printf("%d ",path[i]);
            printf("%d \n",v);
```

```
            }
            if (visited[w]==0)              //若顶点 w 未被访问,则递归访问之
                DFSPath(G,w,v,path,d);
            p=p->nextarc;                   //找顶点 u 的下一个邻接点
        }
        visited[u]=0;                       //恢复环境,使该顶点可重新访问
    }
    void FindCyclePath(AdjGraph *G,int k)   //输出经过顶点 k 的所有回路
    {   int path[MAXV];
        DFSPath(G,k,k,path,-1);
    }
```

设计以下主函数:

```
int main()
{   int n=5, e=7;
    int A[MAXV][MAXV]={
        {0,1,1,0,0},{0,0,1,0,0},{0,0,0,1,1},{0,0,0,0,1},{1,0,0,0,0}};
    AdjGraph *G;
    CreateAdj(G,A,n,e);                     //建立图 8.19 所示有向图的邻接表
    for (int i=0;i<n;i++)                   //visited 数组置初值
        visited[i]=0;
    printf("图 G:\n");DispAdj(G);            //输出邻接表
    int k=0;
    printf("图 G 中经过顶点%d 的所有回路:\n",k);
    FindCyclePath(G,k);
    printf("\n");
    DestroyAdj(G);                          //销毁邻接表
    return 1;
}
```

程序的执行结果如下:

```
图 G:
  0:  1[1]  →2[1]  →∧
  1:  2[1]  →∧
  2:  3[1]  →4[1]  →∧
  3:  4[1]  →∧
  4:  0[1]  →∧
图 G 中经过顶点 0 的所有回路:
  0 1 2 3 4 0
  0 1 2 4 0
  0 2 3 4 0
  0 2 4 0
```

2. 基于广度优先遍历算法的应用

图的广度优先遍历算法是从初始点 u 出发,以横向方式一步一步向前访问各个顶点的,即访问过程是一层一层地向前推进的。从图 8.12 看到,每次都是从一个顶点 u 出发找所有相邻的未访问过的顶点 u_1、u_2、$\cdots$、u_m,并按 $u_1,u_2,\cdots,u_m$ 的次序依次进队。如果按上述过程从顶点 u 出发访问到顶点 v,对应的路径恰好是一条从顶点 u 到顶点 v 的最短路径。

第 8 章 图

【**例 8.9**】 假设图 G 采用邻接表存储,设计一个算法求不带权连通图 G 中从顶点 u 到顶点 v 的最短路径长度(这里的路径长度为路径上经过的边数)。

解法 1:采用基本广度优先遍历算法求解,从顶点 u 出发进行广度优先遍历,即从顶点 u 出发一层一层地向外扩展,当访问到顶点 v 时对应的路径就是最短路径。那么如何保存最短路径长度呢?由于路径中每个顶点有唯一的前驱顶点,为此每个顶点进队时不仅保存该顶点的编号,还保存从顶点 u 到达该顶点的最短路径长度。这里不必求出最短路径,所以采用环形队列,其元素类型声明如下:

扫一扫

视频讲解

```
typedef struct
{   int v;                              //顶点的编号
    int dist;                           //路径的长度
} QUEUE1;                               //环形队列的元素类型
```

在广度优先遍历中,如果出队元素 e,若 e.v=v,则 e.dist 就是初始顶点 u 到顶点 v 的最短路径长度,返回 e.dist;否则找到顶点 u 的每个未访问过的顶点 w,建立队列元素 e1,置 e1.v=w,e1.dist=e.dist+1,并将 e1 进队。对应的算法如下:

```
int shortpathlen(AdjGraph * G,int u,int v)    //求顶点 u 到顶点 v 的最短逆路径长度
{   ArcNode * p;
    SqQueue * qu;                             //定义环形队列(元素类型是 QUEUE1)
    InitQueue(qu);                            //初始化 qu
    int visited[MAXV];
    for (int i=0;i< G -> n;i++) visited[i]=0; //访问标记置初值 0
    QUEUE1 e,e1;
    e.v=u;                                    //建立顶点 u 的队列元素 e
    e.dist=0;
    enQueue(qu,e);                            //元素 e 进队
    visited[u]=1;                             //修改顶点 u 的访问标记
    while (!QueueEmpty(qu))                   //队不空时循环
    {   deQueue(qu,e);                        //出队元素 e
        u=e.v;
        if (u==v) return e.dist;              //找到顶点 v 时返回对应的路径长度
        p=G -> adjlist[u].firstarc;           //找顶点 u 的第一个邻接点
        while (p!=NULL)
        {   int w=p -> adjvex;                //邻接点为顶点 w
            if (visited[w]==0)                //若顶点 w 没有访问过
            {   e1.v=w;                       //建立顶点 w 的队列元素 e1
                e1.dist=e.dist+1;
                enQueue(qu,e1);               //元素 e1 进队
                visited[w]=1;                 //修改顶点 w 的访问标记
            }
            p=p -> nextarc;                   //找顶点 u 的下一个邻接点
        }
    }
    DestroyQueue(qu);                         //销毁队列
}
```

解法 2：采用分层次的广度优先遍历算法求解。从顶点 u 到顶点 v 的最短路径长度就是广度优先遍历中从顶点 u 出发扩展的层次数，所以不必在队列中保存每个顶点的最短路径长度，只需要记录扩展的层次，当访问到顶点 v 时返回结果即可。

图的分层次的广度优先遍历与第 7 章中 7.5.4 节的二叉树分层次的层次遍历类似。用于求解本例的过程是，置 ans(存放顶点 u 到顶点 v 的最短路径长度) 为 0，首先访问顶点 u 并将其进队，在队不空时循环：此时队列元素个数 cnt 表示当前层次的顶点个数，做 cnt 次这样的操作，出队一个顶点 u，若 $u=v$，返回结果 ans，否则访问顶点 u 的所有未访问的邻接点并进队，cnt 次操作后表示当前层次的顶点扩展完毕，置 ans++，此时队列中恰好包含下一层的全部顶点，依次处理直到队列为空。仍采用环形队列，其元素类型声明如下：

```
typedef struct
{   int v;                              //顶点的编号
} QUEUE2;                               //环形队列的元素类型
```

也可以直接将 QUERE2 用 int 类型替代。这里的队列中包含求队中元素个数的 Count() 运算。对应的算法如下：

```
int shortpathlen(AdjGraph * G,int u,int v)   //求顶点 u 到顶点 v 的最短逆路径长度
{   ArcNode * p;
    SqQueue * qu;                            //定义环形队列(元素类型是 QUEUE2)
    InitQueue(qu);                           //初始化 qu
    int visited[MAXV];
    for (int i=0;i< G->n;i++) visited[i]=0;  //为访问标记设置初值 0
    QUEUE2 e,e1;
    e.v=u;                                   //建立顶点 u 的队列元素 e
    enQueue(qu,e);                           //元素 e 进队
    visited[u]=1;                            //修改顶点 u 的访问标记
    int ans=0;                               //存放最短路径长度(初始时为 0)
    while (!QueueEmpty(qu))                  //队不空时循环
    {   int cnt=Count(qu);                   //求队中元素的个数 cnt
        for(int i=0;i<cnt;i++)               //循环 cnt 次
        {   deQueue(qu,e);                   //出队元素 e
            u=e.v;
            if (u==v) return ans;            //找到顶点 v 时返回 ans
            p=G->adjlist[u].firstarc;        //找顶点 u 的第一个邻接点
            while (p!=NULL)
            {   int w=p->adjvex;             //邻接点为顶点 w
                if (visited[w]==0)           //若顶点 w 没有访问过
                {   e1.v=w;                  //建立顶点 w 的队列元素 e1
                    enQueue(qu,e1);          //元素 e1 进队
                    visited[w]=1;            //修改顶点 w 的访问标记
                }
                p=p->nextarc;                //找顶点 u 的下一个邻接点
            }
        }
        ans++;                               //一层的顶点扩展后 ans 增 1
    }
    DestroyQueue(qu);                        //销毁队列
}
```

对于图 8.19,用上述两个算法求得的顶点 1 到顶点 0 的最短路径长度均为 3,对应的路径是 1→2→4→0。

3. 用图遍历方法求解迷宫问题

在第 3 章中介绍了用栈和队列求解迷宫问题,实际上迷宫就是一个图,用栈搜索迷宫路径采用的是深度优先遍历,而用队列搜索迷宫路径采用的是广度优先遍历。

在采用图算法求解迷宫问题时首先要创建迷宫图对应的邻接表,图 8.20 所示为一个小迷宫图对应的邻接表,迷宫中的一个可走方块 (i,j) 对应一个顶点,邻接表的头结点是一个二维数组。对应的邻接表类型声明如下:

```
typedef struct ANode
{   int i, j;
    struct ANode * nextarc;
} ArcNode;                      //边结点类型
typedef struct Vnode
{
    ArcNode * firstarc;         //指向第一个相邻可走方块
} VNode;
typedef struct
{
    VNode adjlist[M+2][N+2];    //头结点数组
} AdjGraph;                     //迷宫图的邻接表类型
```

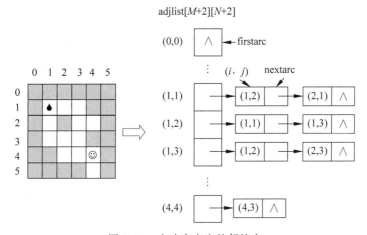

图 8.20　由迷宫产生的邻接表

在搜索迷宫路径时可以采用 DFS 或者 BFS 算法,将访问标记数组改为 visited$[M+2]$$[N+2]$(其中 M、N 表示迷宫的行、列数)。入口作为初始顶点,结束条件为找到出口。

在采用回溯的 DFS 求解迷宫问题时可以搜索从入口到出口的所有迷宫路径,在采用 BFS 算法求解迷宫问题时可以搜索从入口到出口的最短路径。

说明:以上是从邻接表+DFS 或者 BFS 的角度讨论求解迷宫问题的思路,实际上没有必要真的创建对应的邻接表,迷宫数组 mg 本身就是一种图存储结构,每个可走方块对应一

个顶点,两个相邻的可走方块构成图中的一条边。

4. 深度优先遍历和广度优先遍历求解路径上的差异

当在一个不带权图中搜索从顶点 u 到顶点 v 的一条路径时,采用 DFS 求出的路径不一定是最短路径,而采用 BFS 求出的路径一定是最短路径,这是为什么呢?

以图 8.21(a)为例,假设搜索路径的起点为顶点 0、终点为顶点 4。从图中可以看出:

0→1 的最短路径为(0,1),长度为 1;

0→2 的最短路径为(0,1,2)或者(0,3,2),长度为 2;

0→3 的最短路径为(0,3),长度为 1;

0→4 的最短路径为(0,3,4),长度为 2。

按最短路径长度将顶点分层,顶点 1 和顶点 3 的最短路径长度为 1,放在第 1 层;顶点 2 和顶点 4 的最短路径长度为 2,放在第 2 层。其结果如图 8.21(b)所示。

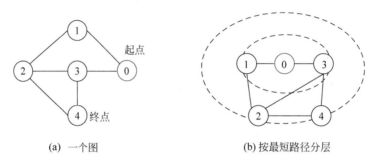

(a) 一个图 (b) 按最短路径分层

图 8.21 一个图和按最短路径分层

在采用 DFS 算法时,求出的一条可能的路径是(0,1,2,4),其中顶点 2、顶点 4 在同一层中,也就是说 DFS 算法求出的路径中的顶点可能在同一层中,所以该路径不一定是最短路径。在采用 BFS 算法时,求出的一条路径只能是(0,3,4),也就是说 BFS 算法求出的路径中的所有顶点一定在不同层中,所以该路径一定是最短路径。

归纳起来,BFS 借助队列一步一步地"齐头并进",相对 DFS,BFS 找到的路径一定是最短的,但代价是消耗的空间比 DFS 大一些。DFS 可能较快地找到目标点,但找到的路径不一定是最短的。下面的示例是 DFS 和 BFS 的综合应用。

【例 8.10】 用矩阵 A 表示一个二维网格,二维网格由 m 行 n 列($1 \leqslant m, n \leqslant 20$)的单元格构成,每个单元格取值 1 或者 0,其中 1 表示陆地,0 表示水,由上下、左右相邻的陆地构成一个岛屿。假设 A 中恰好有两个不相连的岛屿,设计一个算法求这两个岛屿之间的最短距离(从一个岛屿到达另外一个岛屿的路径只能走上下、左右相邻单元格,最短距离表示两个岛屿的路径中的最小单元格个数)。例如,如图 8.22 所示的二维网格 A 的答案是 2,其中的一条路径是(0,1)→(0,2)→(1,2)→(2,2),起点和终点不计。

解 本例的求解过程分为 3 步:

(1) 在二维网格 A 中找到任意一个陆地(i,j),即 $A[i][j]==1$。

(2) 采用基本 DFS 或者基本 BFS 方法从(i,j)出发访问所属岛中的所有陆地(x,y),同时置 visited$[x][y]=1$,并且将所有陆地(x,y)进 qu 队。

(3) 对 qu 采用多起点分层次的 BFS 方法一层一层向外找，直到找到一个陆地为止，经过的步数即为所求(由于采用 BFS，其步数就是最短距离)。

说明：第(2)和(3)步的两次遍历中队列 qu 和 visited 是共享的，所以将它们设置为全局变量。

例如，对于图 8.22 所示的二维网格 **A**，定义空队 qu(队列中包含求队中元素个数的基本运算 Count())和 visited 数组。首先找到 **A**[0][0]=1，置 visited[0][0]=1，将(0,0)进队，采用基本 DFS 找到所属岛中的所有陆地(0,1)和(1,0)，将它们均进队，同时置 visited[0][1]=1，visited[1][0]=1。

此时队列中有元素(0,0)、(0,1)和(1,0)，开始 BFS 过程(由于队列中有多个起始点，所以称为**多起点 BFS 算法**)，如图 8.23 所示。

(1) 出队(0,0)，没有未访问的邻接点。出队(0,1)，将邻接点①和②进队。出队(1,0)，将邻接点③进队。

(2) 出队①，将邻接点④和⑤进队。出队②，将邻接点⑥进队。出队③，将邻接点⑦进队。

(3) 出队④，将邻接点⑧和⑨进队。出队⑤，找到其邻接点(2,2)，由于 **A**[2][2]=1，说明找到了另外一个岛屿的陆地，结束查找过程，对应的路径长度就是答案。

	0	1	2	3	4
0	1	1	0	0	0
1	1	0	0	0	0
2	0	0	1	0	0
3	0	0	1	1	1
4	0	0	0	1	0

图 8.22　二维网格 **A**

	0	1	2	3	4
0			①	④	⑧
1		②	⑤	⑨	0
2	③	⑥	1	0	0
3	⑦	0	1	1	1
4	0	0	0	1	0

图 8.23　求两个岛屿最小距离的过程

求最短路径长度又可以采用分层次的 BFS 算法，所以称为**多起点分层次的 BFS 算法**，该算法如下：

```
int dx[]={-1,0,1,0};                         //水平方向的偏移量
int dy[]={0,1,0,-1};                         //垂直方向的偏移量
typedef struct
{   int x,y;                                 //记录(x,y)位置
} QNode;                                     //队列元素类型
SqQueue *qu;                                 //定义环形队列(元素类型是 QNode)
int visited[M][N];                           //访问标记数组
void dfs(int A[M][N],int m,int n,int x,int y)   //DFS 算法
{   visited[x][y]=1;
    QNode e;
    e.x=x; e.y=y;
    enQueue(qu,e);
    for (int di=0;di<4;di++)
```

```
        {   int nx=x+dx[di];
            int ny=y+dy[di];
            if (nx>=0 && nx<m && ny>=0 && ny<n && !visited[nx][ny] && A[nx][ny]==1)
                dfs(A,m,n,nx,ny);
        }
    }
    int bfs(int A[M][N],int m,int n)                    //BFS算法
    {   int ans=0;
        QNode e,e1;
        while (!QueueEmpty(qu))
        {   int cnt=Count(qu);                          //求队列中的元素个数 cnt
            for (int i=0;i<cnt;i++)                     //处理一层的元素
            {   deQueue(qu,e);                          //出队元素 e
                int x=e.x;
                int y=e.y;
                for (int di=0;di<4;di++)
                {   int nx=x+dx[di];
                    int ny=y+dy[di];
                    if (nx>=0 && nx<m && ny>=0 && ny<n && visited[nx][ny]==0)
                    {   if (A[nx][ny]==1) return ans;
                        e1.x=nx; e1.y=ny;
                        enQueue(qu,e1);                 //(nx,ny)进队
                        visited[nx][ny]=1;
                    }
                }
            }
            ans++;
        }
        return ans;
    }
    int shortestdist(int A[M][N],int m,int n)           //求解算法
    {   InitQueue(qu);                                  //初始化队列 qu
        for(int i=0;i<M;i++)
            for(int j=0;j<N;j++)
                visited[i][j]=0;
        bool find=false;
        int x,y;
        for (int i=0;i<m;i++)                           //找到任意一个陆地(x,y)
        {   for (int j=0;j<n;j++)
            {   if(A[i][j]==1 && !find)
                {   find=true;
                    x=i; y=j;
                    break;
                }
            }
            if (find) break;                            //找到任意一个陆地后退出循环
```

```
        }
    dfs(A,m,n,x,y);
    int ans=bfs(A,m,n);
    DestroyQueue(qu);                              //销毁队列
    return ans;
}
```

8.4 生成树和最小生成树

8.4.1 生成树的概念

一个连通图的**生成树**(spanning tree)是一个极小连通子图,其中含有图中的全部顶点和构成一棵树的($n-1$)条边。如果在一棵生成树上添加任何一条边,必定构成一个环,因为添加的这条边使得它关联的那两个顶点之间有了第2条路径。

一棵有 n 个顶点的生成树(连通无回路图)有且仅有($n-1$)条边。如果一个图有 n 个顶点和少于($n-1$)条边,则它是非连通图。如果它有多于($n-1$)条边,则一定有回路。

对于一个带权(假设每条边上的权均为大于零的实数)连通图 G 中的不同生成树,其每棵树的所有边上的权值之和可能不同;在图的所有生成树中,边上的权值之和最小的树称为图的**最小生成树**(minimal spanning tree)。

按照生成树的定义,n 个顶点的连通图的生成树有 n 个顶点、($n-1$)条边。因此,构造最小生成树的准则有以下3条:

(1) 必须只使用该图中的边来构造最小生成树。
(2) 必须使用且仅使用($n-1$)条边来连接图中的 n 个顶点。
(3) 不能使用产生回路的边。

求图的最小生成树有很多实际应用,例如城市之间的交通工程的造价最优问题就是一个最小生成树问题。求图的最小生成树的两个算法即普里姆算法和克鲁斯卡尔算法,将分别在后面介绍。

8.4.2 非连通图和生成树

在对无向图进行遍历时,若是连通图,仅需调用遍历过程(DFS 或 BFS)一次,从图中的任一顶点出发便可以遍历图中的各个顶点;若是非连通图,则需调用遍历过程多次,每次调用得到的顶点集和相关的边一起构成了图的一个连通分量。

由深度优先遍历得到的生成树称为**深度优先生成树**(DFS tree)。在深度优先遍历中,如果将每次"前进"(纵向)路过的(将被访问)顶点和边都记录下来,就得到了一个子图,该子图为以出发点为根的树,就是深度优先生成树。相应地,由广度优先遍历得到的生成树称为**广度优先生成树**(BFS tree)。

这样的生成树由遍历时访问过的 n 个顶点和遍历时经历的($n-1$)条边组成。

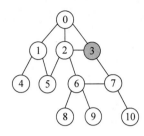

图 8.24 无向图 G

对于非连通图,每个连通分量中的顶点集和遍历时走过的边一起构成一棵生成树,各个连通分量的生成树组成非连通图的**生成森林**(spanning forest)。

【**例 8.11**】 对于如图 8.24 所示的图 G,画出其邻接表存储结构,并在该邻接表中以顶点 3 为根画出图 G 的深度优先生成树和广度优先生成树。

解 图 G 的邻接表如图 8.25 所示(注意,图 G 的邻接表不是唯一的)。对于该邻接表,从顶点 3 出发的深度优先遍历过程如下:

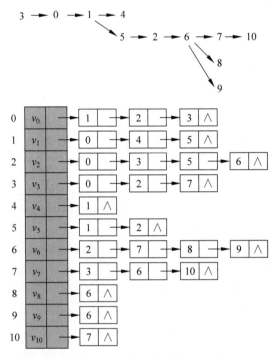

图 8.25 图 G 的邻接表

两个顶点之间的一条连线构成深度优先生成树的一条边,因此对应的深度优先生成树如图 8.26(a)所示。

从顶点 3 出发的广度优先遍历过程如下:

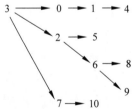

同样,两个顶点之间的一条连线构成广度优先生成树的一条边,因此对应的广度优先生成树如图 8.26(b)所示。

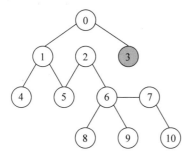
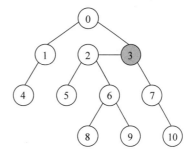

(a) 一棵深度优先生成树　　　　(b) 一棵广度优先生成树

图 8.26　图 G 的生成树

8.4.3　普里姆算法

普里姆(Prim)算法是一种构造性算法。假设 $G=(V,E)$ 是一个具有 n 个顶点的带权连通图，$T=(U,TE)$ 是 G 的最小生成树，其中 U 是 T 的顶点集，TE 是 T 的边集，则由 G 构造从起始点 v 出发的最小生成树 T 的步骤如下：

(1) 初始化 $U=\{v\}$，以 v 到其他顶点的所有边为候选边。

(2) 重复以下步骤 $(n-1)$ 次，使得其他 $(n-1)$ 个顶点被加入 U 中。

① 从候选边中挑选权值最小的边加入 TE，设该边在 $V-U$ 中的顶点是 k，将 k 加入 U 中。

② 考查当前 $V-U$ 中的所有顶点 j，修改候选边，若 (k,j) 的权值小于原来和顶点 j 关联的候选边，则用 (k,j) 取代后者作为候选边。

计算机科学家简介

Robert Clay Prim(1921 年出生)，美国数学家和计算机科学家，1941 年获得电气工程学士学位，1949 年在普林斯顿大学获得数学博士学位。在第二次世界大战(1941—1944 年)期间，他担任通用电气工程师。1944—1949 年，他受聘于美国海军军械实验室担任工程师，后来成为数学家。1958—1961 年，他在贝尔实验室时担任数学研究部主任，1957 年提出了 Prim 算法。

扫一扫

视频讲解

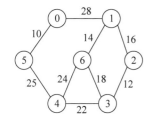

图 8.27　一个带权连通图

对于图 8.27 所示的带权连通图，假设起始点为顶点 0，采用 Prim 算法构造最小生成树的过程如下：

(1) 最初的最小生成树 T 仅包含所有的顶点，如图 8.28(a) 所示。

(2) $U=\{0\}$，$V-U=\{1,2,3,4,5,6\}$，在这两个顶点集之间选择第 1 条最小边 $(0,5)$ 添加到 T 中，如图 8.28(b) 所示。

(3) $U=\{0,5\}$，$V-U=\{1,2,3,4,6\}$，在这两个顶点集之间选择第 2 条最小边 $(5,4)$ 添加到 T 中，如图 8.28(c) 所示。

(4) 以此类推，步骤如图 8.28(d)~(g) 所示，直到 U 中包含所有的顶点，这样一共选择了 6 条边，产生的最小生成树如图 8.28(g) 所示。

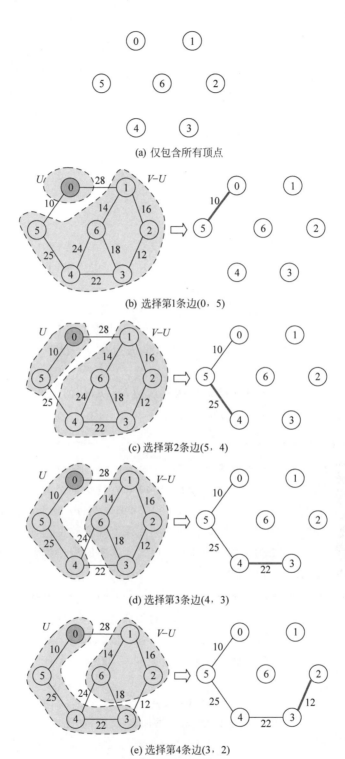

图 8.28 用 Prim 算法求解最小生成树的过程

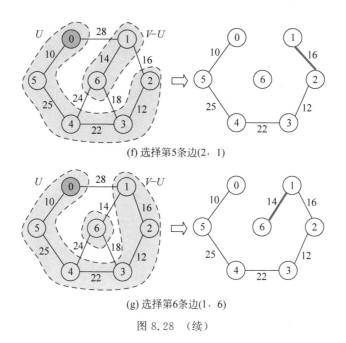

(f) 选择第5条边(2,1)

(g) 选择第6条边(1,6)

图 8.28 （续）

从上例可以看出,Prim算法是一种增量算法,一步一步地选择最小边,并在 U 集合中添加相应的顶点,每一步都是从 U 和 $V-U$ 两个顶点集合中选择最小边,而且每一步都是在前面的基础上进行的。

下面的 Prim(g,v) 算法利用上述过程来构造最小生成树,其中参数 g 为邻接矩阵、v 为起始点。由于 Prim 算法中需要频繁地取一条条边的权值,所以图采用邻接矩阵更合适。

Prim 算法中的候选边是指集合 U 和 $V-U$ 之间的所有边(称为 U 和 $V-U$ 两个顶点集合的割集),如果把这些边都保存起来是非常消耗空间的,实际上考虑候选边的目的是求 U 和 $V-U$ 之间的最小边(指权值最小的边)。为此只考虑 $V-U$ 集合中的顶点(因为两个顶点集之间的边是无向边),建立两个数组 closest 和 lowcost,用于记录 $V-U$ 中顶点 j 到 U 中顶点的最小边。

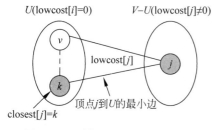

图 8.29 顶点 j 到 U 的最小边的存储方式

对于 $V-U$ 中的一个顶点 j,它的最小边对应 U 中的某个顶点,用 closest[j] 保存 U 中的这个顶点。如图 8.29 所示,顶点 j 的最小边对应 U 中的顶点 k,有 closest[j]=k,并且用 lowcost[j] 存储该最小边的权值。也就是说,这样的最小边为 (closest[j],j),对应的权值为 lowcost[j]。

那么如何确定一个顶点是属于 U 集合还是属于 $V-U$ 集合呢？这里的约定是若某个顶点 i 有 lowcost[i]=0,表示 $i \in U$;若 $0 <$ lowcost[i] $< \infty$ (或者 lowcost[i]≠0),表示 $i \in V-U$。

初始时,U 中只有一个顶点 v。对于所有顶点 i,这时 (v,i) 边就是顶点 i 到 U 的最小边,置 lowcost[i]=g.edges[v][i](没有边时为 ∞,v 到 v 为0),closest[i]=v。由于 lowcost[v] 已经被置为0,表示它添加到 U 集合中了。

在候选边中求一条最小边的过程是遍历 $V-U$ 中的所有顶点 j，通过比较 lowcost 值求出最小 lowcost 值对应的顶点 k，那么(closest[k], k)就是最小边，输出这条最小边，并将顶点 k 添加到 U 中，即置 lowcost[k]=0。

接着做调整，也就是修改候选边，也仅考虑 $V-U$ 集合中的顶点。对于 $j \in V-U$（即 lowcost[j]!=0），在上一步（顶点 k 还没有添加到 U 中时）lowcost[j] 保存的是顶点 j 到 U 中顶点 closest[j] 的最小边，而现在 U 发生了改变（改变是仅在 U 中增加了顶点 k），所以需要将原来的 lowcost[j] 与 g.edges[k][j] 进行比较，如果 g.edges[k][j] 小，选择(k, j)作为新的最小边，即置 lowcost[j]=g.edges[k][j]，closest[j]=k，否则顶点 j 的候选边不变。

对应的 Prim 算法如下：

```
void Prim(MatGraph g, int v)
{   int lowcost[MAXV];
    int mindist;
    int closest[MAXV], i, j, k;
    for (i=0; i<g.n; i++)               //给数组 lowcost[] 和 closest[] 设置初值
    {   lowcost[i]=g.edges[v][i];
        closest[i]=v;
    }
    for (i=1; i<g.n; i++)               //找出(n-1)个顶点
    {   mindist=INF;
        for (j=0; j<g.n; j++)           //在(V-U)中找出离 U 最近的顶点 k
            if (lowcost[j]!=0 && lowcost[j]<mindist)
            {   mindist=lowcost[j];
                k=j;                    //k 记录最近顶点的编号
            }
        printf(" 边(%d,%d)权为:%d\n", closest[k], k, mindist);   //输出最小生成树的一条边
        lowcost[k]=0;                   //标记 k 已经加入 U
        for (j=0; j<g.n; j++)           //对(V-U)中的顶点 j 进行调整
            if (lowcost[j]!=0 && g.edges[k][j]<lowcost[j])
            {   lowcost[j]=g.edges[k][j];
                closest[j]=k;           //修改数组 lowcost[] 和 closest[]
            }
    }
}
```

Prim 算法中有两重 for 循环，所以时间复杂度为 $O(n^2)$，其中 n 为图的顶点个数。大家可以看出，Prim() 算法的执行时间与图中的边数 e 无关，所以它特别适合用稠密图求最小生成树。

8.4.4 克鲁斯卡尔算法

克鲁斯卡尔(Kruskal)算法是一种按权值的递增次序选择合适的边来构造最小生成树的方法。假设 $G=(V,E)$ 是一个具有 n 个顶点的带权连通无向图，$T=(U, TE)$ 是 G 的最小生成树，则构造最小生成树的步骤如下：

(1) 置 U 的初值为 V（即包含 G 中的全部顶点），TE 的初值为空集（即图 T 中的每一个顶点都构成一个连通分量）。

(2) 将图 G 中的边按权值从小到大的顺序依次选取，若选取的边未使生成树 T 形成回

路,则加入 TE,否则舍弃,直到 TE 中包含($n-1$)条边为止。

对于图 8.27 所示的带权连通图,采用 Kruskal 算法构造最小生成树的过程如下:

(1) 将所有边按权值递增排序,其结果如图 8.30(a)所示。图中边上的数字表示该边是第几小的边,例如 1 表示是最小的边,2 表示是第 2 小的边,以此类推。

计算机科学家简介

Joseph Bernard Kruskal(1928—2010 年),美国数学家、统计学家和计算机科学家。1954 年获得普林斯顿大学的博士学位。当克鲁斯卡尔还是二年级的研究生时,他便发明了产生最小生成树的算法,当时他甚至不能肯定关于这个题目的两页半的论文是否值得发表。除了最小生成树之外,克鲁斯卡尔还因对多维分析的贡献而著名。

扫一扫

视频讲解

(2) 最初的最小生成树 T 仅包含所有的顶点,如图 8.30(b)所示。

(3) 选取最小边(0,5)直接加入 T 中,此时不会出现回路,如图 8.30(c)所示。

(4) 选取第 2 小的边(2,3)直接加入 T 中,此时不会出现回路,如图 8.30(d)所示。

说明:在采用 Kruskal 算法构造最小生成树时,前面的两条边可以直接加入 T 中,因为只有两条边的图不可能存在回路。

(5) 选取第 3 小的边(1,6),加入 T 中不会出现回路,将其加入,如图 8.30(e)所示。

(6) 选取第 4 小的边(1,2),加入 T 中不会出现回路,将其加入,如图 8.30(f)所示。

(7) 选取第 5 小的边(3,6),加入 T 中会出现回路,舍弃它。选取第 6 小的边(3,4),加入 T 中不会出现回路,将其加入,如图 8.30(g)所示。

(8) 选取第 7 小的边(4,6),加入 T 中会出现回路,舍弃它。选取第 8 小的边(4,5),加入 T 中不会出现回路,将其加入,如图 8.30(h)所示。

这样一共选择了 6 条边,产生的最小生成树如图 8.30(h)所示。从中可以看出,这里 Kruskal 算法和 Prim 算法的求解结果相同。实际上,当一个图有多个最小生成树时,这两个算法的求解结果不一定是相同的。

下面的 Kruskal(g)算法利用上述过程来构造最小生成树,其中参数 g 为邻接矩阵。和 Prim 算法一样,在该算法中需要频繁地取一条条边的权值,所以图采用邻接矩阵更合适。

设计 Kruskal 算法的关键是如何判断选取一条边(i,j)加入 T 中是否出现回路,可以通过判断顶点 i、j 是否属于同一个连通分量的方法来解决。

为此设置一个辅助数组 vset$[0..n-1]$,vset$[i]$ 用于记录一个顶点 i 所在的连通分量的编号。初值时每个顶点构成一个连通分量,所以有 vset$[i]=i$,vset$[j]=j$(所有顶点的连通分量编号等于该顶点编号)。当选中(i,j)边时,如果顶点 i、j 的连通分量编号相同,表示加入后会出现回路,不能加入;否则表示加入后不会出现回路,可以加入,加入该边后将这两个顶点所在连通分量中所有顶点的连通分量编号改为相同(改为 vset$[i]$ 或者 vset$[j]$ 均可)。

例如,对于如图 8.31(a)所示的带权连通图(所有边按权值递增排序),采用 Kruskal 算法构造最小生成树的过程如下:

(1) 最初的最小生成树 T 仅包含所有的顶点,如图 8.31(b)所示,顶点旁边的数字为该顶点的连通分量编号。

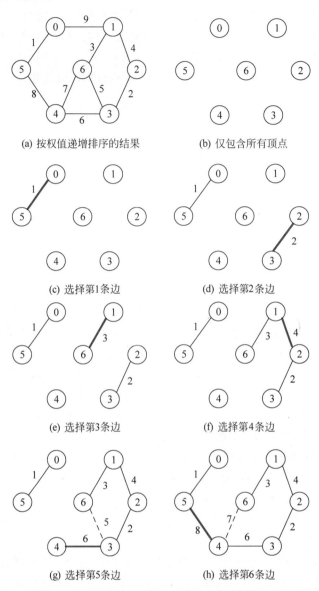

图 8.30 用 Kruskal 算法求解最小生成树的过程

(2) 选取最小边(0,3)，顶点 0、3 的连通分量编号分别为 0、3，两者不相同，表示加入 T 中不会出现回路，将其加入，并将顶点 0、3 合并后的连通分量中所有顶点的连通分量编号改为 0，如图 8.31(c)所示。

(3) 选取第 2 小的边(2,3)，和第(2)步类似，将其加入，如图 8.31(d)所示。

(4) 选取第 3 小的边(0,2)，顶点 0、2 的连通分量编号都是 0，两者相同，表示加入 T 中会出现回路，舍弃它。选取第 4 小的边(0,1)，加入 T 中不会出现回路，将其加入，如图 8.31(e)所示。

另外，用一个数组 E[]存放图 G 中的所有边，要求它们是按权值从小到大的顺序排列的，为此先从图 G 的邻接矩阵中获取所有边集 E，再采用直接插入排序法对边集 E 按权值

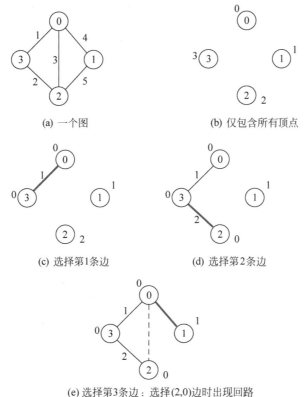

图 8.31 判断加入一条边是否会出现回路

递增排序。克鲁斯卡尔算法如下：

```
typedef struct
{   int u;                          //边的起始顶点
    int v;                          //边的终止顶点
    int w;                          //边的权值
} Edge;
void Kruskal(MatGraph g)            // Kruskal算法
{   int i,j,u1,v1,sn1,sn2,k;
    int vset[MAXV];
    Edge E[MaxSize];                //存放图中的所有边
    k=0;                            //E数组的下标从0开始计
    for (i=0;i<g.n;i++)             //由g产生边集E,不重复选取同一条边
        for (j=0;j<=i;j++)
            if (g.edges[i][j]!=0 && g.edges[i][j]!=INF)
            {   E[k].u=i;E[k].v=j;E[k].w=g.edges[i][j];
                k++;
            }
```

```
    InsertSort(E,g.e);              //采用直接插入排序法对 E 数组按权值递增排序
    for (i=0;i<g.n;i++)             //初始化辅助数组
        vset[i]=i;
    k=1;                            //k 表示当前构造生成树的第几条边,初值为 1
    j=0;                            //E 中边的下标,初值为 0
    while (k<g.n)                   //生成的边数小于 n 时循环
    {   u1=E[j].u;v1=E[j].v;        //取一条边的两个顶点
        sn1=vset[u1];
        sn2=vset[v1];               //分别得到两个顶点所属的集合编号
        if (sn1!=sn2)               //两顶点属于不同的集合,该边是最小生成树的一条边
        {   printf(" (%d,%d):%d\n",u1,v1,E[j].w);   //输出最小生成树的一条边
            k++;                    //生成的边数增 1
            for (i=0;i<g.n;i++)     //两个集合统一编号
                if (vset[i]==sn2)   //集合编号为 sn2 的改为 sn1
                    vset[i]=sn1;
        }
        j++;                        //遍历下一条边
    }
}
```

如果给定的带权连通图 G 有 n 个顶点、e 条边,在上述算法中,对边集 E 采用直接插入排序的时间复杂度为 $O(e^2)$。while 循环是在 e 条边中选取 $(n-1)$ 条边,而其中的 for 循环执行 n 次,因此 while 循环的时间复杂度为 $O(n^2+e^2)$。对于连通无向图,$e \geq (n-1)$,那么用 Kruskal 算法构造最小生成树的时间复杂度为 $O(e^2)$。

可以对前面的 Kruskal 算法进行两方面的改进,一是将边集排序改为堆排序(将在第 10 章中介绍);二是采用第 7 章介绍的并查集进行连通分量的合并,这里每个连通分量用一棵子集树表示。先通过 $Init(S,n)$ 进行并查集 S 的初始化,即每个顶点作为一个子集树(其编号为该顶点的编号),当选择一条边 (u,v) 时,求出 u、v 顶点所在子集树的编号,若不同,则选择该边为最小生成树的一条边,再将顶点 u 和顶点 v 所在的子集树按秩合并。改进的 Kruskal 算法如下:

```
void Kruskal(MatGraph g)            //改进的 Kruskal 算法
{   int i,j,k,u1,v1,sn1,sn2;
    UFSTree S[MaxSize];
    Edge E[MaxSize];
    k=1;                            //E 数组的下标从 1 开始计
    for (i=0;i<g.n;i++)             //由 g 的下三角部分产生的边集 E
        for (j=0;j<i;j++)
            if (g.edges[i][j]!=0 && g.edges[i][j]!=INF)
            {   E[k].u=i;E[k].v=j;E[k].w=g.edges[i][j];
                k++;
            }
    HeapSort(E,g.e);                //采用堆排序对 E 数组按权值递增排序
    Init(S,g.n);                    //初始化并查集树 t
    k=1;                            //k 表示当前构造生成树的第几条边,初值为 1
    j=1;                            //E 中边的下标从 1 开始
    while (k<g.n)                   //生成的边数小于 n 时循环
```

```
        {   u1=E[j].u;
            v1=E[j].v;                //取一条边的头、尾顶点编号 u1 和 v2
            sn1=Find(S,u1);
            sn2=Find(S,v1);           //分别得到两个顶点所属子集树的编号
            if (sn1!=sn2)             //两顶点属不同子集树,该边是最小生成树的一条边
            {   printf(" (%d,%d):%d\n",u1,v1,E[j].w);
                k++;                  //生成的边数增 1
                Union(S,u1,v1);       //将 u1 和 v1 两个顶点合并
            }
            j++;                      //遍历下一条边
        }
    }
```

如果给定的带权连通图 G 有 n 个顶点、e 条边,上述改进的 Kruskal 算法中不考虑生成边数组 E 的过程,堆排序的时间复杂度为 $O(e\log_2 e)$。while 循环是在 e 条边中选取 $(n-1)$ 条边,其中 Union() 的执行时间看成 $O(1)$,因此 while 循环的时间复杂度为 $O(e)$。这样改进的 Kruskal 算法构造最小生成树的时间复杂度为 $O(e\log_2 e)$。可以看出,Kruskal 算法的执行时间仅与图中的边数有关,与顶点数无关,所以它特别适合用稀疏图求最小生成树。

【**例 8.12**】 有如图 8.32 所示的一个带权连通图,在求其最小生成树时,问 $(0,2)$、$(0,3)$、$(1,2)$ 和 $(2,3)$ 这 4 条边中哪些可能是 Kruskal 算法第 2 次选中但不是 Prim 算法(从 3 开始)第 2 次选中的边。

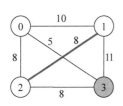

图 8.32 一个带权连通图

解 在采用 Kruskal 算法求最小生成树时,首先选中权值最小的边 $(0,3)$,第 2 次选中时有 3 条权值相同的次小边,可以从 $(0,2)$、$(2,3)$ 和 $(1,2)$ 边中任选一条。

采用 Prim 算法(从 3 开始)求最小生成树,首先 $U=\{3\}$,第 1 次选中边 $(3,0)$。修改 $U=\{3,0\}$,$V-U=\{1,2\}$,第 2 次只能在这两个顶点集之间选中一条最小边,可以是边 $(0,2)$ 或者 $(2,3)$,不可能是边 $(1,2)$。

8.5 最短路径

8.5.1 路径的概念

在一个不带权图中,若从一顶点到另一顶点存在着一条路径,则称该路径的长度为该路径上所经过边的数目,它等于该路径上的顶点数减 1。由于从一顶点到另一顶点可能存在着多条路径,每条路径上所经过的边数可能不同,即路径长度不同,把路径长度最短(即经过的边数最少)的路径称为**最短路径**(shortest path),其长度称为最短路径长度或最短距离。

对于带权图,考虑路径上各边的权值,把一条路径上所经边的权值之和定义为该路径的路径长度。从源点到终点可能有不止一条路径,把路径长度最小的路径称为最短路径,其路径长度(权值之和)称为最短路径长度。

实际上,只要把不带权图上的每条边看成权值为 1 的边,那么不带权图和带权图的最短路径的定义就一致了。

求图的最短路径问题有两种,即求图中某一顶点到其余各顶点的最短路径和求图中每一对顶点之间的最短路径。

8.5.2 从一个顶点到其余各顶点的最短路径

问题:给定一个带权有向图 G 与源点 v,求从源点 v 到 G 中其他顶点的最短路径,并限定各边上的权值大于 0(称为单源最短路径问题)。

采用狄克斯特拉(Dijkstra)算法求解,其基本思想是,设 $G=(V,E)$ 是一个带权有向图,把图中的顶点集合 V 分成两组,第 1 组为已求出最短路径的顶点集合(用 S 表示,初始时 S 中只有一个源点,以后每求得一条最短路径 $v,\cdots,u$,就将顶点 u 加入集合 S 中,直到全部顶点都加入 S 中,算法就结束了),第 2 组为其余未确定最短路径的顶点集合(用 U 表示),按最短路径长度的递增次序依次把第 2 组的顶点加入 S 中。

计算机科学家简介

Edsger Wybe Dijkstra(1930—2002 年),荷兰计算机科学家,毕业后就职于荷兰的莱顿大学,早年钻研物理及数学,而后转为计算学。于 1972 年获得计算机科学界最高奖——图灵奖,还获得过 1974 年 AFIPS Harry Goode Memorial Award、1989 年 ACM SIGCSE 计算机科学教育教学杰出贡献奖,以及 2002 年 ACM PODC 最具影响力论文奖。

他曾经提出"GOTO 有害论"、信号量和 PV 原语,解决了有趣的"哲学家就餐问题",提出了目前应用广泛的最短路径算法。

Dijkstra 算法的具体步骤如下:

(1) 初始时 S 只包含源点,即 $S=\{v\}$,源点 v 到自己的距离为 0。U 包含除源点 v 以外的其他顶点,源点 v 到 U 中任一顶点 i 的最短路径长度为边上的权值(若源点 $v \Rightarrow i$ 有边 $<v,i>$)或 ∞(若源点 $v \Rightarrow i$ 没有边)。

(2) 从 U 中选取一个顶点 u,使源点 $v \Rightarrow u$ 的最短路径长度为最小,然后把顶点 u 加入 S 中。

(3) 以顶点 u 为新考虑的中间点,修改源点 v 到 U 中所有顶点的最短路径长度,称之为路径调整,其过程如图 8.33 所示(图中顶点之间的实线箭头表示边,虚线箭头表示路径),对于 U 中的某个顶点 j,在没有考虑中间点 u 时,假设求得源点 $v \Rightarrow j$ 的一条最短路径为 $(v,\cdots,a,j)$,其最短路径长度为 c_{vj}(如果没有这样的最短路径,$c_{vj}=\infty$),而源点 $v \Rightarrow u$ 的一条最短路径为 $(v,\cdots,u)$,其最短路径长度为 c_{vu}。现在考虑中间点 u,

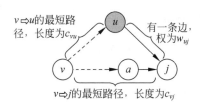

图 8.33 从源点 v 到顶点 j 的路径比较

假设源点 $v \Rightarrow j$ 存在另一条经过顶点 u 的路径(其中顶点 u 到顶点 j 有一条边),其路径长度为 $c_{vu}+w_{uj}$。这样在考虑中间点 u 以后,源点 $v \Rightarrow j$ 有两条路径:

- 经过顶点 u 的路径,路径长度为 $c_{vu}+w_{uj}$。
- 不经过顶点 u 的原来的最短路径,路径长度为 c_{vj}。

显然,在考虑中间点 u 以后,源点 $v \Rightarrow j$ 的最短路径是上述两条路径中的较短者。也就是说,源点 $v \Rightarrow j$ 的最短路径长度调整为 $\text{MIN}\{c_{vu}+w_{uj}, c_{vj}\}$。

(4) 重复步骤(2)和(3),直到 S 中包含所有的顶点。

假设带权图采用邻接距阵 g 存储,用一个一维数组 dist 存放最短路径长度,例如 dist[j] 表示源点 $v \Rightarrow j$ 的最短路径长度,其中源点 v 是默认的,那么如何存放最短路径呢?

从源点 v 到其他顶点的最短路径有 $n-1$ 条,一条最短路径用一个一维数组表示,例如源点 $0 \Rightarrow 5$ 的最短路径为 $0,2,3,5$,表示为 path[5]={0,2,3,5}。所有 $n-1$ 条最短路径可以用二维数组 path 存储。但这里是用一个一维数组 path 来存储 $n-1$ 条最短路径的,这样是如何实现的呢?先看以下命题。

命题:若从源点 v 到某个顶点 j 的最短路径是 $(v,\cdots,a,\cdots,u,j)$,也就是说,在源点 $v \Rightarrow j$ 的最短路径上顶点 j 的前一个顶点是 u,那么其中的 $(v,\cdots,a,\cdots,u)$ 一定是源点 $v \Rightarrow u$ 的最短路径。

这个命题可以采用反证法证明,假设 $(v,\cdots,a,\cdots,u,j)$ 是源点 v 到顶点 j 的最短路径,但 $(v,\cdots,a,\cdots,u)$ 不是源点 $v \Rightarrow u$ 的最短路径。由于 $(v,\cdots,a,\cdots,u)$ 不是源点 $v \Rightarrow u$ 的最短路径,设源点 $v \Rightarrow u$ 的最短路径为 $(v,\cdots,b,\cdots,u)$,如图 8.34 所示,则 $(v,\cdots,b,\cdots,u,j)$ 是一条比 $(v,\cdots,a,\cdots,u,j)$ 更短的新路径,与前面的假设矛盾,命题得证。

借助上述命题,用 path[j] 存放源点 $v \Rightarrow j$ 的最短路径上顶点 j 的前一个顶点的编号,其中源点 v 是默认的。例如从源点 $0 \Rightarrow 5$ 的最短路径为 $0,2,3,5$,则最短路径表示为 path[5]=3,path[3]=2,path[2]=0。当 path 求出后,通过反推求出从源点到每一个顶点的最短路径。

再看一下图 8.33,在求源点 $v \Rightarrow j$ 的最短路径时,不经过顶点 u 的原来的最短路径表示为 path[j]=a,若经过顶点 u 的路径是最短路径,该路径表示为 path[j]=u。所以,在考虑中间点 u 以后,dist[j]=$\text{MIN}\{\text{dist}[u]+w_{uj}, \text{dist}[j]\}$,若经过顶点 u 的路径更短,修改 path[j]=u,否则不修改 path[j]。

例如,对如图 8.35 所示的带权有向图采用 Dijkstra 算法求从顶点 0 到其他顶点的最短路径,整个计算过程如下。

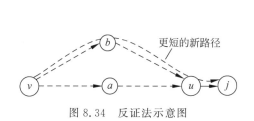

图 8.34 反证法示意图　　图 8.35 一个带权有向图

(1) 初始化：$S=\{0\}$，$U=\{1,2,3,4,5,6\}$，dist[ ]=$\{0,4,6,6,\infty,\infty,\infty\}$（源点 0 到其他各顶点的权值，直接来源于邻接矩阵），path[ ]=$\{0,0,0,0,-1,-1,-1\}$（若源点 0 到顶点 i 有边<0,i>，它就是当前源点 0 $\Rightarrow i$ 的最短路径，且最短路径上顶点 i 的前一个顶点是源点 0，即置 path[i]=0；否则置 path[i]=-1，表示源点 0 到顶点 i 没有路径）。

(2) 从 U 中找最小的顶点（即 dist 值最小的顶点）为顶点 1，将它添加到 S 中，$S=\{0,\mathbf{1}\}$，$U=\{2,3,4,5,6\}$，考查顶点 1，发现从顶点 1 到顶点 2 和 4 有边：

dist[2]=MIN{dist[2],dist[1]+1}=5（修改）

dist[4]=MIN{dist[4],dist[1]+7}=11（修改）

则 dist[ ]=$\{0,4,5,6,11,\infty,\infty\}$，在 path 中用顶点 1 代替 dist 值发生修改的顶点，path[ ]=$\{0,0,1,0,1,-1,-1\}$。

(3) 从 U 中找最小的顶点为顶点 2，将它添加到 S 中，$S=\{0,1,\mathbf{2}\}$，$U=\{3,4,5,6\}$，考查顶点 2，发现从顶点 2 到顶点 4 和 5 有边：

dist[4]=MIN{dist[4],dist[2]+6}=11

dist[5]=MIN{dist[5],dist[2]+4}=9（修改）

则 dist[ ]=$\{0,4,5,6,11,9,\infty\}$，在 path 中用顶点 2 代替 dist 值发生修改的顶点，path[ ]=$\{0,0,1,0,1,2,-1\}$。

(4) 从 U 中找最小的顶点为顶点 3，将它添加到 S 中，$S=\{0,1,2,\mathbf{3}\}$，$U=\{4,5,6\}$，考查顶点 3，发现从顶点 3 到顶点 2 和 5 有边，由于顶点 2 已经考查过，不进行修改：

dist[5]=MIN{dist[5],dist[3]+5}=9

没有修改，dist 和 path 不变。

(5) 从 U 中找最小的顶点为顶点 5，将它添加到 S 中，$S=\{0,1,2,3,\mathbf{5}\}$，$U=\{4,6\}$，考查顶点 5，发现从顶点 5 到达顶点 4 和 6 有边：

dist[4]=MIN{dist[4],dist[5]+1}=10（修改）

dist[6]=MIN{dist[6],dist[5]+8}=17（修改）

则 dist[ ]=$\{0,4,5,6,10,9,17\}$，在 path 中用顶点 5 代替 dist 值发生修改的顶点，path[ ]=$\{0,0,1,0,5,2,5\}$。

(6) 从 U 中找最小的顶点为顶点 4，将它添加到 S 中，$S=\{0,1,2,3,5,\mathbf{4}\}$，$U=\{6\}$，考查顶点 4，发现从顶点 4 到达顶点 6 有边：

dist[6]=MIN{dist[6],dist[4]+6}=16（修改）

则 dist[ ]=$\{0,4,5,6,10,9,16\}$，在 path 中用顶点 4 代替 dist 值发生修改的顶点，path[ ]=$\{0,0,1,0,5,2,4\}$。

(7) 从 U 中找最小的顶点为顶点 6，将它添加到 S 中，$S=\{0,1,2,3,5,4,\mathbf{6}\}$，$U=\{\}$，从顶点 6 不能到达任何顶点。$S$ 中包含所有顶点，过程结束，此时 dist[ ]=$\{0,4,5,6,10,9,16\}$，path[ ]=$\{0,0,1,0,5,2,4\}$。上述过程如图 8.36 所示。

(8) 输出最短路径，这里以源点 0 $\Rightarrow$ 6 的最短路径进行说明，dist[6]=16，即该最短路径的长度为 16。path[6]=4，path[4]=5，path[5]=2，path[2]=1，path[1]=0，反推出最短路径为 0→1→2→5→4→6。

从源点到所有其他顶点的求解结果如下：

S	U	dist 0 1 2 3 4 5 6	path 0 1 2 3 4 5 6
{0}	{1, 2, 3, 4, 5, 6}	0 4 6 6 ∞ ∞ ∞	0 0 0 0 −1 −1 −1

最短路径的顶点：**1**

S	U	dist 0 1 2 3 4 5 6	path 0 1 2 3 4 5 6
{0, 1}	{2, 3, 4, 5, 6}	0 4 **5** **6** **11** ∞ ∞	0 0 **1** 0 **1** −1 −1

最短路径的顶点：**2**

S	U	dist 0 1 2 3 4 5 6	path 0 1 2 3 4 5 6
{0, 1, 2}	{3, 4, 5, 6}	0 4 5 6 11 **9** ∞	0 0 1 0 1 **2** −1

最短路径的顶点：**3**

S	U	dist 0 1 2 3 4 5 6	path 0 1 2 3 4 5 6
{0, 1, 2, 3}	{4, 5, 6}	0 4 5 6 11 9 ∞	0 0 1 0 1 2 −1

最短路径的顶点：**5**

S	U	dist 0 1 2 3 4 5 6	path 0 1 2 3 4 5 6
{0, 1, 2, 3, 5}	{4, 6}	0 4 5 6 **10** 9 **17**	0 0 1 0 **5** 2 **5**

最短路径的顶点：**4**

S	U	dist 0 1 2 3 4 5 6	path 0 1 2 3 4 5 6
{0, 1, 2, 3, 5, 4}	{6}	0 4 5 6 10 9 **16**	0 0 1 0 5 2 **4**

最短路径的顶点：**6**

S	U	dist 0 1 2 3 4 5 6	path 0 1 2 3 4 5 6
{0, 1, 2, 3, 5, 4, 6}	{}	0 4 5 6 10 9 16	0 0 1 0 5 2 4

图 8.36 Dijkstra 算法的求解过程

```
从顶点 0 到顶点 1 的路径长度为:4    路径为:0,1
从顶点 0 到顶点 2 的路径长度为:5    路径为:0,1,2
从顶点 0 到顶点 3 的路径长度为:6    路径为:0,3
从顶点 0 到顶点 4 的路径长度为:10   路径为:0,1,2,5,4
从顶点 0 到顶点 5 的路径长度为:9    路径为:0,1,2,5
从顶点 0 到顶点 6 的路径长度为:16   路径为:0,1,2,5,4,6
```

从以上过程可以看出，Dijkstra 算法具有以下特点：

(1) 在执行中，一个顶点一旦添加到 S 中后，其最短路径长度不再改变。

(2) 正是由于具有特点(1)，所以 Dijkstra 算法不适合含有负权值的带权图求单源最短路径。通过一个反例说明，假设一个含有 3 个顶点的带权有向图，<0,1>的权值为 1，<0,2>的权值为 2，<2,1>的权值为 −3，如图 8.37 所示。若源点为 0，在执行 Dijkstra 算法时首先选取的中间点为 1，求出源点 0 到顶点 1 的最短路径长度为 1，以后不再改变。而实际上，0→2→1 才是源点 0 到顶点 1 的最短路径，其长度为 −1。

(3) 按顶点进入 S 的先后顺序最短路径越来越长，例如图 8.35 所示的各最短路径的情况如图 8.38 所示。

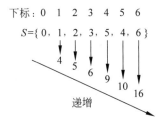

图 8.37　一个带权有向图　　图 8.38　源点到各个顶点的最短路径的长度是递增的

对应的 Dijkstra 算法如下（v 为源点）：

```
void Dijkstra(MatGraph g,int v)        //Dijkstra算法
{   int dist[MAXV],path[MAXV];
    int S[MAXV];                       //S[i]=1表示顶点i在S中,S[i]=0表示顶点i在U中
    int mindist,i,j,u;
    for (i=0;i<g.n;i++)
    {   dist[i]=g.edges[v][i];         //距离初始化
        S[i]=0;                        //将S[]置空
        if (g.edges[v][i]<INF)         //路径初始化
            path[i]=v;                 //顶点v到顶点i有边时,设置顶点i的前一个顶点为v
        else
            path[i]=-1;                //顶点v到顶点i没边时,设置顶点i的前一个顶点为-1
    }
    S[v]=1;path[v]=v;                  //源点编号v放入S中
    for (i=0;i<g.n-1;i++)              //循环,直到所有顶点的最短路径都求出
    {   mindist=INF;                   //mindist置最大长度初值
        for (j=0;j<g.n;j++)            //选取不在S中(即U中)且具有最小最短路径长度的顶点u
            if (S[j]==0 && dist[j]<mindist)
            {   u=j;
                mindist=dist[j];
            }
        S[u]=1;                        //顶点u加入S中
        for (j=0;j<g.n;j++)            //修改不在S中(即U中)的顶点的最短路径
            if (S[j]==0)
                if (g.edges[u][j]<INF && dist[u]+g.edges[u][j]<dist[j])
                {   dist[j]=dist[u]+g.edges[u][j];
                    path[j]=u;
                }
    }
    Dispath(g,dist,path,S,v);          //输出最短路径
}
```

输出单源最短路径的 Dispath() 函数如下：

```
void Dispath(MatGraph g,int dist[],int path[],int S[],int v)
//输出从顶点v出发的所有最短路径
{   int i,j,k;
    int apath[MAXV],d;                 //存放一条最短路径(逆向)及其顶点个数
```

```
        for (i=0;i<g.n;i++)                    //循环输出从顶点v到顶点i的路径
            if (S[i]==1 && i!=v)
            { printf(" 从顶点%d到顶点%d的路径长度为:%d\t 路径为:",v,i,dist[i]);
                d=0; apath[d]=i;                //添加路径上的终点
                k=path[i];
                if (k==-1)                      //没有路径的情况
                    printf("无路径\n");
                else                            //存在路径时输出该路径
                { while (k!=v)
                    { d++; apath[d]=k;
                        k=path[k];
                    }
                    d++; apath[d]=v;            //添加路径上的起点
                    printf("%d",apath[d]);      //先输出起点
                    for (j=d-1;j>=0;j--)        //再输出其他顶点
                        printf(",%d",apath[j]);
                    printf("\n");
                }
            }
    }
}
```

不考虑路径的输出，Dijkstra 算法的时间复杂度为 $O(n^2)$，其中 n 为图中顶点的个数。

【**例 8.13**】 有人这样修改 Dijkstra 算法，假设源点为 v，每次从 U 中选取非∞的距离最大的顶点 u 添加到 S 集合中，然后以 u 为新考虑的中间点，修改源点 v 到 U 中各顶点的距离，调整为非∞的最大距离，重复上述过程，直到 S 中包含所有的顶点。问这样修改后的算法能否求出源点 v 到图中其他顶点的最长路径？

视频讲解

解 不一定。下面通过一个反例说明。

例如，对于图 8.35 所示的带权有向图，假设源点 v 为 0。按照上述修改后的 Dijkstra 算法，其求解过程如下：

(1) $S=\{\mathbf{0}\}$，$U=\{1,2,3,4,5,6\}$，源点 v 到 1～6 各顶点的距离 dist=$\{0,4,6,6,∞,∞,∞\}$。从 U 中选取非∞的距离最大的顶点为 2。

(2) $S=\{0,\mathbf{2}\}$，$U=\{1,3,4,5,6\}$，顶点 2 到顶点 4、5 有边，所以调整顶点 4 的最大距离为 12，调整顶点 5 的最大距离为 10，即 dist=$\{0,4,6,6,\mathbf{12},\mathbf{10},∞\}$。从 U 中选取非∞的距离最大的顶点为 4。

(3) $S=\{0,2,\mathbf{4}\}$，$U=\{1,3,5,6\}$，顶点 4 到顶点 6 有边，所以调整顶点 6 的最大距离为 18，即 dist=$\{0,4,6,6,12,10,\mathbf{18}\}$。从 U 中选取非∞的距离最大的顶点为 6。

(4) $S=\{0,2,4,\mathbf{6}\}$，$U=\{1,3,5\}$，图中没有从顶点 6 出发的边，不调整。由于顶点 6 已添加到 S 中，以后不会再调整，也就是说源点 0 到顶点 6 的最长路径长度为 18。而实际上，0→3→5→6 才是源点 0⇒6 的最长路径，其长度为 19。

这样反证了上述修改后的 Dijkstra 算法用于求源点 v 到图中其他顶点的最长路径不一定是可行的。

8.5.3 每对顶点之间的最短路径

问题：对于一个各边权值均大于零的有向图，对每一对顶点 $i \neq j$，求出顶点 i 与顶点 j 之间的最短路径和最短路径长度（称为多源最短路径问题）。

可以通过以每个顶点作为源点调用 Dijkstr 算法求出每对顶点之间的最短路径，除此之外，弗洛伊德（Floyd）算法也可用于求两顶点之间的最短路径，下面讨论后者。

计算机科学家简介

扫一扫
视频讲解

Robert W Floyd（1936—2001 年），他从小就被视为神童，年仅 17 岁就获得芝加哥大学的文学学士学位，22 岁获得物理学学士学位。他 27 岁被卡内基·梅隆大学聘请为副教授一职，6 年后，获得了斯坦福大学的终身教授的职务，在斯坦福大学，他与 Knuth 成为同事和亲密的朋友。他是检验系统方法论的开创者，在词法分析理论、编程语言语义、自动程序验证、自动程序综合生成和算法分析等方面做出杰出贡献，于 1978 年获得计算机科学界最高奖——图灵奖。

假设有向图 $G = (V, E)$ 采用邻接矩阵 g 表示，另外设置一个二维数组 A 用于存放当前顶点之间的最短路径长度，即分量 $A[i][j]$ 表示当前 $i \Rightarrow j$ 的最短路径长度。Floyd 算法的基本思想是递推产生一个矩阵序列 $A_0, A_1, \cdots, A_k, \cdots, A_{n-1}$，其中 $A_k[i][j]$ 表示 $i \Rightarrow j$ 的路径上所经过的顶点编号不大于 k 的最短路径长度。

初始时有 $A_{-1}[i][j] = g.\text{edges}[i][j]$。若 $A_{k-1}[i][j]$ 已求出，现在考查顶点 k，求 $i \Rightarrow j$ 的路径上所经过的顶点编号不大于 k 的最短路径长度 $A_k[i][j]$，此时 $i \Rightarrow j$ 的路径有两条。

路径 1：在考查顶点 k 之前求出其最短路径长度为 $A_{k-1}[i][j]$（若没有这样的路径，$A_{k-1}[i][j]$ 取值为 ∞）。

路径 2：考查顶点 k，$i \Rightarrow j$ 存在一条经过顶点 k 的路径，如图 8.39 所示，该路径分为两段，即 $i \Rightarrow k$ 和 $k \Rightarrow j$，其长度为 $A_{k-1}[i][k] + A_{k-1}[k][j]$（若没有这样的路径，该长度取值为 ∞）。

显然，如果路径 2 的长度更短，即 $A_{k-1}[i][k] + A_{k-1}[k][j] < A_{k-1}[i][j]$，则取经过顶点 k 的路径为新的最短路径。

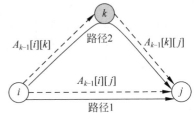

图 8.39 从顶点 i 到 j 的两条路径

归纳起来，Floyd 算法思想的描述如下：

$A_{-1}[i][j] = g.\text{edges}[i][j]$

$A_k[i][j] = \text{MIN}\{ A_{k-1}[i][j], A_{k-1}[i][k] + A_{k-1}[k][j] \}$ $0 \leq k \leq n-1$

上式是一个迭代表达式，每迭代一次，$i \Rightarrow j$ 的最短路径上就多考虑了一个顶点；经过 n 次迭代后所得的 $A_{n-1}[i][j]$ 值就是考虑所有顶点后 $i \Rightarrow j$ 的最短路径，也就是最终解。

另外用二维数组 path 保存最短路径，它与当前迭代的次数有关。$\text{path}_k[i][j]$ 存放着考查顶点 0、1、…、k 之后得到的 $i \Rightarrow j$ 的最短路径中顶点 j 的前一个顶点编号，这和 Dijkstra 算法中采用的方式相似。

初始时尚未考查任何顶点，若 $i \Rightarrow j$ 有边 $<i,j>$，将该边看成 $i \Rightarrow j$ 的最短路径，该路径上顶点 j 的前一个顶点是 i，所以置 $\text{path}_{-1}[i][j]=i$，否则 $\text{path}_{-1}[i][j]=-1$（表示无路径）。

在考查顶点 k 之前，$i \Rightarrow j$ 的最短路径是 $(i,\cdots,b,j)$，即 $\text{path}_{k-1}[i][j]=b$；$k \Rightarrow j$ 的最短路径是 $(k,\cdots,a,j)$，即 $\text{path}_{k-1}[k][j]=a$。

考虑顶点 k 的调整情况如图 8.40 所示（图中虚线箭头表示路径，实线箭头表示边）：若经过顶点 k 的路径较长，则 $A_k[i][j]=A_{k-1}[i][j]$，不需要修改路径；若经过顶点 k 的路径较短，则需要修改最短路径和路径长度，$A_k[i][j]=A_{k-1}[i][k]+A_{k-1}[k][j]$，$\text{path}_k[i][j]=a=\text{path}_{k-1}[k][j]$。

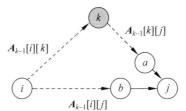

图 8.40 Floyd 算法中路径的调整情况

在算法结束时，由二维数组 path 的值追溯可以得到所有 $i \Rightarrow j$ 的最短路径。

例如，对于图 8.41 所示的有向图，对应的邻接矩阵数组如下：

$$\begin{bmatrix} 0 & 5 & \infty & 7 \\ \infty & 0 & 4 & 2 \\ 3 & 3 & 0 & 2 \\ \infty & \infty & 1 & 0 \end{bmatrix}$$

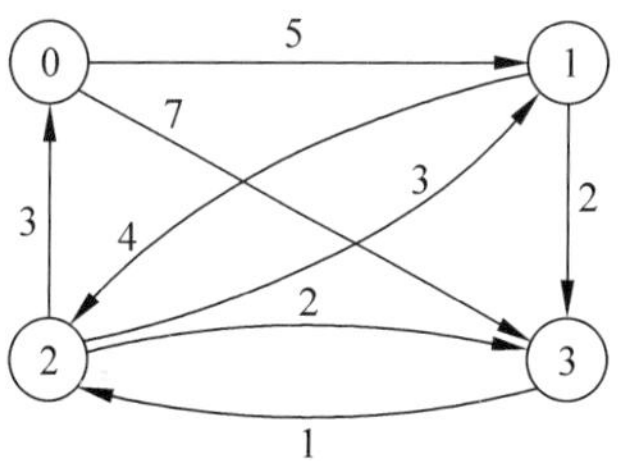

图 8.41 一个带权有向图

采用 Floyd 算法求解的过程如下：

（1）初始时有：

$$A_{-1}=\begin{bmatrix} 0 & 5 & \infty & 7 \\ \infty & 0 & 4 & 2 \\ 3 & 3 & 0 & 2 \\ \infty & \infty & 1 & 0 \end{bmatrix}, \quad \text{path}_{-1}=\begin{bmatrix} -1 & 0 & -1 & 0 \\ -1 & -1 & 1 & 1 \\ 2 & 2 & -1 & 2 \\ -1 & -1 & 3 & -1 \end{bmatrix}$$

（2）考虑顶点 0，$A_0[i][j]$ 表示由顶点 $i \Rightarrow j$ 经由顶点 0 的最短路径长度，经过比较，没在任何路径上得到修改（例如，$2 \Rightarrow 1$ 的路径长度为 3，尽管存在 $2 \to 0 \to 1$ 的新路径，但其长度为 8，大于原来路径的长度），因此有：

$$A_0=\begin{bmatrix} 0 & 5 & \infty & 7 \\ \infty & 0 & 4 & 2 \\ 3 & 3 & 0 & 2 \\ \infty & \infty & 1 & 0 \end{bmatrix}, \quad \text{path}_0=\begin{bmatrix} -1 & 0 & -1 & 0 \\ -1 & -1 & 1 & 1 \\ 2 & 2 & -1 & 2 \\ -1 & -1 & 3 & -1 \end{bmatrix}$$

(3) 考虑顶点 1，0⇨2 由原来没有路径变为 0→1→2，其长度为 9，所以 $A_1[0][2]$ 修改为 9，$\text{path}_1[0][2]$ 由 -1 修改为 1。其他最短路径无变化。因此有：

$$A_1 = \begin{bmatrix} 0 & 5 & \mathbf{9} & 7 \\ \infty & 0 & 4 & 2 \\ 3 & 3 & 0 & 2 \\ \infty & \infty & 1 & 0 \end{bmatrix}, \quad \text{path}_1 = \begin{bmatrix} -1 & 0 & \mathbf{1} & 0 \\ -1 & -1 & 1 & 1 \\ 2 & 2 & -1 & 2 \\ -1 & -1 & 3 & -1 \end{bmatrix}$$

(4) 考虑顶点 2，1⇨0 由原来没有路径变为 1→2→0，其长度为 7，所以 $A_2[1][0]$ 修改为 7，$\text{path}_2[1][0]$ 由 -1 修改为 2；3⇨0 由原来没有路径变为 3→2→0，其长度为 4，所以 $A_2[3][0]$ 修改为 4，$\text{path}_2[3][0]$ 由 -1 修改为 2；3⇨1 由原来没有路径变为 3→2→1，其长度为 4，所以 $A_2[3][1]$ 修改为 4，$\text{path}_2[3][1]$ 由 -1 修改为 2；其他无修改。因此有：

$$A_2 = \begin{bmatrix} 0 & 5 & 9 & 7 \\ \mathbf{7} & 0 & 4 & 2 \\ 3 & 3 & 0 & 2 \\ \mathbf{4} & \mathbf{4} & 1 & 0 \end{bmatrix}, \quad \text{path}_2 = \begin{bmatrix} -1 & 0 & 1 & 0 \\ \mathbf{2} & -1 & 1 & 1 \\ 2 & 2 & -1 & 2 \\ \mathbf{2} & \mathbf{2} & 3 & -1 \end{bmatrix}$$

(5) 考虑顶点 3，0⇨2 原来的最短路径长度为 9，路径为 0→1→2，现有一条更短的路径 0→3→2，其长度为 8，所以 $A_3[0][2]$ 修改为 8，$\text{path}_3[0][2]$ 修改为 3；1⇨0 原来的最短路径长度为 7，路径为 1→2→0，现有一条更短的路径 1→3→2→0，其长度为 6，所以 $A_3[1][0]$ 修改为 6，$\text{path}_3[1][0]$ 修改为 2；1⇨2 原来的最短路径长度为 4，路径为 1→2，现有一条更短的路径 1→3→2，其长度为 3，所以 $A_3[1][2]$ 修改为 3，$\text{path}_3[1][2]$ 修改为 3；其他无修改。因此有：

$$A_3 = \begin{bmatrix} 0 & 5 & \mathbf{8} & 7 \\ \mathbf{6} & 0 & \mathbf{3} & 2 \\ 3 & 3 & 0 & 2 \\ 4 & 4 & 1 & 0 \end{bmatrix}, \quad \text{path}_3 = \begin{bmatrix} -1 & 0 & \mathbf{3} & 0 \\ \mathbf{2} & -1 & \mathbf{3} & 1 \\ 2 & 2 & -1 & 2 \\ 2 & 2 & 3 & -1 \end{bmatrix}$$

因此，最后求得的各顶点最短路径长度矩阵 A 为：

$$\begin{bmatrix} 0 & 5 & 8 & 7 \\ 6 & 0 & 3 & 2 \\ 3 & 3 & 0 & 2 \\ 4 & 4 & 1 & 0 \end{bmatrix}$$

求得的各顶点最短路径矩阵 path 为：

$$\begin{bmatrix} -1 & 0 & 3 & 0 \\ 2 & -1 & 3 & 1 \\ 2 & 2 & -1 & 2 \\ 2 & 2 & 3 & -1 \end{bmatrix}$$

在得到最终的 A 和 path 以后，由 A 数组可以直接得到两个顶点之间的最短路径长度，例如 $A[1][0]=6$，说明顶点 1 到 0 的最短路径长度为 6。

由 path 数组可以推导出所有顶点之间的最短路径，其中第 $i(0 \leqslant i \leqslant n-1)$ 行用于推导顶点 i 到其他各顶点的最短路径。下面以求 1⇨0 的最短路径为例说明求路径的过程。

$\text{path}[1][0] = \mathbf{2}$，说明顶点 0 的前一个顶点是顶点 2，$\text{path}[1][2] = \mathbf{3}$，表示顶点 2 的前一

个顶点是顶点3，path[1][3]=1，表示顶点3的前一个顶点是顶点1，找到起点。依次得到的顶点序列为0,2,3,1，则1⇨0的最短路径为1→3→2→0。

图8.41所示的带权有向图采用Floyd算法求出的最终结果如图8.42所示。

```
从 0 到 1 路径为：0,1        路径长度为：5
从 0 到 2 路径为：0,3,2      路径长度为：8
从 0 到 3 路径为：0,3        路径长度为：7
从 1 到 0 路径为：1,3,2,0    路径长度为：6
从 1 到 2 路径为：1,3,2      路径长度为：3
从 1 到 3 路径为：1,3        路径长度为：2
从 2 到 0 路径为：2,0        路径长度为：3
从 2 到 1 路径为：2,1        路径长度为：3
从 2 到 3 路径为：2,3        路径长度为：2
从 3 到 0 路径为：3,2,0      路径长度为：4
从 3 到 1 路径为：3,2,1      路径长度为：4
从 3 到 2 路径为：3,2        路径长度为：1
```

```
A(0):                  path(0):
0   5   ∞   7          -1  0   -1  0
∞   0   4   2          -1  -1  1   1
3   3   0   2          2   2   -1  2
∞   ∞   1   0          -1  -1  3   -1
A(1):                  path(1):
0   5   9   7          -1  0   1   0
∞   0   4   2          -1  -1  1   1
3   3   0   2          2   2   -1  2
∞   ∞   1   0          -1  -1  3   -1
A(2):                  path(2):
0   5   9   7          -1  0   1   0
7   0   4   2          2   -1  1   1
3   3   0   2          2   2   -1  2
4   4   1   0          2   2   3   -1
A(3):                  path(3):
0   5   8   7          -1  0   3   0
6   0   3   2          2   -1  3   1
3   3   0   2          2   2   -1  2
4   4   1   0          2   2   3   -1
```

(a) 最短路径长度   (b) 最短路径

图8.42　采用Floyd算法求出的结果和求解过程

对应的Floyd算法如下：

```
void Floyd(MatGraph g)                       //Floyd算法
{   int A[MAXV][MAXV],path[MAXV][MAXV];
    int i,j,k;
    for (i=0;i<g.n;i++)
        for (j=0;j<g.n;j++)
        {   A[i][j]=g.edges[i][j];
            if (i!=j && g.edges[i][j]<INF)
                path[i][j]=i;                //顶点i到顶点j有边时
            else
                path[i][j]=-1;               //顶点i到顶点j没有边时
        }
    for (k=0;k<g.n;k++)                      //依次考查所有顶点
    {   for (i=0;i<g.n;i++)
            for (j=0;j<g.n;j++)
                if (A[i][j]>A[i][k]+A[k][j])
                {   A[i][j]=A[i][k]+A[k][j]; //修改最短路径长度
                    path[i][j]=path[k][j];   //修改最短路径
                }
    }
    Dispath(g,A,path);                       //输出最短路径
}
```

输出多源最短路径的Dispath()函数如下：

```
void Dispath(MatGraph g,int A[][MAXV],int path[][MAXV])
{   int i,j,k,s;
    int apath[MAXV],d;              //存放一条最短路径的中间顶点(反向)及其顶点个数
    for (i=0;i<g.n;i++)
        for (j=0;j<g.n;j++)
        {   if (A[i][j]!=INF && i!=j)     //若顶点i和顶点j之间存在路径
            {   printf(" 从%d到%d的路径为:",i,j);
                k=path[i][j];
                d=0; apath[d]=j;          //路径上添加终点
                while (k!=i)              //路径上添加中间点
                {   d++; apath[d]=k;
                    k=path[i][k];
                }
                d++; apath[d]=i;          //路径上添加起点
                printf("%d",apath[d]);    //输出起点
                for (s=d-1;s>=0;s--)      //输出路径上的中间顶点
                    printf(",%d",apath[s]);
                printf("\t路径长度为:%d\n",A[i][j]);
            }
        }
}
```

不考虑路径输出，Floyd算法的时间复杂度为$O(n^3)$，其中n为图中顶点的个数。

8.6 拓扑排序

设$G=(V,E)$是一个具有n个顶点的有向图，V中的顶点序列$v_1,v_2,\cdots,v_n$称为一个**拓扑序列**(topological sequence)，若$<v_i,v_j>$是图中的一条边或者从顶点v_i到顶点v_j有路径，则在该序列中顶点v_i必须排在顶点v_j之前。

在一个有向图中找一个拓扑序列的过程称为**拓扑排序**(topological sort)。

例如，计算机专业的学生必须完成一系列规定的基础课和专业课才能毕业，假设这些课程的名称与相应代号有如表8.1所示的先修关系。

表8.1 课程名称与相应代号的先修关系

课程代号	课程名称	先修课程
C_1	高等数学	无
C_2	程序设计	无
C_3	离散数学	C_1
C_4	数据结构	C_2,C_3
C_5	编译原理	C_2,C_4
C_6	操作系统	C_4,C_7
C_7	计算机组成原理	C_2

课程之间的先修关系可以用一个有向图表示,如图 8.43 所示。这种用顶点表示活动,用有向边表示活动之间优先关系的有向图称为**顶点表示活动的网**(activity on vertex network,AOV 网)。

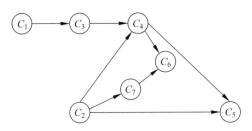

图 8.43　课程之间的先后关系有向图

对课程 AOV 网进行拓扑排序可得到一个拓扑序列 $C_1 \rightarrow C_3 \rightarrow C_2 \rightarrow C_4 \rightarrow C_7 \rightarrow C_6 \rightarrow C_5$,也可得到另一个拓扑序列 $C_2 \rightarrow C_7 \rightarrow C_1 \rightarrow C_3 \rightarrow C_4 \rightarrow C_5 \rightarrow C_6$,还可以得到其他的拓扑序列。学生可以按照任何一个拓扑序列的顺序进行课程的学习。

拓扑排序的过程如下:

(1) 从有向图中选择一个没有前驱(即入度为 0)的顶点并且输出它。

(2) 从图中删去该顶点,并且删去从该顶点发出的全部有向边。

(3) 重复上述两步,直到剩余的图中不再存在没有前驱的顶点为止。

这样操作的结果有两种:一种是图中顶点都被输出,即该图中的所有顶点都在其拓扑序列中,这说明图中不存在回路;另一种就是图中顶点未被全部输出,这说明图中存在回路(以课程之间的先修关系为例,存在回路说明一些课程以自己为先修关系)。所以可以通过对一个有向图进行拓扑排序,看是否产生全部顶点的拓扑序列来确定该图中是否存在回路。

在拓扑排序的过程中,当某个顶点的入度为 0(没有前驱顶点)时,就将此顶点输出,同时将该顶点及其所有出边删除,实际上没有必要真正删除出边,设置一个 indegree 数组存放每个顶点的入度,删除一条出边是通过将出边邻接点的入度减 1 实现的。另外,为了避免重复检测入度为 0 的顶点,设置一个栈 st 存放入度为 0 的顶点,这里采用顺序栈。对应拓扑排序的算法如下:

```
void TopSort(AdjGraph * G)                       //拓扑排序算法
{   SqStack * st;                                //定义一个栈(元素为 int 类型)
    InitStack(st);                               //初始化
    int indegree[MAXV];                          //定义一个入度数组
    for(int i=0;i<G->n;i++) indegree[i]=0;
    for (int i=0;i<G->n;i++)                     //求所有顶点的入度
    {   ArcNode * p=G->adjlist[i].firstarc;
        while (p!=NULL)
        {   int w=p->adjvex;                     //找到顶点 i 的邻接点 w
            indegree[w]++;                       //顶点 w 的入度增 1
            p=p->nextarc;
        }
```

```
        }
        for (int i=0;i<G->n;i++)              //将入度为0的顶点进栈
            if (indegree[i]==0)
                Push(st,i);
    int i;
    while (!StackEmpty(st))                    //栈不空时循环
    {   Pop(st,i);                             //将一个顶点i出栈
        printf("%d ",i);                       //输出该顶点
        ArcNode *  p=G->adjlist[i].firstarc;   //寻找第一个邻接点
        while (p!=NULL)                        //将顶点i的出边邻接点的入度减1
        {   int w=p->adjvex;                   //存在边<i,w>中
            indegree[w]--;                     //顶点w的入度减1
            if (indegree[w]==0)                //将入度为0的邻接点w进栈
                Push(st,w);
            p=p->nextarc;                      //找下一个邻接点
        }
    }
}
```

说明：在上述拓扑排序算法中，栈 st 的作用是保存当前所有入度为 0 的顶点，先输出其中任意哪个顶点不影响拓扑排序的正确性，所以可以用队列代替栈。

【**例 8.14**】 给出图 8.44 所示的有向图 G 的全部可能的拓扑排序序列。

解 从图 G 中可以看到，入度为 0 的顶点有两个，即 0 和 4，先考虑顶点 0，删除 0 及相关边，入度为 0 的顶点有 4；删除 4 及相关边，入度为 0 的顶点有 1 和 5；考虑顶点 1，删除 1 及相关边，入度为 0 的顶点有 2 和 5，如此得到拓扑序列为 041253、041523、045123。

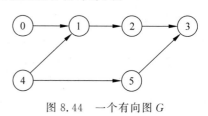

图 8.44　一个有向图 G

再考查顶点 4，类似地得到拓扑序列 450123、401253、405123、401523。

因此，所有的拓扑序列为 041253、041523、045123、450123、401253、405123、401523。

8.7　AOE 网与关键路径

8.7.1　相关概念

视频讲解

若用前面介绍过的**有向无环图**(directed acycline graph，DAG)描述工程的预计进度，以顶点表示事件，有向边表示活动，边 e 的权 $c(e)$ 表示完成活动 e 所需的时间(例如天数)，或者说活动 e 持续时间，图中入度为 0 的顶点表示工程的**开始事件**(例如开工仪式)，出度为 0 的顶点表示工程的**结束事件**，称这样的有向图为边表示活动的网(activity on edge network，AOE 网)。

通常每个工程都只有一个开始事件和一个结束事件，因此表示工程的 AOE 网都只有一个入度为 0 的顶点，称为**源点**(source)，和一个出度为 0 的顶点，称为**汇点**(converge)。如

果图中存在多个入度为 0 的顶点,只要加一个虚拟源点,使这个虚拟源点到原来所有入度为 0 的点都有一条长度为 0 的边,从而变成只有一个源点。对存在多个出度为 0 的顶点的情况做类似的处理。所以只需讨论单源点和单汇点的情况。

利用这样的 AOE 网能够计算完成整个工程预计需要多少时间,并找出影响工程进度的"关键活动",从而为决策者提供修改各活动的预计进度的依据。

在 AOE 网中,从源点到汇点的所有路径中具有最大路径长度的路径称为**关键路径**(critical path)。完成整个工程的最短时间就是 AOE 网中关键路径的长度,或者说是 AOE 网中一条关键路径上各活动持续时间的总和,把关键路径上的活动称为**关键活动**(key activity)。关键活动不存在富余的时间,而非关键活动可能存在富余的时间。通常一个 AOE 网可能存在多条关键路径,但它们的长度是相同的。

因此,只要找出 AOE 网中的所有关键活动也就找到了全部关键路径。

例如,图 8.45 表示某工程的 AOE 网,共有 9 个事件和 11 项活动,其中 A 表示源点、I 表示汇点。

下面介绍如何利用 AOE 网计算出完成整个工程需要的最少时间,同时找出影响工程进度的关键活动。

在 AOE 网中,若存在两条首尾相接的边 $a_i=<v,w>$ 和 $a_j=<w,z>$,则称活动 a_i 是活动 a_j 的前驱活动,a_j 是活动 a_i 的后继活动。一个活动可能有多个前驱活动和多个后继活动。

显然,只有当活动 a_j 的所有前驱活动都完成后事件 w 才发生(这里 w 是边 a_j 的头),且活动 a_j 才可以开始。如图 8.46 所示,当活动 1、活动 2 和活动 3 都完成时,事件 w 就发生了,活动 a_j 就可以开始了,所以事件 w 称为活动 a_j 的触发事件。

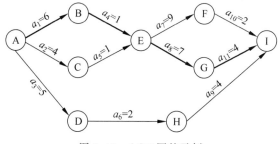

图 8.45　AOE 网的示例

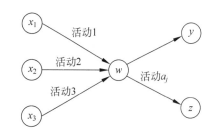

图 8.46　前驱活动和后继活动

假设事件 x 是源点、事件 y 是汇点,并规定事件 x 的发生时间为 0。定义图中任一事件 v 的最早(event early)开始时间 ve(v) 等于 x 到 v 的所有路径长度的最大值,即:

$$\text{ve}(v) = \underset{p}{\text{MAX}} \{c(p)\}$$

式中的 MAX 是对源点 x 到 v 的所有路径 p 取最大值,$c(p)$ 表示路径 p 的长度(路径上的所有活动 a 的时间之和),即:

$$c(p) = \sum_{a \in p} \{c(a)\}$$

于是完成整个工程所需的最少时间等于汇点 y 的最早开始时间 ve(y)。

源点 x 到汇点 y 的最长路径就是关键路径,完成工程所需的最少时间就是关键路径的长度。

例如,在图8.45中A到E的最长路径是A→B→E,其长度等于6+1=7,所以事件E的最早可发生时间等于7。图8.45中用粗线标出的一条关键路径是A→B→E→G→I,其长度等于6+1+7+4=18,于是完成整个工程至少需18天(假设这里的时间单位是天)。

为了使事件v尽可能早地开始,处于源点x到事件v的最长路径上的活动必须"刻不容缓"地进行,一旦触发事件发生,便立即开始,而且应当在规定时间内完成,否则事件v就不能按时开始,影响整个工程的进度。例如图8.45中的活动a_4,一旦事件B发生,活动a_4必须立即开始。

而对那些并不处在最长路径上的活动来说,即使稍微推迟一些时间完成,也对工程的总进度无碍。例如,图8.45中的活动a_5不处在事件E的最长路径上,只要它在第7天中完成,就不至于影响事件E的发生,由于路径A→C→E的长度等于4+1=5,所以活动a_5可有7-5=2天的富余时间。

定义在不影响整个工程进度的前提下,事件v必须开始的时间称为v的最迟(event late)开始时间,记作vl(v)。

那么vl(v)应等于ve(y)与v到汇点y的最长路径长度之差,即:

$$\text{vl}(v) = \text{ve}(y) - \underset{p}{\text{MAX}}\{c(p)\} \tag{8.1}$$

式中的MAX对v到汇点y的所有路径p取最大值。显然vl(y)=ve(y),vl(x)=ve(x)=0。对任何$a_i=<v,w>$,有:

$$\text{ve}(v) + c(a_i) \leqslant \text{vl}(w) \tag{8.2}$$

如果上式取等号,即:

$$\text{ve}(v) + c(a_i) = \text{vl}(w) \tag{8.3}$$

则称活动a_i为关键活动。反之,上式取小于符号,则a_i是非关键活动。

对关键活动来说,不存在富余时间,显然关键路径上的活动都是关键活动。找出关键活动的意义在于可以适当地增加对关键活动的投资(人力、物力等),相应地减少对非关键活动的投资,从而减少关键活动的持续时间,缩短整个工程的工期。

只要计算出各顶点的ve(v)和vl(v)的值,根据式(8.3)就能找出所有的关键活动。为了便于计算,引入下面两个递推式,其中x和y分别是源点和汇点。

$$\text{ve}(x) = 0$$

$$\text{ve}(w) = \underset{\text{所有存在}<v,w>\text{边的}v}{\text{MAX}} \{\text{ve}(v) + c(<v,w>)\} \quad w \neq x \tag{8.4}$$

式(8.4)中的MAX对w的所有入边$<v,w>$的权取最大值。

$$\text{vl}(y) = \text{ve}(y)$$

$$\text{vl}(v) = \underset{\text{所有存在}<v,w>\text{边的}w}{\text{MIN}} \{\text{vl}(w) - c(<v,w>)\} \quad v \neq y \tag{8.5}$$

式(8.5)中的MIN对v的所有出边$<v,w>$的权取最小值。

图8.47(a)给出了对8.4式的解释,其中事件a、b、c的最早开始时间分别为ve(a)、ve(b)和ve(c),假设它们都已求出。因为只有$<a,w>$、$<b,w>$和$<c,w>$活动都完成才触发事件w发生,所以事件w的最早开始时间ve(w)必等于ve(a)+$c(<a,w>)$、ve(b)+$c(<b,w>)$和ve(c)+$c(<c,w>)$三者中的最大值。如果事件w有更多个前驱事件,求法类似。

只要从源点x起按照顶点的拓扑序列次序反复运用递推式(8.4),即可求出各事件w

(顶点)的 ve(w)值。

类似地，图 8.47(b)给出了对 8.5 式的解释，其中事件 a、b 和 c 的最迟开始时间分别为 vl(a)、vl(b)和 vl(c)，假设它们已求出，那么事件 v 的最迟开始时间 vl(v)必等于 vl(a)－$c(<v,a>)$、vl(b)－$c(<v,b>)$ 和 vl(c)－$c(<v,c>)$ 三者中的最小值。

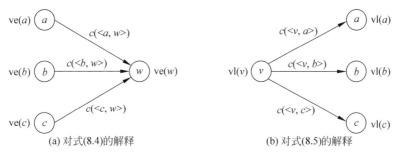

图 8.47 计算 ve(w)和 vl(v)的递推式的含义

只要从汇点 y 起按照顶点的拓扑序列的逆序反复运用递推式(8.5)，即可求出各个顶点 v 的最迟可发生时间 vl(v)，然后用式(8.3)判断各有关活动是否为关键活动。

8.7.2 求 AOE 网的关键活动

综上所述，得出下面求 AOE 网的关键活动的步骤：

(1) 对于源点 x，置 ve(x)＝0。

(2) 对 AOE 网进行拓扑排序，如果发现回路，工程无法进行，退出；否则继续下一步。

(3) 按顶点的拓扑序列次序反复用式(8.4)依次求其余各顶点 v 的 ve(v)值(实际上，步骤(2)和步骤(3)可以合在一起完成，即一边对顶点进行拓扑排序，一边求出各顶点的 ve(v)值)。

(4) 对于汇点 y，置 vl(y)＝ve(y)。

(5) 按顶点拓扑序列次序之逆序反复用式(8.5)依次求其余各顶点 v 的 vl(v)的值。

(6) 活动 a_i 的最早开始时间 $e(a_i)$是该活动的起点的最早开始时间。如果 $a_i=<j,k>$，则有 $e(a_i)=$ve(j)。

(7) 活动 a_i 的最迟开始时间 $l(a_i)$是该活动的终点的最迟开始时间与该活动的所需时间之差。如果 $a_i=<j,k>$，则有 $l(a_i)=$vl(k)$-c(a_i)$。

(8) 一个活动 a_i 的最迟开始时间 $l(a_i)$和最早开始时间 $e(a_i)$的差，即 $d(a_i)=l(a_i)-e(a_i)$，称为该活动的时间余量。它是在不增加整个工程完工所需总时间的情况下活动 a_i 可以拖延的时间。

(9) 当一个活动的时间富余为零时，说明该活动必须如期完成，否则就会拖延完成整个工程的进度。所以，若 $d(a_i)=0$，即 $l(a_i)=e(a_i)$，则活动 a_i 是关键活动。

【例 8.15】 求图 8.45 所示的 AOE 网的关键路径。

解 对于该 AOE 网，其中源点为顶点 A，汇点为顶点 I。先进行一次拓扑排序，假设产生的拓扑序列为 ABCDEFGHI，依此顺序计算各事件的 ve(v)如下：

ve(A)＝0

$ve(B) = ve(A) + c(a_1) = 6$

$ve(C) = ve(A) + c(a_2) = 4$

$ve(D) = ve(A) + c(a_3) = 5$

$ve(E) = MAX\{ve(B) + c(a_4), ve(C) + c(a_5)\} = MAX\{7,5\} = 7$

$ve(F) = ve(E) + c(a_7) = 16$

$ve(G) = ve(E) + c(a_8) = 14$

$ve(H) = ve(D) + c(a_6) = 7$

$ve(I) = MAX\{ve(F) + c(a_{10}), ve(G) + c(a_{11}), ve(H) + c(a_9)\} = MAX\{18,18,11\} = 18$

按拓扑序列之逆序 IHGFEDCBA 计算各事件的 $vl(v)$ 如下：

$vl(I) = ve(I) = 18$

$vl(H) = vl(I) - c(a_9) = 14$

$vl(G) = vl(I) - c(a_{11}) = 14$

$vl(F) = vl(I) - c(a_{10}) = 16$

$vl(E) = MIN\{vl(F) - c(a_7), vl(G) - c(a_8)\} = MIN\{7,7\} = 7$

$vl(D) = vl(H) - c(a_6) = 12$

$vl(C) = vl(E) - c(a_5) = 6$

$vl(B) = vl(E) - c(a_4) = 6$

$vl(A) = MIN\{vl(B) - c(a_1), vl(C) - c(a_2), vl(D) - c(a_3)\} = MIN\{0,2,7\} = 0$

计算各活动 a 的 $e(a)$、$l(a)$ 和 $d(a)$ 如下：

活动 a_1：$e(a_1) = ve(A) = 0$　　　$l(a_1) = vl(B) - 6 = 0$　　　$d(a_1) = 0$

活动 a_2：$e(a_2) = ve(A) = 0$　　　$l(a_2) = vl(C) - 4 = 2$　　　$d(a_2) = 2$

活动 a_3：$e(a_3) = ve(A) = 0$　　　$l(a_3) = vl(D) - 5 = 7$　　　$d(a_3) = 7$

活动 a_4：$e(a_4) = ve(B) = 6$　　　$l(a_4) = vl(E) - 1 = 6$　　　$d(a_4) = 0$

活动 a_5：$e(a_5) = ve(C) = 4$　　　$l(a_5) = vl(E) - 1 = 6$　　　$d(a_5) = 2$

活动 a_6：$e(a_6) = ve(D) = 5$　　　$l(a_6) = vl(H) - 2 = 12$　　　$d(a_6) = 7$

活动 a_7：$e(a_7) = ve(E) = 7$　　　$l(a_7) = vl(F) - 9 = 7$　　　$d(a_7) = 0$

活动 a_8：$e(a_8) = ve(E) = 7$　　　$l(a_8) = vl(G) - 7 = 7$　　　$d(a_8) = 0$

活动 a_9：$e(a_9) = ve(H) = 7$　　　$l(a_9) = vl(I) - 4 = 14$　　　$d(a_9) = 7$

活动 a_{10}：$e(a_{10}) = ve(F) = 16$　　　$l(a_{10}) = vl(I) - 2 = 16$　　　$d(a_{10}) = 0$

活动 a_{11}：$e(a_{11}) = ve(G) = 14$　　　$l(a_{11}) = vl(I) - 4 = 14$　　　$d(a_{11}) = 0$

由此可知，关键活动有 a_{11}、a_{10}、a_8、a_7、a_4、a_1，因此关键路径有两条，即 A→B→E→F→I 和 A→B→E→G→I。

从求解结果看出以下几点：

(1) 缩短某一活动的时间，整个工期不一定会缩短。例如，在如图 8.45 所示的 AOE 网中将活动 a_9 由 4 天缩短为两天，整个工期仍然需要 18 天，因为关键路径没有改变。

(2) 缩短某一关键活动的时间，整个工期不一定会缩短。例如，在如图 8.45 所示的 AOE 网中将关键活动 a_7 由 9 天缩短为 5 天，整个工期仍然需要 18 天。因为 A→B→E→F

→I 变为非关键路径,而关键路径 A→B→E→G→I 的长度仍然为 18。

(3) 只有缩短所有关键路径共享的关键活动的时间,整个工期才可能缩短。例如,在 8.45 所示的 AOE 网中将共享关键活动 a_1 由 6 天缩短为 5 天,整个工期也缩短 1 天。

(4) 缩短某一共享关键活动的时间为 $d(d>0)$ 天,整个工期不一定会缩短 d 天。例如,在如图 8.45 所示的 AOE 网中将共享关键活动 a_1 由 6 天缩短为两天(共缩短 4 天),整个工期也仅缩短了两天。因为关键路径变为 A→C→E→F→I 和 A→C→E→G→I,其长度为 16。

本章小结

本章的基本学习要点如下:

(1) 掌握图的相关概念,包括图、有向图/无向图、度/入度/出度、完全图、子图、连通图、强连通图、简单路径/简单环和网等的定义。

(2) 掌握图的各种存储结构,包括邻接矩阵和邻接表等,理解它们的特点和差异。

(3) 掌握图的基本运算,包括创建图、销毁图和输出图等。

扫一扫
视频讲解

(4) 掌握图的深度优先遍历和广度优先遍历算法,以及这两个算法在图搜索算法设计中的应用。

扫一扫
视频讲解

(5) 掌握生成树和最小生成树的概念,求带权连通图中最小生成树的 Prim 和 Kruskal 算法。

(6) 掌握求单源最短路径的 Dijkstra 算法和求多源最短路径的 Floyd 算法。

扫一扫
视频讲解

(7) 掌握拓扑排序的过程。

(8) 掌握在 AOE 网中求关键路径的过程。

(9) 灵活地运用图这种数据结构解决一些综合应用问题。

练习题 8

1. 图 G 是一个非连通图,共有 28 条边,则该图最少有多少个顶点?

2. 有一个如图 8.48 所示的有向图,给出其所有的强连通分量。

3. 对于稠密图和稀疏图,采用邻接矩阵和邻接表哪个更好一些?

4. 对于有 n 个顶点的无向图和有向图(均为不带权图),在采用邻接矩阵和邻接表表示时如何求解以下问题:

(1) 图中有多少条边?

(2) 任意两个顶点 i 和 j 之间是否有边相连?

(3) 任意一个顶点的度是多少?

5. 对于如图 8.49 所示的一个无向图 G,给出以顶点 0 作为初始点的所有的深度优先遍历序列和广度优先遍历序列。

6. 对于如图 8.50 所示的带权无向图,给出利用 Prim 算法(从顶点 0 开始构造)和 Kruskal 算法构造出的最小生成树的结果,要求结果按构造边的顺序列出。

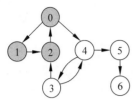
图 8.48　一个有向图

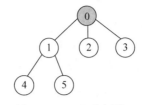
图 8.49　一个无向图 G

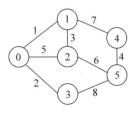
图 8.50　一个带权无向图

7. 对于一个顶点个数超过 4 的带权无向图,回答以下问题:

(1) 该图的最小生成树一定是唯一的吗? 如果所有边的权都不相同,那么其最小生成树一定是唯一的吗?

(2) 如果该图的最小生成树不是唯一的,那么调用 Prim 算法和 Kruskal 算法构造出的最小生成树一定相同吗?

(3) 如果图中有且仅有两条权最小的边,它们一定出现在该图的所有最小生成树中吗? 简要说明理由。

(4) 如果图中有且仅有 3 条权最小的边,它们一定出现在该图的所有最小生成树中吗? 简要说明理由。

8. 对于如图 8.51 所示的带权有向图,采用 Dijkstra 算法求出从顶点 0 到其他各顶点的最短路径及其长度,要求给出求解过程。

9. 对于一个带权连通图,可以采用 Prim 算法构造出从某个顶点 v 出发的最小生成树,问该最小生成树是否一定包含从顶点 v 到其他所有顶点的最短路径? 如果回答是,请予以证明;如果回答不是,请给出反例。

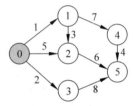
图 8.51　一个带权有向图 G

10. 若只求带权有向图 G 中从顶点 i 到顶点 j 的最短路径,如何修改 Dijkstra 算法来实现这一功能?

11. Dijkstra 算法用于求单源最短路径,为了求一个图中所有顶点对之间的最短路径,可以以每个顶点作为源点调用 Dijkstra 算法,Floyd 算法和这种算法相比有什么优势?

12. 回答以下有关拓扑排序的问题:

(1) 给出如图 8.52 所示有向图的所有不同的拓扑序列。

(2) 什么样的有向图的拓扑序列是唯一的?

(3) 现要对一个有向图的所有顶点重新编号,使所有表示边的非 0 元素集中到邻接矩阵数组的上三角部分。根据什么顺序对顶点进行编号可以实现这个功能?

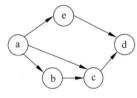
图 8.52　一个有向图

13. 已知有 6 个顶点(顶点的编号为 0~5)的带权有向图 G,其邻接矩阵数组 A 为上三角矩阵,按行为主序(行优先)保存在以下的一维数组中:

| 4 | 6 | ∞ | ∞ | ∞ | 5 | ∞ | ∞ | 4 | 3 | ∞ | ∞ | 3 | 3 |

要求:

(1) 写出图 G 的邻接矩阵数组 A。

(2) 画出带权有向图 G。

(3) 求图 G 的关键路径,并计算该关键路径的长度。

14. 假设不带权有向图采用邻接矩阵 g 存储,设计实现以下功能的算法:

(1) 求出图中每个顶点的入度。

(2) 求出图中每个顶点的出度。

(3) 求出图中出度为 0 的顶点数。

15. 假设不带权有向图采用邻接表 G 存储,设计实现以下功能的算法:

(1) 求出图中每个顶点的入度。

(2) 求出图中每个顶点的出度。

(3) 求出图中出度为 0 的顶点数。

16. 假设一个连通图采用邻接表作为存储结构,试设计一个算法,判断其中是否存在经过顶点 v 的回路(一条回路中至少包含 3 个不同的顶点)。

17. 假设无向图 G 采用邻接表存储,设计一个算法,判断图 G 是否为一棵树,若为树,返回真;否则返回假。

18. 设 5 地(0~4)之间架设有 6 座桥(A~F),如图 8.53 所示,设计一个算法,从某地出发,恰巧每座桥经过一次,最后仍回到原地。

19. 设不带权无向图 G 采用邻接表表示,设计一个算法求源点 i 到其余各顶点的最短路径长度。

20. 对于一个带权有向图,设计一个算法输出从顶点 i 到顶点 j 的所有路径及其长度,并调用该算法求出图 8.35 中顶点 0 到顶点 3 的所有路径及其长度。

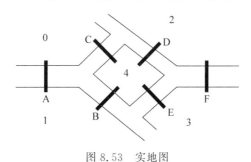

图 8.53 实地图

上机实验题 8

验证性实验

实验题 1:实现图的邻接矩阵和邻接表的存储

目的:领会图的两种主要存储结构和图的基本运算算法设计。

内容:编写一个程序 graph.cpp,设计带权图的邻接矩阵与邻接表的创建和输出运算,并在此基础上设计一个主程序 exp8-1.cpp 完成以下功能。

(1) 建立如图 8.54 所示的有向图 G 的邻接矩阵,并输出它。

(2) 建立如图 8.54 所示的有向图 G 的邻接表,并输出它。

(3) 销毁图 G 的邻接表。

实验题 2：实现图的遍历算法

目的：领会图的两种遍历算法。

内容：编写一个程序 travsal.cpp，实现图的深度优先遍历递归和非递归算法以及广度优先遍历算法，并在此基础上设计一个程序 exp8-2.cpp 完成以下功能。

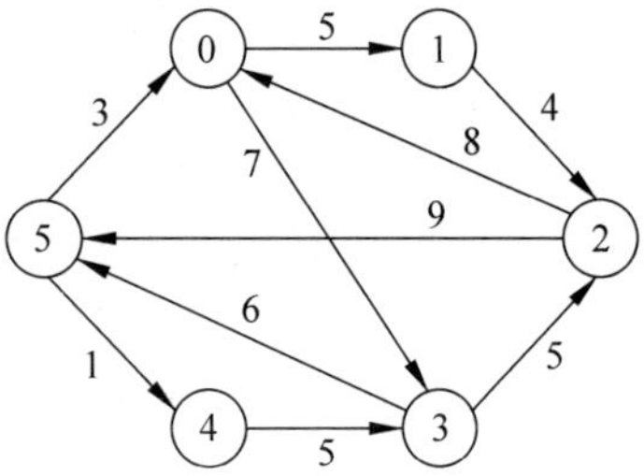

(1) 输出如图 8.54 所示的有向图 G 中从顶点 0 开始的深度优先遍历序列（递归算法）。

(2) 输出如图 8.54 所示的有向图 G 中从顶点 0 开始的深度优先遍历序列（非递归算法）。

图 8.54 一个带权有向图

(3) 输出如图 8.54 所示的有向图 G 中从顶点 0 开始的广度优先遍历序列。

实验题 3：求连通图的所有深度优先遍历序列

目的：领会图的深度优先遍历算法。

内容：编写一个程序 exp8-3.cpp，假设一个连通图采用邻接表存储，输出它的所有深度优先遍历序列，并求图 8.1(a) 中从顶点 1 出发的所有深度优先遍历序列。

实验题 4：求连通图的深度优先生成树和广度优先生成树

目的：领会图的深度优先遍历算法、广度优先遍历算法和生成树的概念。

内容：编写一个程序 exp8-4.cpp，输出一个连通图的深度优先生成树和广度优先生成树，并对图 8.24 求从顶点 3 出发的一棵深度优先生成树和一棵广度优先生成树。

实验题 5：采用 Prim 算法求最小生成树

目的：领会 Prim 算法求带权连通图中最小生成树的过程和相关算法设计。

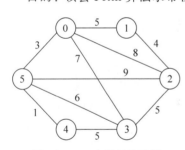

图 8.55 一个带权连通图

内容：编写一个程序 exp8-5.cpp，实现求带权连通图中最小生成树的 Prim 算法。对于如图 8.55 所示的带权连通图 G，输出从顶点 0 出发的一棵最小生成树。

实验题 6：采用 Kruskal 算法求最小生成树

目的：领会 Kruskal 算法求带权连通图中最小生成树的过程和相关算法设计。

内容：编写一个程序 exp8-6.cpp，实现求带权连通图中最小生成树的 Kruskal 算法。对于如图 8.55 所示的带权连通图 G，输出从顶点 0 出发的一棵最小生成树。

实验题 7：采用 Dijkstra 算法求带权有向图的最短路径

目的：领会 Dijkstra 算法求带权有向图中单源最短路径的过程和相关算法设计。

内容：编写一个程序 exp8-7.cpp，实现求带权有向图中单源最短路径的 Dijkstra 算法，并输出如图 8.54 所示的带权有向图 G 中从顶点 0 到达其他各顶点的最短路径长度和最短路径。

实验题 8：采用 Floyd 算法求带权有向图的最短路径

目的：领会 Floyd 算法求带权有向图中多源最短路径的过程和相关算法设计。

内容：编写一个程序exp8-8.cpp，实现求带权有向图中多源最短路径的弗洛伊德算法，并输出如图8.54所示的带权有向图G中所有两个顶点之间的最短路径长度和最短路径。

实验题9：求AOE网中的所有关键活动

目的：领会拓扑排序和AOE网中关键路径的求解过程及其算法设计。

内容：编写一个程序exp8-9.cpp，求图8.45所示AOE网的所有关键活动。

设计性实验

实验题10：求有向图的简单路径

目的：掌握深度优先遍历和广度优先遍历算法在求解图路径问题中的应用。

内容：编写一个程序exp8-10.cpp，设计相关算法完成以下功能。

(1) 输出如图8.56所示的有向图G中从顶点5到顶点2的所有简单路径。

(2) 输出如图8.56所示的有向图G中从顶点5到顶点2的所有长度为3的简单路径。

(3) 输出如图8.56所示的有向图G中从顶点5到顶点2的最短路径。

实验题11：求无向图中满足约束条件的路径

目的：掌握深度优先遍历算法在求解图路径问题中的应用。

内容：编写一个程序exp8-11.cpp，设计相关算法，从如图8.57所示的无向图G中找出满足以下条件的所有路径。

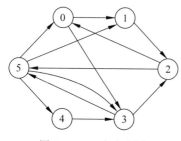

图8.56 一个有向图

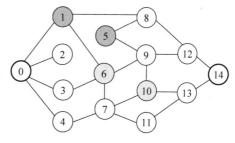

图8.57 一个无向图

(1) 给定起点u和终点v。

(2) 给定一组必经点，即输出的路径必须包含这些顶点。

(3) 给定一组必避点，即输出的路径不能包含这些顶点。

实验题12：求解两个动物之间通信的最少翻译问题

目的：掌握广度优先遍历算法在求解实际问题中的应用。

内容：编写一个程序exp8-12.cpp完成以下功能。

据美国动物分类学家欧内斯特·迈尔推算，世界上有超过100万种动物，各种动物有自己的语言。假设动物A可以与动物B通信（通信是双向的），但它不能与动物C通信，动物C只能与动物B通信，因此动物A、C之间通信需要动物B来当翻译。问两个动物之间互相通信最少需要多少个翻译？

测试文本文件test.txt的第一行包含两个整数$n(2 \leqslant n \leqslant 200)$、$m(1 \leqslant m \leqslant 300)$，其中$n$代表动物的数量，动物的编号从0开始，$n$个动物的编号为$0 \sim n-1$，$m$表示可以互相通信

的动物对数;接下来的 m 行中包含两个数字,分别代表两种动物可以互相通信;再接下来包含一个整数 $k(k \leqslant 20)$,代表查询的数量,每个查询包含两个数字,表示这两种动物想要与对方通信。

例如,test.txt 的数据如下:

输入样本	输出结果
3 2	0
0 1	1
1 2	
2	
0 0	
0 2	

设计算法,对于每个查询,输出这两种动物互相通信最少需要多少个翻译,若它们之间无法通过翻译来通信,则输出 −1。

实验题 13:求带权有向图中的最小环

目的:掌握 Floyd 算法在求解实际问题中的应用。

内容:编写一个程序 exp8-13.cpp,输出带权有向图 G 中的一个最小环。

▌综合性实验

实验题 14:求解建公路问题

目的:深入掌握 Prim 和 Kruskal 算法在求解实际问题中的应用。

内容:编写一个程序 exp8-14.cpp,用来求解建公路问题。假设有 n 个村庄,编号从 1 到 n,现在修建一些道路使任意两个村庄之间可以互相连通。所谓两个村庄 A 和 B 是连通的,指当且仅当 A 和 B 之间有一条道路或者存在一个村庄 C 使得 A 和 C 之间有一条道路,并且 C 和 B 是连通的。有一些村庄之间已经存在一些道路,这里的工作是建造一些道路,以使所有村庄都连通,并且所有道路的长度最小。

测试数据存放在 data14.txt 文件中,第一行是整数 $n(3 \leqslant n \leqslant 100)$,它是村庄的数量;然后是 n 行,其中第 i 行包含 n 个整数,而这 n 个整数中的第 j 个表示村庄 i 与村庄 j 之间的距离(该距离应为 [1,1000] 的整数);然后有一个整数 $q(0 \leqslant q \leqslant n(n+1)/2)$;接下来有 q 行,每行包含两个整数 a 和 $b(1 \leqslant a < b \leqslant n)$,这意味着已经建立了村庄 a 和村庄 b 之间的道路。例如,data14.txt 的数据如下:

```
3
0 990 692
990 0 179
692 179 0
1
1 2
```

求出的要建立连通所有村庄的道路的长度最小值是 179。

实验题 15:求解最小费用问题

目的:深入掌握 Dijkstra 算法在求解实际问题中的应用。

内容：编写一个程序 exp8-15.cpp，用来求解最小费用问题。假设有 N 个车站（车站的编号为 1 到 N）和 N 个人，首先所有人均在车站 1，将这 N 个人分派到 N 个车站去，每个人分派到一个车站，这些人只能乘坐公交车，每条单向公交车连接两个车站并且有一定的费用；接着这 N 个人又回到车站 1，求最小总花费。

测试数据存放在 data15.txt 文件中，第一行为 N 和 $M(1 \leq N, M \leq 100)$，N 表示车站数，M 表示单向公交车线路数；接下来 M 行，每行表示一条单向公交车，均由 3 个整数构成，分别是起始车站、目的车站和价格，价格是正整数。假设始终可以从一个车站到达任何其他车站。

例如，data15.txt 的数据如下：

```
4 6
1 2 10
2 1 60
1 3 20
3 4 10
2 4 5
4 1 50
```

求出的最小总费用为 210。

实验题 16：求解最短路径问题

目的：深入掌握 Dijkstra 算法在求解实际问题中的应用。

内容：编写一个程序 exp8-16.cpp，用来求解最短路径问题。假设有 n 个点、m 条无向边，每条边都有长度 d 和花费 p，给定起点 s 和终点 t，要求输出起点到终点的最短距离及其花费，如果最短距离有多条路线，则输出花费最少的。

测试数据存放在 data16.txt 文件中，第一行为 n、m，点的编号是 $1 \sim n$；然后是 m 行，每行 4 个数 a、b、d、p，表示 a 和 b 之间有一条边，且其长度为 d、花费为 p；最后一行是两个数 s、t，表示起点 s 和终点 t。输出结果有两个数，分别表示最短距离及其花费。

例如，data16.txt 的数据如下：

```
3 2
1 2 5 6
2 3 4 5
1 3
```

答案是 9,11，表示最短距离为 9，对应的花费是 11。

LeetCode 在线编程题 8

1. LeetCode997——找到小镇的法官 ★
2. LeetCode1615——最大网络秩 ★★
3. LeetCode200——岛屿数量 ★★
4. LeetCode547——省份数量 ★★

5. LeetCode785——判断二分图★★
6. LeetCode130——被围绕的区域★★
7. LeetCode1091——二进制矩阵中的最短路径★★
8. LeetCode994——腐烂的橘子★★
9. LeetCode542——01矩阵★★
10. LeetCode934——最短的桥★★
11. LeetCode797——所有可能的路径★★
12. LeetCode1584——连接所有点的最小费用★★
13. LeetCode684——冗余连接★★
14. LeetCode1631——最小体力消耗路径★★
15. LeetCode743——网络延迟时间★★
16. LeetCode1334——阈值距离内邻居最少的城市★★
17. LeetCode207——课程表★★
18. LeetCode210——课程表Ⅱ★★
19. LeetCode1462——课程表Ⅳ★★

第9章 查找

本章思政

　　查找又称为检索,是指在某种数据结构中找出满足给定条件的元素。查找是一种十分有用的操作,例如在学生成绩表中查找某分数的学生姓名,在图书馆的书目文件中查找某编号的图书等。
　　本章介绍线性表的查找、树表的查找和哈希表的查找等相关算法设计方法。

9.1 查找的基本概念

被查找对象是由一组元素(或记录)组成的表或文件,称为查找表。查找表中的每个元素由若干个数据项组成,其中指定一个数据项为关键字(key),所有元素的关键字是唯一的。在这种条件下,**查找**(search)的定义是给定一个值 k,在含有 n 个元素的表中找出关键字等于 k 的元素。若找到,则查找成功,返回该元素的信息或该元素在表中的位置;否则查找失败,返回相关的指示信息。

因为查找是对已存入计算机中的数据进行的运算,所以在研究各种查找方法时,首先必须弄清这些查找方法所需要的数据结构(尤其是存储结构)是什么,对表中关键字的次序有何要求,例如是对无序数据查找还是对有序数据查找?

若在查找的同时对表做修改操作(例如插入和删除),则相应的查找表称为**动态查找表**(dynamic search table)。若在查找中不涉及表的修改操作,则相应的查找表称为**静态查找表**(static search table)。

查找也有内查找和外查找之分。若整个查找过程都在内存中进行,则称之为**内查找**(internal search);反之,若查找过程需要访问外存,则称之为**外查找**(external search)。

在查找运算中,时间主要花费在关键字比较上,把平均需要关键字比较的次数称为**平均查找长度**(average search length,ASL),其定义如下:

$$\text{ASL} = \sum_{i=1}^{n} p_i c_i$$

其中,n 是查找表中元素的个数。p_i 是查找第 i 个元素的概率,通常假设每个元素的查找概率相等,此时 $p_i = 1/n (1 \leq i \leq n)$,$c_i$ 是找到第 i 个元素所需的关键字比较次数。

ASL 分为查找成功情况下的 $\text{ASL}_{成功}$ 和查找不成功(失败)情况下的 $\text{ASL}_{不成功}$。

$\text{ASL}_{成功}$ 表示成功查找到查找表中的元素平均需要的关键字比较次数(p_i 为查找到第 i 个元素的概率,有 $\sum_{i=1}^{n} p_i = 1$)。

$\text{ASL}_{不成功}$ 表示没有找到查找表中的元素平均需要的关键字比较次数(假设共有 m 种查找失败情况,q_i 为第 i 种情况的概率,有 $\sum_{i=1}^{m} q_i = 1$)。

显然,ASL 是衡量查找算法性能好坏的重要指标。一个查找算法的 ASL 越大,其时间性能越差;反之,一个查找算法的 ASL 越小,其时间性能越好。

9.2 线性表的查找

线性表是一种最简单的查找表。本节将介绍 3 种在线性表上进行查找的方法,它们分别是顺序查找、折半查找和分块查找。

查找与数据的存储结构有关，线性表有顺序和链式两种存储结构。这里只介绍以顺序表作为存储结构的相关查找算法，顺序表属于静态查找表。为了使算法通用，用于查找运算的顺序表采用数组表示，该数组中元素的类型声明如下：

```
typedef int KeyType;              //定义关键字类型为 int
typedef struct
{   KeyType key;                  //关键字项
    InfoType data;                //其他数据项，类型为 InfoType
} RecType;                        //查找元素的类型
```

扫一扫

视频讲解

在介绍算法时，为了突出主题，主要考虑元素中的关键字项。

9.2.1 顺序查找

顺序查找(sequential search)是一种最简单的查找方法。它的基本思路是从表的一端向另一端逐个将元素的关键字和给定值 k 比较，若相等，则查找成功，给出该元素在查找表中的位置；若整个查找表遍历结束后仍未找到关键字等于 k 的元素，则查找失败。

顺序查找的算法如下(在含 n 个元素的顺序表 $R[0..n-1]$ 中查找关键字为 k 的元素，成功时返回找到的元素的逻辑序号，失败时返回 0)：

```
int SeqSearch(RecType R[],int n,KeyType k)
{   int i=0;
    while (i<n && R[i].key!=k)    //从表头往后找
        i++;
    if (i>=n)                     //未找到返回 0
        return 0;
    else
        return i+1;               //找到返回逻辑序号 i+1
}
```

扫一扫

视频讲解

从顺序查找过程中可以看到，c_i(查找第 i 个元素所需要的关键字比较次数)取决于该元素在表中的位置。例如查找表中的第 1 个元素 $R[0]$ 时仅需比较一次；而查找表中的第 n 个元素 $R[n-1]$ 时需比较 n 次，即 $c_i=i$。因此，成功时的顺序查找的平均查找长度为：

$$\text{ASL}_{成功} = \sum_{i=1}^{n} p_i c_i = \frac{1}{n}\sum_{i=1}^{n} i = \frac{1}{n} \times \frac{n(n+1)}{2} = \frac{n+1}{2}$$

也就是说，顺序查找方法在查找成功时的平均比较次数约为表长的一半。若 k 值不在表中，对于每个这样的 k 都必须进行 n 次比较之后才能确定查找失败，所以 $\text{ASL}_{不成功}=n$。因此顺序查找算法的平均时间复杂度为 $O(n)$。

在上述顺序查找算法中，可以在 R 的末尾增加一个关键字为 k 的元素，称之为哨兵，这样查找过程不再需要判断 i 是否超界，从而提高查找速度。对应的算法如下：

```
int SeqSearch1(RecType R[],int n,KeyType k)
{     int i=0;
      R[n].key=k;
      while (R[i].key!=k)         //从表头往后找
          i++;
      if (i==n)                   //未找到返回0
          return 0;
      else
          return i+1;             //找到返回逻辑序号i+1
}
```

归纳起来,顺序查找的优点是算法简单,且对表的存储结构无特别要求,无论是顺序表还是链表,也无论是元素之间是否按关键字有序,它都同样适用。顺序查找的缺点是查找效率低,因此当 n 较大时不宜采用顺序查找方法。

9.2.2 折半查找

1. 基本折半查找

折半查找(binary search)又称二分查找,它是一种效率较高的查找方法。但是,折半查找要求线性表是有序表,即表中的元素按关键字有序排列。在下面的讨论中,假设有序表是递增有序的。

折半查找的基本思路是设 $R[\text{low..high}]$ 是当前的查找区间,首先确定该区间的中点位置 $\text{mid}=\lfloor(\text{low}+\text{high})/2\rfloor$,然后将待查的 k 值与 $R[\text{mid}].\text{key}$ 比较:

(1) 若 $k=R[\text{mid}].\text{key}$,则查找成功并返回该元素的逻辑序号。

(2) 若 $k<R[\text{mid}].\text{key}$,则由表的有序性可知 $R[\text{mid..high}].\text{key}$ 均大于 k,因此若表中存在关键字等于 k 的元素,则该元素必定在位置 mid 左边的子表 $R[\text{low..mid}-1]$ 中,故新的查找区间是左子表 $R[\text{low..mid}-1]$。

(3) 若 $k>R[\text{mid}].\text{key}$,则关键字为 k 的元素必定在 mid 的右子表 $R[\text{mid}+1..\text{high}]$ 中,即新的查找区间是右子表 $R[\text{mid}+1..\text{high}]$。下一次查找是针对新的查找区间进行的。

上述过程如图 9.1 所示。可以从初始的查找区间 $R[0..n-1]$ 开始,每经过一次与当前查找区间的中点位置上的关键字比较,就可以确定查找是否成功,若不成功,则当前的查找区间缩小一半。重复这一过程,直到找到关键字为 k 的元素,或者直到当前的查找区间为空(即查找失败)时为止。

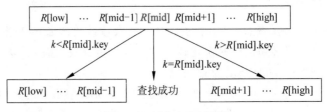

图 9.1 折半查找过程

其算法如下(在有序表 $R[0..n-1]$ 中进行折半查找,成功时返回元素的逻辑序号,失败时返回 0):

```
int BinSearch(RecType R[],int n,KeyType k)     //折半查找算法
{   int low=0,high=n-1,mid;
    while (low<=high)                          //当前区间存在元素时循环
    {   mid=(low+high)/2;
        if (k==R[mid].key)                     //查找成功返回其逻辑序号 mid+1
            return mid+1;
        if (k<R[mid].key)                      //继续在 R[low..mid-1]中查找
            high=mid-1;
        else                                   //k>R[mid].key
            low=mid+1;                         //继续在 R[mid+1..high]中查找
    }
    return 0;                                  //未找到时返回 0(查找失败)
}
```

折半查找过程可用二叉树来描述,把当前查找区间的中间位置上的元素作为根,将由左子表和右子表构造的二叉树分别作为根的左子树和右子树,由此得到的二叉树称为描述折半查找过程的**判定树**(decision tree)或**比较树**(comparison tree)。判定树中查找成功对应的结点称为内部结点,而查找失败对应的结点称为外部结点。构造外部结点的方法是,对于内部结点中的每个单分支结点,添加一个作为它的孩子的外部结点使其变成双分支结点;对于内部结点中的每个叶子结点,添加两个作为孩子的外部结点使其变成双分支结点。判定树刻画了在所有查找情况下进行折半查找的比较过程。

注意:折半查找判定树的形态只与表元素个数 n 相关,而与输入实例中 $R[0..n-1]$.key 的取值无关。

例如,含有 11 个元素($R[0..10]$)的有序表可用图 9.2 所示的判定树来表示,图中的圆形结点表示内部结点,内部结点中的数字表示该元素在有序表中的下标;长方形结点表示外部结点,外部结点中的两个值表示查找不成功时关键字等于给定值的元素所对应的元素序号范围,如外部结点中"$i\sim j$"表示被查找值 k 是介于 $R[i]$.key 和 $R[j]$.key 之间的,即 $R[i]$.key$<k<R[j]$.key,而"$-\infty\sim-1$"表示 $k<R[0]$.key 对应的外部结点,"$10\sim\infty$"表示 $k>R[10]$.key 对应的外部结点。

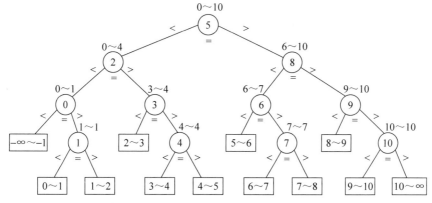

图 9.2　$R[0..10]$ 的二分查找的判定树($n=11$)

显然，若查找的元素是表中的元素 $R[5]$（处于第 1 层），只需进行 1 次比较；若查找的元素是表中的元素 $R[2]$ 或 $R[8]$（均处于第 2 层），分别需进行两次比较；若查找的元素是表中的元素 $R[0]$、$R[3]$、$R[6]$ 或 $R[9]$（均处于第 3 层），分别需进行 3 次比较；以此类推。

说明：上述关键字比较次数并不是算法中严格的比较次数，在 BinSearch 算法中首先将 k 与 $R[\text{mid}].\text{key}$ 进行 1 次比较，若不相等，再进行 $k<R[\text{mid}].\text{key}$ 的比较。也就是说，若 $k=R[\text{mid}].\text{key}$，需要 1 次比较，若 $k<R[\text{mid}].\text{key}$，需要两次比较，若 $k>R[\text{mid}].\text{key}$，也需要两次比较。这里讨论的关键字比较次数是假设和 $R[\text{mid}].\text{key}$ 比较 1 次就可以知道 3 种情况，即关键字比较的个数。实际上，这样简化的计算不影响算法的时间复杂度，后面都是采用这种假设。

在 n 个元素的折半查找判定树中，设关键字序列为 $(k_1,k_2,\cdots,k_n)$，并有 $k_1<k_2<\cdots<k_n$，查找 k_i 的概率为 p_i，显然有 n 种查找成功的情况，对应的内部结点有 n 个。成功的折半查找过程恰好是走了一条从判定树的根到被查结点（内部结点）的路径，经历比较的关键字次数恰好为该元素在树中的层数，所以查找成功的平均查找长度为 $\sum_{i=1}^{n} p_i \times \text{level}(k_i)$，其中 $\text{level}(k_i)$ 表示关键字 k_i 对应内部结点的层次。

在这样的判定树中总共有 $n+1$ 种查找失败的情况，对应的外部结点有 $n+1$ 个，用 $E_i(0 \leqslant i \leqslant n)$ 来表示。E_0 包含的所有关键字 k 满足条件 $k<k_1$，E_i 包含的所有关键字 k 满足条件 $k_i<k<k_{i+1}$，E_n 包含的关键字 k 满足条件 $k>k_n$。失败查找的比较过程是经历了一条从判定树的根到某个外部结点的路径，所需的关键字比较次数是该路径上内部结点的总数。设 q_i 是查找属于 E_i 中关键字的概率，那么不成功的平均查找长度为 $\sum_{i=0}^{n} q_i \times (\text{level}(u_i)-1)$，其中 $\text{level}(u_i)$ 表示 E_i 对应外部结点的层次。

为了讨论方便，不妨设判定树中内部结点的总数为 $n=2^h-1$，将该判定树近似看成高度为 $h=\log_2(n+1)$ 的满二叉树（高度 h 不计外部结点），如图 9.3 所示。树中第 i 层上的结点个数为 2^{i-1}，查找该层上的每个结点恰好需要进行 i 次比较。因此，在等概率假设下折半查找成功时的平均查找长度为：

$$\text{ASL}_{\text{bn}} = \sum_{i=1}^{n} p_i c_i = \frac{1}{n} \sum_{i=1}^{h} 2^{i-1} \times i = \frac{n+1}{n} \times \log_2(n+1) - 1 \approx \log_2(n+1) - 1$$

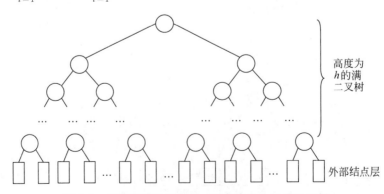

图 9.3　将判定树近似看成一棵高度为 h 的满二叉树

第9章 查　找

折半查找在查找失败时所需比较的关键字个数不超过判定树的高度,在最坏情况下查找成功的比较次数也不超过判定树的高度。

当 $n \neq 2^h - 1$ 时,判定树中度数小于 2 的结点只可能在最下面的两层上(不计外部结点),所以其判定树的高度和 n 个结点的完全二叉树的高度相同,即为 $\lceil \log_2(n+1) \rceil$。由此可见,折半查找的最坏性能和平均性能相当接近。归纳起来,折半查找算法的时间复杂度为 $O(\log_2 n)$。

也可以这样简单地推导,设 $C(n)$ 为 n 个元素进行折半查找的比较次数,有以下递推式:

$$C(1) = 1$$
$$C(n) = C(n/2) + 1 \quad 当 n > 1 时$$

则 $C(n) = C(n/2) + 1 = C(n/2^2) + 1 + 1$
$= \cdots = C(n/2^k) + 1 + \cdots + 1$
$= 1 + \cdots + 1 = \lceil \log_2 n \rceil = O(\log_2 n)$

虽然折半查找的效率高,但要求查找表是按关键字有序的。另外,折半查找需确定查找区间的中间位置,因此要求查找表的存储结构具有随机存取特性,所以它只适用于顺序表,不适用于链式存储结构。需要注意的是,不能说折半查找不能用于链式存储结构,只是说采用顺序表时折半查找算法设计更方便,效率更高。

【例 9.1】 给定含 11 个数据元素的有序表(2,3,10,15,20,25,28,29,30,35,40),采用折半查找,试问:

(1) 若查找给定值为 20 的元素,将依次与表中的哪些元素比较?

(2) 若查找给定值为 26 的元素,将依次与哪些元素比较?

(3) 假设查找表中每个元素的概率相同,求查找成功时的平均查找长度和查找不成功时的平均查找长度。

解 对应的折半查找判定树如图 9.4 所示。

(1) 若查找给定值为 20 的元素,依次与表中的 25、10、15、20 元素比较,共比较 4 次。

(2) 若查找给定值为 26 的元素,依次与 25、30、28 元素比较,共比较 3 次。

(3) 在查找成功时一定会找到判定树中的某个内部结点,则查找成功时的平均查找长度:

$$\text{ASL}_{成功} = \frac{1 \times 1 + 2 \times 2 + 4 \times 3 + 4 \times 4}{11} = 3$$

在查找不成功时一定会找到判定树中的某个外部结点,则查找不成功时的平均查找

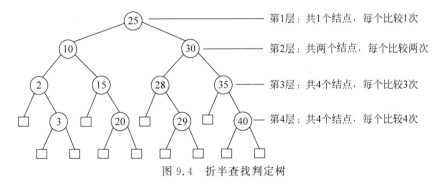

图 9.4　折半查找判定树

长度：

$$\text{ASL}_{\text{不成功}} = \frac{4 \times 3 + 8 \times 4}{12} = 3.67$$

2. 折半查找的扩展

假设递增有序顺序表为 $R[0..n-1]$，其中可能存在多个关键字相同的元素，现在求第一个大于或等于 k 的元素位置（从 0 开始的下标），如果 k 大于 R 中的全部元素，则返回结果 n。例如，$n=7$，$R[0..6]=\{1,2,4,4,4,5,6\}$，$k=2$ 时返回 1，$k=4$ 时返回 2，$k=10$ 时返回 7。

如果采用前面的基本折半查找算法，对于上述 R，当 $k=4$ 时返回 3，显然是错误的。为此修改基本折半查找方法，设 $R[low..high]$ 是当前的查找区间，首先确定该区间的中点位置 $mid=\lfloor(low+high)/2\rfloor$，然后将待查的 k 值与 $R[mid].key$ 比较：

(1) 若 $k \leq R[mid].key$，修改新的查找区间为 $R[low..mid-1]$。
(2) 若 $k > R[mid].key$，修改新的查找区间为 $R[mid+1..high]$。

也就是说，在比较相等时也需要向左逼近即在左区间 $R[low..mid-1]$ 中继续查找，这样的过程一直到查找区间 $R[low..high]$ 为空。当 $R[low..high]$ 为空时有 $low=high+1$，此时 $R[high+1]$ 或者 $R[low]$ 就是第一个大于等于 k 的元素。

对应的折半查找的扩展算法如下：

```
int BinSearch2(RecType R[], int n, KeyType k)
{   int low=0, high=n-1, mid;
    while (low<=high)                    //查找区间有一个或者更多元素时
    {   mid=(low+high)/2;
        if (k<=R[mid].key)
            high=mid-1;                  //继续在左区间查找
        else
            low=mid+1;                   //继续在右区间查找
    }
    return high+1;
}
```

同样，上述算法的时间复杂度为 $O(\log_2 n)$。

9.2.3 索引存储结构和分块查找

1. 索引存储结构

索引存储结构(indexed storage structure)是在存储数据的同时还建立附加的索引表。索引表中的每一项称为索引项，索引项的一般形式为（关键字，地址）。其中，关键字唯一标识一个结点，地址作为指向该关键字对应结点的指针，也可以是相对地址（如数组的下标）。

例如，对于例 1.1 中的逻辑结构 City，将区号看成关键字，其索引存储结构如图 9.5 所示。索引表由（区号，地址）组成，其中区号按递增次序排序。

在索引存储结构中进行关键字查找时先在索引表中快速查找（因为索引表中按关键字有序排列，可以采用折半查找）到相应的关键字，然后通过对应的地址找到主数据表中的元素。

索引表:			主数据表:			
地址	关键字	地址	地址	区号	城市名	说明
300	010	100	100	010	Beijing	首都
310	021	130	130	021	Shanghai	直辖市
320	025	220	160	027	Wuhan	湖北省省会
330	027	160	190	029	Xian	陕西省省会
340	029	190	220	025	Nanjing	江苏省省会

图 9.5 City 的索引存储结构

索引存储结构可以提高按关键字查找元素的效率，其缺点是需要建立索引表而增加了时间和空间的开销。

2. 分块查找

分块查找（block search）是一种性能介于顺序查找和折半查找之间的查找方法。它要求按如下的索引方式来存储线性表：将表 $R[0..n-1]$ 均分为 b 块，前 $b-1$ 块中的元素个数为 $s=\lceil n/b \rceil$，最后一块（即第 b 块）的元素个数小于或等于 s；每一块中的关键字不一定是有序的，但前一块中的最大关键字必须小于后一块中的最小关键字，即要求整个表是"分块有序"（block order）的。

抽取各块中的最大关键字及其起始位置构成一个索引表 $IDX[0..b-1]$，即 $IDX[i]$（$0 \leqslant i \leqslant b-1$）中存放着第 $i+1$ 块的最大关键字及该块在表 R 中的起始位置。由于表 R 是分块有序的，所以索引表是一个递增有序表。

索引表的数据类型声明如下：

```
#define MAXI <索引表的最大长度>
typedef struct
{   KeyType key;              //KeyType 为关键字的类型
    int link;                 //指向对应块的起始下标
} IdxType;                    //索引表元素的类型
```

例如，设有一个线性表采用顺序表存储，其中包含 25 个元素，其关键字序列为(8,14,6,9,10,22,34,18,19,31,40,38,54,66,46,71,78,68,80,85,100,94,88,96,87)。假设将 25 个元素分为 5 块（$b=5$），每块中有 5 个元素（$s=5$），该线性表的索引存储结构如图 9.6 所示。第一块中的最大关键字 14 小于第 2 块中的最小关键字 18，第 2 块中的最大关键字 34 小于第 3 块中的最小关键字 38，以此类推。

例如，在图 9.6 所示的存储结构中查找关键字等于给定值 $k=80$ 的元素，因为索引表小，不妨用顺序查找方法查找索引表。即首先将 k 依次和索引表中的各关键字比较，直到找到第一个关键字大于或等于 k 的元素，由于 $k \leqslant 85$，所以关键字为 80 的元素若存在，则必定在第 4 块中；然后由 IDX[3].link 找到第 4 块的起始地址 15，从该地址开始在 $R[15..19]$ 中进行顺序查找，直到 $R[18]$.key$=k$ 为止。共有 8 次关键字比较。

若给定值 $k=30$，先确定在第 2 块中，然后在该块中查找。因在该块中查找不成功，说明表中不存在关键字为 30 的元素。共有 7 次关键字比较。

分块查找的基本思路是首先查找索引表，因为索引表是有序表，故可采用折半查找或顺序查找，以确定待查的元素在哪一块；然后在已确定的块中进行顺序查找（因块内元素无

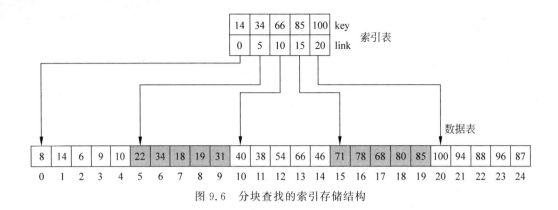

图 9.6　分块查找的索引存储结构

序，只能用顺序查找）。

采用折半查找索引表（见 9.2.2 节折半查找的扩展算法）的分块查找算法如下（索引表 I 的长度为 b）：

```
int IdxSearch(IdxType I[], int b, RecType R[], int n, KeyType k)    //分块查找
{   int s=(n+b-1)/b;                    //s为每块中的元素个数,应为⌈n/b⌉
    int low=0,high=b-1,mid,i;
    while (low<=high)                   //在索引表中进行折半查找,找到的位置为high+1
    {   mid=(low+high)/2;
        if (I[mid].key>=k)
            high=mid-1;
        else
            low=mid+1;
    }
    //应先在索引表的high+1块中查找,然后在主数据表中进行顺序查找
    i=I[high+1].link;
    while (i<=I[high+1].link+s-1 && R[i].key!=k)
        i++;
    if (i<=I[high+1].link+s-1)
        return i+1;                     //查找成功,返回该元素的逻辑序号
    else
        return 0;                       //查找失败,返回0
}
```

由于分块查找实际上是进行了两次查找过程（所以分块查找最少需要两次关键字比较），故整个查找过程的平均查找长度是两次查找的平均查找长度之和。

若 R 中有 n 个元素，分为 b 块，每块中恰好有 s 个元素，分析分块查找在成功情况下的平均查找长度如下：

若以折半查找来确定元素所在的块，则分块查找成功时的平均查找长度为：

$$ASL_{blk} = ASL_{bn} + ASL_{sq}$$

$$= \log_2(b+1) - 1 + \frac{s+1}{2}$$

$$\approx \log_2(n/s+1) + \frac{s}{2} \left(\text{或} \log_2(b+1) + \frac{s}{2} \right)$$

显然，s 越小 ASL_{blk} 的值越小，即当采用折半查找确定块时每块的长度越小越好。

若以顺序查找来确定元素所在的块，则分块查找成功时的平均查找长度为：

$$ASL'_{blk}=ASL_{bn}+ASL_{sq}=\frac{b+1}{2}+\frac{s+1}{2}=\frac{1}{2}\left(\frac{n}{s}+s\right)+1\left(\text{或}\frac{1}{2}(b+s)+1\right)$$

显然，当 $s=\sqrt{n}$ 时 ASL'_{blk} 取极小值 $\sqrt{n}+1$，即当采用顺序查找确定块时各块中的元素数选定为 $\sqrt{n}$ 时效果最佳。

分块查找的主要缺点是增加了一个索引表的存储空间和增加了建立索引表的时间。

【例 9.2】 对于含 10 000 个元素的顺序表，假设以下各种情况中均具有分块有序特性。

（1）若采用分块查找法查找，并通过顺序查找来确定元素所在的块，则分成几块最好？每块的最佳长度为多少？此时的平均查找长度是多少？

（2）若采用分块查找法查找，假定每块的长度 $s=20$，此时的平均查找长度是多少？

（3）若直接采用顺序查找和折半查找，其平均查找长度各是多少？

解 （1）对于具有 10 000 个元素的文件，若采用分块查找法查找，并通过顺序查找来确定元素所在的块，每块中的最佳元素个数 $s=\sqrt{10\,000}=100$，总的块数 $b=\lceil n/s \rceil=100$。此时有：

$$ASL_{成功}=\frac{1}{2}(b+s)+1=100+1=101$$

如果此时采用折半查找确定块，平均查找长度为：

$$ASL_{成功}=\log_2(b+1)+\frac{s}{2}=\log_2 101+50\approx 57$$

（2）$s=20$，则 $b=\lceil n/s \rceil=10\,000/20=500$。

在进行分块查找时，若用顺序查找确定块，则有 $ASL_{成功}=\frac{1}{2}(b+s)+1=260+1=261$。

在进行分块查找时，若用折半查找确定块，则有 $ASL_{成功}=\log_2(b+1)+\frac{s}{2}=\log_2 501+10\approx 19$。

（3）若直接采用顺序查找，则有 $ASL_{成功}=(10\,000+1)/2=5000.5$。

若直接采用折半查找，则有 $ASL_{成功}=\log_2 10\,001-1\approx 13$。

由此可见，分块查找算法的效率介于顺序查找和折半查找之间。

9.3 树表的查找

本节介绍几种特殊的二叉树/树作为查找表的组织形式，在这里将它们统称为**树表**（tree table），并且将树表采用链式存储结构存储，由于链式存储结构不仅适合查找，也适合插入和删除操作，因此属于动态查找表。

9.3.1 二叉排序树

二叉排序树（binary search tree，BST）又称二叉搜索树，其定义为二叉排序树或者是空树,或者是满足以下性质的二叉树。

(1) 若根结点的左子树非空,则左子树上的所有结点关键字均小于根结点关键字。

(2) 若根结点的右子树非空,则右子树上的所有结点关键字均大于根结点关键字。

(3) 根结点的左、右子树本身又各是一棵二叉排序树。

上述性质简称二叉排序树性质(BST 性质),故二叉排序树实际上是满足 BST 性质的二叉树。也就是说,二叉排序树是在二叉树的基础上增加了结点值的约束。

由 BST 性质可知,二叉排序树中的任一结点 x,其左子树中的任一结点 y(若存在)的关键字必小于 x 的关键字,其右子树中的任一结点 z(若存在)的关键字必大于 x 的关键字。如此定义的二叉排序树中,各结点关键字是唯一的。但在实际应用中,不能保证被查找的数据集中各元素的关键字互不相同,所以可将二叉排序树定义中 BST 性质(1)里的"小于"改为"小于或等于",或将 BST 性质(2)里的"大于"改为"大于或等于",甚至修改为左子树关键字大,右子树关键字小。本章讨论的均为满足前面 BST 性质的二叉排序树。

从 BST 性质可推出二叉排序树的另一个重要性质:按中序遍历该树所得到的中序序列是一个递增有序序列。

在讨论二叉排序树上的运算算法之前声明其结点的类型如下:

```
typedef struct node                             //元素类型
{   KeyType key;                                //关键字项
    InfoType data;                              //其他数据域
    struct node * lchild, * rchild;             //左、右孩子指针
} BSTNode;
```

和二叉链一样,也是通过根结点指针 bt 来唯一标识一棵二叉排序树。为了讨论简便,下面的二叉排序中假设每个结点仅包含关键字成员 key。

1. 二叉排序树的插入和创建

在二叉排序树 bt 中插入一个关键字为 k 的结点,要保证插入后仍满足 BST 性质。其插入过程是:若 bt 为空,则创建一个 key 域为 k 的结点 bt,将它作为根结点;否则将 k 和根结点的关键字比较,若 k < bt—>key,则将 k 插入 bt 结点的左子树中,若 k > bt—>key,则将 k 插入 bt 结点的右子树中,其他情况是 k=bt—>key,说明树中已有此关键字 k,无须插入,最后返回插入后的二叉排序树的根结点 bt。对应的递归算法 InsertBST 如下:

视频讲解

```
BSTNode *  InsertBST(BSTNode *  bt, KeyType k)     //在 bt 中插入一个关键字为 k 的结点
{   if (bt==NULL)                                  //原树为空
    {   bt=(BSTNode *)malloc(sizeof(BSTNode));     //新建根结点 bt
        bt—>key=k; bt—>lchild=bt—>rchild=NULL;
    }
    else if (k < bt—>key)
        bt—>lchild=InsertBST(bt—>lchild,k);        //插入左子树中
    else if(k > bt—>key)
        bt—>rchild=InsertBST(bt—>rchild,k);        //插入右子树中
    return bt;                                     //返回插入后二叉排序树的根结点
}
```

创建一棵二叉排序树是从一个空树开始,每插入一个关键字,就调用一次插入算法将它插入当前已生成的二叉排序树中。从关键字数组 $a[0..n-1]$ 生成二叉排序树的算法 CreateBST 如下:

```
BSTNode  * CreateBST(KeyType a[], int n)          //创建二叉排序树
//返回创建的二叉排序树的根结点的地址
{    BSTNode  * bt=NULL;                           //初始时 bt 为空树
     int i=0;
     while (i<n)
     {    bt=InsertBST(bt,a[i]);                   //将关键字 a[i]插入二叉排序树 bt 中
          i++;
     }
     return bt;                                    //返回建立的二叉排序树的根指针
}
```

由于二叉排序树中的每个结点恰好存放一个关键字,所以插入关键字 k 就是插入一个结点。从插入算法 InsertBST 看到,每个结点插入时都需要从根结点开始比较,若比根结点的 key 值小,当前指针移到左子树,否则当前指针移到右子树,如此这样,直到当前指针为空,再创建一个存放关键字 k 的结点并链接起来。因此可知,任何结点插入二叉排序树时都是作为叶子结点插入的。

一个关键字集合有多个关键字序列,不同的关键字序列采用上述创建算法得到的二叉排序树可能不同。例如,同样是 1~9 的关键字集合,由关键字序列(5,2,1,6,7,4,8,3,9)创建的二叉排序树如图 9.7(a)所示,由关键字序列(1,2,3,4,5,6,7,8,9)创建的二叉排序树如图 9.7(b)所示。

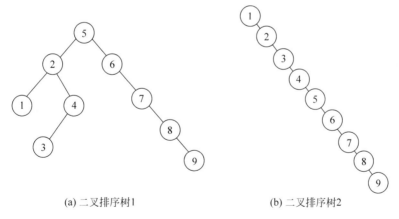

(a) 二叉排序树1   (b) 二叉排序树2

图 9.7 两棵二叉排序树

因为二叉排序树的中序序列是一个有序序列,所以对于一个任意的关键字序列构造一棵二叉排序树,其实质是对此关键字序列进行排序,使其变为有序序列。"排序树"的名称也由此而来。

另外,二叉排序树的销毁算法 DestroyBST 的设计思路与二叉树的销毁算法完全相同。

2. 二叉排序树的查找

因为二叉排序树可看作有序的,所以在二叉排序树上进行查找和折半查找类似,也是一个逐步缩小查找范围的过程。递归查找算法 SearchBST 如下(在二叉排序树 bt 上查找关键字为 k 的结点,成功时返回该结点的地址,否则返回 NULL):

扫一扫

视频讲解

```
BSTNode * SearchBST(BSTNode * bt,KeyType k)    //递归算法:在 bt 中查找关键字为 k 的结点
{   if (bt==NULL ‖ bt->key==k)                 //递归结束条件
        return bt;
    if (k < bt->key)
        return SearchBST(bt->lchild,k);        //在左子树中递归查找
    else
        return SearchBST(bt->rchild,k);        //在右子树中递归查找
}
```

等效的非递归算法如下:

```
BSTNode * SearchBST1(BSTNode * bt,KeyType k)   //非递归算法:在 bt 中查找关键字为 k 的结点
{   BSTNode * p=bt;
    while(p!=NULL)
    {   if(p->key==k) break;                   //找到关键字为 k 的结点 p 时退出循环
        else if(k<p->key)
            p=p->lchild;
        else
            p=p->rchild;
    }
    return p;                                  //返回查找结果
}
```

和折半查找的判定树类似,将二叉排序树中的结点作为内部结点,可以添加相应的外部结点(二叉排序树中的每个空指针域对应一个外部结点),具有 n 个内部结点的二叉排序树,其外部结点的个数为 $n+1$。显然,在二叉排序树中进行查找,若查找成功,则是走了一条从根结点到某个内部结点的路径(比较次数为该内部结点的层次);若查找不成功,则是走了一条从根结点到某个外部结点的路径(比较次数为该外部结点的层次减 1)。因此与折半查找类似,其关键字比较的次数不超过树的高度。

图 9.7(a)和 9.7(b)所示的两棵二叉排序树的高度分别是 5 和 9。因此在查找失败的情况下,在这两棵树上所进行的关键字比较次数最多分别为 5 和 9;在查找成功的情况下,它们的平均查找长度也不相同。

对于图 9.7(a)所示的二叉排序树,在等概率假设下,查找成功时的平均查找长度如下:

$$ASL_a = \frac{1\times1+2\times2+3\times3+2\times4+1\times5}{9} = 3$$

类似地,图 9.10(b)所示的二叉排序树在查找成功时的平均查找长度为:

$$ASL_b = \frac{1\times1+1\times2+1\times3+1\times4+1\times5+1\times6+1\times7+1\times8+1\times9}{9} = 5$$

由此可见,在一棵二叉排序树上进行查找时的平均查找长度和其形态有关。含 n 个关

键字的集合($n>0$,所有关键字唯一)有 $n!$ 个关键字序列,可以构造出 $\dfrac{1}{n+1}C_{2n}^{n}$ 棵不同形态的二叉排序树,由其中有序序列创建的二叉排序树会蜕化为一棵高度为 n 的单支树,它的平均查找长度和单链表上的顺序查找相同,即为 $(n+1)/2$,此时属于最坏情况,所以说查找算法最坏情况下的时间复杂度为 $O(n)$;最好情况是创建的二叉排序树的形态比较匀称,与折半查找的判定树类似,所以查找算法最好情况下的时间复杂度为 $O(\log_2 n)$,也就是说一棵含 n 个结点的二叉排序树的查找算法的时间复杂度介于 $O(\log_2 n)$ 和 $O(n)$ 之间。

【例 9.3】 已知关键字序列为(25,18,46,2,53,39,32,4,74,67,60,11),按此顺序依次插入一棵初始为空二叉排序树中,画出结果二叉排序树,并求在等概率情况下查找成功和查找不成功时的平均查找长度。

【解】 生成的二叉排序树如图 9.8(a)所示,所以有:

$$\text{ASL}_{\text{成功}} = \dfrac{1\times 1 + 2\times 2 + 3\times 3 + 3\times 4 + 2\times 5 + 1\times 6}{12} = 3.5$$

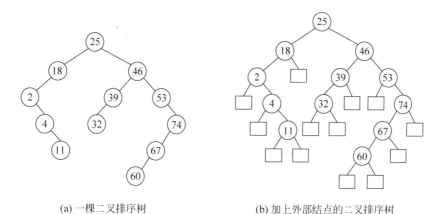

(a) 一棵二叉排序树   (b) 加上外部结点的二叉排序树

图 9.8　一棵二叉排序树并加上外部结点

加上外部结点的二叉排序树如图 9.8(b)所示,所以有:

$$\text{ASL}_{\text{不成功}} = \dfrac{1\times 2 + 3\times 3 + 4\times 4 + 3\times 5 + 2\times 6}{13} = 4.15$$

【例 9.4】 设计一个算法,对于给定的二叉排序树中的结点 p,找出其左子树中的最大结点和右子树中的最小结点。

【解】 根据二叉排序树的定义可知,一棵二叉排序树中的最大结点为根结点的最右下结点,最小结点为根结点的最左下结点。对应的算法如下:

```
void maxminnode(BSTNode * p)
{   if (p!=NULL)
    {   if (p->lchild!=NULL)
            printf("左子树的最大结点为:%d\n",maxnode(p->lchild));
        if (p->rchild!=NULL)
            printf("右子树的最小结点为:%d\n",minnode(p->rchild));
    }
}
```

```
KeyType maxnode(BSTNode *p)          //返回二叉排序树p中的最大结点关键字
{   while (p->rchild!=NULL)
        p=p->rchild;
    return(p->data);
}
KeyType minnode(BSTNode *p)          //返回二叉排序树p中的最小结点关键字
{   while (p->lchild!=NULL)
        p=p->lchild;
    return(p->data);
}
```

3. 二叉排序树的删除

从二叉排序树中删除一个结点时,不能直接把以该结点为根的子树都删除,只能删除该结点本身,并且还要保证删除后所得的二叉树仍然满足 BST 性质。也就是说,在二叉排序树中删除一个结点就相当于删除有序序列(即该树的中序序列)中的一个结点。

删除操作必须首先进行查找,假设在查找结束时 p 指向要删除的结点。删除过程分为以下几种情况:

(1) 若 p 结点是叶子结点,直接删除该结点。如图 9.9(a)所示,直接删除结点 9。这是最简单的删除结点的情况。

(2) 若 p 结点只有左子树而无右子树。根据二叉排序树的特点,可以直接用其左孩子替代结点 p(称为结点替换)。如图 9.9(b)所示,p 指向结点 4,要删除 p 结点,只需用其左孩子结点 3 替代它。

(3) 若 p 结点只有右子树而无左子树。根据二叉排序树的特点,可以直接用其右孩子替代结点 p(即结点替换)。如图 9.9(c)所示,p 指向结点 7,要删除 p 结点,只需用其右孩子结点 8 替代它。

(4) 若 p 结点同时存在左、右子树。根据二叉排序树的特点,可以从其左子树中选择关键字最大的结点 q,用结点 q 的值替代结点 p 的值(结点值替换),并删除结点 q(由于 q 结点一定是没有右子树的,删除它属于情况(2)),其原理是用中序前驱替代被删结点。

也可以从其右子树中选择关键字最小的结点 q,用结点 q 的值替代结点 p 的值(结点值替换),而且将它删除(由于 q 结点一定是没有左子树的,删除它属于情况(3)),其原理是用中序后继替代被删结点。

通常采用前一种删除方式,如图 9.9(d)所示,p 指向结点 5,它的左子树中关键字最大的结点是结点 4,将结点 p 的关键字改为 4,并删除结点 4。

那么如何实现二叉排序树删除结点的算法呢?首先在二叉排序树 bt 中查找关键字为 k 的结点 p,同时用 f 指向其双亲结点。情况(1)的处理十分简单,情况(2)的处理又分为 3 种子情况:

① 若 f=NULL,说明结点 p 是根结点 bt,由于结点 p 没有右孩子,只需要置 bt=bt->lchild 即可,如图 9.10(a)所示。

② 否则说明结点 p 存在双亲结点 f,由于结点 p 没有右孩子,则用结点 p 的左孩子替代结点 p 即可。如果结点 p 是结点 f 的左孩子,则置 f->lchild=p->lchild,如图 9.10(b)

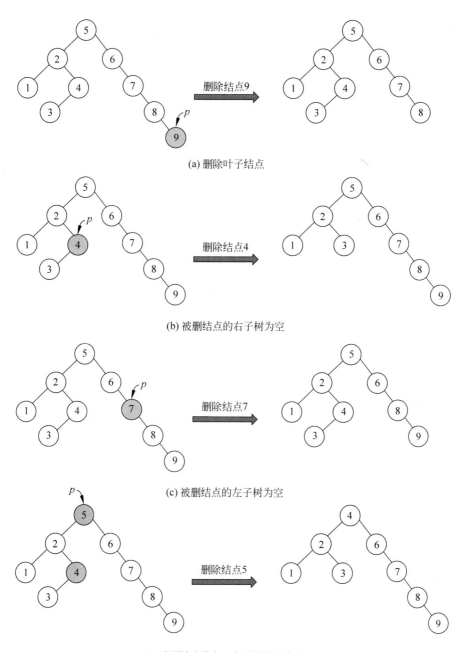

(a) 删除叶子结点

(b) 被删结点的右子树为空

(c) 被删结点的左子树为空

(d) 被删结点的左、右子树均不为空

图 9.9 二叉排序树的结点的删除

所示。

③ 如果结点 p 是结点 f 的右孩子，则置 $f\rightarrow$ rchild $= p\rightarrow$ lchild，如图 9.10(c)所示。

情况(3)的处理与情况(2)类似。对于情况(4)，置 $f=p$，q 指向结点 p 的左孩子，其处理过程又分为两种子情况：

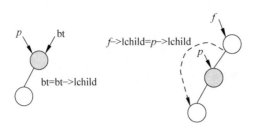
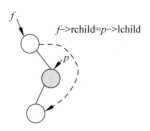

(a) 结点 p 没有双亲　　(b) 结点 p 是结点 f 的左孩子　　(c) 结点 p 是结点 f 的右孩子

图 9.10　被删结点 p 的 3 种情况

① 若结点 q 没有右孩子,将结点 p 的值用结点 q 的值替换,置 $f->\text{lchild}=q->\text{lchild}$,删除结点 q。

② 若结点 q 有右孩子,一直沿着右指针找下去,直到 q 指向最右下结点(结点 q 一定没有右孩子),f 指向结点 q 的双亲结点,将结点 p 的值用结点 q 的值替换,置 $f->\text{rchild}=q->\text{lchild}$,删除结点 q,如图 9.11 所示。

在二叉排序树 bt 中删除关键字为 k 的结点并返回删除后的二叉排序树的根结点地址的算法如下:

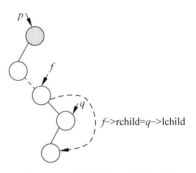

图 9.11　删除结点 p 的左子树中的最右下结点 q

```
BSTNode * DeleteBST(BSTNode * bt, KeyType k)        //在 bt 中删除关键字为 k 的结点
{   if(bt==NULL) return bt;
    BSTNode * p=bt, * f=NULL;                       //f 指向被删结点 p 的双亲结点
    while(p!=NULL)                                  //查找被删结点 p,其双亲是 f 结点
    {   if(p->key==k) break;                        //找到被删结点 p 时退出循环
        f=p;
        if(k < p->key)
            p=p->lchild;
        else
            p=p->rchild;
    }
    if(p==NULL) return bt;                          //没有找到被删除结点 p,返回 bt
    if(p->lchild==NULL && p->rchild==NULL)          //情况(1)—结点 p 是叶子结点
    {   if(p==bt)                                   //结点 p 是根结点
            bt=NULL;
        else                                        //结点 p 不是根结点
        {   if(f->lchild==p)                        //结点 p 是结点 f 的左孩子
                f->lchild=NULL;
            else                                    //结点 p 是结点 f 的右孩子
                f->rchild=NULL;
        }
        free(p);
    }
    else if(p->rchild==NULL)                        //情况(2)—结点 p 只有左子树而无右子树
    {   if(f==NULL)                                 //结点 p 没有双亲,即 p==bt
```

```
                bt=bt -> lchild;                    //用 bt 的左孩子替代 bt
            else                                    //结点 p 存在双亲 f(p 不是根结点)
            {   if(f -> lchild==p)                  //结点 p 是结点 f 的左孩子
                    f -> lchild=p -> lchild;        //用结点 p 的左孩子替代结点 p
                else                                //结点 p 是结点 f 的右孩子
                    f -> rchild=p -> lchild;        //用结点 p 的左孩子替代结点 p
            }
            free(p);
        }
        else if (p -> lchild==NULL)                 //情况(3)—结点 p 只有右子树而无左子树
        {   if(f==NULL)                             //结点 p 没有双亲,即 p==bt
                bt=bt -> rchild;                    //用 bt 的右孩子替代 bt
            else                                    //结点 p 存在双亲 f(p 不是根结点)
            {   if(f -> lchild==p)                  //结点 p 是结点 f 的左孩子
                    f -> lchild=p -> rchild;        //用结点 p 的右孩子替代结点 p
                else                                //结点 p 是结点 f 的右孩子
                    f -> rchild=p -> rchild;        //用结点 p 的右孩子替代结点 p
            }
            free(p);
        }
        else                                        //情况(4)—结点 p 有左、右孩子的情况
        {   BSTNode *  q=p -> lchild;               //q 指向结点 p 的左孩子结点
            f=p;                                    //f 指向结点 q 的双亲结点
            while(q -> rchild!=NULL)                //找到结点 p 的左孩子的最右下结点 q
            {   f=q;
                q=q -> rchild;
            }
            p -> key=q -> key;                      //将结点 p 的值用结点 q 的值替换
            if(q==f -> lchild)                      //删除结点 q(用结点 q 的左孩子替代结点 q)
                f -> lchild=q -> lchild;
            else
                f -> rchild=q -> lchild;
            free(q);
        }
    return bt;
}
```

上述算法的时间主要花费在查找上,与查找算法的时间复杂度相同。

9.3.2 平衡二叉树

在含有 n 个结点的二叉排序树中查找操作的执行时间与树形有关,在最坏情况下执行时间为 $O(n)$。为了避免这种情况发生,人们研究了许多种动态平衡的方法,使得往树中插入或从树中删除结点时通过调整树的形态来保持树的"平衡",使之既保持 BST 性质不变又保证树的高度在任何情况下均为 $O(\log_2 n)$,从而确保树上的查找操作在最坏情况下的时间也是 $O(\log_2 n)$。

平衡的二叉树有很多种,较为著名的是 AVL 树,它是由两位苏联数学家 Adel'son-Vel'sii 和 Landis 于 1962 年给出的,故用他们的名字命名。本节讨论的平衡二叉树都指

AVL 树。

若一棵二叉树中每个结点的左、右子树的高度最多相差 1,则称此二叉树为**平衡二叉树**(balanced binary tree)。在算法中,通过**平衡因子**(balance factor,bf)来具体实现上述平衡二叉树的定义。一个结点的平衡因子是该结点的左子树的高度减去右子树的高度(或者该结点的右子树的高度减去左子树的高度)。从平衡因子的角度说,若一棵二叉树中某个结点的平衡因子的绝对值小于或等于 1,即其平衡因子的取值为 1、0 或 -1,则该结点是平衡的,否则是不平衡的。若一棵二叉树的所有结点都是平衡的,称之为平衡二叉树。

一般情况下,一棵平衡二叉树总是二叉排序树,因为脱离二叉排序树来讨论平衡二叉树是没有意义的。所以平衡二叉树是在二叉排序树的基础上增加了树形约束,即每个结点是平衡的。

图 9.12 是平衡二叉树和不平衡二叉树的例子,图中结点旁标注的数字为该结点的平衡因子。其中,图 9.12(a)所示为一棵平衡二叉树,图中所有结点的平衡因子的绝对值都小于 1;图 9.12(b)所示为一棵非平衡二叉树,图中结点 3、4、5 的平衡因子的值分别为 -2、-3 和 -2,它们是不平衡的。

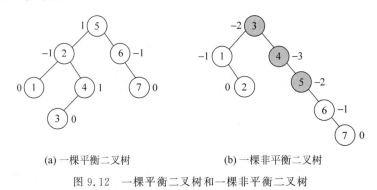

(a) 一棵平衡二叉树　　　　　　(b) 一棵非平衡二叉树

图 9.12　一棵平衡二叉树和一棵非平衡二叉树

那么如何使构造的二叉排序树是一棵平衡二叉树呢?关键是每次向二叉排序树中插入新结点时要保证所有结点满足平衡二叉树的要求。这就要求一旦某些结点的平衡因子在插入新结点后不满足要求就要进行调整。

1. 平衡二叉树中插入结点的过程

若向平衡二叉树中插入一个新结点(总是作为叶子结点插入的)后破坏了平衡性,首先从该新插入结点向根结点方向查找第一个失去平衡的结点,然后以该失衡结点和它相邻的刚查找过的两个结点构成调整子树,使之成为新的平衡子树。当失衡的最小子树被调整为平衡子树后,整个树就又成为一棵平衡二叉树。

失衡的最小子树是指以离插入结点最近,且平衡因子的绝对值大于 1 的结点作为根的子树。假设用 A 表示失衡的最小子树的根结点,则调整该子树的操作可归纳为下面 4 种情况:

1) LL 型调整

这是因在 A 结点的左孩子(设为 B 结点)的左子树上插入结点,使得 A 结点的平衡因子由 1 变为 2 而引起的不平衡。

LL 型调整的一般情况如图 9.13 所示。在该图中,用长方框表示子树,用长方框的高度

(并在长方框旁标有高度值 h 或 $h+1$)表示子树的高度,用带阴影的小方框表示被插入的结点。调整的方法是将 B 结点向上升替代 A 结点成为根结点,A 结点作为 B 结点的右孩子,而 B 的原右子树 β 作为 A 结点的左子树。因调整前后对应的中序序列相同,所以调整后仍保持了二叉排序树的性质不变,但变为平衡二叉树了。

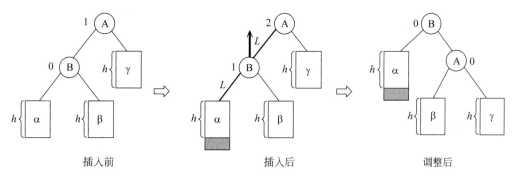

图 9.13　LL 型调整的过程

2) RR 型调整

这是因在 A 结点的右孩子(设为 B 结点)的右子树上插入结点,使得 A 结点的平衡因子由 -1 变为 -2 而引起的不平衡。

RR 型调整的一般情况如图 9.14 所示。调整的方法是将 B 结点向上升替代 A 结点成为根结点,A 结点作为 B 结点的左孩子,而 B 的原左子树 β 作为 A 结点的右子树。实际上,RR 型调整和 LL 型调整是对称的。

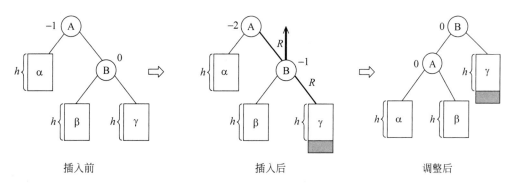

图 9.14　RR 型调整的过程

3) LR 型调整

这是因在 A 结点的左孩子(设为 B 结点)的右子树上插入结点,使得 A 结点的平衡因子由 1 变为 2 而引起的不平衡。

LR 型调整的一般情况如图 9.15 所示。调整的方法是将 C 结点上升作为根结点,B 结点作为 C 结点的左孩子,A 结点作为 C 结点的右孩子,C 结点的原左子树 β 作为 B 结点的右子树,C 结点的原右子树 γ 作为 A 结点的左子树。

4) RL 型调整

这是因在 A 结点的右孩子(设为 B 结点)的左子树上插入结点,使得 A 结点的平衡因子

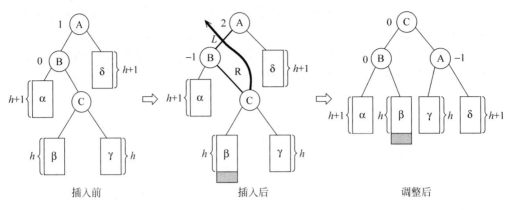

图 9.15 LR 型调整的过程

由 −1 变为 −2 而引起的不平衡。

RL 型调整的一般情况如图 9.16 所示。调整的方法是将 C 结点上升作为根结点，A 结点作为 C 结点的左孩子，B 结点作为 C 结点的右孩子，C 结点的原左子树 β 作为 A 结点的右子树，C 结点的原右子树 γ 作为 B 结点的左子树。同样，RL 型调整和 LR 型调整是对称的。

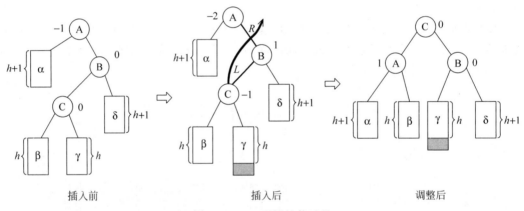

图 9.16 RL 型调整的过程

【例 9.5】 输入关键字序列 (16,3,7,11,9,26,18,14,15)，给出构造一棵平衡二叉树的过程。

解 建立平衡二叉树的过程如图 9.17 所示，图 9.17(n) 所示为最终结果。

2. 平衡二叉树中删除结点的过程

平衡二叉树中删除关键字为 k 的结点的操作与插入操作有许多相似之处，也是在失衡时采用上述 4 种调整方法。

首先在平衡二叉树中查找关键字为 k 的结点 x（假定存在这样的结点并且唯一），删除结点 x 的过程如下：

(1) 如果结点 x 的左子树为空，用其右孩子结点替换它，即直接删除结点 x。

(2) 如果结点 x 的右子树为空，用其左孩子结点替换它，即直接删除结点 x。

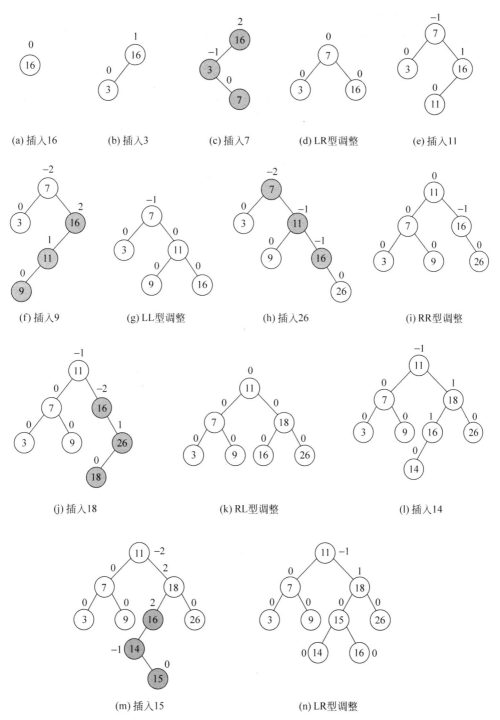

图 9.17 建立平衡二叉树的过程

(3) 如果结点 x 同时有左、右子树(在这种情况下,结点 x 是通过值替换间接删除的,称为间接删除结点),分为两种情况:

① 若结点 x 的左子树较高,在其左子树中找到最大结点 q,先用结点 q 的值替换结点 x

的值,再直接删除结点 q。

② 若结点 x 的右子树较高,在其右子树中找到最小结点 q,先用结点 q 的值替换结点 x 的值,再直接删除结点 q。

(4) 前面无论哪种情况都需要直接删除一个结点,假设直接删除的是结点 x,此时,沿着其双亲到根结点的方向逐层向上求结点的平衡因子,若一直找到根结点时路径上的所有结点均平衡,说明删除后的树仍然是一棵平衡二叉树,不需要调整,删除结束。若找到路径上的第一个失衡结点 p,就要进行调整。

① 若直接删除的结点 x 在结点 p 的左子树中(由于是在结点 p 的左子树中删除结点,结点 p 失衡时其平衡因子应该为 -2),在结点 p 失衡后要做何种调整,需要看结点 p 的右孩子 p_R,若 p_R 的左子树较高,需做 RL 型调整,如图 9.18(a)所示;若 p_R 的右子树较高,需做 RR 型调整,如图 9.18(b)所示;若 p_R 的左、右子树高度相同,则做 RL 型或 RR 型调整均可。

② 若直接删除的结点 x 在结点 p 的右子树中,调整过程与之类似,如图 9.19 所示。

这样调整后的树变为一棵平衡二叉树,删除结束。

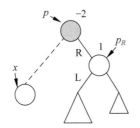 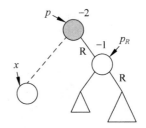

(a) p_R 的左子树较高:RL 型调整　　(b) p_R 的右子树较高:RR 型调整

图 9.18　在结点 p 的左子树中删除结点导致不平衡的两种情况

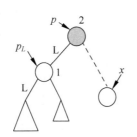 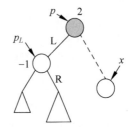

(a) p_L 的左子树较高:LL 型调整　　(b) p_L 的右子树较高:LR 型调整

图 9.19　在结点 p 的右子树中删除结点导致不平衡的两种情况

说明:在删除一个结点时,由于之前的树是平衡的,上述步骤(3)中当结点 p 同时有左、右子树时,总是选择较高的子树进行结点的直接删除,所以最多需要一次调整即可让删除后的树又成为一棵平衡二叉树。

【例 9.6】　对于例 9.5 生成的 AVL 树,给出删除结点 11、9 和 3 的过程。

解　图 9.20(a)所示为初始 AVL 树,各结点的删除操作如下:

① 删除结点 11(为根结点)的过程是,找到结点 11,其右子树较高,在右子树中找到最

小结点14,删除结点14,沿着原结点14的双亲到根结点的方向求平衡因子,均平衡,不做调整,将结点11的值用14替换,删除结果如图9.20(b)所示。

② 删除结点9的过程是,找到结点9,它是叶子结点,直接删除,沿着原结点9的双亲到根结点的方向求平衡因子,均平衡,不做调整,删除结果如图9.20(c)所示。

③ 删除结点3的过程是,找到结点3,它是叶子结点,直接删除,如图9.20(d)所示,再沿着原结点3的双亲到根结点的方向求平衡因子,找到第一个失衡结点14(根结点),结点14的右孩子的左子树较高,做RL型调整,删除结果如图9.20(e)所示。

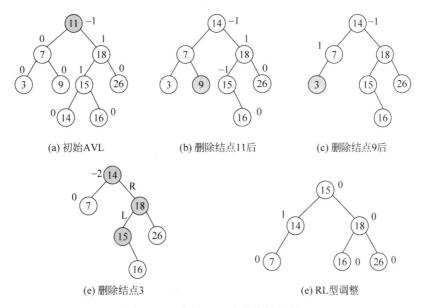

图 9.20 删除 AVL 中结点的过程

3. 平衡二叉树的查找

平衡二叉树的查找过程和二叉排序树的查找过程完全相同,因此在平衡二叉树上查找的关键字的比较次数不会超过其高度。

在最坏情况下,普通二叉排序树的查找性能为 $O(n)$。那么,平衡二叉树的情况又是怎样的呢?下面分析平衡二叉树的高度 h 和结点个数 n 之间的关系。

首先构造一系列的平衡二叉树 T_1、T_2、T_3、$\cdots$,其中 $T_h(h=1,2,3,\cdots)$ 是高度为 h 且结点数尽可能少的平衡二叉树,如图9.21中所示的 T_1、T_2、T_3 和 T_4。为了构造 T_h,先分别构造 T_{h-1} 和 T_{h-2},再创建一个根结点,让 T_{h-1} 和 T_{h-2} 分别作为其左、右子树。对于每一个 T_h,只要从中删去一个结点,就会失去平衡或高度不再是 h(显然,这样构造的平衡二叉树是高度相同的平衡二叉树中结点个数最少者)。

然后通过计算上述平衡二叉树中的结点个数来建立高度与结点个数之间的关系。设 $N(h)$(高度 h 是正整数)为 T_h 的结点数,从图9.21中可以看出有下列关系成立:

$$N(1)=1, N(2)=2, N(h)=N(h-1)+N(h-2)+1$$

当 $h>1$ 时,此关系类似于定义 Fibonacci 数的关系:

$$F(1)=1, F(2)=1, F(h)=F(h-1)+F(h-2)$$

通过检查两个序列的前几项就可以发现两者之间的对应关系:

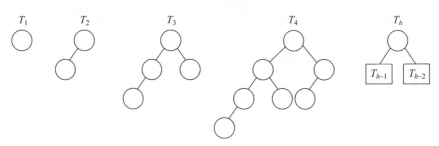

图 9.21 高度为 h、结点个数 n 最少的平衡二叉树

$$N(h)=F(h+2)-1$$

由于 Fibonacci 数满足渐近公式：

$$F(h)=\frac{1}{\sqrt{5}}\varphi^h, \text{其中}\ \varphi=\frac{1+\sqrt{5}}{2}$$

可得近似公式：

$$N(h)=\frac{1}{\sqrt{5}}\varphi^{h+2}-1\approx 2^h-1$$

即：

$$h\approx \log_2(N(h)+1)$$

所以，含有 n 个结点的平衡二叉树的平均查找长度为 $O(\log_2 n)$，对应查找算法的时间复杂度为 $O(\log_2 n)$。实际上，折半查找对应的判断树就是一棵平衡的二叉排序树（平衡二叉树），所以折半查找算法的时间复杂度也为 $O(\log_2 n)$。

9.3.3 红黑树

红黑树（red-black tree）是一棵二叉排序树，每个结点有一个表示颜色的标志，增加外部结点（通常用 nil 表示），同时满足以下性质：

(1) 每个结点的颜色为红色或者黑色。

(2) 根结点的颜色为黑色。

(3) 所有外部结点的颜色为黑色。

(4) 如果一个结点是红色，则它的所有孩子结点为黑色。

(5) 对于每个结点，从该结点出发的所有路径上包含相同个数的黑色结点。本节中的路径特指从一个结点到其子孙结点中某个外部结点的路径。

如图 9.22 所示的二叉树是一棵红黑树，图中带阴影的圆圈结点为黑色结点，不带阴影的圆圈结点为红色结点，长方形结点为外部结点。

红黑树的第 4 条性质表明任何一条路径上不能有两个相邻的红色结点，这样最短的可能路径均由黑色结点构成，最长的可能路径由交替的红色和黑色结点构成，同时根据第 5 条性质可知所有的最长路径都有相同个数的黑色结点，从而推出红黑树的关键性质：从根结点到叶子结点的最长路径的长度不大于最短路径长度的两倍。所以，尽管红黑树并不是完全平衡二叉树，但接近于平衡状态，即近似于平衡二叉树。

红黑树的查找算法与二叉排序树相同，可以证明含 n 个结点的红黑树的高度至多为 $2\log_2(n+1)$，因此，红黑树查找算法的平均时间复杂度为 $O(\log_2 n)$。

红黑树通过旋转和改变结点颜色两种操作来维护其性质。

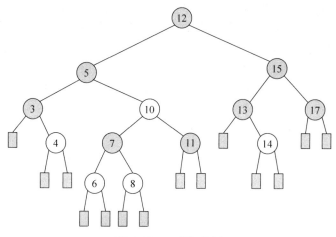

图 9.22 一棵红黑树

1. 旋转操作

旋转操作分为左旋操作和右旋操作两种。左旋操作如图 9.23 所示，将 y 结点变为该部分子树的根结点，同时 x 结点连同其左子树 a 作为 y 结点的左子树。若原 y 结点有左子树 b，由于 x 结点需占用其位置，所以调整 b 为 x 结点的右子树。

右旋操作是左旋操作的逆操作，将 x 结点变为根结点，同时 y 结点连同其右子树 c 作为 x 结点的右子树。若原 x 结点有右子树 b，调整 b 为 y 结点的左子树。

旋转操作不会改变红黑树的二叉排序树的特性。

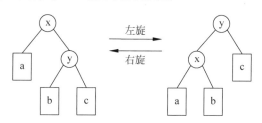

图 9.23 左旋操作和右旋操作

说明：实际上 9.3.2 节中 AVL 树的各种调整可以通过上述旋转操作实现，LL 型调整是对结点 A 做右旋操作，RR 型调整是对结点 A 做左旋操作，LR 型调整是先对结点 B 做左旋操作再对结点 A 做右旋操作，RL 型调整是先对结点 B 做右旋操作再对结点 A 做左旋操作。

2. 在红黑树中插入新结点

在一棵红黑树中插入新结点的操作过程如下：

（1）由于红黑树本身是一棵二叉排序树，按照二叉排序树插入结点的方法找到新结点插入的位置。

（2）将新结点的颜色设置为红色后插入指定位置（插入红色结点不会破坏红黑树的第 5 条性质）。以新插入结点作为当前结点 N 执行步骤（3）。

（3）对当前结点 N 进行判断和调整。若结点 N 为整棵树的根结点，只需要将结点 N 的颜色改为黑色即可。若结点 N 的双亲结点 P 的颜色为黑色，此时仍然满足红黑树性质，不需要做任何调整。若结点 N 的双亲结点 P 的颜色为红色,由于结点 N 和 P 都是红色,破坏了红黑树的第 4 条性质,此时需要调整,假设其祖父为结点 G,祖父结点的另一个孩子即叔叔为结点 U,将调整分为 3 种情况。

① 当前结点 N 的叔叔结点 U 是红色。调整方式是采用改变结点颜色的操作,将双亲结点 P 和叔叔结点 U 的颜色改为黑色,将祖父结点 G 的颜色改为红色(用来维护第 5 条性质),如图 9.24 所示。现在结点 N 有一个黑色的双亲结点 P,由于从根结点到达结点 P 或叔叔结点 U 的任何路径都必定通过祖父结点 G,而红色祖父结点 G 的双亲结点也有可能是红色的,这就违反了第 4 条性质,为此需要以祖父结点 G 为当前结点继续进行调整。

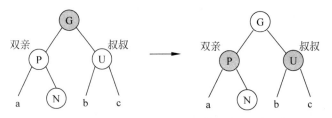

图 9.24　插入情况①的处理

② 当前结点 N 的叔叔结点 U 是黑色,并且结点 N 是右孩子。调整方式是左旋以双亲结点 P 为根的子树,如图 9.25 所示。现在结点 P 和结点 N 均为红色,再以结点 P 为当前结点按情况③继续进行调整。

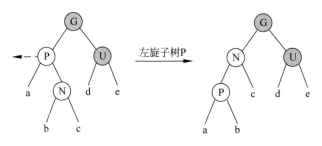

图 9.25　插入情况②的处理

③ 当前结点 N 的叔叔结点 U 是黑色,并且结点 N 是左孩子。调整方式是先右旋以祖父结点 G 为根的子树,然后交换以前的双亲结点 P 和祖父结点 G 的颜色,如图 9.26 所示。这样满足第 4 条性质,同时仍然保持第 5 条性质。

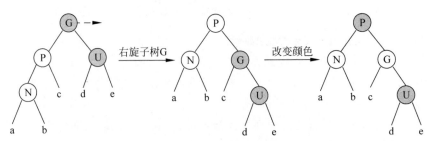

图 9.26　插入情况③的处理

上述插入过程的时间复杂度为 $O(\log_2 n)$,而且插入过程中的旋转操作不超过两次。

红黑树中删除结点的操作也是先按二叉排序树删除方法删除对应的结点,然后进行判断和调整使其满足红黑树的性质,这里不再详述。同样,删除过程的时间复杂度为 $O(\log_2 n)$。

9.3.4 B 树

二叉排序树和平衡二叉树都是用作内查找的数据结构,即被查找的数据集不大,可以放在内存中。本节介绍的 B 树和 9.3.5 节介绍的 B+树都是用作外查找的数据结构,其中的数据存放在外存中。

B 树(B tree)中所有结点的孩子结点的最大值称为 B 树的阶,通常用 m 表示,从查找效率考虑,要求 $m \geqslant 3$。一棵 m 阶 B 树或者是一棵空树,或者是满足下列要求的 m 叉树:

(1) 树中每个内部结点至多有 m 棵子树(即最多含有 $m-1$ 个关键字,设 Max$=m-1$)。

(2) 若根结点不是叶子结点,则根结点最少有两棵子树。

(3) 除根结点外,所有内部结点至少有 $\lceil m/2 \rceil$ 棵子树(即最少含有 $\lceil m/2 \rceil -1$ 个关键字,设 Min$=\lceil m/2 \rceil -1$)。

(4) 每个结点的结构为:

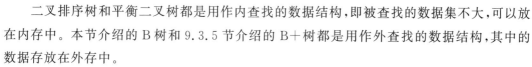

其中,n 为该结点中的关键字个数,除根结点以外,其他所有结点的关键字个数 n 满足 $\lceil m/2 \rceil -1 \leqslant n \leqslant m-1$;$k_i (1 \leqslant i \leqslant n)$ 为该结点的关键字且满足 $k_i < k_{i+1}$;$p_i (0 \leqslant i \leqslant n)$ 为该结点的孩子结点指针,满足 $p_i (0 \leqslant i \leqslant n-1)$ 所指子树上结点的关键字均大于 k_i 且小于 k_{i+1};p_n 所指子树上结点的关键字均大于 k_n。

(5) 所有的外部结点在同一层,并且不带信息。

在 B 树中外部结点(可以看作查找失败的结点,实际上这些结点不存在,指向这些结点的指针为空)不带信息,为了方便,在后面的 B 树图示中都没有画出外部结点层。通常在计算一棵 B 树的高度时外部结点层也要计入一层。显然,如果一棵 B 树中总共有 n 个关键字,则外部结点的个数为 $n+1$。

例如,图 9.27 所示为一棵 3 阶 B 树,$m=3$。它满足:

(1) 每个结点的孩子个数小于或等于 3。

(2) 除根结点外,其他内部结点至少有 $\lceil m/2 \rceil = 2$ 个孩子。

(3) 根结点有两个孩子结点。

(4) 除根结点外的所有内部结点的关键字个数 n 大于或等于 $\lceil m/2 \rceil -1=1$,小于或等于 $m-1=2$。

(5) 所有外部结点都在同一层上,树中总共有 17 个关键字,外部结点有 18 个。

在 B 树的存储结构中结点的类型声明如下:

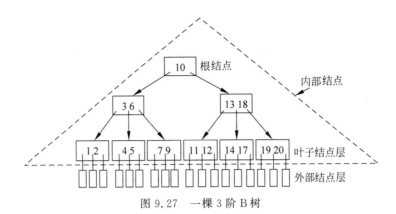

图 9.27 一棵 3 阶 B 树

```
#define MAXM 10              //定义 B 树的最大阶数
typedef int KeyType;          //KeyType 为关键字类型
typedef struct node
{   int keynum;               //结点当前拥有的关键字的个数
    KeyType key[MAXM];        //key[1..keynum]存放关键字,key[0]不用
    struct node * parent;     //双亲结点指针
    struct node * ptr[MAXM];  //孩子结点指针数组 ptr[0..keynum]
} BTNode;                     //B 树结点类型
int m;                        //m 阶 B 树,这里的 m、Max 和 Min 几个变量均定义为全局变量
int Max;                      //m 阶 B 树中每个结点的最多关键字个数,Max=m-1
int Min;                      //m 阶 B 树中每个结点的最少关键字个数,Min=⌈m/2⌉-1
```

1. B 树的查找

在 B 树中查找给定关键字的方法类似于二叉排序树上的查找,不同的是在每个结点上确定向下查找的路径不一定是二路的,而是 $n+1$ 路的。因为结点内的关键字序列 key[1..n]是有序的,故既可以用顺序查找也可以用折半查找。在一棵 B 树上查找关键字为 k 的方法为将 k 与根结点中的 key[i]($1 \leqslant i \leqslant n$)进行比较:

(1) 若 $k <$ key[1],则沿着指针 ptr[0]所指的子树继续查找。

(2) 若 $k =$ key[i],则查找成功。

(3) 若 key[i]$< k <$ key[$i+1$],则沿着指针 ptr[i]所指的子树继续查找。

(4) 若 $k >$ key[n],则沿着指针 ptr[n]所指的子树继续查找。

重复上述过程,直到找到含有关键字 k 的某个结点;如果一直比较到了某个外部结点,表示查找失败。

在 B 树中进行查找时,其查找时间主要花费在搜索结点上,即主要取决于 B 树的高度。那么总共含有 n 个关键字的 m 阶 B 树可能达到的最大高度是多少呢?或者说,高度为 $h+1$(第 $h+1$ 层为外部结点层)的 B 树中最少含有多少个结点?

第 1 层最少结点数为 1 个;

第 2 层最少结点数为两个;

第 3 层最少结点数为 $2\lceil m/2 \rceil$ 个;

第 4 层最少结点数为 $2\lceil m/2 \rceil^2$ 个;

......

第 $h+1$ 层最少结点数为 $2\lceil m/2 \rceil^{h-1}$ 个。

假设 m 阶 B 树的高度为 $h+1$,由于第 $h+1$ 层为外部结点,而当前树中含有 n 个关键字,则外部结点为 $n+1$ 个,由此可推出下列结果:

$$n+1 \geqslant 2\lceil m/2 \rceil^{h-1}, \text{即 } h-1 \leqslant \log_{\lceil m/2 \rceil}(n+1)/2$$

所以 $h \leqslant \log_{\lceil m/2 \rceil}(n+1)/2+1$,因此在含 n 个关键字的 B 树上进行查找需访问的结点个数不超过 $\log_{\lceil m/2 \rceil}(n+1)/2+1$ 个,即 B 树查找算法的时间复杂度为 $O(\log_m n)$。

2. B 树的插入

将关键字 k 插入 B 树的过程分两步完成:

(1) 利用前面的 B 树的查找算法找出关键字 k 的插入结点(注意,B 树的插入结点一定是某个叶子结点)。

(2) 在插入结点中插入关键字 k,判断插入结点是否还有空位置,即判断该结点的关键字个数是否小于 Max=$m-1$,分两种情况:

① 若插入结点的关键字个数<Max,说明该结点还有空位置,直接把关键字 k 插入该结点的合适位置上(即满足插入后结点上的关键字仍保持有序)。

② 若插入结点的关键字个数=Max,说明该结点已没有空位置,需要把结点分裂成两个。分裂的做法是创建一个新结点,把原结点上的关键字和 k 按升序排序后从中间位置(即 $\lceil m/2 \rceil$ 之处)将关键字(不包括中间位置的关键字)分成两部分,左部分所含关键字放在旧结点中,右部分所含关键字放在新结点中,中间位置的关键字连同新结点的存储位置插入双亲结点中。如果双亲结点的关键字个数也超过 Max,则要再分裂,再往上插,直到这个过程传递到根结点为止。如果根结点需要分裂,树的高度增加一层。

一棵 B 树的创建过程就是从一棵空树开始,逐个插入关键字而得到的。

【例 9.7】 关键字序列为(1,2,6,7,11,4,8,13,10,5,17,9,16,20,3,12,14,18,19,15),创建一棵 5 阶 B 树。

解 创建一棵 5 阶 B 树的过程如图 9.28 所示。

由于 $m=5$,所以 Max=$m-1=4$。这里以在图 9.28(e)中插入关键字 20 为例说明插入过程。在图 9.28(e)中插入关键字 20 时,查找其插入结点是最右边的叶子结点,将其有序插入,该结点变成(11,13,16,17,20),这时结点的关键字个数超界,需进行分裂,即由该结点变成两个结点(11,13)和(17,20),并将中间关键字 16 移至双亲结点中,双亲结点变为(6,10,16)。

再看在图 9.28(g)中插入关键字 15 的过程,查找其插入结点是(11,12,13,14)结点,将其有序插入,该结点变成(11,12,13,14,15),这时该结点的关键字个数超界,需进行分裂,对应两个结点(11,12)和(14,15),并将中间关键字 13 移至双亲结点中,双亲结点变为(3,6,10,13,16)。这时该结点的关键字个数超界,需进行分裂,对应两个结点(3,6)和(13,16),并将中间关键字 10 移至双亲结点中,由于分裂前的结点就是根结点,所以新建一个根结点,树的高度增加一层。最终创建的 5 阶 B 树如图 9.28(h)所示。

3. B 树的删除

B 树的删除过程与插入过程类似,只是稍微复杂一些。在 B 树上删除关键字 k 的过程

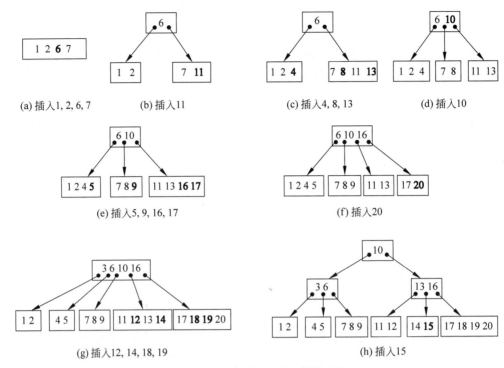

图 9.28 创建一棵 5 阶 B 树的过程

分两步完成:

(1) 利用前面的 B 树的查找算法找出该关键字所在的结点,称为删除结点。

(2) 删除结点分两种情况:一种是删除属于叶子结点层的结点;另一种是删除属于非叶子结点层的结点。

(3) 当删除结点是非叶子结点层的结点时,假设要删除某个非叶子结点的关键字 $k=$ key$[i]$,其删除过程是用该结点 ptr$[i-1]$ 所指子树中的最大关键字 key[max] 来替代被删关键字 key$[i]$(注意 ptr$[i-1]$ 所指子树中的最大关键字 key[max] 一定在某个叶子结点上),然后再删除 key[max]。这样就把在非叶子结点上删除关键字 k 的问题转化成在叶子结点上删除关键字 key[max] 的问题。

例如,图 9.29(a)所示为一棵 5 阶 B 树,Min=2。现在要删除关键字 13,找到它所在的结点(13,16)是一个非叶子结点,在其左边的子树中找到该子树的最大关键字为 12,它在 (10,11,12) 的叶子结点中,用 12 替代 13,然后再删除关键字 12,如图 9.29(b)所示。

也可以用删除结点 ptr$[i]$ 所指子树中的最小关键字 key[min] 来替代被删关键字 key$[i]$ (同样,ptr$[i]$ 所指子树中的最小关键字 key[min] 一定在某个叶子结点上),然后再删除 key[min]。

(4) 在某个叶子结点中删除关键字 k 共有以下 3 种情况:

① 若删除结点的关键字个数>Min($\lceil m/2 \rceil - 1$),说明删除该关键字后该结点仍满足 B 树的定义,则可直接删除该关键字。

② 假如删除结点的关键字个数=Min,先删除这个关键字 k,该结点不再满足 B 树的要求,此时若该结点的左(或右)兄弟结点中的关键字个数大于 Min,则把该结点的左(或右)兄

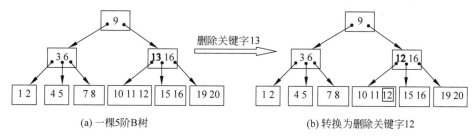

(a) 一棵5阶B树　　　　　　　　(b) 转换为删除关键字12

图 9.29　将非叶子结点上关键字的删除转换为叶子结点上关键字的删除

弟结点中最大(或最小)的关键字上移到双亲结点中,同时把双亲结点中大于(或小于)上移关键字的那个关键字下移到要删除关键字的结点中。

例如,图9.30(a)所示为一棵5阶B树,Min=2。现在要删除关键字15,找到它所在的结点(14,15)是一个叶子结点,先删除关键字15,再向右兄弟借一个关键字,其过程是把右兄弟(18,19,20)中的最小关键字18上移到双亲结点中,同时把双亲结点中的关键字17下移到该结点中,如图9.30(b)所示。

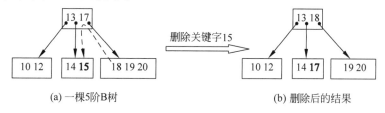

(a) 一棵5阶B树　　　　　　　　(b) 删除后的结果

图 9.30　删除关键字15的过程(右兄弟可借)

③ 假如删除结点的关键字个数=Min,先删除这个关键字 k,该结点不再满足B树的要求,并且该结点的左和右兄弟结点(如果存在)中的关键字个数均为 Min,这时需要结点合并,把要删除关键字的结点与其左(或右)兄弟结点以及双亲结点中分割二者的关键字合并成一个结点。如果因此使双亲结点中的关键字个数<Min,则对此双亲结点做同样的处理,以至于可能直到对根结点做这样的处理而使整个树减少一层。

例如,图9.31(a)所示为一棵5阶B树,Min=2。现在要删除关键字15,找到它所在的结点(14,15)是一个叶子结点,先删除关键字15,左、右兄弟都不能借,需要合并,其过程是把右兄弟(18,19)、双亲结点中分割的关键字17和该结点合并为一个结点,如图9.31(b)所示。

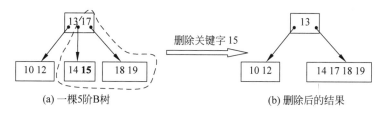

(a) 一棵5阶B树　　　　　　　　(b) 删除后的结果

图 9.31　删除关键字15的过程(左、右兄弟都不能借)

【例 9.8】 对于例9.7生成的B树,给出删除8、16、15和4共4个关键字的过程。

解　图9.32说明了删除的过程,这里 Min=2。这里以在图9.32(c)中删除关键字4的过程进行说明。

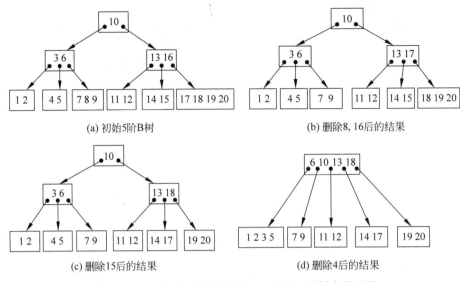

图 9.32　一棵 5 阶 B 树删除 8、16、15 和 4 关键字的过程

在图 9.32(d)中删除关键字 4 时,找到它所在的结点(4,5)是一个叶子结点,从中删除关键字 4,而左、右兄弟都只有两个关键字,不能借,将左兄弟(1,2)、双亲结点中分割的关键字 3 和该结点合并为一个结点(1,2,3,5),这样双亲结点变为(6),不满足 5 阶 B 树的要求。

而双亲结点(6)又没有兄弟可以借,继续合并,将右兄弟(13,18)、双亲结点中分割的关键字 10 和该结点合并为一个结点(6,10,13,18),这样导致 B 树的高度减少了一层。

9.3.5　B+树

在索引文件组织中经常使用 B 树的一些变形,其中 B+树(B+ tree)是一种应用广泛的变形。一棵 m 阶 B+树满足下列条件:

(1) 每个分支结点最多有 m 棵子树。

(2) 根结点或者没有子树,或者最少有两棵子树。

(3) 除根结点以外,其他每个分支结点最少有 $\lceil m/2 \rceil$ 棵子树。

(4) 有 n 棵子树的结点有 n 个关键字。

(5) 所有叶子结点包含全部关键字及指向相应记录的指针,而且叶子结点按关键字大小顺序链接(可以把每个叶子结点看成一个基本索引块,它的指针不再指向另一级索引块,而是直接指向数据文件中的记录)。

(6) 所有分支结点(可看成索引的索引)中仅包含它的各个子结点(即下级索引的索引块)中的最大关键字及指向子结点的指针。

例如,图 9.33 所示为一棵 4 阶的 B+树,其中叶子结点的每个关键字下面的指针表示指向对应记录的存储位置。通常在 B+树上有两个头指针,一个指向根结点,这里为 root,另一个指向关键字最小的叶子结点,这里为 sqt。

注意:m 阶的 B+树和 m 阶的 B 树的主要差异如下。

(1) 在 B+树中,具有 n 个关键字的结点含有 n 棵子树,即每个关键字对应一棵子树,

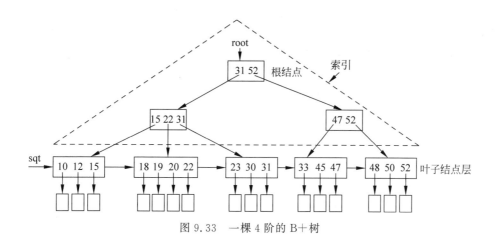

图 9.33 一棵 4 阶的 B+ 树

而在 B 树中,具有 n 个关键字的结点含有 $(n+1)$ 棵子树。

(2) 在 B+ 树中,除根结点以外,每个结点中的关键字个数 n 的取值范围是 $\lceil m/2 \rceil \leqslant n \leqslant m$,根结点 n 的取值范围是 $2 \leqslant n \leqslant m$;而在 B 树中,除根结点以外,其他所有非叶子结点的关键字个数 n 有 $\lceil m/2 \rceil - 1 \leqslant n \leqslant m - 1$,根结点 n 的取值范围是 $1 \leqslant n \leqslant m - 1$。

(3) B+ 树中的所有叶子结点包含了全部关键字,即其他非叶子结点中的关键字包含在叶子结点中,而在 B 树中关键字是不重复的。

(4) B+ 树中的所有非叶子结点仅起到索引的作用,即结点中的每个索引项只含有对应子树的最大关键字和指向该子树的指针,不含有该关键字对应记录的存储地址。而在 B 树中,每个关键字对应一个记录的存储地址。

(5) 通常在 B+ 树上有两个头指针,一个指向根结点,另一个指向关键字最小的叶子结点,所有叶子结点链接成一个不定长的线性链表。所以,B 树只能进行随机查找,而 B+ 树可以进行随机查找和顺序查找。

1. B+ 树的查找

在 B+ 树中可以采用两种查找方式,一种是直接从最小关键字开始进行顺序查找(通过 sqt 指针查找),另一种是从 B+ 树的根结点开始进行随机查找(通过 root 指针查找)。这种查找方式与 B 树的查找方式相似,只是在分支结点上的关键字与查找值相等时查找并不结束,要继续查找到叶子结点为止,此时若查找成功,则按所给指针取出对应元素即可。因此,在 B+ 树中不管查找成功与否,每次查找都是经过了一条从根结点到叶子结点的路径。

2. B+ 树的插入

与 B 树的插入操作相似,B+ 树的插入也是在叶子结点中进行的,当插入后结点中的关键字个数大于 m 时要分裂成两个结点,它们所含的键值个数分别为 $\lceil (m+1)/2 \rceil$ 和 $\lfloor (m+1)/2 \rfloor$,同时要使得它们的双亲结点中包含这两个结点的最大关键字和指向它们的指针。若双亲结点的关键字个数大于 m,应继续分裂,以此类推。

3. B+ 树的删除

B+ 树的删除也是在叶子结点中进行的,当叶子结点中的最大关键字被删除时,分支结点中的值可以作为"分界关键字"存在。若因删除操作而使结点中的关键字个数少于 $\lceil m/2 \rceil$,

则从兄弟结点中调剂关键字或与兄弟结点合并,其过程和B树相似。

9.4 哈希表的查找

9.4.1 哈希表的基本概念

在介绍哈希表之前先看一个示例。假设有一个班的学生表,包含20个学生元素($n=20$),每个学生元素包含学号和姓名数据项,其中学号是关键字,全部元素是按学号无序排列的。由于是同班的学生,学号的前几位是相同的,例如都以"201001"开头,后3位是序号,但序号并非是连续的(可能有学生转学等造成)。现在要设计其存储结构,以便按学号查找。

存储学生表的最简单方法是采用一个数组存储,也就是顺序存储结构,如图9.34所示。在这种存储方式下查找学号为201001025的学生的姓名只能顺序查找,一边查找一边进行学号的比较。若采用从前向后的顺序查找,需要比较20次,对应的时间复杂度为$O(n)$。即便数据是按学号有序的,采用折半查找对应的时间复杂度也为$O(\log_2 n)$。

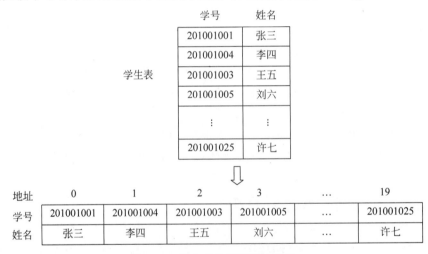

图9.34 学生表的顺序存储结构

现在根据数据的特点设计另外一种存储结构,同样用一个数组存放所有学生元素,采用一个函数$h(学号)=学号-201001001$,对于某个学生元素,计算出其学号的函数值,将该元素存放在数组中对应的下标(地址)处,如图9.35所示。从中可以看出,数组中有些元素是空闲的(例如由于没有201001002学号的元素,数组下标1的元素空闲),所以数组大小m一定要大于n。这里假设$m=25$,数组下标为0~24。在这种存储方式下查找学号为201001025的学生的姓名,首先计算地址$d=201001025-201001001=24$,然后与数组下标24处的学号比较,相等,返回其姓名"许七",对应的时间复杂度为$O(1)$。这种存储结构就是哈希表。

哈希表(Hash table)又称散列表,其基本思路是,设要存储的元素个数为n,设置一个长度为$m(m \geq n)$的连续内存单元,以每个元素的关键字$k_i(0 \leq i \leq n-1)$为自变量,通过一

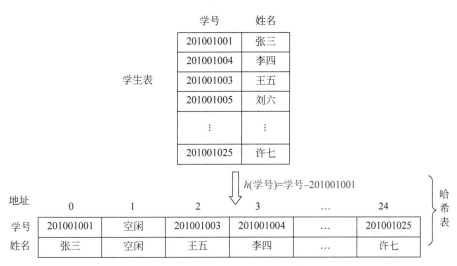

图 9.35 学生表的哈希存储结构

称为**哈希函数**(Hash function)的函数 $h(k_i)$ 把 k_i 映射为内存单元的地址(或下标) $h(k_i)$，并把该元素存储在这个内存单元中，$h(k_i)$ 也称为**哈希地址**(Hash address)。把如此构造的线性表存储结构称为哈希表。

在构建哈希表时可能存在这样的问题，两个关键字 k_i 和 $k_j (i \neq j)$ 有 $k_i \neq k_j$，但会出现 $h(k_i)=h(k_j)$ 的情况，把这种现象叫**哈希冲突**(Hash collisions)。通常把这种具有不同关键字而具有相同哈希地址的元素称为**同义词**(synonym)，这种冲突也称为同义词冲突。在哈希表存储结构中，同义词冲突是很难避免的，除非关键字的变化区间小于或等于哈希地址的变化区间，而这种情况当关键字的取值不连续时是非常浪费存储空间的。实际情况中通常关键字的取值区间远大于哈希地址的变化区间。

归纳起来，当一组数据的关键字与存储地址存在某种映射关系时，如图 9.36 所示，这组数据适合于采用哈希表存储。

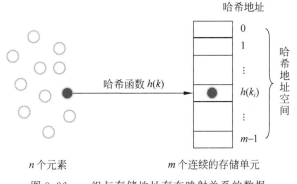

图 9.36 一组与存储地址存在映射关系的数据

在哈希表中虽然冲突很难避免，但发生冲突的可能性却有大有小，这会影响哈希查找的性能。哈希查找的性能主要与 3 个因素有关：

(1) 与装填因子 α 有关。所谓**装填因子**(load factor)是指哈希表中已存入的元素数 n 与哈

希地址空间大小 m 的比值,即 $\alpha=n/m$。α 越小,冲突的可能性就越小;α 越大(最大可取 1),冲突的可能性就越大。这很容易理解,因为 α 越小,哈希表中空闲单元的比例就越大,所以待插入元素和已插入的元素发生冲突的可能性就越小;反之,α 越大,哈希表中空闲单元的比例就越小,所以待插入元素和已插入的元素冲突的可能性就越大。另一方面,α 越小,存储空间的利用率就越低;反之,存储空间的利用率也就越高。为了既兼顾减少冲突的发生,又兼顾提高存储空间的利用率这两个方面,通常将最终的 α 控制在 0.6~0.9。

(2) 与所采用的哈希函数有关。若哈希函数选择得当,就可以使哈希地址尽可能均匀地分布在哈希地址空间上,从而减少冲突的发生;否则,若哈希函数选择不当,就可以使哈希地址集中于某些区域,从而加大冲突的发生。

(3) 当出现哈希冲突时需要采取解决哈希冲突的方法,所以哈希查找的性能也与解决冲突的方法有关。

从图 9.35 所示的哈希表看出,对于预先知道且规模不大的关键字集合,通常可以找到不发生冲突的哈希函数,从而避免出现冲突,使查找时间复杂度为 $O(1)$,提高了查找效率,因此对频繁进行查找的关键字集应尽力设计一个完美的哈希函数。

9.4.2 哈希函数的构造方法

构造哈希函数的目标是使所有元素的哈希地址尽可能均匀地分布在 m 个连续的内存单元上,同时使计算过程尽可能简单以达到尽可能高的时间效率。根据关键字的结构和分布的不同可构造出许多不同的哈希函数。这里主要讨论几种常用的整数类型关键字的哈希函数构造方法。

1. 直接定址法

直接定址法是以关键字 k 本身或关键字加上某个常量 c 作为哈希地址的方法。直接定址法的哈希函数 $h(k)$ 为:

$$h(k)=k+c$$

例如,图 9.35 所示的哈希表就是采用了这种方法。

这种方法的特点是哈希函数计算简单。当关键字的分布基本连续时,可用直接定址法的哈希函数;否则,若关键字的分布不连续将造成内存单元的大量浪费。

2. 除留余数法

除留余数法是用关键字 k 除以某个不大于哈希表长度 m 的整数 p 所得的余数作为哈希地址。除留余数法的哈希函数 $h(k)$ 通常为:

$$h(k)=k \bmod p \quad (\bmod \text{ 为求余运算},p \leqslant m)$$

除留余数法的计算比较简单,适用范围广,是最经常使用的一种哈希函数。这种方法的关键是选好 p,使得元素集合中的每一个关键字通过该函数转换后映射到哈希表范围内的任意地址上的概率相等,从而尽可能减少发生冲突的可能性。例如,p 取奇数就比取偶数好。理论研究表明,p 取不大于 m 的素数时效果最好。

例如,对于例 1.1 中的逻辑结构 City,假设以区号作为关键字,哈希表长度 $m=7$,选哈希函数,$p=7$:

$$h(\text{区号})=\text{VAL}(\text{区号}) \bmod 7$$

其中，区号为数字串，VAL(区号)用于将区号转换成对应的数值,计算结果如下:

区号	010	021	027	029	025
VAL(区号)	10	21	27	29	25
h(key)	3	0	6	1	4

设哈希表为 ha[0..6]，可以得到如图 9.37 所示的 City 的哈希表。

地址	区号	城市名	说明
0	021	Shanghai	上海，直辖市
1	029	Xian	西安，陕西省省会
2			
3	010	Beijing	北京，首都
4	025	Nanjing	南京，江苏省省会
5			
6	027	Wuhan	武汉，湖北省省会

图 9.37 City 对应的哈希表

3. 数字分析法

该方法是提取关键字中取值较均匀的数字位作为哈希地址。它适合于所有关键字值都已知的情况，并需要对关键字中每一位的取值分布情况进行分析。

例如有一组关键字如图 9.38 所示。通过分析可知，每个关键字从左到右的第 1、2、3 位和第 6 位取值较集中，不宜作为哈希地址，剩余的第 4、5、7 和 8 位取值较分散，可根据实际需要取其中的若干位作为哈希地址。若取最后两位作为哈希地址，则哈希地址集合为(2,75,28,34,16,38,62,20)。这样设计的哈希函数将一个大的数据取值范围映射到一个小的数据取值范围。

位序	1	2	3	4	5	6	7	8
	9	2	3	1	7	6	0	2
	9	2	3	2	6	8	7	5
	9	2	7	3	9	6	2	8
	9	2	3	4	3	6	3	4
	9	2	7	0	6	8	1	6
	9	2	7	4	6	3	3	8
	9	2	3	8	1	2	6	2
	9	2	3	9	4	2	2	0

图 9.38 一组关键字

其他构造整数关键字的哈希函数的方法还有平方取中法、折叠法等。平方取中法是取关键字平方后分布均匀的几位作为哈希地址的方法；折叠法是先把关键字中的若干段作为一小组，然后把各小组折叠相加后分布均匀的几位作为哈希地址的方法。

9.4.3 哈希冲突的解决方法

解决哈希冲突的方法有许多，主要有开放地址法和拉链法两大类。

1. 开放地址法

开放地址法(open addressing)就是在出现哈希冲突时在哈希表中找一个新的空闲位置存放元素。例如要存放关键字为 k_i 的元素，$d=h(k_i)$，而地址为 d 的单元已经被其他元素占用了，那么就在 d 地址的前后找空闲位置。就像某个人买了一张电影票，但他晚到了电影院，他的位置被其他人占了，他就在周围找一个空座位坐下来。那么怎么找空闲单元呢？

根据开放地址法找空闲单元的方式又分为线性探测法和平方探测法等。

1）线性探测法

线性探测法（linear probing）是从发生冲突的地址（设为 d_0）开始，依次探测 d_0 的下一个地址（当到达下标为 $m-1$ 的哈希表表尾时，下一个探测地址是表首地址 0），直到找到一个空闲单元为止（当 $m \geq n$ 时一定能够找到一个空闲单元）。线性探测法的数学递推描述公式为：

$$d_0 = h(k)$$
$$d_i = (d_{i-1} + 1) \bmod m \quad (1 \leq i \leq m-1)$$

其中，模 m 是为了保证找到的位置在 $0 \sim m-1$ 的有效空间中。以前面的看电影为例，假设电影院的座位只有一排（共 20 个座位），他的座位是 8（被其他人占了），线性探测法就是依次查看 9、10、⋯、20 的座位是否为空的，有空就坐下，否则再查看 1、2、⋯、7 的座位是否为空的，如此这样，他总可以找到一个空座位坐下。

线性探测法的优点是解决冲突简单，一个重大的缺点是容易出现堆积现象。例如，一个哈希表 ha[0..5]，$m=6$，哈希函数为 $h(k)=k \bmod 5$，插入 2 时，$h(2)=2 \bmod 5=2$，置 ha[2]=2；插入 7 时，$h(7)=7 \bmod 5=2$，有冲突（为同义词冲突），采用线性探测法解决冲突，此时 $d_0=2$，$d_1=(d_0+1) \bmod m=3$，置 ha[3]=7；插入 13 时，$h(13)=13 \% 5=3$，有冲突，由于 7 和 13 不是同义词，称为**非同义词冲突**，继续采用线性探测法解决冲突，此时 $d_0=3$，$d_1=(d_0+1) \bmod m=4$，置 ha[13]=4。这种非同义词冲突导致两个哈希函数值不同的元素争夺同一个后继哈希地址的现象称为堆积（或聚集）。

【例 9.9】 假设哈希表的长度 $m=13$，采用除留余数法加线性探测法建立关键字集合 (16,74,60,43,54,90,46,31,29,88,77) 的哈希表。

解 这里 $n=11$，$m=13$，采用除留余数法设计的哈希函数为 $h(k)=k \bmod p$，p 应为小于或等于 m 的素数，假设 p 取值 13，并采用线性探测法解决冲突，则有：

$h(16)=3$,　　　　　　　　　没有冲突，将 16 放在 ha[3] 处，探测 1 次
$h(74)=9$,　　　　　　　　　没有冲突，将 74 放在 ha[9] 处，探测 1 次
$h(60)=8$,　　　　　　　　　没有冲突，将 60 放在 ha[8] 处，探测 1 次
$h(43)=4$,　　　　　　　　　没有冲突，将 43 放在 ha[4] 处，探测 1 次
$h(54)=2$,　　　　　　　　　没有冲突，将 54 放在 ha[2] 处，探测 1 次
$h(90)=12$,　　　　　　　　 没有冲突，将 90 放在 ha[12] 处，探测 1 次
$h(46)=7$,　　　　　　　　　没有冲突，将 46 放在 ha[7] 处，探测 1 次
$h(31)=5$,　　　　　　　　　没有冲突，将 31 放在 ha[5] 处，探测 1 次
$h(29)=3$　　　　　　　　　 有冲突
$\quad d_0=3, d_1=(3+1) \bmod 13=4$　仍有冲突
$\quad d_2=(4+1) \bmod 13=5$　　　　 仍有冲突
$\quad d_3=(5+1) \bmod 13=6$　　　　 冲突已解决，将 29 放在 ha[6] 处，探测 4 次
$h(88)=10$,　　　　　　　　 没有冲突，将 88 放在 ha[10] 处，探测 1 次
$h(77)=12$,　　　　　　　　 有冲突
$\quad d_0=12, d_1=(12+1) \bmod 13=0$　冲突已解决，将 77 放在 ha[0] 处，探测两次

建立的哈希表 ha[0..12] 如表 9.1 所示。

表 9.1 哈希表 ha[0..12]

下标	0	1	2	3	4	5	6	7	8	9	10	11	12
关键字	77		54	16	43	31	29	46	60	74	88		90
探测次数	2		1	1	1	1	4	1	1	1	1		1

2）平方探测法

设发生冲突的地址为 d_0，**平方探测法**（square probing）的探测序列为 $d_0+1^2, d_0-1^2, d_0+2^2, d_0-2^2, \cdots$。平方探测法的数学描述公式为：

$$d_0 = h(k)$$
$$d_i = (d_0 \pm i^2) \bmod m \quad (1 \leqslant i \leqslant m-1)$$

仍以前面的看电影为例，平方探测法就是在被占用的座位前后来回找空座位。

平方探测法是一种较好的处理冲突的方法，可以避免出现堆积问题。其缺点是不一定能探测到哈希表上的所有单元，但最少能探测到一半单元。

此外，开放地址法的探测方法还有伪随机序列法、双哈希函数法等。

从中可以看出，开放地址法中的哈希表空闲单元既向同义词关键字开放，也向发生冲突的非同义词关键字开放，这就是它的名称的由来。至于在哈希表的一个地址中存放的是同义词关键字还是非同义词关键字，要看谁先占用它，这和构造哈希表的元素的排列次序有关。

2. 拉链法

拉链法（chaining）是把所有的同义词用单链表链接起来的方法。如图 9.39 所示，所有哈希地址为 i 的元素对应的结点构成一个单链表，哈希表的地址空间为 $0 \sim m-1$，地址为 i 的单元是一个指向对应单链表的首结点。

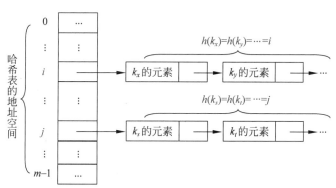

图 9.39 拉链法的示意图

在采用拉链法构建的哈希表中每个单元存放的不再是元素本身，而是相应同义词单链表的首结点指针。由于在单链表中可以插入任意多个结点，所以此时装填因子 α 根据同义词的多少既可以设定为大于 1，也可以设定为小于或等于 1，通常取 $\alpha=1$。

与开放地址法相比，拉链法有以下几个优点：

（1）拉链法处理冲突简单，且无堆积现象，即不会发生非同义词冲突，因此平均查找长度较小,查找性能较高。

(2) 由于拉链法中各单链表上的结点空间是动态分配的,故它更适合于建表前无法确定表长的情况。

(3) 开放地址法为减少冲突要求装填因子 α 较小,故当数据规模较大时会浪费很多空间,而拉链法中可取 $α≥1$,且元素较大时拉链法中增加的指针域可忽略不计,因此节省空间。

(4) 在用拉链法构造的哈希表中,删除结点的操作更加易于实现。

拉链法也有缺点:指针需要额外的空间,故当元素的规模较小时开放定址法较为节省空间,若将节省的指针空间用来扩大哈希表的规模,可使装填因子变小,这又减少了开放地址法中的冲突,从而提高了平均查找速度。

【例 9.10】 假设哈希表的长度 $m=13$,采用除留余数法加拉链法建立关键字集合(16,74,60,43,54,90,46,31,29,88,77)的哈希表。

解 这里 $n=11, m=13$,采用除留余数法设计的哈希函数为 $h(k)=k \bmod 13$,当出现同义词问题时采用拉链法解决冲突,则有:

$$h(54)=2, h(16)=3, h(29)=3, h(43)=4, h(31)=5$$
$$h(46)=7, h(60)=8, h(74)=9, h(88)=10, h(90)=12, h(77)=12$$

建立的哈希表如图 9.40 所示,其中哈希表的地址空间为 0～12,每个地址单元指向一个单链表,如果没有对应的单链表结点,该地址单元为空指针。

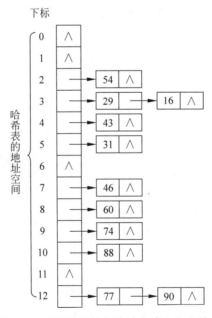

图 9.40 采用拉链法解决冲突建立的哈希表

9.4.4 哈希表的运算算法

哈希表的常用运算有插入及建表、删除和查找等。一个哈希表由哈希函数和解决冲突方法构成,而不同的解决冲突方法,其运算算法的实现有较大的差异,下面分别讨论。为了简便,在算法中假设每个元素仅含有关键字。

1. 用开放地址法构造的哈希表的运算算法

本小节仅介绍在开放地址法中采用线性探测法解决冲突时实现哈希表运算算法,哈希表地址空间为 $0\sim m-1$,哈希函数为 $h(k)=k\%p$,n 为插入的元素个数。设计哈希表 ha 的元素类型如下:

```
#define NULLKEY -1                    //定义空关键字值
typedef int KeyType;                  //关键字类型
typedef struct
{   KeyType key;                      //关键字域
    int count;                        //探测次数域
} HashTable;                          //哈希表单元类型
```

关键字类型为整数,将哈希表中空闲单元的关键字设置为特殊值 -1(NULLKEY)。

1) 插入及建表算法

在建表时首先要将表中各元素的关键字清空,使其地址为开放的;然后调用插入算法将给定的关键字序列依次插入表中。在插入算法中,求出关键字 k 的哈希函数值 adr,若该位置可以直接放置(即 adr 位置的关键字为 NULLKEY),将其放入;否则出现冲突,采用线性探测法在表中找到一个开放地址,将 k 插入。对应的算法如下:

```
void InsertHT(HashTable ha[],int &n,int m,int p,KeyType k)   //将关键字k插入哈希表中
{   int i,adr;
    adr=k%p;                              //计算哈希函数值
    if (ha[adr].key==NULLKEY)
    {   ha[adr].key=k;                    //k可以直接放在哈希表中
        ha[adr].count=1;
    }
    else                                  //发生冲突时采用线性探测法解决冲突
    {   cnt=1;                            //cnt记录k发生冲突的次数
        do
        {   adr=(adr+1)%m;                //线性探测
            cnt++;
        } while (ha[adr].key!=NULLKEY);
        ha[adr].key=k;                    //在adr处放置k
        ha[adr].count=cnt;                //设置探测次数
    }
    n++;                                  //哈希表中的总元素个数增1
}
void CreateHT(HashTable ha[],int &n,int m,int p,KeyType keys[],int total)
//由关键字序列keys[0..total-1]创建哈希表
{   for (int i=0;i<m;i++)                 //哈希表置空的初值
    {   ha[i].key=NULLKEY;
        ha[i].count=0;
    }
    n=0;                                  //哈希表中的总元素个数从0开始递增
    for (i=0;i<total;i++)
        InsertHT(ha,n,m,p,keys[i]);       //插入n个关键字
}
```

2) 删除算法

在采用开放地址法处理冲突的哈希表上执行删除操作时,不能仅仅简单地将被删关键字 k 的元素空间置为空,这样会截断该位置之后的同义词元素的查找路径,为此还需要将后面的所有同义词元素均前移一个位置。

例如,$m=5$,哈希函数 $h(k)=k\%5$,由关键字序列 keys={11,16,21} 创建的哈希表如表 9.2 所示。现在删除关键字 16,求出哈希函数值 adr=16%5=1,有冲突,采用线性探测法求出 adr=(adr+1)%5=2,ha[adr].key=16,查找成功,将 ha[2] 位置置为空,同时还需要将该位置后面的同义词 21 前移一个位置,删除后的哈希表如表 9.3 所示。

表 9.2 哈希表 ha[0..4]

下标	0	1	2	3	4
关键字		11	16	21	
探测次数	0	1	2	3	0

表 9.3 删除后的哈希表 ha[0..4]

下标	0	1	2	3	4
关键字		11	21		
探测次数	0	1	2	0	0

对应的删除算法如下:

```
bool DeleteHT(HashTable ha[],int &n,int m,int p,KeyType k)   //删除哈希表中的关键字 k
{   int adr;
    adr=k % p;                                                //计算哈希函数值
    while (ha[adr].key!=NULLKEY && ha[adr].key!=k)
        adr=(adr+1) % m;                                      //线性探测
    if (ha[adr].key==k)                                       //查找成功
    {   int j=(adr+1)%m;                                      //j 为 adr 的循环后继位置
        while (ha[j].key!=NULLKEY && ha[j].key%p==k%p)        //查找 adr 位置后面的同义词
        {   ha[(j-1+m)%m].key=ha[j].key;                      //将同义词前移
            j=(j+1)%m;                                        //继续试探循环后继位置
        }
        ha[(j-1+m)%m].key=NULLKEY;                            //删除最后一个同义词
        ha[(j-1+m)%m].count=0;
        n--;                                                  //哈希表中的元素个数减少 1
        return true;                                          //查找成功返回 true
    }
    else                                                      //查找失败的情况
        return false;                                         //返回 false
}
```

3) 查找算法

哈希表的查找过程和建表过程相似。假设查找关键字 k,根据建表时采用的哈希函数 h 计算出哈希地址 $h(k)$,若表中该地址单元不为空(即关键字值不为 NULLKEY)且该地址的关键字不等于 k,则按建表时采用的处理冲突的方法找下一个地址(这里采用线性探测法),如此反复下去,直到某个地址单元为空(查找失败)或者关键字比较相等(查找成功)时为止,显示相应的结果。对应的算法如下:

```
void SearchHT(HashTable ha[],int m,int p,KeyType k)    //在哈希表中查找关键字 k
{   int cnt=1,adr;
    adr=k % p;                                          //计算哈希函数值
    while (ha[adr].key!=NULLKEY && ha[adr].key!=k)
    {   cnt++;                                          //累计关键字的比较次数
        adr=(adr+1) % m;                                //线性探测
    }
    if (ha[adr].key==k)                                 //查找成功
        printf("成功：关键字%d,比较%d 次\n",k,cnt);
    else                                                //查找失败
        printf("失败：关键字%d,比较%d 次\n",k,cnt);
}
```

4）查找性能分析

插入和删除的时间均取决于查找,故这里只分析查找运算的时间性能。

查找成功的平均查找长度是指查找到哈希表中已有关键字的平均探测次数,实际上,查找到一个关键字所需要的比较次数恰好等于对应的探测次数。对于例 9.9,在查找等概率的情况下,其查找成功的平均查找长度如下：

$$ASL_{成功}=\frac{1\times 9+2\times 1+4\times 1}{11}=1.364$$

式中 1×9、2×1 和 4×1 分别表示探测 1、2 和 4 次的关键字各有 9、1 和 1 个。

查找不成功的平均查找长度是指在哈希表中查找不到待查的元素,最后找到空位置的探测次数的平均值。

对于例 9.9 中的哈希表,采用的是线性探测法,假设待查关键字 k 不在该表中,如果计算出 $h(k)=0$,则必须将 ha[0]中的关键字和 k 进行比较,不相等,再与 ha[1]进行比较,发现 ha[1]为空,表示查找不成功,一共比较两次；如果 $h(k)=1$,将 ha[1]中的关键字和 k 进行比较,发现 ha[1]为空,表示查找不成功,一共比较一次；如果 $h(k)=2$,将 ha[2..10]中的关键字依次和 k 进行比较,都不相等,再与 ha[11]进行比较,发现 ha[11]为空,表示查找不成功,一共比较 10 次；如果 $h(k)=3$,将 ha[3..10]中的关键字依次和 k 进行比较,都不相等,再与 ha[11]进行比较,发现 ha[11]为空,表示查找不成功,一共比较 9 次。以此类推,得出查找不成功的平均查找长度为：

$$ASL_{不成功}=\frac{2+1+10+9+8+7+6+5+4+3+2+1+3}{13}=4.692$$

由此得出采用线性探测法时计算成功和不成功平均查找长度的算法如下：

```
void ASL(HashTable ha[],int n,int m,int p)              //求平均查找长度
{   int i,j;
    int succ=0,unsucc=0,s;
    for (i=0;i<m;i++)
        if (ha[i].key!=NULLKEY)
            succ+=ha[i].count;                          //累计成功时的总关键字比较次数
    printf(" 成功情况下 ASL(%d)=%g\n",n,succ*1.0/n);
    for (i=0;i<p;i++)
```

```
        { s=1; j=i;
          while (ha[j].key!=NULLKEY)
          { s++;
            j=(j+1) % m;
          }
          unsucc+=s;                    //累计不成功时的总关键字比较次数
        }
        printf(" 不成功情况下 ASL(%d)=%g\n",n,unsucc * 1.0/p);
    }
```

【例 9.11】 用关键字序列 $\{7,8,30,11,18,9,14\}$ 构造一个哈希表,哈希表的存储空间是一个下标从 0 开始的一维数组,哈希函数为 $H(\text{key})=(\text{key}\times 3) \bmod 7$,处理冲突采用线性探测法,要求装填因子为 0.7。

(1) 画出所构造的哈希表。

(2) 分别计算等概率情况下查找成功和查找不成功的平均查找长度。

解 (1) 这里 $n=7, \alpha=0.7=n/m$,则 $m=n/0.7=10$。

计算各关键字存储地址的过程如下:

$H(7)=7\times 3 \bmod 7=0$
$H(8)=8\times 3 \bmod 7=3$
$H(30)=30\times 3 \bmod 7=6$
$H(11)=11\times 3 \bmod 7=5$
$H(18)=18\times 3 \bmod 7=5$ 冲突
$\quad d_1=(5+1) \bmod 10=6$ 仍冲突
$\quad d_2=(6+1) \bmod 10=7$
$H(9)=9\times 3 \bmod 7=6$ 冲突
$\quad d_1=(6+1) \bmod 10=7$ 仍冲突
$\quad d_2=(7+1) \bmod 10=8$
$H(14)=14\times 3 \bmod 7=0$ 冲突
$\quad d_1=(0+1) \bmod 10=1$

扫一扫

视频讲解

构造的哈希表如表 9.4 所示。

表 9.4 哈希表

下标	0	1	2	3	4	5	6	7	8	9
关键字	7	14		8		11	30	18	9	
探测次数	1	2		1		1	1	3	3	

(2) 在等概率情况下:

$$\text{ASL}_{\text{成功}}=\frac{1+2+1+1+1+3+3}{7}=1.71$$

由于任一关键字 k,$H(k)$ 的值只能是 $0 \sim 6$,在不成功的情况下,$H(k)$ 为 0 时需要比较 3 次,$H(k)$ 为 1 时需要比较两次,$H(k)$ 为 2 时需要比较一次,$H(k)$ 为 3 时需要比较两次,$H(k)$ 为 4 时需要比较一次,$H(k)$ 为 5 时需要比较 5 次,$H(k)$ 为 6 时需要比较 4 次,共 7 种情况,如表 9.5 所示。

表 9.5 不成功查找的探测次数

下标	0	1	2	3	4	5	6	7	8	9
关键字	7	14		8		11	30	18	9	
探测次数	3	2	1	2	1	5	4	—	—	—

所以有:

$$\text{ASL}_{\text{不成功}} = \frac{3+2+1+2+1+5+4}{7} = 2.57$$

2. 用拉链法构造的哈希表的运算

用拉链法构造的哈希表是一种顺序和链式相结合的存储结构,哈希表地址空间为 $0 \sim m-1$,哈希函数为 $h(k)=k\%m$。设计哈希表的类型如下:

扫一扫

视频讲解

```
typedef int KeyType;                          //关键字类型
typedef struct node
{   KeyType key;                              //关键字域
    struct node * next;                       //下一个结点指针
} NodeType;                                   //单链表结点类型
typedef struct
{
    NodeType * firstp;                        //首结点指针
} HashTable;                                  //哈希表单元类型
```

1) 插入及建表算法

建表过程是首先将 ha[i](0≤i≤m-1) 的 firstp 指针设置为空,然后调用插入算法插入 n 个关键字。算法如下:

```
void InsertHT(HashTable ha[],int &n,int m,KeyType k)  //将关键字 k 插入哈希表中
{   int adr;
    adr=k % m;                                //计算哈希函数值
    NodeType * q;
    q=(NodeType *)malloc(sizeof(NodeType));
    q->key=k;                                 //创建一个结点 q,存放关键字 k
    q->next=NULL;
    if (ha[adr].firstp==NULL)                 //若单链表 adr 为空
        ha[adr].firstp=q;
    else                                      //若单链表 adr 不为空
    {   q->next=ha[adr].firstp;               //采用头插法插入 ha[adr]的单链表中
        ha[adr].firstp=q;
    }
    n++;                                      //哈希表中结点的总个数增 1
}
void CreateHT(HashTable ha[],int &n,int m,KeyType keys[],int total)
//由关键字序列 keys[0..total-1]创建哈希表
{   for (int i=0;i<m;i++)                     //哈希表置初值
        ha[i].firstp=NULL;
```

```
        n=0;
        for (i=0;i<n1;i++)
            InsertHT(ha,n,m,keys[i]);              //插入n个关键字
}
```

2) 删除算法

如果要在哈希表中删除关键字为 k 的结点,首先在单链表 $ha[h(k)]$ 中找到对应的结点 q,通过前驱结点 preq 来删除它。不同于用开放地址法构造的哈希表,在这里可以直接删除。算法如下:

```
bool DeleteHT(HashTable ha[], int &n, int m, KeyType k)   //删除哈希表中的关键字k
{   int adr;
    adr=k % m;                                //计算哈希函数值
    NodeType *q, *preq;
    q=ha[adr].firstp;                         //q指向对应单链表的首结点
    if (q==NULL)
        return false;                         //对应单链表为空
    if (q->key==k)                            //首结点为k
    {   ha[adr].firstp=q->next;               //删除结点q
        free(q);
        n--;                                  //结点的总个数减1
        return true;                          //返回真
    }
    preq=q; q=q->next;                        //首结点不为k时
    while (q!=NULL && q->key!=k)
    {   preq=q;                               //查找成功
        q=q->next;                            //退出循环
    }
    if (q!=NULL)                              //查找成功
    {   preq->next=q->next;                   //删除结点q
        free(q);
        n--;                                  //结点的总个数减1
        return true;                          //返回真
    }
    else return false;                        //未找到k,返回假
}
```

3) 查找算法

在哈希表中查找关键字为 k 的结点,只需要在单链表 $ha[h(k)]$ 中找到对应的结点 q,并累计关键字的比较次数,当 q 为空时表示查找不成功。算法如下:

```
void SearchHT(HashTable ha[], int m, KeyType k)    //在哈希表中查找关键字k
{   int cnt=0, adr;
    adr=k % m;                                //计算哈希函数值
    NodeType *q;
    q=ha[adr].firstp;                         //q指向对应单链表的首结点
    while (q!=NULL)                           //遍历单链表adr中的所有结点
```

```
        { cnt++;
            if (q->key==k)              //查找成功
                break;                  //退出循环
            q=q->next;
        }
        if (q!=NULL)                    //查找成功
            printf("成功:关键字%d,比较%d次\n",k,cnt);
        else                            //查找失败
            printf("失败:关键字%d,比较%d次\n",k,cnt);
    }
```

4）查找性能分析

以例 9.10 进行讨论。对于哈希表中存在的某个关键字 k,对应的结点在单链表 $h[k]$ 中,它属于该单链表的第几个结点,成功找到它恰好需要几次关键字比较,所以有：

$$\mathrm{ASL}_{\text{成功}} = \frac{1 \times 9 + 2 \times 2}{11} = 1.182$$

式中,1×9 表示有 9 个结点成功找到各需要一次比较,2×2 表示有两个结点成功找到各需要两次比较。

若待查关键字 k 的哈希地址为 $d=h(k)(0 \leqslant d \leqslant m-1)$,且第 d 个单链表中有 i 个结点,则当 k 不在该单链表中出现时需做 i 次关键字的比较(不包括空指针判定)才能确定查找失败,因此有：

$$\mathrm{ASL}_{\text{不成功}} = \frac{0+0+1+2+1+1+0+1+1+1+1+0+2}{13} = 0.846$$

由此得出采用拉链法时计算成功和不成功的平均查找长度的算法如下：

```
    void ASL(HashTable ha[],int n,int m)    //求平均查找长度
    {   int succ=0,unsucc=0,s;
        NodeType *q;
        for (int i=0;i<m;i++)               //遍历所有哈希表地址空间
        {   s=0;
            q=ha[i].firstp;                 //q指向单链表i的首结点
            while (q!=NULL)                 //遍历单链表i中的所有结点
            {   q=q->next;
                s++;                        //s记录当前结点是对应单链表的第几个结点
                succ+=s;                    //累计成功的总比较次数
            }
            unsucc+=s;                      //累计不成功的总比较次数
        }
        printf(" 成功情况下 ASL(%d)=%g\n",n,succ*1.0/n);
        printf(" 不成功情况下 ASL(%d)=%g\n",n,unsucc*1.0/m);
    }
```

从上述讨论可以看出,由同一个哈希函数、不同的解决冲突方法构造的哈希表,其平均查找长度可能不同。

在一般情况下,假设哈希函数是均匀的,则可以证明不同的解决冲突方法得到的哈希表的平均查找长度不同。表9.6列出了用几种不同的方法解决冲突时哈希表的平均查找长度。从中可以看到,哈希表的平均查找长度不是元素个数 n 的函数,而是装填因子 α 的函数。因此,在设计哈希表时可选择合适的 α 以控制哈希表的平均查找长度。

表9.6 用几种不同的方法解决冲突时哈希表的平均查找长度

解决冲突的方法	平均查找长度	
	成功的查找	不成功的查找
线性探测法	$\frac{1}{2}\left(1+\frac{1}{1-\alpha}\right)$	$\frac{1}{2}\left(1+\frac{1}{(1-\alpha)^2}\right)$
平方探测法	$-\frac{1}{\alpha}\ln(1-\alpha)$	$\frac{1}{1-\alpha}$
拉链法	$1+\frac{\alpha}{2}$	$\alpha+e^{-\alpha}\approx\alpha$

本章小结

本章的基本学习要点如下:

(1) 理解查找的基本概念,包括静态查找表和动态查找表、内查找和外查找之间的差异以及平均查找长度等。

(2) 掌握线性表上的各种查找算法,包括顺序查找、折半查找和分块查找的基本思路、算法实现和查找效率分析等。

(3) 掌握各种树表的查找算法,包括二叉排序树、AVL树、B树和B+树的基本思路、算法实现和查找效率分析等。

(4) 掌握哈希表查找技术以及哈希表与其他存储方法的区别。

(5) 灵活地运用各种查找算法解决一些综合应用问题。

练习题 9

1. 设有5个数据 do、for、if、repeat、while,它们排在一个有序表中,其查找概率分别是 $p_1=0.2, p_2=0.15, p_3=0.1, p_4=0.03, p_5=0.01$,而查找它们之间不存在数据的概率分别为 $q_0=0.2, q_1=0.15, q_2=0.1, q_3=0.03, q_4=0.02, q_5=0.01$,该有序表如下:

	do		for		if		repeat		while	
q_0	p_1	q_1	p_2	q_2	p_3	q_3	p_4	q_4	p_5	q_5

(1) 试画出对该有序表分别采用顺序查找和折半查找时的判定树。
(2) 分别计算顺序查找的查找成功和不成功的平均查找长度。
(3) 分别计算折半查找的查找成功和不成功的平均查找长度。

2. 对于有序表 $A[0..10]$,在等概率的情况下求采用折半查找法时成功和不成功的平均查找长度。对于有序表(12,18,24,35,47,50,62,83,90,115,134),当用折半查找法查找 90 时需要进行多少次查找可确定成功?查找 47 时需要进行多少次查找可确定成功?查找 100 时需要进行多少次查找才能确定不成功?

3. 有以下查找算法:

```
int fun(int a[],int n,int k)
{   int i;
    for (i=0;i<n;i+=2)
        if (a[i]==k)
            return i;
    for (i=1;i<n;i+=2)
        if (a[i]==k)
            return i;
    return −1;
}
```

(1) 指出 fun(a,n,k)算法的功能。

(2) 当 $a[]$={2,6,3,8,1,7,4,9}时,执行 fun(a,n,1)后的返回结果是什么?一共进行了几次比较?

(3) 当 $a[]$={2,6,3,8,1,7,4,9}时,执行 fun(a,n,5)后的返回结果是什么?一共进行了几次比较?

4. 假设一棵二叉排序树的关键字为单个字母,其后序遍历序列为 ACDBFIJHGE,回答以下问题:

(1) 画出该二叉排序树。

(2) 求在等概率情况下的查找成功的平均查找长度。

(3) 求在等概率情况下的查找不成功的平均查找长度。

5. 证明如果一棵非空二叉树(所有结点值均不相同)的中序遍历序列是从小到大有序的,则该二叉树是一棵二叉排序树。

6. 由 23、12、45 关键字构成的二叉排序树有多少棵?其中属于平衡二叉树的有多少棵?

7. 将整数序列(4,5,7,2,1,3,6)中的元素依次插入一棵空的二叉排序树中,试构造相应的二叉排序树,要求用图形给出构造过程。

8. 将整数序列(4,5,7,2,1,3,6)中的元素依次插入一棵空的平衡二叉树中,试构造相应的平衡二叉树,要求用图形给出构造过程。

9. 有一个关键字序列为(11,14,2,7,1,15,5,8,4),从一棵空红黑树开始依次插入各个关键字创建一棵红黑树,给出创建红黑树的这个过程。

10. 已知一棵 5 阶 B 树中有 53 个关键字,则树的最大高度是多少?

11. 设有一组关键字(19,1,23,14,55,20,84,27,68,11,10,77),其哈希函数为 $h(key)=key \% 13$。采用开放地址法中的线性探测法解决冲突,试在 0~18 的哈希表中对该关键字序列构造哈希表,并求在成功和不成功情况下的平均查找长度。

12. 设计一个折半查找算法,求查找到关键字为 k 的记录所需关键字的比较次数。假

设 k 与 $R[i].key$ 比较得到 3 种情况,即 $k==R[i].key$、$k<R[i].key$ 或者 $k>R[i].key$,计为一次比较(在教材中讨论关键字比较次数时都是这样假设的)。

13. 设计一个算法,判断给定的二叉树是否为二叉排序树。假设二叉树中结点的关键字均为正整数且均不相同。

14. 设计一个算法,在一棵非空二叉排序树 bt 中求出指定关键字为 k 的结点的层次。

15. 设计一个哈希表 $ha[0..m-1]$ 存放 n 个元素,哈希函数采用除留余数法,哈希函数为 $H(key)=key\%p(p\leq m)$,解决冲突采用开放地址法中的平方探测法。

(1) 设计哈希表的类型。

(2) 设计在哈希表中查找指定关键字的算法。

上机实验题 9

验证性实验

实验题 1:实现顺序查找的算法

目的:领会顺序查找的过程和算法设计。

内容:编写一个程序 exp9-1.cpp,输出在顺序表(3,6,2,10,1,8,5,7,4,9)中采用顺序查找方法查找关键字 5 的过程。

实验题 2:实现折半查找的算法

目的:领会折半查找的过程和算法设计。

内容:编写一个程序 exp9-2.cpp,输出在顺序表(1,2,3,4,5,6,7,8,9,10)中采用折半查找方法查找关键字 9 的过程。

实验题 3:实现分块查找的算法

目的:领会分块查找的过程和算法设计。

内容:编写一个程序 exp9-3.cpp,输出在顺序表(8,14,6,9,10,22,34,18,19,31,40,38,54,66,46,71,78,68,80,85,100,94,88,96,87)中采用分块查找方法查找(每块的块长为 5,共有 5 块)关键字 46 的过程。

实验题 4:实现二叉排序树的基本运算算法

目的:领会二叉排序树的定义、创建、查找和删除过程及其算法设计。

内容:编写一个程序 bst.cpp,包含二叉排序树的创建、查找和删除算法,并在此基础上编写程序 exp9-4.cpp 完成以下功能。

(1) 由关键字序列(4,9,0,1,8,6,3,5,2,7)创建一棵二叉排序树 bt 并以括号表示法输出。

(2) 判断 bt 是否为一棵二叉排序树。

(3) 采用递归和非递归两种方法查找关键字为 6 的结点,并输出其查找路径。

(4) 分别删除 bt 中关键字为 4 和 5 的结点,并输出删除后的二叉排序树。

实验题 5:实现哈希表的相关运算算法

目的:领会哈希表的构造和查找过程及其相关算法设计。

内容：编写一个程序 exp9-5.cpp 实现哈希表的相关运算,并完成以下功能。

(1) 建立关键字序列(16,74,60,43,54,90,46,31,29,88,77)对应的哈希表 $A[0..12]$,哈希函数为 $H(k)=k\%p$,并采用开放地址法中的线性探测法解决冲突。

(2) 在上述哈希表中查找关键字为 29 的记录。

(3) 在上述哈希表中删除关键字为 77 的记录,再将其插入。

设计性实验

实验题 6：在有序序列中查找某关键字的区间

目的：掌握折半查找的过程及其算法设计。

内容：编写一个程序 exp9-6.cpp,在有序序列(存在相同的关键字)中查找某关键字的区间。例如序列为(1,2,2,3),对于关键字 2,其位置区间是[1,2]。

实验题 7：求两个等长有序序列的中位数

目的：掌握折半查找的过程及其算法设计。

内容：编写一个程序 exp9-7.cpp,求两个等长有序序列的中位数。有关中位数的定义参见第 2 章中的例 2.17,这里要求采用折半查找方法求解。

实验题 8：由有序序列创建一棵高度最小的二叉排序树

目的：掌握二叉排序树的构造过程及其算法设计。

内容：编写一个程序 exp9-8.cpp,对于给定的一个有序的关键字序列,创建一棵高度最小的二叉排序树。

实验题 9：统计一个字符串中的字符及其出现的次数

目的：掌握二叉排序树的构造过程及其算法设计。

内容：编写一个程序 exp9-9.cpp,读入一个字符串,统计该字符串中的字符及其出现的次数,然后按字符的 ASCII 编码顺序输出结果。要求用一棵二叉排序树来保存处理结果,字符串中每个不同的字符对应一个结点,每个结点包含 4 个域,格式为：

> 字符
> 该字符的出现次数
> 指向 ASCII 码值小于该字符的左子树指针
> 指向 ASCII 码值大于该字符的左子树指针

实验题 10：求一棵二叉排序树在查找成功和失败情况下的平均查找长度

目的：掌握二叉排序树的查找过程及其算法设计。

内容：编写一个程序 exp9-10.cpp,对于给定的关键字序列,构造一棵二叉排序树 bt,并求 bt 在查找成功和失败情况下的平均查找长度。

实验题 11：判断一个序列是否为二叉排序树中一个合法的查找序列

目的：掌握二叉排序树的查找过程及其算法设计。

内容：编写一个程序 exp9-11.cpp,利用本章实验题 4 的 bst.cpp 程序构造一棵二叉排序树 bt,判断一个序列 a 是否为二叉排序树 bt 中一个合法的查找序列。

实验题 12：求二叉排序树中两个结点的最近公共祖先

目的：掌握二叉排序树的递归查找过程及其算法设计。

内容：编写一个程序 exp9-12.cpp，利用本章实验题 4 的 bst.cpp 程序构造一棵二叉排序树 bt，输出 bt 中关键字分别为 x、y 的结点的最近公共祖先(LCA)。

综合性实验

实验题 13：改进折半查找算法的设计和分析

目的：深入掌握折半查找的过程、折半查找算法的设计和分析。

内容：已知一个递增有序表 $R[1..4n]$，表中没有关键字相同的元素。按以下方法查找一个关键字为 k 的元素：先在编号为 $4,8,12,\cdots,4n$ 的元素中进行顺序查找，或者查找成功，或者由此确定一个继续进行顺序查找的范围。编写程序 exp9-13.cpp 完成以下功能：

(1) 设计满足上述过程的查找算法，并用相关数据进行测试，分析该算法在成功情况下的平均查找长度。

(2) 上述算法和折半查找算法相比，哪个算法较好？为了提高效率，可以对本算法做何改进？给出改进后的算法，并说明改进后的算法的时间复杂度。

实验题 14：求折半查找成功时的平均查找长度

目的：深入掌握折半查找的过程和折半查找算法的分析。

内容：编写一个程序 exp9-14.cpp，建立由有序序列 $R[0..n-1]$ 进行二分查找产生的判定树，并在此基础上完成以下功能。

(1) 输出 $n=11$ 时的判定树，并求成功情况下的平均查找长度 ASL。

(2) 通过构造判定树可以求得成功情况下的平均查找长度 ASL_1；当把含有 n 个结点的判定树看成一棵满二叉树时，其成功情况下的平均查找长度的理论值 ASL_2 约为 $\log_2(n+1)-1$。对于 $n=10、100、1000、10\,000、100\,000$ 和 $1\,000\,000$，求出其 ASL_1、ASL_2 和两者的差值。

实验题 15：设计高效删除最大和最小元素的数据结构

目的：掌握平衡二叉树的插入、删除和查找过程以及算法设计。

内容：编写一个程序 exp9-15.cpp，输入一个整数序列，当遇到 -1 时删除当前序列中的最小整数，当遇到 -2 时删除当前序列中的最大整数，输入的其他整数均是不相同的正整数，每次操作后按递增方式显示当前的整数序列。测试数据要保证每次删除时当前序列是非空的。

实验题 16：设计高效插入、删除和按序号查找的数据结构

目的：掌握哈希表应用算法设计。

内容：编写一个程序 exp9-16.cpp，输入一个操作序列 op(包含的操作不超过 1000 次)，每个操作为 $<a,b>$，其中 a 是操作方式，b 是操作的整数，$a=1$ 时表示插入 b，$a=2$ 时表示删除 b，$a=3$ 时表示返回当前序号(从 1 开始)为 b 的整数，假设插入的所有 b 均不相同($1\leq b\leq 1000$)，并且所有的操作都是合法的。要求插入、删除和按序号查找的时间复杂度均为 $O(1)$。

第9章 查找

LeetCode 在线编程题 9

1. LeetCode240——搜索二维矩阵Ⅱ★★
2. LeetCode704——二分查找★
3. LeetCode35——搜索插入位置★
4. LeetCode34——在排序数组中查找元素的第一个和最后一个位置★★
5. LeetCode33——搜索旋转排序数组★★
6. LeetCode81——搜索旋转排序数组Ⅱ★★
7. LeetCode162——寻找峰值★★
8. LeetCode4——寻找两个正序数组的中位数★★★
9. LeetCode96——不同的二叉排序树★★
10. LeetCode95——不同的二叉排序树Ⅱ★★
11. LeetCode700——二叉排序树中的搜索★
12. LeetCode450——删除二叉排序树中的结点★
13. LeetCode235——二叉排序树的最近公共祖先★
14. LeetCode98——验证二叉排序树★★
15. LeetCode938——二叉排序树的范围和★
16. LeetCode110——平衡二叉树★
17. LeetCode1382——将二叉排序树变平衡★★
18. LeetCode826——安排工作以达到最大收益★★
19. LeetCode414——第三大的数★
20. LeetCode705——设计哈希集合★
21. LeetCode146——LRU 缓存机制★★
22. LeetCode215——数组中的第 k 个最大元素★★
23. LeetCode380——以常数时间插入、删除和获取随机元素★★

第 10 章 内排序

在第 9 章介绍过折半查找比顺序查找的时间性能好得多,但折半查找要求被查找的数据有序。因此,为了提高数据的查找速度,需要对数据进行排序。

本章介绍各种常用的内排序方法,包括插入排序、交换排序、选择排序、归并排序和基数排序。

第10章 内排序

10.1 排序的基本概念

假设被排序的数据是由一组元素(或记录)组成的排序表,而元素由若干个数据项组成,其中指定一个数据项为关键字,关键字用作排序运算的依据。不同于上一章的查找,这里的关键字是可以重复的,也就是说,在排序表中可能存在关键字相同的两个或者多个元素。

1. 什么是排序

所谓**排序**(sort),就是要整理初始排序表中的元素,使之按关键字递增或递减有序排列,本章仅讨论递增排序的情况,其确切定义如下。

输入:n 个元素,$R_0, R_1, \cdots, R_{n-1}$,其相应的关键字分别为 $k_0, k_1, \cdots, k_{n-1}$。

输出:$R_{i_0}, R_{i_1}, \cdots, R_{i_{n-1}}$,使得 $k_{i_0} \leq k_{i_1} \leq \cdots \leq k_{i_{n-1}}$。

因此,排序算法就是要确定 $0, 1, \cdots, n-1$ 的一种排列 $i_0, i_1, \cdots, i_{n-1}$,使表中的元素依此排列整理后按关键字有序。

2. 排序的稳定性

当初始排序表元素的关键字均不相同时,显然排序结果是唯一的,否则排序的结果不一定唯一。如果初始排序表中存在多个关键字相同的元素,经过排序后这些具有相同关键字的元素之间的相对次序保持不变,则称这种排序方法是**稳定的**(stable);反之,若具有相同关键字的元素之间的相对次序发生变化,则称这种排序方法是**不稳定的**(unstable)。注意,排序算法的稳定性是针对所有输入实例而言的。也就是说,在所有可能的输入实例中,只要有一个实例使得算法不满足稳定性要求,则该排序算法就是不稳定的。

3. 内排序和外排序

在排序过程中,若整个排序表都放在内存中处理,排序时不涉及数据的内、外存交换,则称之为**内排序**(internal sort);反之,若在排序过程中要进行数据的内、外存交换,则称之为**外排序**(external sort)。内排序适用于元素个数不是很多的小表,外排序则适用于元素个数很多,不能一次将其全部元素放入内存的大表。内排序是外排序的基础,本章只讨论内排序。

按所用的策略不同,内排序方法可以分为需要关键字比较和不需要关键字比较两类。需要关键字比较的排序方法有插入排序、选择排序、交换排序和归并排序等;不需要关键字比较的排序方法有基数排序等。

4. 基于比较的排序算法的性能

在基于比较的排序算法中主要进行以下两种基本操作。

- 比较(compare):元素之间关键字的比较。
- 移动(move):元素从一个位置移动到另一个位置。

排序算法的性能由算法的时间和空间确定,而时间是由元素比较和移动的次数确定的,例如两个元素的一次交换需要 3 次移动。

若初始排序表元素的关键字顺序正好和排序顺序相同,称此排序表为**正序**;反之,若初始排序表元素的关键字顺序正好和排序顺序相反,称此排序表为**反序**。

下面分析基于比较的排序算法最快有多快。假设有 3 个元素 R_1、R_2、R_3,对应的关键字为 k_1、k_2、k_3,基于比较的排序方法是,若 $k_1 \leq k_2$,序列不变;否则交换 R_1 和 R_2,变为序列(R_2,R_1,R_3)。如此这样,所有情况的排序过程构成一棵如图 10.1 所示的判定树(或决策树),排序的结果有 6(3!)种情况,每个分支对应一次关键字比较,从根结点到某个叶子结点是一种序列的排序情况,所需比较次数为该叶子结点的层次-1,如情况①需要两次比较(最好情况),情况②需要 3 次比较(最坏情况),最坏情况也不超过树的高度。平均比较次数是所有情况的平均值,这里为(2+3+3+2+3+3)/6=2.67 次。

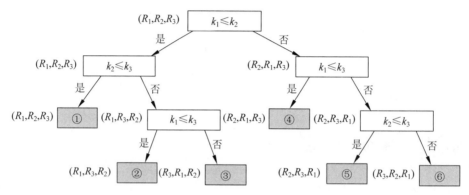

图 10.1 排序的判定树

推广一下,对于 n 个元素排序结果有 $n!$ 种情况,对应的判定树是一棵有 $n!$ 个叶子结点的高度最小的二叉树,其中单分支结点个数为 0,结点总数=$n_0+n_2=2n!-1$。设其高度为 h,可以求出 $h=\lceil\log_2 2n!\rceil=\lceil\log_2 n!\rceil+1$,对应的关键字比较次数最多为 $h-1$,即 $\lceil\log_2 n!\rceil$,可以计算出 $\lceil\log_2 n!\rceil \approx n\log_2 n$,即 $h \approx n\log_2 n$。

以上推出,从平均情况看,大约需要 $n\log_2 n$ 次关键字比较(所有 $n!$ 种排序情况的关键字比较次数的平均值),移动次数也是同样的数量级,所以排序的平均时间复杂度为 $O(n\log_2 n)$,即基于比较的排序算法最好的平均时间复杂度为 $O(n\log_2 n)$。也就是说,如果采用基于比较的方法对任意的 n 个元素排序,最好的平均时间复杂度为 $O(n\log_2 n)$。后面介绍的堆排序、二路归并排序和快速排序都属于这一类好的排序算法。

5. 排序数据的组织

在本章中以顺序表作为排序表的存储结构。为了简单,假设关键字的类型为整型。排序表中数据元素的类型声明如下:

typedef int **KeyType**;	//定义关键字类型为 int
typedef struct	//元素类型
{ **KeyType** key;	//关键字项
InfoType data;	//其他数据项,类型为 InfoType
} **RecType**;	//排序元素的类型

10.2 插入排序

插入排序的基本思想是每次将一个待排序的元素按其关键字大小插入前面已经排好序的子表中的适当位置,直到全部元素插入完成为止。本节介绍3种插入排序方法,即直接插入排序、折半插入排序和希尔排序。

10.2.1 直接插入排序

1. 排序思路

假设初始排序表存放在数组 $R[0..n-1]$ 中,在排序过程的某一中间时刻,R 被划分成两个子区间 $R[0..i-1]$ 和 $R[i..n-1]$,其中前一个子区间是已排好序的**有序区**(ordered region),后一个子区间则是当前未排序的部分,不妨称其为**无序区**(disordered region),初始时 $i=1$,有序区中只有 $R[0]$ 一个元素。

直接插入排序(straight insertion sort)的一趟操作是将当前无序区的开头元素 $R[i]$($1 \leq i \leq n-1$)插入有序区 $R[0..i-1]$ 中的适当位置,使 $R[0..i]$ 变为新的有序区,如图 10.2 所示。这种方法通常称为增量法,因为它每次使有序区增加一个元素。

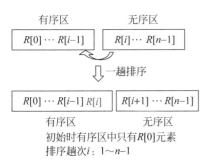

图 10.2 直接插入排序的一趟排序过程

对于第 i 趟排序,如何将无序区的第一个元素 $R[i]$ 插入有序区呢? 其过程是先将 $R[i]$ 暂时放到 tmp 中,j 在有序区中从后向前找(初值为 $i-1$),凡是关键字大于 tmp.key 的元素均后移一个位置。若找到某个 $R[j]$,其关键字小于或等于 tmp.key,则将 tmp 放在它们的后面,即置 $R[j+1]$=tmp。

说明:直接插入排序每趟产生的有序区并不一定是全局有序区,也就是说有序区中的元素并不一定放在最终的位置上。当一个元素在整个排序结束前就已经放在其最终位置上,称为归位(homing)。

2. 排序算法

直接插入排序的算法如下:

```
void InsertSort(RecType R[], int n)   //对 R[0..n-1]按递增有序进行直接插入排序
{   int i, j; RecType tmp;
    for (i=1;i<n;i++)
    {   if (R[i].key<R[i-1].key)       //反序时
        {   tmp=R[i];
            j=i-1;
            do                         //找 R[i]的插入位置
            {   R[j+1]=R[j];           //将关键字大于 R[i].key 的记录后移
```

```
                j--;
        } while(j>=0 && R[j].key>tmp.key);
        R[j+1]=tmp;                    //在 j+1 处插入 R[i]
    }
}
```

3. 算法分析

若初始排序表按关键字递增有序,即正序,则在每一趟排序中仅需进行一次关键字的比较,因为每趟排序均不进入内循环。由此可知,正序时插入排序的关键字间的比较次数和元素移动次数均达到最小值 $C_{\min}$ 和 $M_{\min}$。

$$C_{\min}=\sum_{i=1}^{n-1}1=n-1,\quad M_{\min}=0$$

反之,若初始排序表按关键字递减有序,即反序,则每趟排序中,因为当前有序区 $R[0..i-1]$ 中的关键字均大于待插元素 $R[i]$ 的关键字,所以内循环需要将待插元素 tmp 的关键字和 $R[0..i-1]$ 中全部的关键字进行比较,这需要进行 i 次关键字比较;显然内循环里需将 $R[0..i-1]$ 中的所有元素均后移,共 $(i-1)-0+1=i$ 次移动,外加 tmp$=R[i]$ 与 $R[j+1]=$tmp 的两次移动,一趟排序所需移动元素的总数为 $i+2$。由此可知,反序时插入排序的关键字间的比较次数和元素移动次数均达到最大值 $C_{\max}$ 和 $M_{\max}$。

$$C_{\max}=\sum_{i=1}^{n-1}i=\frac{n(n-1)}{2}=O(n^2)$$

$$M_{\max}=\sum_{i=1}^{n-1}(i+2)=\frac{(n-1)(n+4)}{2}=O(n^2)$$

在平均情况下,$R[i](1\leq i\leq n-1)$ 插入有序区 $R[0..i-1]$(其中有 i 个元素)时平均的比较次数为 $i/2$,平均移动元素的次数为 $i/2+2$,故总的比较和移动元素次数约为:

$$\sum_{i=1}^{n-1}\left(\frac{i}{2}+\frac{i}{2}+2\right)=\sum_{i=1}^{n-1}(i+2)=\frac{(n-1)(n+4)}{2}=O(n^2)$$

由上述分析可知,当初始排序表不同时,直接插入排序所耗费的时间有很大的差异。最好情况是排序表初态为正序,此时算法的时间复杂度为 $O(n)$,最坏情况是排序表初态为反序,相应的时间复杂度为 $O(n^2)$。算法的平均时间复杂度也是 $O(n^2)$,也就是说,算法的平均时间复杂度接近最坏情况。

在直接插入排序算法中只使用 i、j 和 tmp 这 3 个辅助变量,与问题规模 n 无关,故辅助空间复杂度为 $O(1)$,也就是说它是一个就地排序算法。

另外,当 $i>j$ 且 $R[i]$.key$=R[j]$.key 时,本算法将 $R[i]$ 插到 $R[j]$ 的后面,使 $R[i]$ 和 $R[j]$ 的相对位置保持不变,所以直接插入排序是一种稳定的排序方法。

【例 10.1】 设初始排序表中有 10 个元素,其关键字序列为 (9,8,7,6,5,4,3,2,1,0),说明采用直接插入排序方法进行排序的过程。

解 其直接插入排序过程如图 10.3 所示。图中用带阴影的部分表示当前的有序区,每一趟都向有序区中插入一个元素,并保持其有序性。

第 10 章 内 排 序

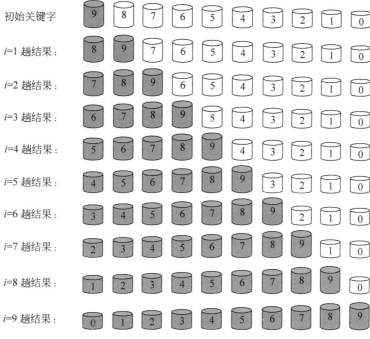

图 10.3 直接插入排序的过程

10.2.2 折半插入排序

1. 排序思路

在直接插入排序中将无序区的开头元素 $R[i]$ ($1 \leq i \leq n-1$) 插到有序区 $R[0..i-1]$ 是采用顺序比较的方法。由于有序区的元素是有序的,可以采用折半查找方法先在 $R[0..i-1]$ 中找到插入位置,再通过移动元素进行插入,这样的插入排序称为**折半插入排序**(binary insertion sort)或二分插入排序。

第 i 趟在 $R[low..high]$(初始时 $low=0$, $high=i-1$)中采用折半查找方法查找插入 $R[i]$ 的位置为 $R[high+1]$(见 9.2.2 节折半查找的扩展算法),再将 $R[high+1..i-1]$ 元素后移一个位置,并置 $R[high+1]=R[i]$。

说明:和直接插入排序一样,折半插入排序每趟产生的有序区并不一定是全局有序区。

扫一扫

视频讲解

2. 排序算法

折半插入排序的算法如下:

```
void BinInsertSort(RecType R[], int n)
{   int i,j,low,high,mid;
    RecType tmp;
    for (i=1;i<n;i++)
    {   if (R[i].key < R[i-1].key)              //反序时
        {   tmp=R[i];                            //将 R[i]保存到 tmp 中
            low=0;high=i-1;
            while (low<=high)                    //在 R[low..high]中查找插入的位置
```

373

```
        {   mid=(low+high)/2;              //取中间位置
            if (tmp.key<R[mid].key)
                high=mid-1;                //插入点在左半区
            else
                low=mid+1;                 //插入点在右半区
        }
        for (j=i-1;j>=high+1;j--)          //找位置 high+1
            R[j+1]=R[j];                   //集中进行元素的后移
        R[high+1]=tmp;                     //插入 tmp
    }
}
```

3. 算法分析

折半插入排序的元素移动次数与直接插入排序相同,不同的仅是变分散移动为集中移动。在 $R[0..i-1]$ (i 个元素)中查找插入 $R[i]$ 的位置,折半查找的平均关键字比较次数约为 $\log_2(i+1)-1$,平均移动元素的次数为 $i/2+2$,所以平均时间复杂度为:

$$\sum_{i=1}^{n-1}(\log_2(i+1)-1+\frac{i}{2}+2)=O(n^2)$$

实际上,折半插入排序和直接插入排序相比移动元素的性能没有改善,仅减少了关键字的比较次数。就平均性能而言,由于折半查找优于顺序查找,所以折半插入排序也优于直接插入排序。折半插入排序的空间复杂度为 $O(1)$,它也是一种稳定的排序方法。

10.2.3 希尔排序

1. 排序思路

希尔排序(shell sort)也是一种插入排序方法,实际上它是一种分组插入方法。其基本思想是先取一个小于 n 的整数 d_1 作为第一个增量,把表的全部元素分成 d_1 个组,将所有距离为 d_1 的倍数的元素放在同一个组中,图 10.4 是分为 d 组的情况。在各组内进行直接插入排序;然后取第 2 个增量 $d_2(<d_1)$,重复上述的分组和排序,直到所取的增量 $d_t=1(d_t<d_{t-1}<\cdots<d_2<d_1)$,即所有元素放在同一组中进行直接插入排序为止。所以希尔排序称为减少增量的排序方法。

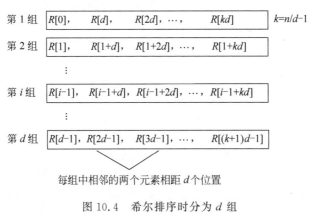

图 10.4 希尔排序时分为 d 组

每一趟希尔排序都从元素 $R[d]$ 开始,采用直接插入排序,直到元素 $R[n-1]$ 为止。每个元素的比较和插入都在同组内部进行,对于元素 $R[i]$,同组的前面的元素有 $\{R[j] \mid j=i-d \geqslant 0\}$。

说明:希尔排序中每趟并不产生有序区,在最后一趟排序结束前,所有元素并不一定归位了,但是在希尔排序中每趟完成后数据越来越接近有序。

2. 排序算法

取 $d_1 = n/2, d_{i+1} = \lfloor d_i/2 \rfloor$ 时的希尔排序算法如下:

```
void ShellSort(RecType R[], int n)      //希尔排序算法
{   int i,j,d;
    RecType tmp;
    d=n/2;                              //增量置初值
    while (d>0)
    {   for (i=d;i<n;i++)               //对所有组采用直接插入排序
        {   tmp=R[i];                   //对相隔d个位置的一组采用直接插入排序
            j=i-d;
            while (j>=0 && tmp.key<R[j].key)
            {   R[j+d]=R[j];
                j=j-d;
            }
            R[j+d]=tmp;
        }
        d=d/2;                          //减小增量
    }
}
```

3. 算法分析

希尔排序算法的性能分析是一个复杂的问题,因为它的时间是所取"增量"序列的函数,到目前为止增量的选取无一定论。但无论增量序列如何取,最后一个增量必须等于1。如果按照上述算法的取法,即 $d_1 = n/2, d_{i+1} = \lfloor d_i/2 \rfloor (i \geqslant 1)$,也就是说,每次后一个增量是前一个增量的 $1/2$,则经过 $t = \log_2(n-1)$ 次后 $d_t = 1$。希尔排序算法的时间复杂度难以分析,一般认为其平均时间复杂度为 $O(n^{1.3})$。希尔排序的速度通常要比直接插入排序快。

分析希尔排序的过程,可以看到当增量 $d=1$ 时希尔排序和直接插入排序基本一致。那么为什么希尔排序的时间性能优于直接插入排序呢?一方面,直接插入排序在初始数据为正序时所需的时间最少;另一方面,一趟分为 d 组,每组 n/d 个元素,该趟的排序时间约为 $d \times (n/d)^2 = n^2/d$,少于 n^2。在希尔排序开始时增量 d_1 较大,分组较多,每组的元素数目少,故各组内直接插入较快,后来增量 d_i 逐渐减小,分组数逐渐减少,而各组的元素数目逐渐增多,但由于已经按 d_{i-1} 作为距离排过序,使数据接近于有序状态,所以新的一趟排序过程也较快。因此,希尔排序在效率上较直接插入排序有很大的改进。

例如有 $n(n=10)$ 个元素进行递增排序,在采用直接插入排序时平均时间大约为 $10^2=100$。而采用希尔排序,$d_1=5$,分为 5 组,每组两个元素,执行时间大约为 $5 \times 2^2 = 20$;$d_2=2$,分为两组,每组 5 个元素,执行时间大约为 $2 \times 5^2 = 50$;$d_3=1$,分为一组,每组 10 个元素,但

此时数据序列基本正序,直接插入排序呈现最好性能,执行时间大约为 $1×10=10$。累计起来,希尔排序的时间大约为 80,好于直接插入排序。

在希尔排序算法中只使用 i、j、d 和 tmp 这 4 个辅助变量,与问题规模 n 无关,故辅助空间复杂度为 $O(1)$,也就是说它是一个就地排序。

另外,希尔排序算法是一种不稳定的排序算法。例如,$n=4$,$R=\{2,3,1,\boxed{2}\}$,采用希尔排序,$d=n/2=2$,分为 $\{2,1\}$ 和 $\{3,\boxed{2}\}$ 两组,排序结果变为 $\{1,\boxed{2},2,3\}$,关键字为 2 的两个元素的相对位置发生了改变。

说明:一般情况下,一个排序算法在排序过程中需要以较大的间隔交换元素或者把元素移动一个较大的距离时该排序算法是不稳定的,因为可能会把原来排在前面的元素移动到具有相同关键字的另一个元素的后面。证明一个排序算法是不稳定的,只需要给出一个反例即可;反之,需要给出证明过程。

【**例 10.2**】 设初始排序表中有 10 个元素,其关键字序列为 $(9,8,7,6,5,4,3,2,1,0)$,说明采用希尔排序方法进行排序的过程。

解 其排序过程如图 10.5 所示。第 1 趟排序时,$d=5$,整个表被分成 5 组,即 $(9,4)$、$(8,3)$、$(7,2)$、$(6,1)$、$(5,0)$,各组采用直接插入排序方法变成有序的,即结果分别为 $(4,9)$、$(3,8)$、$(2,7)$、$(1,6)$、$(0,5)$,最终结果为 $(4,3,2,1,0,9,8,7,6,5)$。

第 2 趟排序时,$d=2$,整个表分成两组,即 $(4,2,0,8,6)$ 和 $(3,1,9,7,5)$,各组采用直接插入排序方法变成有序的,即结果分别为 $(0,2,4,6,8)$ 和 $(1,3,5,7,9)$。

第 3 趟排序时,$d=1$,整个表为一组,采用直接插入方法使整个数列有序,最终结果为 $(0,1,2,3,4,5,6,7,8,9)$。

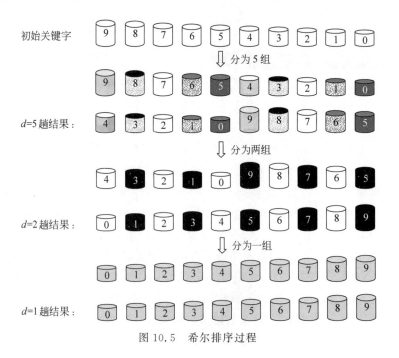

图 10.5 希尔排序过程

10.3 交换排序

交换排序的基本思想是两两比较待排序元素的关键字,发现这两个元素的次序相反时即进行交换,直到没有反序的元素为止。本节介绍两种交换排序,即冒泡排序和快速排序。

10.3.1 冒泡排序

1. 排序思路

冒泡排序(bubble sort)也称为气泡排序,是一种典型的交换排序方法,其基本思想是通过无序区中相邻元素关键字间的比较和位置的交换使关键字最小的元素如气泡一般逐渐往上"漂浮"直至"水面"。

整个算法从最下面的元素开始,对每两个相邻的关键字进行比较,且使关键字较小的元素换至关键字较大的元素之上,使得经过一趟冒泡排序后关键字最小的元素到达最上端,如图 10.6 所示。接着在剩下的元素中找关键字次小的元素,并把它换至第二个位置上。以此类推,直到所有元素都有序为止。

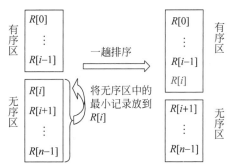

图 10.6 冒泡排序的一趟排序过程

有序区是全局有序的,初始时为空,排序趟次 i 的取值范围为 $0 \sim n-2$

说明:冒泡排序中每趟产生的有序区一定是全局有序区,也就是说每趟产生的有序区中的所有元素都归位了。

2. 排序算法

冒泡排序的算法如下:

```
void BubbleSort(RecType R[],int n)
{   int i,j;
    for (i=0;i<n-1;i++)
        for (j=n-1;j>i;j--)              //将 R[i]元素归位
            if (R[j].key<R[j-1].key)     //相邻的两个元素反序时
                swap(R[j],R[j-1]);       //将 R[j]和 R[j-1]两个元素交换
}
```

【例 10.3】 设初始排序表中有 10 个元素,其关键字序列为(9,8,7,6,5,4,3,2,1,0),说明采用冒泡排序方法进行排序的过程。

解 其排序过程如图 10.7 所示,每次从无序区中冒出一个最小关键字的元素并将其定位(图中用带阴影的部分表示当前的有序区)。

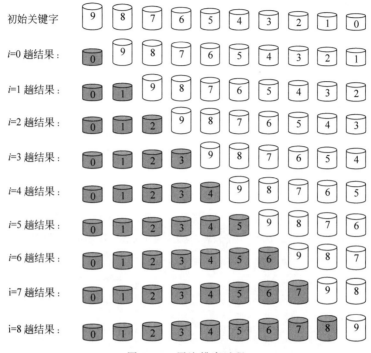

图 10.7 冒泡排序过程

有些情况下,在第 $i(i<n-1)$ 趟后全部元素已排好序了,前面的算法仍执行后面几趟的排序,这是不必要。实际上,一旦算法中的某一趟比较时不出现任何元素交换,说明已排好序了,就可以结束排序过程。为此改进冒泡排序算法如下:

```
void BubbleSort1(RecType R[], int n)
{   int i,j;
    bool exchange;
    for (i=0;i<n-1;i++)
    {   exchange=false;                 //一趟前 exchange 置为假
        for (j=n-1;j>i;j--)             //归位 R[i],循环 n-i-1 次
            if (R[j].key<R[j-1].key)    //相邻两个元素反序时
            {   swap(R[j],R[j-1]);      //将 R[j]和 R[j-1]两个元素交换
                exchange=true;          //一旦有交换,exchange 置为真
            }
        if (!exchange)                  //本趟没有发生交换,中途结束算法
            return;
    }
}
```

3. 算法分析

若初始排序表是正序的,则一趟扫描即可完成排序,所需的关键字比较和元素移动的次数均达到最小值:
$$C_{\min} = n-1, \quad M_{\min} = 0$$

若初始排序表是反序的,则需要进行 $n-1$ 趟排序,每趟排序要对无序区 $R[i..n-1]$ 中的 $n-i$ 个元素两两比较,比较次数为 $n-i-1(0 \leqslant i \leqslant n-2)$,且每次比较都必须移动元素 3 次来达到交换元素位置的目的。在这种情况下,比较和移动次数均达到最大值:

$$C_{\max} = \sum_{i=0}^{n-2}(n-i-1) = \frac{n(n-1)}{2} = O(n^2)$$

$$M_{\max} = \sum_{i=0}^{n-2}3(n-i+1) = \frac{3n(n-1)}{2} = O(n^2)$$

平均情况的分析稍微复杂一些,因为算法可能在中间的某一道排序完成后就终止,但可以证明平均的排序趟数仍是 $O(n)$,故算法的平均时间复杂度为 $O(n^2)$。

由上述分析可知,当初始数据序列不同时冒泡排序所耗费的时间有很大的差异。最好情况是排序表初态为正序,此时算法的时间复杂度为 $O(n)$,最坏情况是排序表初态为反序,相应的时间复杂度为 $O(n^2)$。算法的平均时间复杂度也是 $O(n^2)$,也就是说算法的平均时间复杂度接近最坏情况。虽然冒泡排序不一定要进行 $n-1$ 趟,但由于它的元素移动次数较多,一般平均时间性能要比直接插入排序差。

在冒泡排序算法中只使用 i、j 和 tmp 这 3 个辅助变量,与问题规模 n 无关,故辅助空间复杂度为 $O(1)$,也就是说它是一个就地排序。

另外,当 $i>j$ 且 $R[i].\text{key}=R[j].\text{key}$ 时,两者没有逆序,不会发生交换,也就是说使 $R[i]$ 和 $R[j]$ 的相对位置保持不变,所以冒泡排序是一种稳定的排序方法。

10.3.2 快速排序

1. 排序思路

快速排序(quick sort)是由冒泡排序改进而得的,它的基本思想是在待排序的 n 个元素中任取一个元素(通常取第一个元素)作为基准,把该元素放入适当位置后,数据序列被此元素划分成两部分。所有关键字比该元素关键字小的元素放置在前一部分,所有比它大的元素放置在后一部分,并把该元素排在这两部分的中间(称为该元素归位),这个过程称为快速排序的一次划分。

之后对产生的两个部分分别重复上述过程,直到每部分内只有一个元素或空为止。简而言之,每趟使表的第一个元素放入适当位置,将表一分为二,对子表按递归方式继续这种划分,直到划分的子表的长度为 1 或 0。

快速排序的划分过程 partition(R,s,t) 是采用从两头向中间遍历的办法,同时交换与基准元素逆序的元素(参见第 2 章的例 2.4)。具体方法是设两个指示器 i 和 j,它们的初值分别为指向无序区中的第一个和最后一个元素。假设无序区中的元素为 $R[s]$、$R[s+1]$、…、$R[t]$,则 i 的初值为 s,j 的初值为 t,首先将 $R[s]$ 移至变量 base 中作为基准,令 j 自位置 t 起向前遍历直到 $R[j].\text{key}<\text{base.key}$,再将 $R[j]$ 移至位置 i,然后让 i 向后遍历直到 $R[i].\text{key}>$

base.key，再将 $R[i]$ 移至位置 j，依此重复，直到 $i=j$，此时所有 $R[k](k=s,s+1,\cdots,i-1)$ 的关键字都小于 base.key，而所有 $R[k](k=i+1,i+2,\cdots,t)$ 的关键字必大于 base.key，此时再将 base 元素移至位置 i，它将无序区中的元素分割成 $R[s..i-1]$ 和 $R[i+1..t]$，以便分别进行排序，如图 10.8 所示。

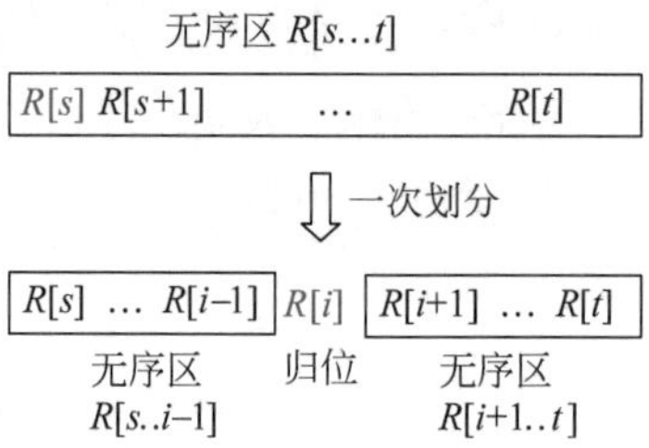

说明：快速排序中每次划分仅将一个元素归位。

显然快速排序是一个递归过程，其递归模型如下：

$f(R,s,t) \equiv$ 不做任何事情　　　当 $R[s..t]$ 中没有元素或者只有一个元素时
$f(R,s,t) \equiv i=\text{partition}(R,s,t);$　　其他情况
$\qquad\qquad f(R,s,i-1);$
$\qquad\qquad f(R,i+1,t);$

图 10.8　快速排序的一次划分

2. 排序算法

快速排序算法如下：

```
int partition(RecType R[], int s, int t)        //一趟划分
{   int i=s, j=t;
    RecType base=R[i];                          //以 R[i] 为基准
    while (i<j)                                 //从两端交替向中间扫描，直到 i=j 为止
    {   while (j>i && R[j].key>=base.key)
            j--;                                //从右向左遍历，找一个小于 base.key 的 R[j]
        if(i<j)
        {   R[i]=R[j];
            i++;
        }
        while (i<j && R[i].key<=base.key)
            i++;                                //从左向右遍历，找一个大于 base.key 的 R[i]
        if(i<j)
        {   R[j]=R[i];
            j--;
        }
    }
    R[i]=base;
    return i;
}
void QuickSort(RecType R[], int s, int t)       //对 R[s..t] 中的元素进行快速排序
{   int i;
    if (s < t)                                  //区间内至少存在两个元素的情况
    {   i=partition(R,s,t);
        QuickSort(R,s,i-1);                     //对左区间递归排序
        QuickSort(R,i+1,t);                     //对右区间递归排序
    }
}
```

【**例 10.4**】设初始排序表中有 10 个元素，其关键字序列为 (6,8,7,9,0,1,3,2,4,5)，说明采用快速排序方法进行排序的过程。

解　其排序过程如图 10.9 所示。第 1 趟是以 6 为关键字将整个区间分为 (5,4,2,3,0,1) 和 (9,7,8) 两个子区间，并将 6 元素归位；对于每个子区间，又进行同样的排序，直到该子区间内只有一个元素或不存在元素为止。

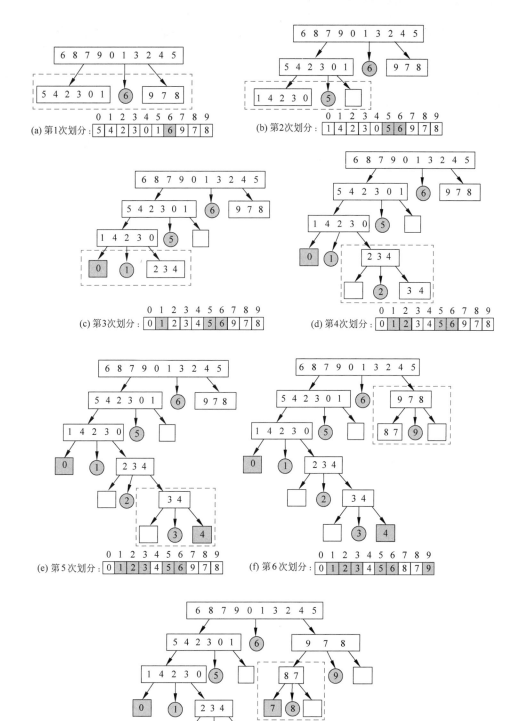

图 10.9　快速排序过程

最后结果如图 10.9(g)所示,这样的一棵树称为快速排序递归树,其中每个分支结点对应一次递归调用,这里递归次数为 7 次。从中可以看出,左、右分区处理的顺序是无关的,也就是说,当一次划分产生两个子区间时先处理左分区还是右分区不影响排序的结果,因为这两个子问题是独立的。

3. 算法分析

快速排序最好的情况是每一次划分都将 n 个元素划分为两个长度差不多相同的子区间,也就是说,每次划分所取的基准都是当前无序区的"中值"元素,划分的结果是基准的左、右两个无序子区间的长度大致相等,如图 10.10 所示,这样的递归树高度为 $O(\log_2 n)$,而每一层划分的时间为 $O(n)$,所以此时算法的时间复杂度为 $O(n\log_2 n)$、空间复杂度为 $O(\log_2 n)$。

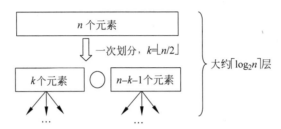

图 10.10 快速排序的最好情况

快速排序最坏的情况是每次划分选取的基准都是当前无序区中关键字最小(或最大)的元素,划分的结果是基准左边的子区间为空(或右边的子区间为空),而划分所得的另一个非空的子区间中元素的数目仅比划分前的无序区中的元素个数减少一个。这样的递归树高度为 n,需要做 $n-1$ 次划分,此时算法的时间复杂度为 $O(n^2)$,空间复杂度为 $O(n)$。

在平均情况下,每一次划分将 n 个元素划分为两个长度分别为 $k-1$ 和 $n-k$ 的子区间,k 的取值范围是 $1\sim n$,共 n 种情况,如图 10.11 所示。设执行时间为 $T_{\text{avg}}(n)$,显然有:

$$T_{\text{avg}} = cn + \frac{1}{n}\sum_{k=1}^{n}(T_{\text{avg}}(k-1) + T_{\text{avg}}(n-k))$$

由上式可以推出 $T_{\text{avg}} = O(n\log_2 n)$,其中 cn 表示划分的时间。

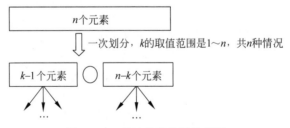

图 10.11 快速排序的平均情况

由上述分析可知,快速排序最好的时间复杂度为 $O(n\log_2 n)$、最坏的时间复杂度为 $O(n^2)$、平均时间复杂度为 $O(n\log_2 n)$,也就是说算法的平均时间复杂度接近最好情况。

当初始排序表为正序或者反序时,显然呈现出最坏的情况。如果初始排序表是随机的,每次可以划分为两个长度差不多相同的子区间,会呈现出最好的情况。

在快速排序算法中一趟使用 i、j 和 tmp 这 3 个辅助变量,为常量级,若每一趟排序都将元素序列均匀地分割成两个长度接近的子区间,递归树的高度为 $O(\log_2 n)$,所需栈空间为 $O(\log_2 n)$。但是在最坏情况下递归树的高度为 $O(n)$,所需栈空间为 $O(n)$,平均情况下所需栈空间为 $O(\log_2 n)$,所以快速排序的空间复杂度为 $O(\log_2 n)$。

另外,快速排序算法是一种不稳定的排序方法。例如,排序序列为 $\{5,2,4,8,7,\boxed{4}\}$,基准为 5,在进行划分时后面的 $\boxed{4}$ 会放置到前面 2 的位置上,从而使其放到 4 的前面,两个相同关键字(4)的相对位置改变了。

实际上,在快速排序中可以以任意一个元素为基准(更好的选择方法是从序列中随机选择一个元素作为基准),以下算法以当前区间的中间位置的元素为基准,同样可以达到快速排序的目的:

```
void QuickSort1(RecType R[],int s,int t)   //对R[s..t]以中间位置的元素为基准进行快速排序
{   int i,base;
    base=(s+t)/2;                //用区间的中间元素作为基准
    if (s<t)                     //区间内至少存在两个元素的情况
    {   if (base!=s)             //若基准不是区间中的第一个元素,将其与第一个元素交换
            swap(R[base],R[s]);
        i=partition(R,s,t);      //划分
        QuickSort1(R,s,i-1);     //对左区间递归排序
        QuickSort1(R,i+1,t);     //对右区间递归排序
    }
}
```

10.4 选 择 排 序

选择排序的基本思想是每一趟从待排序的元素中选出关键字最小的元素,顺序放在已排好序的子表的最后,直到全部元素排序完毕。由于选择排序方法每一趟总是从无序区中选出全局最小(或最大)的关键字,所以适合于从大量的元素中选择一部分排序元素,例如从 10 000 个元素中选择出关键字最小的前 10 个元素就适合采用选择排序方法。

本节介绍两种选择排序方法,即简单选择排序(或称直接选择排序)和堆排序。

10.4.1 简单选择排序

1. 排序思路

简单选择排序(simple selection sort)的基本思想是第 i 趟排序开始时,当前有序区和无序区分别为 $R[0..i-1]$ 和 $R[i..n-1]$ $(0 \leqslant i < n-1)$,该趟排序是从当前无序区中选出关键字最小的元素 $R[k]$,将它与无序区的第 1 个元素 $R[i]$ 交换,使 $R[0..i]$ 和 $R[i+1..n-1]$ 分别变为新的有序区和新的无序区,如图 10.12 所示。

因为每趟排序均使有序区中增加了一个元素,且有序区中元素的关键字均不大于无序区中元素的关键字,即第 i 趟排序之后 $R[0..i]$ 中的所有关键字均小于或等于 $R[i+1..n-1]$ 中所有关键字,所以进行 $n-1$ 趟排序之后 $R[0..n-2]$ 中的所有关键字均小于或等于

视频讲解

$R[n-1]$.key,也就是说,经过 $n-1$ 趟排序之后整个表 $R[0..n-1]$ 递增有序。

说明:简单选择排序中每趟产生的有序区一定是全局有序区,也就是说每趟产生的有序区中的所有元素都归位了。

那么如何从无序区 $R[i..n-1]$ 中选出关键字最小的元素 $R[k]$ 呢?简单选择排序就是采用最简单的两两元素比较的方法实现的,其过程如下:

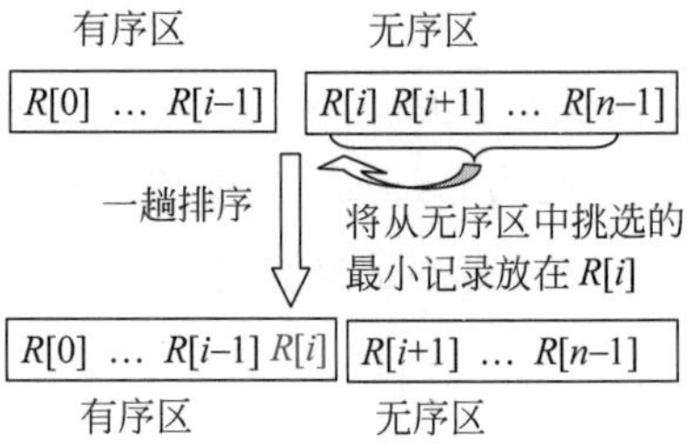

图10.12 直接选择排序的一趟排序过程

```
k=i;                        //k 存放 R[i..n-1]中最小关键字的下标,初值为 i
for (j=i+1;j<n;j++)         //遍历无序区中的所有元素
    if (R[j].key<R[k].key)  //将较小的元素下标存放到 k 中
        k=j;
```

显然,$R[i..n-1]$ 中共有 $n-i$ 个元素,上述过程需要 $n-i-1$ 次关键字比较。然后将 $R[k]$ 与 $R[i]$ 交换,将 $R[k]$ 放在无序区 $R[i..n-1]$ 的最前面,从而实现了一趟排序。这种采用简单比较方法选出关键字最小的元素就是简单选择排序名称的由来。

2. 排序算法

简单选择排序的算法如下:

```
void SelectSort(RecType R[], int n)
{   int i,j,k;
    for (i=0;i<n-1;i++)                 //做第 i 趟排序
    {   k=i;
        for (j=i+1;j<n;j++)             //在当前无序区 R[i..n-1]中选 key 最小的 R[k]
            if (R[j].key<R[k].key)
                k=j;                    //k 记下目前找到的最小关键字所在的位置
        if (k!=i)                       //R[i]和 R[k]两个元素交换
            swap(R[i],R[k]);
    }
}
```

【**例 10.5**】 设初始排序表中有 10 个元素,其关键字序列为(6,8,7,9,0,1,3,2,4,5),说明采用简单选择排序方法进行排序的过程。

解 其排序过程如图 10.13 所示,每趟选择出一个元素(图中用带阴影的部分表示当前的有序区)。

3. 算法分析

显然,无论初始排序表元素顺序如何,在第 i 趟排序中选出最小关键字的元素,内 for 循环需做 $n-1-(i+1)+1=n-i-1$ 次比较,因此总的比较次数为:

$$C(n)=\sum_{i=0}^{n-2}(n-i-1)=\frac{n(n-1)}{2}=O(n^2)$$

至于元素的移动次数,当初始排序表为正序时,移动次数为 0;当初始排序表为反序时,每趟排序均要执行一次交换操作,所以总的移动次数为最大值 $3(n-1)$。然而,无论初始排

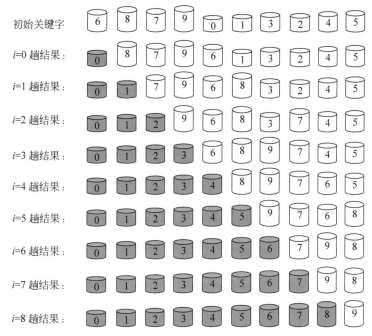

图 10.13 直接选择排序的过程

序表元素如何排列,所需进行的关键字比较次数相同,因此平均时间复杂度为 $O(n^2)$。

在简单选择排序算法中只使用 i、j、k 和 tmp 这 4 个辅助变量,与问题规模 n 无关,故辅助空间复杂度为 $O(1)$,也就是说它是一个就地排序。

另外,简单选择排序算法是一个不稳定的排序方法。例如排序序列为 {5,3,2,5̄,4,1,8,7},第 1 趟排序时选择出最小关键字 1,将其与第 1 个位置上的元素交换,得到 {1,3,2,5̄,4,5,8,7},从中看到两个 5 的相对位置发生了改变。

10.4.2 堆排序

1. 排序思路

堆排序(heap sort)是一种树形选择排序方法,它的特点是将 $R[1..n]$($R[i]$ 的关键字为 k_i)看成一棵完全二叉树的顺序存储结构,如图 10.14 所示,利用完全二叉树中双亲结点和孩子结点之间的位置关系在无序区中选择关键字最大(或最小)的元素。

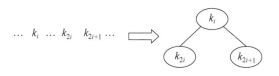

图 10.14 将关键字序列看成一棵完全二叉树

扫一扫

视频讲解

堆的定义是 $R[1..n]$ 中的 n 个关键字的序列 $k_1,k_2,\cdots,k_n$ 称为堆,当且仅当该序列满足如下性质(简称为堆性质):

(1) $k_i \leqslant k_{2i}$ 且 $k_i \leqslant k_{2i+1}$ 或   (2) $k_i \geqslant k_{2i}$ 且 $k_i \geqslant k_{2i+1}$ ($1 \leqslant i \leqslant \lfloor n/2 \rfloor$)

满足第(1)种情况的堆称为**小根堆**(对于图10.14,就是树中任何分支结点的关键字都小于或等于其孩子结点的关键字),满足第(2)种情况的堆称为**大根堆**(对于图10.14,就是树中任何分支结点的关键字都大于或等于其孩子结点的关键字)。下面主要讨论大根堆。

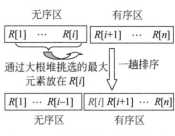

图 10.15　堆排序的一趟排序过程

堆排序的排序过程与简单选择排序类似,只是挑选最大元素时采用的方法不同,这里采用大根堆,每次挑选最大元素归位,排序过程如图 10.15 所示。

说明:堆排序中每趟产生的有序区一定是全局有序区,也就是说每趟产生的有序区中的所有元素都归位了。

2. 排序算法

堆排序的关键是筛选操作,假设筛选区间为 $R[low..high]$,将其看成一棵完全二叉树,$R[low]$为根结点,同时满足左子树和右子树均为大根堆,只有根结点 $R[low]$不满足大根堆的定义(这是筛选的前提条件),如图 10.16 所示。筛选过程从 $R[low]$开始,将 $R[low]$与其最大孩子 $R[j]$($j=2low$ 或 $2low+1$)进行关键字比较,若 $R[j].key$ 较大,将 $R[low]$和 $R[j]$交换,这样可能破坏下一级的堆,于是从 $R[j]$开始继续执行上述步骤,直到整棵树中变成大根堆为止。

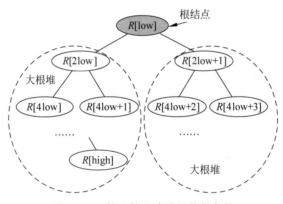

图 10.16　筛选算法建堆的前提条件

上述过程可以这样理解,从 $R[low]$开始找到其最大孩子 $R[j_1]$,再找到 $R[j_1]$的最大孩子 $R[j_2]$,以此类推,最后找到的最大孩子为 $R[j_m]$,显然以 $R[j_1]$为根的子树是一个大根堆,这样 $R[j_1],R[j_2],\cdots,R[j_m]$一定是按关键字递减排列的,只需要将 $R[j]$有序插入这样序列中就将 $R[low..high]$调整为大根堆了。将 $R[j]$有序插入采用类似直接插入排序中一趟排序的过程,得到向下筛选算法 sift 如下:

```
void sift(RecType R[],int low,int high)
{   int i=low,j=2*i;                    //R[j]是 R[i]的左孩子
    RecType tmp=R[i];
    while (j<=high)
    {   if (j<high && R[j].key<R[j+1].key)  //若右孩子较大,把 j 指向右孩子
            j++;
        if (tmp.key<R[j].key)               //若根结点小于最大孩子的关键字
        {   R[i]=R[j];                      //将 R[j]调整到双亲结点位置上
```

```
            i=j;                      //修改 i 和 j 值,以便继续向下筛选
            j=2*i;
         }
         else break;                  //若根结点大于或等于最大孩子的关键字,筛选结束
    }
    R[i]=tmp;                         //被筛选结点放到最终位置上
}
```

构建初始堆 $R[1..n]$ 的过程是:对于一棵完全二叉树,从 $i=\lfloor n/2 \rfloor$ 到 1,即从最后一个分支结点开始,反复利用上述筛选方法建堆。大者"上浮",小者被"筛选"下去,即:

```
for (i=n/2;i>=1;i--)
    sift(R,i,n);
```

在初始堆 $R[1..n]$ 构造好以后,根结点 $R[1]$ 一定是最大关键字结点,将其放到排序序列的最后,也就是将堆中的根与最后一个叶子交换。由于最大元素已归位,整个待排序序列的元素个数减少一个。由于根结点的改变,这 $n-1$ 个结点 $R[1..n-1]$ 不一定为堆,但其左子树和右子树均为堆,再调用一次 sift 算法将这 $n-1$ 个结点 $R[1..n-1]$ 调整成堆,其根结点为次大的元素,将它放到排序序列的倒数第 2 个位置,即将堆中的根与最后一个叶子交换,待排序的元素个数变为 $n-2$ 个,即 $R[1..n-2]$,再调整,再将根结点归位,如此这样,直到完全二叉树只剩下一个根为止。实现堆排序的算法如下:

```
void HeapSort(RecType R[],int n)
{
    int i;
    for (i=n/2;i>=1;i--)              //循环建立初始堆,调用 sift 算法⌊n/2⌋次
        sift(R,i,n);
    for (i=n;i>=2;i--)                //进行 n-1 趟完成堆排序,每一趟堆中的元素个数减 1
    {   swap(R[1],R[i]);              //将最后一个元素与根 R[1]交换
        sift(R,1,i-1);                //对 R[1..i-1]进行筛选,得到 i-1 个结点的堆
    }
}
```

【例 10.6】 设初始排序表中有 10 个元素,其关键字序列为 (6,8,7,9,0,1,3,2,4,5),说明采用堆排序方法进行排序的过程。

解 其初始状态如图 10.17(a) 所示,依次从结点 0、9、7、8、6 调用 sift 算法,构建的初始堆如图 10.17(b) 所示。堆排序过程如图 10.18 所示,每归位一个元素(将其交换到有序区的开头),就对堆进行一次筛选调整。

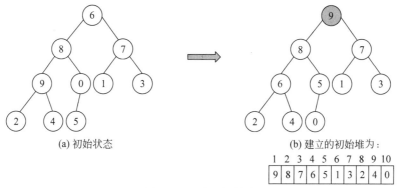

图 10.17 建立初始堆

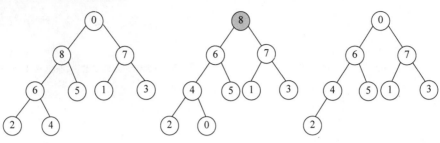

(a) 9⇔0。第 1 趟结果：

1	2	3	4	5	6	7	8	9	10
0	8	7	6	5	1	3	2	4	9

(b) 筛选调整

(c) 8⇔0。第 2 趟结果：

1	2	3	4	5	6	7	8	9	10
0	6	7	4	5	1	3	2	8	9

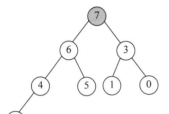

(d) 筛选调整

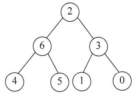

(e) 7⇔2。第 3 趟结果：

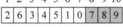

1	2	3	4	5	6	7	8	9	10
2	6	3	4	5	1	0	7	8	9

(f) 筛选调整

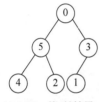

(g) 6⇔0。第 4 趟结果：

1	2	3	4	5	6	7	8	9	10
0	5	3	4	2	1	6	7	8	9

(h) 筛选调整

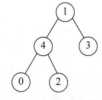

(i) 5⇔1。第 5 趟结果：

1	2	3	4	5	6	7	8	9	10
1	4	3	0	2	5	6	7	8	9

(j) 筛选调整

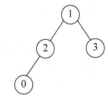

(k) 4⇔1。第 6 趟结果：

1	2	3	4	5	6	7	8	9	10
1	2	3	0	4	5	6	7	8	9

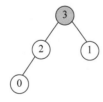

(l) 筛选调整

(m) 3⇔1。第 7 趟结果：

1	2	3	4	5	6	7	8	9	10
0	2	1	3	4	5	6	7	8	9

(n) 筛选调整

(o) 2⇔1。第 8 趟结果：

1	2	3	4	5	6	7	8	9	10
1	0	2	3	4	5	6	7	8	9

(p) 筛选调整

(q) 1⇔0。第 9 趟结果：

1	2	3	4	5	6	7	8	9	10
0	1	2	3	4	5	6	7	8	9

(r) 得到最终排序结果

图 10.18　堆排序过程

3. 算法分析

堆排序的时间主要由建立初始堆和反复重建堆这两部分的时间构成,它们均是通过调用 sift 算法实现的。

对于高度为 k 的完全二叉树/子树,在调用 sift 算法时,其中 while 循环最多执行 $k-1$ 次,所以最多进行 $2(k-1)$ 次关键字比较,最多进行 $k+1$ 次元素移动,因此主要以关键字比较来分析时间性能。

n 个结点的完全二叉树的高度 $h=\lfloor \log_2 n \rfloor +1$。在建立初始堆时,需要筛选调整的层为 $h-1 \sim 1$ 层,以第 i 层中某个结点为根的子树的高度为 $h-i+1$,并且第 i 层中最多有 2^{i-1} 个结点。设建立初始堆所需要的关键字比较次数最多为 $C_1(n)$,有:

$$C_1(n) = \sum_{i=h-1}^{1} 2^{i-1} \times 2(h-i+1-1) = \sum_{i=h-1}^{1} 2^i \times (h-i)$$

令 $j=h-i$,当 $i=h-1$ 时,$j=1$;当 $i=1$ 时,$j=h-1$,所以:

$$C_1(n) = \sum_{i=h-1}^{1} 2^i \times (h-i) = \sum_{j=1}^{h-1} 2^{h-j} \times j$$

$$= 2^{h-1} \times 1 + 2^{h-2} \times 2 + \cdots + 2^1 \times (h-1)$$

$$= 2^{h+1} - 2h - 2 < 2^{\lfloor \log_2 n \rfloor + 2} < 4 \times 2^{\log_2 n} = 4n$$

因此,建立初始堆总共进行的关键字比较次数不超过 $4n$。类似地,设重建堆中对 sift 的 $n-1$ 次调用所需的比较总次数为 $C_2(n)$。其中 i 从 n 到 2,每次对 $R[1..i-1]$ 的 $i-1$ 个结点的完全二叉树进行筛选调整,该树的高度为 $\lfloor \log_2(i-1) \rfloor +1$,所以有:

$$C_2(n) = \sum_{i=2}^{n} 2 \times (\lfloor \log_2(i-1) \rfloor + 1 - 1) = 2\sum_{i=2}^{n} \lfloor \log_2(i-1) \rfloor < 2n\log_2 n$$

这样,堆排序所需的关键字比较的总次数最多为 $C_1(n)+C_2(n) = 4n+2n\log_2 n = O(n\log_2 n)$。

综上所述,堆排序的最坏时间复杂度为 $O(n\log_2 n)$。堆排序的平均性能分析较难,但实验研究表明,它较接近最坏性能。实际上,堆排序算法和简单选择排序算法一样,其时间性能与初始序列的顺序无关,也就是说,堆排序算法的最好、最坏和平均时间复杂度都是 $O(n\log_2 n)$。

由于建初始堆所需的比较次数较多,所以堆排序不适合元素数较少的排序表。

堆排序只使用 i、j、tmp 等辅助变量,其辅助空间复杂度为 $O(1)$。

另外,在进行筛选时可能把后面相同关键字的元素调整到前面,所以堆排序算法是一种不稳定的排序方法。

10.5 归并排序

1. 排序思路

归并排序(merge sort)是多次将两个或两个以上的有序表合并成一个新的有序表。最简单的归并是直接将两个有序的子表合并成一个有序的表,即二路归并。

二路归并排序(2-way merge sort)的基本思路是将 $R[0..n-1]$ 看成 n 个长度为 1 的有

序序列,然后进行两两归并,得到⌈n/2⌉个长度为 2(最后一个有序序列的长度可能为 2)的有序序列,再进行两两归并,得到⌈n/4⌉个长度为 4(最后一个有序序列的长度可能小于 4)的有序序列,…,直到得到一个长度为 n 的有序序列。

说明: 归并排序中每趟产生的有序区只是局部有序的,也就是说在最后一趟排序结束前所有元素并不一定归位了。

视频讲解

2. 排序算法

先介绍将两个有序表直接归并为一个有序表的算法 Merge。设两个有序表存放在同一数组中相邻的位置上,即 $R[low..mid]$ 和 $R[mid+1..high]$,先将它们合并到一个局部的暂存数组 $R1$ 中,待合并完成后将 $R1$ 复制到 R 中。

为了简便,称 $R[low..mid]$ 为第 1 段,$R[mid+1..high]$ 为第 2 段。每次从两个段中取出一个元素进行关键字的比较,将较小者放入 $R1$ 中,最后将各段中余下的部分直接复制到 $R1$ 中。这样 $R1$ 是一个有序表,再将其复制到 R 中。对应的算法如下:

```
void Merge(RecType R[],int low,int mid,int high)    //归并R[low..high]
{   RecType  * R1;
    int i=low,j=mid+1,k=0;                          //k是R1的下标,i,j分别为第1、2段的下标
    R1=(RecType * )malloc((high-low+1) * sizeof(RecType));    //动态分配空间
    while (i<=mid && j<=high)                       //在第1段和第2段均未扫描完时循环
    {   if (R[i].key<=R[j].key)                     //将第1段中的元素放入R1中
        {   R1[k]=R[i];
            i++;k++;
        }
        else                                        //将第2段中的元素放入R1中
        {   R1[k]=R[j];
            j++;k++;
        }
    }
    while (i<=mid)                                  //将第1段余下的部分复制到R1
    {   R1[k]=R[i];
        i++;k++;
    }
    while (j<=high)                                 //将第2段余下的部分复制到R1
    {   R1[k]=R[j];
        j++;k++;
    }
    for (k=0,i=low;i<=high;k++,i++)                 //将R1复制到R[low..high]中
        R[i]=R1[k];
    free(R1);
}
```

Merge 算法实现了一次归并,其中使用的辅助空间正好是要归并的元素个数。接下来需要利用 Merge 算法解决一趟归并问题。在某趟归并中,设各子表的长度为 length(最后一个子表的长度可能小于 length),则归并前 $R[0..n-1]$ 中共有 $\lceil \dfrac{n}{length} \rceil$ 个有序的子表:

$$R[0..length-1], R[length..2length-1], \cdots, R\left[\left(\left\lceil\frac{n}{length}\right\rceil\right)\times length..n-1\right]$$

在调用 Merge 算法将相邻的一对子表进行归并时，必须对表的个数可能是奇数以及最后一个子表的长度小于 length 这两种特殊情况进行特殊处理：若子表的个数为奇数，则最后一个子表无须和其他子表归并（即本趟轮空）；若子表的个数为偶数，则要注意到最后一对子表中后一个子表的区间的上界是 $n-1$。一趟归并的算法如下：

```
void MergePass(RecType R[],int length,int n)        //对整个排序序列进行一趟归并
{   int i;
    for (i=0;i+2*length-1<n;i=i+2*length)           //归并 length 长的两相邻子表
        Merge(R,i,i+length-1,i+2*length-1);
    if (i+length-1<n-1)                             //余下两个子表,后者的长度小于 length
        Merge(R,i,i+length-1,n-1);                  //归并这两个子表
}
```

在进行二路归并排序时，第 1 趟归并排序对应 length=1，第 2 趟归并排序对应 length=2，…，以此类推，每一次 length 增大两倍，但 length 总是小于 n，所以总趟数为 $\lceil\log_2 n\rceil$。对应的二路归并排序算法如下：

```
void MergeSort(RecType R[],int n)                   //二路归并排序
{   int length;
    for (length=1;length<n;length=2*length)         //进行⌈log₂n⌉趟归并
        MergePass(R,length,n);
}
```

扫一扫

视频讲解

上述二路归并排序实际上采用的是自底向上的非递归过程，也可以采用自顶向下的递归过程，对应递归算法如下。

```
void MergeSortDC(RecType R[],int low,int high)      //对 R[low..high]进行二路归并排序
{   int mid;
    if (low<high)
    {   mid=(low+high)/2;
        MergeSortDC(R,low,mid);
        MergeSortDC(R,mid+1,high);
        Merge(R,low,mid,high);
    }
}
void MergeSort1(RecType R[],int n)                  //自顶向下的二路归并算法
{
    MergeSortDC(R,0,n-1);
}
```

【例 10.7】 设初始排序表中有 10 个元素，其关键字序列为(6,8,7,9,0,1,3,2,4,5)，说明采用二路归并排序方法进行排序的过程。

解 在采用二路归并排序时需要进行 $\lceil\log_2 n\rceil=4$ 趟归并排序，其排序过程如图 10.19 所示，称之为归并树，其高度为 5。

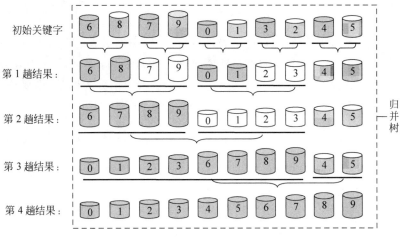

图 10.19 二路归并排序过程

3. 算法分析

考虑非递归算法 MergeSort,对于长度为 n 的排序表需要进行 $\lceil \log_2 n \rceil$ 趟,每趟归并的时间为 $O(n)$,故其时间复杂度无论是在最好还是在最坏情况下均是 $O(n\log_2 n)$,平均时间复杂度也是 $O(n\log_2 n)$。在排序过程中,每次二路归并都需要使用一个辅助数组来暂存两个有序子表归并的结果,而每次二路归并后都会释放其空间,但最后一趟需要所有元素参与归并,所以总的辅助空间复杂度为 $O(n)$。

在一次二路归并中,如果第 1 段元素 $R[i]$ 和第 2 段元素 $R[j]$ 的关键字相同,总是将 $R[i]$ 放在前面、$R[j]$ 放在后面,相对次序不会发生改变,所以二路归并排序是一种稳定的排序算法。

对递归算法 MergeSortDC 的分析结果相同。另外,归并排序可以是多路的,例如三路归并排序等。以三路归并排序为例,归并的趟数是 $\lceil \log_3 n \rceil$,每一趟的时间为 $O(n)$,对应的执行时间为 $O(n\log_3 n)$,但 $\log_3 n = \log_2 n / \log_2 3$,所以时间复杂度仍为 $O(n\log_2 n)$,不过三路归并排序算法的实现远比二路归并排序算法复杂。

10.6 基 数 排 序

1. 排序思路

前面所讨论的排序算法均是基于关键字之间的比较来实现的,而**基数排序**(radix sort)是通过"分配"和"收集"过程来实现排序,不需要进行关键字间的比较,是一种借助于多关键字排序的思想对单关键字排序的方法。

在一般情况下,元素 $R[i]$ 的关键字 $R[i].key$ 由 d 位数字(或字符)组成,即 $k^{d-1}k^{d-2}\cdots k^1 k^0$,每一个数字表示关键字的一位,其中 k^{d-1} 为最高位,k^0 是最低位,每一位的值都在 $0 \leqslant k^i < r$ 中,其中 r 称为基数(radix)。例如,对于二进制数,r 为 2,对于十进制数,r 为 10。

基数排序是按关键字的各个位依次排序,各位的顺序有低位到高位和高位到低位,所以基数排序有两种,即**最低位优先**(least significant digit first,LSD)和**最高位优先**(most significant digit first,MSD),它们的原理是相同的,后面主要讨论前者。

最低位优先的过程是先按最低位的值对元素进行排序,在此基础上再按次低位进行排序,以此类推。由低位向高位,每趟都是根据关键字的一位并在前一趟的基础上对所有元素进行排序,直到最高位,则完成了基数排序的整个过程。

实际中是采用最低位优先还是最高位优先排序方法是由数据序列的特点确定的。例如对整数序列递增排序,由于个位数的重要性低于十位数,十位数的重要性低于百位数,一般越重要的位越放在后面排序,个位数属于最低位,所以对整数序列递增排序时应该采用最低位优先排序方法。

以 r 为基数的最低位优先排序的过程是假设线性表由元素序列 $a_0, a_1, \cdots, a_{n-1}$ 构成,每个元素 a_j 的关键字为 d 元组:

$$k_j^{d-1}, k_j^{d-2}, \cdots, k_j^1, k_j^0$$

其中 $0 \leq k_j^i \leq r-1 (0 \leq j < n, 0 \leq i \leq d-1)$。在排序过程中使用 r 个队列 Q_0、Q_1、$\cdots$、Q_{r-1}。排序过程如下:

对 $i=0,1,\cdots,d-1$,依次做一次"分配"和"收集"。

分配:开始时,把 Q_0、Q_1、$\cdots$、Q_{r-1} 各个队列置成空队列,然后依次遍历排序表中的每一个元素 $a_j(j=0,1,\cdots,n-1)$,如果元素 a_j 的关键字 $k_j^i = k$,就把元素 a_j 插入 Q_k 队列中。

收集:将 Q_0、Q_1、$\cdots$、Q_{r-1} 各个队列中的元素依次首尾相接,得到新的元素序列,从而组成新的排序表。

在 d 趟执行后数据序列就有序了。

说明:基数排序中每趟并不产生有序区,也就是说在最后一趟排序结束前所有元素并不一定归位了。

2. 排序算法

在基数排序中每个元素多次进出队列,如果采用顺序表存储,需要有大量元素的移动,而采用链式存储结构时只需要修改相关指针域,所以这里将排序表采用链式存储结构存储。

假设初始排序表存放在以 p 为首结点指针的单链表中,其中结点类型 NodeType 的声明如下:

```
typedef struct node
{   char data[MAXD];            //MAXD为最大的关键字位数
    struct node * next;         //指向下一个结点
} NodeType;                     //基数排序数据的结点类型
```

其中,data 域存放关键字,它是一个字符数组,data[0..MAXD-1]依次存放关键字的从低位到高位的各数字字符,关键字的实际位数由参数 d 指定。

以下基数排序算法 RadixSort(p,r,d) 实现 LSD 方法,其中参数 p 为存储的待排序序列的单链表的指针,r 为基数,d 为关键字的位数。

```
void RadixSort(NodeType * &p,int r,int d)        //LSD基数排序算法
{   NodeType * head[MAXR], * tail[MAXR], * t;    //定义各链队的首、尾指针
    int i,j,k;
    for (i=0;i<=d-1;i++)                          //从低位到高位循环
    {   for (j=0;j<r;j++)                         //初始化各链队的首、尾指针
            head[j]=tail[j]=NULL;
        while (p!=NULL)                           //分配:对于原链表中的每个结点循环
        {   k=p->data[i]-'0';                     //找第 k 个链队
            if (head[k]==NULL)                    //第 k 个链队空时,队头、队尾均指向结点 p
            {   head[k]=p;tail[k]=p;}
            else                                  //第 k 个链队非空时结点 p 进队
            {   tail[k]->next=p;tail[k]=p;}
            p=p->next;                            //取下一个待排序的元素
        }
        p=NULL;                                   //重新用 p 来收集所有结点
        for (j=0;j<r;j++)                         //收集:对于每一个链队循环
            if (head[j]!=NULL)                    //若第 j 个链队是第一个非空链队
            {   if (p==NULL)
                {   p=head[j];t=tail[j];}
                else                              //若第 j 个链队是其他非空链队
                {   t->next=head[j];t=tail[j];}
            }
        t->next=NULL;                             //最后一个结点的 next 域置 NULL
    }
}
```

【**例 10.8**】 设待排序的表中有 10 个元素,其关键字序列为(75,23,98,44,57,12,29,64,38,82),说明采用基数排序方法进行排序的过程。

【**解**】 这里 $n=10$,$d=2$,$r=10$,先按个位数进行排序,再按十位数进行排序,排序过程如图 10.20 所示。

在基数排序过程中为什么不需要进行关键字比较就能够判断关键字的大小呢?实际上是从两个方面来确定关键字的大小的,一是选择最低位优先还是最高位优先,这样就确定了关键字的各位的重要性;另外,在对每一位排序中收集时是按 $Q_0,Q_1,\cdots,Q_{r-1}$ 的顺序进行的,这就隐含有 $0<1<\cdots<(r-1)$ 的大小关系。

3. 算法分析

在基数排序过程中共进行了 d 趟的分配和收集。每一趟中分配过程需要遍历所有结点,而收集过程是按队列进行的,所以一趟的执行时间为 $O(n+r)$,因此基数排序的时间复杂度为 $O(d(n+r))$。

在基数排序中第 1 趟排序需要的辅助存储空间为 r(创建 r 个队列),但以后的各趟排序中重复使用这些队列,所以总的辅助空间复杂度为 $O(r)$。

另外,在基数排序中使用的是队列,排在后面的元素只能排在前面相同关键字元素的后面,相对位置不会发生改变,它是一种稳定的排序方法。

(a) 初始状态

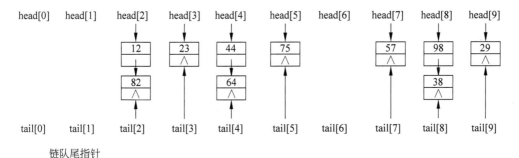

(b) 按个位分配之后

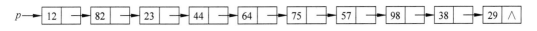

(c) 按个位收集之后

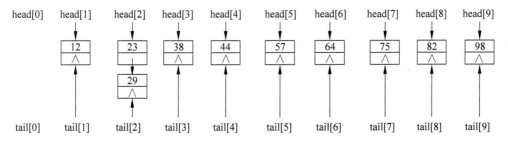

(d) 按十位分配之后

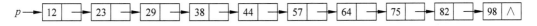

(e) 按十位收集之后

图 10.20　基数排序过程

10.7　各种内排序方法的比较和选择

本章介绍了多种内排序方法,将这些排序方法总结为如表 10.1 所示。通常可按平均时间将排序方法分为下面 3 类。

(1) 平方阶排序:一般称为简单排序方法,例如直接插入排序、折半插入排序、简单选择排序和冒泡排序。

（2）线性对数阶排序：例如快速排序、堆排序和二路归并排序。

（3）线性阶排序：例如基数排序（假定数据的位数 d 和进制 r 为常量时）。

表 10.1　各种排序方法的性能

排序方法	时间复杂度			空间复杂度	稳定性	复杂性
	平均情况	最坏情况	最好情况			
直接插入排序	$O(n^2)$	$O(n^2)$	$O(n)$	$O(1)$	稳定	简单
折半插入排序	$O(n^2)$	$O(n^2)$	$O(n)$	$O(1)$	稳定	简单
希尔排序	$O(n^{1.3})$			$O(1)$	不稳定	较复杂
冒泡排序	$O(n^2)$	$O(n^2)$	$O(n)$	$O(1)$	稳定	简单
快速排序	$O(n\log_2 n)$	$O(n^2)$	$O(n\log_2 n)$	$O(\log_2 n)$	不稳定	较复杂
简单选择排序	$O(n^2)$	$O(n^2)$	$O(n^2)$	$O(1)$	不稳定	简单
堆排序	$O(n\log_2 n)$	$O(n\log_2 n)$	$O(n\log_2 n)$	$O(1)$	不稳定	较复杂
二路归并排序	$O(n\log_2 n)$	$O(n\log_2 n)$	$O(n\log_2 n)$	$O(n)$	稳定	较复杂
基数排序	$O(d(n+r))$	$O(d(n+r))$	$O(d(n+r))$	$O(r)$	稳定	较复杂

视频讲解

在内排序算法中，一类是稳定的，另一类是不稳定的。下面通过一个示例说明在什么情况下需要考虑算法的稳定性。

【**例 10.9**】　设线性表中每个元素有两个数据项 k_1 和 k_2，现对线性表按以下规则进行排序：先看数据项 k_1，k_1 值小的在前，大的在后；在 k_1 值相同的情况下再看 k_2，k_2 值小的在前，大的在后。满足这种要求的排序方法是：

（1）先按 k_1 值进行直接插入排序，再按 k_2 值进行简单选择排序。

（2）先按 k_2 值进行直接插入排序，再按 k_1 值进行简单选择排序。

（3）先按 k_1 值进行简单选择排序，再按 k_2 值进行直接插入排序。

（4）先按 k_2 值进行简单选择排序，再按 k_1 值进行直接插入排序。

解　这里是按两个关键字排序，越重要的关键字越在后面排序，所以应先按 k_2 值排序再按 k_1 值排序。在简单选择排序和直接插入排序中前者是不稳定的，后者是稳定的。当先按 k_2 值进行直接插入排序，再按 k_1 值进行简单选择排序时，由于简单选择排序的不稳定性，可能会造成 k_1 值相同而 k_2 值大的元素排在前面，这不符合要求，所以应该先按 k_2 值进行简单选择排序，再按 k_1 值进行直接插入排序，答案是(4)。

正是因为不同的排序方法适应不同的应用环境和要求，所以选择合适的排序方法应综合考虑下列因素：

（1）待排序的元素数目 n（问题规模）。

（2）元素的大小（每个元素的规模）。

（3）关键字的结构及其初始状态。

（4）对稳定性的要求。

（5）语言工具的条件。

（6）数据的存储结构。

（7）时间和空间复杂度等。

没有哪一种排序方法是绝对好的。每一种排序方法都有其优缺点,适合于不同的环境,因此在实际应用中应根据具体情况做选择。首先考虑排序对稳定性的要求,若要求稳定,则只能在稳定方法中选取,否则可以在所有方法中选取;其次要考虑待排序元素个数 n 的大小,若 n 较大,则可在改进方法中选取,否则在简单方法中选取;然后再考虑其他因素。下面给出综合考虑了以上几个方面所得出的大致结论:

(1) 若 n 较小(例如 $n \leqslant 50$),可采用直接插入或简单选择排序。一般地,这两种排序方法中直接插入排序较好,但简单选择排序移动的元素数少于直接插入排序。

(2) 若文件的初始状态基本有序(指正序),则选用直接插入或冒泡排序为宜。

(3) 若 n 较大,应采用时间复杂度为 $O(n\log_2 n)$ 的排序方法,例如快速排序、堆排序或二路归并排序。快速排序是目前基于比较的内排序中被认为较好的方法,当待排序的关键字随机分布时,快速排序的平均时间最少;但堆排序所需的辅助空间少于快速排序,并且不会出现快速排序可能出现的最坏情况。这两种排序都是不稳定的,若要求排序稳定,则可选用二路归并排序。

(4) 若需要将两个有序表合并成一个新的有序表,最好用二路归并排序方法。

(5) 基数排序可能在 $O(n)$ 时间内完成对 n 个元素的排序。但遗憾的是,基数排序只适用于像字符串和整数这类有明显结构特征的关键字,当关键字的取值范围属于某个无穷集合(例如实数型关键字)时无法使用基数排序,这时只有借助于"比较"的方法来排序。由此可知,若 n 很大,元素的关键字位数较少且可以分解时采用基数排序较好。

本章小结

本章的基本学习要点如下:
(1) 理解排序的基本概念,包括排序的稳定性,内排序和外排序之间的差异。
(2) 掌握插入排序(包括直接插入排序、折半插入排序和希尔排序)的过程和算法实现。
(3) 掌握交换排序(包括冒泡排序和快速排序)的过程和算法实现。
(4) 掌握选择排序(包括直接选择排序和堆排序)的过程和算法实现。
(5) 掌握二路归并排序的过程和算法实现。
(6) 掌握基数排序的过程和算法实现。
(7) 掌握各种排序方法的比较和选择。
(8) 灵活地运用各种排序算法解决一些综合应用问题。

扫一扫

视频讲解

练习题 10

1. 直接插入排序算法在含有 n 个元素的表的初始数据正序、反序和全部相等时的时间复杂度各是多少?
2. 回答以下关于直接插入排序和折半插入排序的问题:
(1) 使用折半插入排序所要进行的关键字比较次数是否与待排序的元素的初始状态有关?
(2) 在一些特殊情况下,折半插入排序比直接插入排序要执行更多的关键字比较,这句话对吗？

3．有以下关于排序的算法：

```
void fun(int a[],int n)
{   int i,j,d,tmp;
    d=n/3;
    while (true)
    {   for (i=d;i<n;i++)
        {   tmp=a[i];
            j=i-d;
            while (j>=0 && tmp<a[j])
            {   a[j+d]=a[j];
                j=j-d;
            }
            a[j+d]=tmp;
        }
        if (d==1) break;
        else if (d<3) d=1;
        else d=d/3;
    }
}
```

(1) 指出 fun(a,n)算法的功能。

(2) 当 $a[\ ]=\{5,1,3,6,2,7,4,8\}$时，问 fun($a$,8)共执行几趟排序？各趟的排序结果是什么？

4．在实现快速排序的非递归算法时，可根据基准元素将待排序序列划分为两个子序列。若下一趟首先对较短的子序列进行排序，试证明在此做法下快速排序所需的栈的深度为 $O(\log_2 n)$。

5．将快速排序算法改为非递归算法时通常使用一个栈，若把栈换为队列会对最终排序结果有什么影响？

6．在堆排序、快速排序和二路归并排序中：

(1) 若只从存储空间考虑，应首先选取哪种排序方法？其次选取哪种排序方法？最后选取哪种排序方法？

(2) 若只从排序结果的稳定性考虑，则应选取哪种排序方法？

(3) 若只从最坏情况下的排序时间考虑，则不应选取哪种排序方法？

7．如果只想在一个有 n 个元素的任意序列中得到最小的前 k($k \ll n$)个元素的部分排序序列，那么最好采用什么排序方法？为什么？例如有一个序列(57,40,38,11,13,34,48,75,6,19,9,7)，要得到前 4 个最小元素($k=4$)的有序序列，在用所选择的算法实现时要执行多少次比较？

8．在基数排序过程中用队列暂存排序的元素，是否可以用栈来代替队列？为什么？

9．线性表有顺序表和链表两种存储方式，不同的排序方法适合不同的存储结构。对于常见的内部排序方法，说明哪些更适合于顺序表？哪些更适合于链表？哪些两者都适合？

10．设一个整数数组 $a[0..n-1]$ 中存有互不相同的 n 个整数，且每个元素的值均在 $1 \sim n$ 中。设计一个算法在 $O(n)$ 时间内将 a 中的元素递增排序，将排序结果放在另一个同

样大小的数组 b 中。

11. 设计一个双向冒泡排序算法,即在排序过程中交替改变扫描方向。

12. 假设有 n 个关键字不同的元素存于顺序表中,要求不经过整体排序从中选出从大到小顺序的前 $m(m \ll n)$ 个元素。试采用简单选择排序算法实现此选择过程。

13. 对于给定的含有 n 个元素的无序数据序列(所有元素的关键字不相同),利用快速排序方法求这个序列中第 $k(1 \leqslant k \leqslant n)$ 小元素的关键字,并分析所设计算法的最好和平均时间复杂度。

14. 设 n 个元素 $R[0..n-1]$ 的关键字只取 3 个值,即 0、1、2,采用基数排序方法将这 n 个元素递增排序,并用相关数据进行测试。

上机实验题 10

验证性实验

实验题 1:实现直接插入排序算法

目的:领会直接插入排序的过程和算法设计。

内容:编写一个程序 exp10-1.cpp 实现直接插入排序算法,用相关数据进行测试,并输出各趟的排序结果。

实验题 2:实现折半插入排序算法

目的:领会折半插入排序的过程和算法设计。

内容:编写一个程序 exp10-2.cpp 实现折半插入排序算法,用相关数据进行测试,并输出各趟的排序结果。

实验题 3:实现希尔排序算法

目的:领会希尔排序的过程和算法设计。

内容:编写一个程序 exp10-3.cpp 实现希尔排序算法,用相关数据进行测试,并输出各趟的排序结果。

实验题 4:实现冒泡排序算法

目的:领会冒泡排序的过程和算法设计。

内容:编写一个程序 exp10-4.cpp 实现冒泡排序算法,用相关数据进行测试,并输出各趟的排序结果。

实验题 5:实现快速排序算法

目的:领会快速排序的过程和算法设计。

内容:编写一个程序 exp10-5.cpp 实现快速排序算法,用相关数据进行测试,并输出各次划分后的结果。

实验题 6:实现简单选择排序算法

目的:领会简单选择排序的过程和算法设计。

内容:编写一个程序 exp10-6.cpp 实现简单选择排序算法,用相关数据进行测试,并输出各趟的排序结果。

实验题 7：实现堆排序算法

目的：领会堆排序的过程和算法设计。

内容：编写一个程序 exp10-7.cpp 实现堆排序算法，用相关数据进行测试，并输出各趟的排序结果。

实验题 8：实现二路归并排序算法

目的：领会二路归并排序的过程和算法设计。

内容：编写一个程序 exp10-8.cpp 实现二路归并排序算法，用相关数据进行测试，并输出各趟的排序结果。

实验题 9：实现基数排序算法

目的：领会基数排序的过程和算法设计。

内容：编写一个程序 exp10-9.cpp 实现基数排序算法，用相关数据进行测试，并输出各趟的排序结果。

设计性实验

实验题 10：实现可变长度的字符串序列的快速排序算法

目的：掌握快速排序算法及其应用。

内容：某个待排序的序列是一个可变长度的字符串序列，这些字符串一个接一个地存储于单个字符数组中，采用快速排序方法对这个字符串序列进行排序，并编写一个对以下数据进行排序的程序 exp10-10.cpp。

```
char S[]={"whileifif-elsedo-whileforcase"};
struct node
{   int start;           //该字符串在 S 中的起始位置
    int length;          //该字符串的长度
} A[]={{0,5},{5,2},{7,7},{14,8},{22,3},{25,4}};
```

实验题 11：实现英文单词按字典序排列的基数排序算法

目的：掌握基数排序算法及其应用。

内容：编写一个程序 exp10-11.cpp，采用基数排序方法将一组英文单词按字典序排列。假设单词均由小写字母或空格构成，最长的单词有 MaxLen 个字母，用相关数据进行测试并输出各趟的排序结果。

综合性实验

实验题 12：实现学生信息的多关键字排序

目的：掌握基数排序算法的设计及其应用。

内容：假设有很多学生记录，每个学生记录包含姓名、性别和班号字段，设计一个算法按班号、性别有序输出学生记录，即先按班号输出，同一个班的学生再按性别输出，班号的取值为 1001~1030。编写一个程序 exp10-12.cpp 实现上述功能。

实验题 13：求各种排序算法的绝对执行时间

目的：掌握各种内排序算法的设计及其比较。

内容：编写一个程序 exp10-13.cpp，随机产生 n 个 1~99 的正整数序列，分别采用直接

第 10 章　内　排　序

插入排序、折半插入排序、希尔排序、冒泡排序、快速排序、简单选择排序、堆排序和二路归并排序算法对其递增排序,求出每种排序方法所需要的绝对时间。

LeetCode 在线编程题 10

1. LeetCode1528——重新排列字符串★
2. LeetCode912——排序数组★★
3. LeetCode148——排序链表★★
4. LeetCode922——按奇偶排序数组Ⅱ★
5. 剑指 Offer51——数组中的逆序对
6. LeetCode315——计算右侧小于当前元素的元素个数★★★
7. LeetCode493——翻转对★★★
8. LeetCode973——最接近原点的 k 个点★★
9. LeetCode295——数据流的中位数★★★
10. LeetCode239——滑动窗口中的最大值★★★
11. 剑指 Offer40——最小的 k 个数★
12. LeetCode215——数组中的第 k 个最大元素★★
13. LeetCode703——数据流中的第 k 大元素★
14. LeetCode347——前 k 个高频元素★★
15. LeetCode75——颜色的分类★★
16. LeetCode164——最大间距★★★

第 11 章 外排序

第 10 章介绍的内排序都是在内存中进行的,如果参与排序的数据量特别大,存放在外存文件中,一次不能全部读入内存,用内排序方法就不能完成对数据的整体排序。为此采用分段处理,每次将文件中的一部分数据调到内存中进行排序,这样在排序过程中需要进行多次内、外存之间的数据交换,称这种排序为外排序。

本章介绍外排序的基本概念和磁盘排序方法。

11.1 外排序的概述

文件存储在外存上,因此外排序方法与各种外存设备的特征有关。外存设备大体上可以分为两类,一类是顺序存取设备,例如磁带,另一类是直接存取设备,例如磁盘。

磁带(tape)出现在 20 世纪 50 年代早期,是一种典型的顺序存取设备,它是通过读写头读写数据的。磁带对于检索和修改操作都很不方便,其主要用于处理很少需要修改的并且进行顺序存取的信息,特别用作备份数据的设备。

扫一扫

视频讲解

磁盘是一种直接存取的外存设备,它不仅能够进行顺序存取,而且能直接存取任何记录,它的存取速度比磁带快得多。磁盘分为硬盘和软盘两种,硬盘的容量比软盘大得多,而且存取速度也比软盘快得多。

目前磁盘多使用带有可移动式的磁头,图 11.1 所示为磁盘结构示意图,从中可以看到,整个磁盘由多个盘片组成,固定在同一轴上沿一个固定方向高速旋转,每个盘片包括上、下两个盘面,每个盘面用于存储信息,每个盘面有一个读写头,所有读写头是固定在一起同时、同步移动的。在一个盘面上读写头的轨迹称为磁道,磁道就是磁面上的圆环。各个磁面上半径相同的磁道总和称为一个柱面。在一个磁道内又分为若干个扇面。一般情况下,把一次向磁盘写入或读出的数据称为一个物理块,一个物理块通常由若干个记录组成。

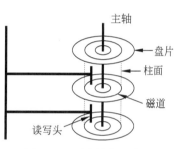

图 11.1 磁盘结构示意图

对于磁盘而言,影响存取时间的因素有 3 个,即搜索时间(磁头定位到指定柱面所需要的时间)、等待时间(磁头定位到磁道的指定扇区所需要的时间)和传送时间(从磁盘或向磁盘传送一个物理块的数据所需要的时间)。

外排序的基本方法是归并排序法,它分为以下两个步骤。

(1) 生成若干初始归并段(顺串):将一个文件(含待排序的数据)中的数据分段读入内存,在内存中对其进行内排序,并将经过排序的数据段(有序段)写到多个外存文件上。

(2) 多路归并:对这些初始归并段进行多遍归并,使得有序的归并段逐渐扩大,最后在外存上形成整个文件的单一归并段,也就完成了这个文件的外排序。

从中可以看出,外排序的时间主要花费在内、外存数据的交换(对应存取时间)和内排序上。

11.2 磁盘排序

11.2.1 磁盘排序概述

对存放在磁盘中的文件进行排序属于典型的外排序,称为**磁盘排序**(disk sort),文件是由记录组成的。由于磁盘是直接存取设备,读写一个数据块的时间与当前读写头所处的位置关系不大,所以可以通过读写数据块的次数来衡量存取时间。

图 11.2 所示为基本的磁盘排序过程,磁盘中的 F_{in} 文件包括待排序的数据,通过相关算法将 F_{in} 文件中的记录一部分一部分地调入内存处理,产生若干个文件 $F_1 \sim F_n$,它们都是有序的,称为**顺串**(runs)。然后再次将 $F_1 \sim F_n$ 文件中的记录调入内存,通过相关归并算法产生一个有序文件 F_{out},从而达到数据排序的目的。

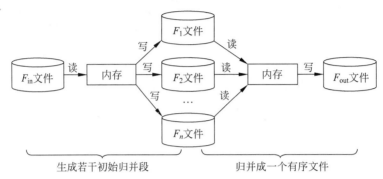

图 11.2 基本的磁盘排序过程

下面通过一个例子来说明磁盘排序过程。设有一个文件 F_{in},内含 4500 个记录,即 R_1, $R_2, \cdots, R_{4500}$,现在要对该文件进行排序,但内存空间最多只能对 $w=750$ 个记录进行排序,并假设磁盘每次读写单位为 250 个记录的数据块(即一个物理块,对应 250 个逻辑记录,也称为页块),其排序过程如下。

(1) 生成初始归并段:每次读 3 个数据块(750 个记录)进行内排序(由于这些数据全部在内存中,可以采用第 10 章介绍的内排序方法),整个文件得到 6 个归并段 $F_1 \sim F_6$(即初始归并段),把这 6 个归并段存放到磁盘上。

(2) 二路归并:将内存工作区分为 3 块,每块可容纳 250 个记录,把其中两块作为输入缓冲区,另一块作为输出缓冲区。

先对归并段 F_1 和 F_2 进行归并,为此可把这两个归并段中每一个归并段的第一个物理块(250 个记录)读入输入缓冲区,再把输入缓冲区的这两个归并段的物理块加以归并(采用内排序的二路归并过程),送入输出缓冲区。当输出缓冲区满时,就把它写入磁盘;当一个输入缓冲区腾空时,便把同一归并段中的下一物理块读入,这样不断进行,直到归并段 F_1 与归并段 F_2 的归并完成为止(将其结果存放在 F_7 文件中)。

再归并 F_3 和 F_4(结果存放在 F_8 文件中),最后归并 F_5 和 F_6(结果存放在 F_9 文件中),到此为止归并过程已对整个文件的所有记录扫描一遍。遍历一遍意味着文件中的每一个记录被读写一次(即从磁盘上读入内存一次,并从内存写到磁盘一次),并在内存中参加一次归并。这一遍扫描所产生的结果为 3 个归并段 $F_7 \sim F_9$,每个段含 6 个物理块,合 1500 个记录。

再用上述方法把其中的 F_7 和 F_8 两个归并段归并起来(将其结果存放在 F_{10} 文件中,其是大小为 3000 个记录的归并段);最后将 F_{10} 和 F_9 两个归并段进行归并,从而得到所求的排序文件 F_{out}。图 11.3 显示了这个归并过程。

从归并过程可见,遍历的遍数对于归并过程所需要的存取时间起着关键的作用。在这

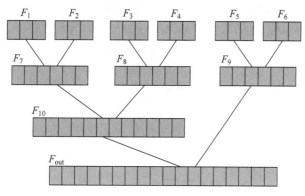

图 11.3 6 个归并段的归并过程

个例子中,除了在内排序形成初始归并段时需做一遍遍历外,各归并段的归并还需 $2\frac{2}{3}$ 遍遍历:把 6 个长度为 750 个记录的归并段归并为 3 个长度为 1500 个记录的归并段需要遍历一遍;把两个长度为 1500 个记录的归并段归并为一个长度为 3000 个记录的归并段需要遍历 $\frac{2}{3}$ 遍;把一个长度为 3000 个记录的归并段与另一个长度为 1500 个记录的归并段进行归并需要遍历一遍。显然,减少对数据的遍历遍数可以减少存取时间,从而提高排序速度。

由于磁盘的读写是以物理块为单位的,而一个物理块可能包含多个记录,在实际中读写物理块的次数与很多因素有关,难以计算。为了简单,假设一个物理块只存放一个记录,这样读写物理块次数转变为读写记录次数。

例如,对于图 11.3,若一个物理块只存放一个记录,则在整个归并过程中读记录的次数恰好等于带权路径长度,即:

$$WPL = (750 + 750 + 750 + 750) \times 3 + (750 + 750) \times 2 = 12\,000$$

它正好表示各归并段的归并需要 $2\frac{2}{3}$ 遍遍历。写记录次数与读记录次数相等,也为 12 000 次。后面均假设一个物理块只存放一个记录。

归纳起来,影响磁盘排序时间性能的主要因素如下:

(1) 读写记录次数。
(2) 关键字比较次数。

不同于内排序,磁盘排序中元素移动的次数相对上述两个因素可以忽略,所以一般不考虑元素移动的时间开销。

因此可以大致认为磁盘排序时间=读写记录次数+关键字比较次数。

由于磁盘排序主要包含生成初始归并段和多路归并两个阶段,所以在这两个阶段中要尽可能选择好的方法减少上述两个因素的影响。

11.2.2 生成初始归并段

一般情况下,初始归并段的个数越多,多路归并的性能越差。如果采用第 10 章中介绍的内排序方法来生成初始归并段,生成的归并段的大小正好等于一次能放入内存中的记录个数 w,当 w 相对较小时产生的初始归并段较多。这里介绍一种置换-选择排序算法用于生成长度较大的初始归并段,从而减少初始归并段的个数。

置换-选择排序(replacement selection sorting)算法的基本步骤如下:

(1) 从待排序文件 F_{in} 中按内存工作区 WA 的容量(设为 w)读入 w 个记录。设归并段编号 $i=1$。

(2) 从 WA 中选出关键字最小的记录 R_{min}。

(3) 将 R_{min} 记录输出到文件 F_i 中,作为当前归并段的一个记录。

(4) 若 F_{in} 不空,则从 F_{in} 中读入下一个记录到 WA 中代替刚输出的记录。

(5) 在 WA 工作区中所有大于或等于 R_{min} 的记录中选择出最小记录作为新的 R_{min},转(3),直到选不出这样的 R_{min}。

(6) 置 $i=i+1$,开始一个新的归并段。

(7) 若 WA 工作区已空,则初始归并段已全部产生,算法结束;否则转(2)。

【例 11.1】 设磁盘文件中共有 18 个记录,记录的关键字序列为(15,4,97,64,17,32,108,44,76,9,39,82,56,31,80,73,255,68),若内存工作区可容纳 5 个记录,用置换-选择排序算法可产生几个初始归并段?每个初始归并段包含哪些记录?

解 初始归并段的生成过程如表 11.1 所示。

表 11.1 初始归并段的生成过程

读入记录	内存工作区状态	R_{min}	输出之后的初始归并段状态
15,4,97,64,17	15,4,97,64,17	4($i=1$)	归并段 1:{4}
32	15,32,97,64,17	15	归并段 1:{4,15}
108	108,32,97,64,17	17	归并段 1:{4,15,17}
44	108,32,97,64,44	32	归并段 1:{4,15,17,32}
76	108,76,97,64,44	44	归并段 1:{4,15,17,32,44}
9	108,76,97,64,9	64	归并段 1:{4,15,17,32,44,64}
39	108,76,97,39,9	76	归并段 1:{4,15,17,32,44,64,76}
82	108,82,97,39,9	82	归并段 1:{4,15,17,32,44,64,76,82}
56	108,56,97,39,9	97	归并段 1:{4,15,17,32,44,64,76,82,97}
31	108,56,31,39,9	108	归并段 1:{4,15,17,32,44,64,76,82,97,108}
80	80,56,31,39,9	9(没有≥108 的记录,i 增 1,$i=2$)	归并段 1:{4,15,17,32,44,64,76,82,97,108} 归并段 2:{9}
73	80,56,31,39,9	31	归并段 1:{4,15,17,32,44,64,76,82,97,108} 归并段 2:{9,31}
255	80,56,255,39,73	39	归并段 1:{4,15,17,32,44,64,76,82,97,108} 归并段 2:{9,31,39}
68	80,56,255,68,73	56	归并段 1:{4,15,17,32,44,64,76,82,97,108} 归并段 2:{9,31,39,56}
	80,,255,68,73	68	归并段 1:{4,15,17,32,44,64,76,82,97,108} 归并段 2:{9,31,39,56,68}
	80,,255,,73	73	归并段 1:{4,15,17,32,44,64,76,82,97,108} 归并段 2:{9,31,39,56,68,73}
	80,,255,,	80	归并段 1:{4,15,17,32,44,64,76,82,97,108} 归并段 2:{9,31,39,56,68,73,80}
	,,255,,	255	归并段 1:{4,15,17,32,44,64,76,82,97,108} 归并段 2:{9,31,39,56,68,73,80,255}

这里共产生了两个初始归并段，归并段 F_1 为 (4,15,17,32,44,64,76,82,97,108)，归并段 F_2 为 (9,31,39,56,68,73,80,255)。

显然，置换-选择排序算法生成的初始归并段的长度既与内存工作区 WA 的大小有关，也与输入文件中记录的排列次序有关。可以证明，如果输入文件中的记录按关键字随机排列，所得到的初始归并段的平均长度为内存工作区大小的两倍。

在置换-选择排序算法中，内存工作区 WA 内频繁的操作是从 w 个记录中选择一个关键字最小的记录。如果采用基于简单选择排序方法，每次操作需要 $w-1$ 次比较，若输入文件中有 n 个记录，则算法的时间复杂度为 $O(nw)$。

实际上，这种频繁的操作可以采用败者树实现，从 w 个记录中选择一个关键字最小的记录的时间为 $O(\log_2 w)$，从而使置换-选择排序算法的时间复杂度降低为 $O(n\log_2 w)$。败者树将在后面介绍。

11.2.3 多路平衡归并

1. k 路平衡归并的效率分析

所谓**二路平衡归并**（2-way balanced merge），就是每一趟从 m 个归并段得到 $\lceil m/2 \rceil$ 个归并段，图 11.3 所示的归并可以看成二路平衡归并，这样的归并树就有 $\lceil \log_2 m \rceil + 1$ 层，需要对初始数据进行 $\lceil \log_2 m \rceil$ 遍遍历。做类似的推广，当采用 k 路平衡归并时，相应的归并树有 $\lceil \log_k m \rceil + 1$ 层，要对数据进行 $s = \lceil \log_k m \rceil$ 遍遍历，显然 k 越大磁盘读写次数越少。那么是不是 k 越大，归并的总效率就越好呢？

在进行 k 路归并时，在 k 个记录中选择最小者，如果采用基于简单选择排序方法，需要进行 $k-1$ 次关键字比较。每趟归并 u 个记录需要做 $(u-1)\times(k-1)$ 次关键字比较，则 s 趟归并总共需要的关键字比较次数为：

$$s \times (u-1) \times (k-1) = \lceil \log_k m \rceil \times (u-1) \times (k-1)$$
$$= \lceil \log_2 m \rceil \times (u-1) \times (k-1)/\lceil \log_2 k \rceil$$

从中可以看出，在初始归并段个数 m 与记录个数 u 确定时，其中的 $\lceil \log_2 m \rceil \times (u-1)$ 是常量，$(k-1)/\lceil \log_2 k \rceil$ 随着 k 的增大而增大。

因此，若初始归并段个数 m 与记录个数 u 确定，在选择几路归并方案时，尽管增大归并路数 k 会减少磁盘读写次数，但 k 增大会增加关键字比较次数。当 k 增大到一定的程度时，就会抵消掉由于减少磁盘读写次数而赢得的时间。

也就是说，在 k 路平衡归并中，如果采用基于简单选择排序方法，并非 k 越大归并的效率就越好。

2. 利用败者树的 k 路平衡归并

利用败者树实现 k 路平衡归并的过程是先建立败者树，然后对 k 个输入有序段进行 k 路平衡归并。

败者树（tree of loser）是一棵有 k 个叶子结点的完全二叉树（可以将大根堆看成胜者树），其中叶子结点存储参与归并的记录，分支结点存放关键字对应的段号。所谓败者是两个记录比较时关键字较大者，胜者是两个记录比较时关键字较小者。

建立败者树是采用类似于堆调整的方法实现的，初始时令所有的分支结点指向一个含最小关键字(MINKEY)的叶子结点,然后从各叶子结点出发调整分支结点为新的败者即可。

对 k 个有序段进行 k 路平衡归并的方法如下:

(1) 取每个输入有序段的第一个记录作为败者树的叶子结点,建立初始败者树:两两叶子结点进行比较,在双亲结点中存放比较的败者(关键字较大者),而让胜者去参加更高一层的比赛,如此在根结点之上胜出的"冠军"是关键字最小者。

(2) 将胜出的记录写至输出归并段,在对应的叶子结点处补充其输入有序段的下一个记录,若该有序段变为空,则补充一个大关键字(比所有记录的关键字都大,设为 $k_{\max}$)的虚记录。

(3) 调整败者树,选择新的关键字最小的记录:从补充记录的叶子结点向上和双亲结点的关键字比较,败者留在该双亲结点,胜者继续向上,直到树的根结点,最后将胜者放在根结点的双亲结点中。

(4) 若胜出的记录关键字等于 $k_{\max}$,则归并结束;否则转(2)继续。

【例 11.2】 设有 5 个初始归并段,它们中各记录的关键字分别是:

$F_0:\{17,21,\infty\}$ $F_1:\{5,44,\infty\}$ $F_2:\{10,12,\infty\}$ $F_3:\{29,32,\infty\}$ $F_4:\{15,56,\infty\}$

其中,∞ 是段结束标志,即 $k_{\max}$。说明利用败者树进行 5 路平衡归并排序的过程。

解 这里 $k=5$,其初始归并段的段号为 $0\sim4$(与 $F_0\sim F_4$ 相对应)。先构造含有 5 个叶子结点的败者树,由于败者树中不存在单分支结点,所以其中有 4 个分支结点,再加上一个冠军结点(用于存放最小关键字)。用 ls[0] 存放冠军结点,ls[1]~ls[4] 存放分支结点,$b_0\sim b_4$ 存放叶子结点。初始时 ls[0]~ls[4] 分别取 5(对应的 F_5 是虚拟段,只含一个最小关键字 MINKEY,即 $-\infty$),$b_0\sim b_4$ 分别取 $F_0\sim F_4$ 中的第一个关键字,如图 11.4(a)所示。为了方便,图 11.4 中的每个分支结点中除了段号以外另加有相应的关键字。

然后从 b_4 到 b_0 进行调整建立败者树。

调整 b_4,置胜者 s(关键字最小者)为 4,$t=(s+5)/2=4$,将 $b[s]$.key(15) 和 $b[\text{ls}[t]]$.key ($b[\text{ls}[4]]$.key$=-\infty$)进行比较,胜者 $s=\text{ls}[t]=5$,将败者"4(15)"放在 ls[4] 中,$t=t/2=2$;将 ls[s].key($-\infty$) 与双亲结点 ls[t].key($-\infty$)进行比较,胜者仍为 $s=5$,$t=t/2=1$;将 ls[s].key($-\infty$)与双亲结点 ls[t].key($-\infty$)进行比较,胜者仍为 $s=5$,$t=t/2=0$,最后置 ls[0]=s($-\infty$)。其结果如图 11.4(b)所示。实际上就是从 b_4 到 ls[1](图 11.4(b)中的粗线部分)进行调整,将最小关键字的段号放在 ls[0] 中。

调整 $b_3\sim b_0$ 的过程与此类似,它们调整后得到的结果分别如图 11.4(c)~图 11.4(f)所示,图 11.4(f)就是构建的初始败者树。

在败者树建立好以后,可以利用 5 路归并产生有序序列,其中主要的操作是从 5 个关键字中找出最小关键字并确定其所在的段号,这对败者树来说十分容易实现。

先从初始败者树中输出 ls[0] 记录到结果输出归并段中,即输出 1 号段的当前关键字为 5 的记录,然后在 F_1 中补充下一个关键字为 44 的记录到 11 号段,再进行调整。调整的过程是将新进入树的叶子结点与双亲结点进行比较,较大者(败者)存放到双亲结点中,较小者(胜者)与上一级的祖先结点再进行比较,此过程不断进行,直到根结点,最后把新的全局优胜者写至输出归并段。

对于本例,将 1(5) 写至结果输出归并段后在 F_1 中补充下一个关键字为 44 的记录,调整败者树,即将 1(44) 与 2(10) 进行比较,产生败者 1(44),放在 ls[3] 中,胜者为 2(10);将 2(10) 与 4(15) 进行比较,产生败者 4(15),胜者为 2(10);最后将胜者 2(10) 放在 ls[0] 中。只

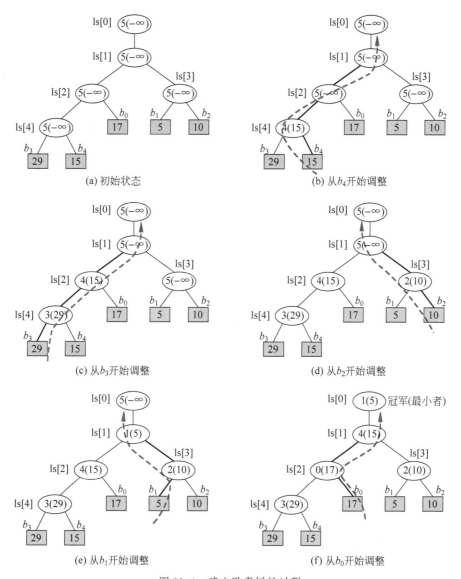

图 11.4 建立败者树的过程

经过两次比较产生新的关键字最小的记录 2(10)，如图 11.5 所示，其中粗线部分为调整路径。

说明：在 11.2.2 节的置换-选择排序算法中，第(2)步从 WA 中选出关键字最小的记录也可以使用败者树方法，以提高算法的效率。

从上例看到，k 路平衡归并的败者树的高度为 $\lceil \log_2 k \rceil + 1$①，在每次调整找下一个具有最小关键字的记录时仅需要做 $\lceil \log_2 k \rceil$ 次关键字比较。

因此，若初始归并段为 m 个，利用败者树在 k 个记录中选择最小者只需要进行 $\lceil \log_2 k \rceil$ 次关键字比较，则 $s = \lceil \log_k m \rceil$ 趟归并总共需要的关键字比较次数为：

---

① k 路平衡归并败者树是一棵含有 k 个叶子结点，且没有单分支结点(这是构建 k 路平衡归并败者树的约定)的完全二叉树，即 $n_1 = 0$，有 $n_2 = n_0 - 1 = k - 1$，$n = n_0 + n_1 + n_2 = 2k - 1$，则 $h = \lceil \log_2(n+1) \rceil = \lceil \log_2(2k) \rceil = \lceil \log_2 k \rceil + 1$。

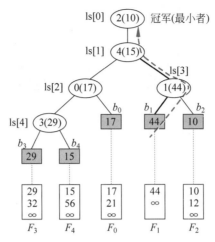

图 11.5 重购后的败者树(粗线部分结点发生改变)

$$s \times (u-1) \times \lceil \log_2 k \rceil = \lceil \log_k m \rceil \times (u-1) \times \lceil \log_2 k \rceil$$
$$= \lceil \log_2 m \rceil \times (u-1) \times \lceil \log_2 k \rceil / \lceil \log_2 k \rceil$$
$$= \lceil \log_2 m \rceil \times (u-1)$$

这样,关键字比较次数与 k 无关,总的内部归并时间不会随 k 的增大而增大。但 k 越大,归并树的高度较小,读写磁盘的次数也较少。

因此,当采用败者树实现多路平衡归并时,只要内存空间允许,增大归并路数 k 会有效地减少归并树的高度,从而减少读写磁盘次数,提高外排序的速度。

11.2.4 最佳归并树

由于采用置换-选择排序算法生成的初始归并段长度不等,在进行逐趟 k 路归并时对归并段的组合不同,会导致归并过程中读写记录的次数不同。为了提高归并的时间效率,有必要对各归并段进行合理的搭配组合。按照最佳归并树的设计可以使归并过程中对外存的读写次数最少。

归并树是描述归并过程的 k 次树。因为每一次做 k 路归并都需要有 k 个归并段参加,所以归并树是只包含度 0 和度为 k 的结点的标准 k 次树。

下面看一个例子。设有 11 个长度不等的初始归并段,其长度(记录个数)分别为 1、3、5、7、9、13、16、20、24、30、38。在对它们进行 3 路归并时,采用归并方案对应的一棵归并树如图 11.6 所示。

此归并树的带权路径长度 $\text{WPL} = (24+30+38+13+16+20) \times 4 + 9 \times 3 + (5+7) \times 2 + (1+3) \times 1 = 619$。

因为在归并树中各叶子结点代表参加归并的各初始归并段,叶子结点上的权值即为该初始归并段中的记录个数,根结点代表最终生成的归并段,叶子结点到根结点的路径长度表示在归并过程中的读记录次数,各非叶子结点代表归并出来的新归并段,则归并树的带权路径长度 WPL 即为归并过程中的总读记录数,因此在归并过程中总的读写记录次数为 $2 \times \text{WPL} = 1238$。

不同的归并方案所对应的归并树的带权路径长度各不相同,为了使总的读写次数达到

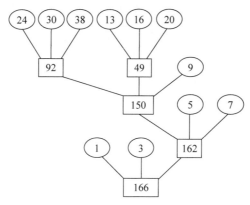

图 11.6 一棵 3 路归并树

最少,需要改变归并方案,重新组织归并树,使其路径长度 WPL 尽可能短。所有归并树中最小带权路径长度 WPL 的归并树称为**最佳归并树**(optimal merge tree)。为此,可将哈夫曼树的思想扩充到 k 次树的情形。在归并树中,让记录个数少的初始归并段最先归并,记录个数多的初始归并段最晚归并,就可以建立总的读写次数达到最少的最佳归并树。显然图 11.6 所示的归并树不是一棵最佳归并树。

为了使归并树成为一棵标准 k 次树,可能需要补入虚段(记录个数为 0 的归并段)。

补虚段的原则为:设参加归并的初始归并段有 m 个,做 k 路平衡归并。因为归并树是只有度为 0 和度为 k 的结点的正则 k 次树,设度为 0 的结点有 m 个(因为初始归并段有 m 个,对应归并树的叶子结点就有 m 个),度为 k 的结点有 m_k 个,则有 $m=(k-1)m_k+1$。因此,可以得出 $m_k=(m-1)/(k-1)$。如果该除式能整除,即 $(m-1)\%(k-1)=0$,则说明这 m 个叶子结点正好可以构造 k 次归并树,不需要加虚段,此时分支结点有 m_k 个。如果 $(m-1)\%(k-1)=u\neq 0$,则需要补入 $k-u-1$ 个虚段,这样就可以建立归并树了。

因此,最佳归并树是带权路径长度最短的 k 次(阶)哈夫曼树,其构造步骤如下:

(1) 若 $(m-1)\%(k-1)\neq 0$,则需附加 $(k-1)-(m-1)\%(k-1)$ 个长度为 0 的**虚段**(dummy run),以使每次归并都可以对应 k 个段。

(2) 按照哈夫曼树的构造原则(权值越小的结点离根结点越远)构造最佳归并树。

对于前面的例子,$m=11$,$k=3$,$(11-1)\%(3-1)=0$,可以不加空归并段,直接进行 3 路归并,其最佳归并树如图 11.7 所示。

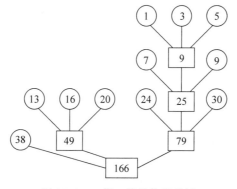

图 11.7 一棵 3 路最佳归并树

此归并树的带权路径长度 WPL=38×1+(13+16+20+24+30)×2+(7+9)×3+(1+3+5)×4=328,在归并过程中总的读写记录次数为 2×WPL=656。

也就是说,同样一组初始归并段,采用的归并路数也相同,但选择不同的归并方案,读写记录次数可能是不相同的,最佳归并树对应的归并方案是读写记录次数最少的。

【例 11.3】 设文件经预处理后得到长度分别为 49、9、35、18、4、12、23、7、21、14 和 26 的 11 个初始归并段,试为 4 路归并设计一个读写文件次数最少的归并方案。

解 初始归并段的个数 $m=11$,归并路数 $k=4$,由于 $(m-1)\%(k-1)=1$,不为 0,因此需附加 $(k-1)-(m-1)\%(k-1)=2$ 个长度为 0 的虚段。根据集合{49,9,35,18,4,12,23,7,21,14,26,0,0}得到按长度递增排序的结果为(0,0,4,7,9,12,14,18,21,23,26,35,49),由此构造的 4 路哈夫曼树如图 11.8 所示。

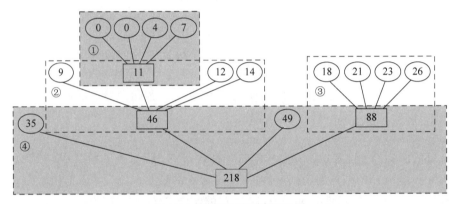

图 11.8 4 路最佳归并树示例

该最佳归并树显示了读写记录次数最少的归并方案,即:

① 将长度为 4 和 7 的初始归并段归并为长度为 11 的有序段。

② 将长度为 9、12 和 14 的初始归并段以及长度为 11 的有序段归并为长度为 46 的有序段。

③ 将长度为 18、21、23 和 26 的初始归并段归并为长度为 88 的有序段。

④ 最终将长度为 35 和 49 的初始归并段以及长度为 46 和 88 的有序段归并为记录长度为 218 的有序文件整体。

此归并方案的读写记录次数为 2×[(4+7)×3+(9+12+14+18+21+23+26)×2+(35+49)×1]=726 次。

本 章 小 结

本章的基本学习要点如下:

(1) 理解外排序的特点。

(2) 掌握磁盘排序过程和影响磁盘排序性能的因素。

(3) 掌握生成初始归并段的置换-选择排序算法。

(4) 掌握利用败者树实现多路平衡归并的过程和特点。

(5) 掌握利用最佳归并树构造归并方案的过程。
(6) 理解磁带排序过程。

练习题 11

1. 外排序中两个相对独立的阶段是什么？
2. 给出一组关键字 $T=\{12,2,16,30,8,28,4,10,20,6,18\}$，设内存工作区中可容纳 4 个记录，给出用置换-选择排序算法得到的全部初始归并段。
3. 设输入的关键字满足 $k_1>k_2>\cdots>k_n$，内存工作区的大小为 m，用置换-选择排序算法可产生多少个初始归并段？
4. 什么是多路平衡归并？多路平衡归并的目的是什么？
5. 什么是败者树？其主要作用是什么？用于 k 路归并的败者树中共有多少个结点（不计冠军结点）？
6. 如果某个文件经内排序得到 80 个初始归并段，试问：
(1) 若使用多路平衡归并执行 3 趟完成排序，那么可取的归并路数至少为多少？
(2) 如果操作系统要求一个程序同时可用的输入/输出文件的总数不超过 15 个，则按多路平衡归并至少需要几趟可以完成排序？如果限定这个趟数，可取的最少路数是多少？
7. 若采用置换-选择排序算法得到 8 个初始归并段，它们的记录个数分别为 37、34、300、41、70、120、35 和 43。画出这些磁盘文件进行归并的 4 阶最佳归并树，计算出总的读写记录数。

上机实验题 11

◐ 验证性实验

实验题 1：创建一棵败者树
目的：领会外排序中败者树的创建过程和算法设计。
内容：编写一个程序 exp11-1.cpp，给定关键字序列 (17,5,10,29,15)，采用 5 路归并，创建对应的一棵败者树，并输出构建过程。

◐ 设计性实验

实验题 2：从大数据文件中挑选 K 个最小的记录
目的：掌握外排序的过程及堆的应用算法设计。
内容：编写一个程序 exp11-2.cpp，从大数据文件中挑选 K 个最小的记录。假设内存工作区的大小为 k，模拟这个过程，并输出每趟的结果。假设整数序列为 (15,4,97,64,17,32,108,44,76,9,39,82,56,31,80,73,255,68)，从中挑选 5 个最小的整数。

实验题 3：用败者树实现置换-选择排序算法
目的：领会外排序中置换-选择排序算法的执行过程和设计。
内容：编写一个程序 exp11-3.cpp，模拟置换-选择排序算法生成初始归并段的过程以求解以下问题。设磁盘文件中共有 18 个记录，记录的关键字序列为：

(15,4,97,64,17,32,108,44,76,9,39,82,56,31,80,73,255,68)

若内存工作区中可容纳 5 个记录,用置换-选择排序算法可产生几个初始归并段？每个初始归并段包含哪些记录？假设输入文件数据和输出归并段数据均存放在内存中。

实验题 4：实现多路平衡归并算法

目的：领会外排序中多路平衡归并的执行过程和算法设计。

内容：编写一个程序 exp11-4.cpp,模拟利用败者树实现 5 路归并算法的过程以求解以下问题。设有 5 个文件,其中的记录关键字如下：

F_0:{17,21,∞} F_1:{5,44,∞} F_2:{10,12,∞} F_3:{29,32,∞} F_4:{15,56,∞}

要求将其归并为一个有序段并输出。假设这些输入文件数据存放在内存中,输出结果直接在屏幕上显示。

第12章 采用面向对象的方法描述算法

数据结构课程的核心内容是培养学生分析数据、组织数据和处理数据的能力,其目的是编写高质量的程序。程序设计主要有结构化方法和面向对象的方法,前面各章都是采用结构化方法描述算法。目前面向对象的方法已成为软件开发的主流方法。

本章介绍采用 C++ 面向对象程序设计的概念和描述数据结构基本算法的过程,为更高层次地开发数据处理软件打下扎实的基础。

12.1 面向对象的概念

在出现高级语言之后,如何用它来编写较大的程序呢?人们把程序看成处理数据的一系列过程。过程或函数定义为一个接一个顺序执行的一组指令。数据与程序分开存储,程序设计的主要技巧在于追踪哪些函数和调用哪些函数,哪些数据发生了变化。为解决其中可能存在的问题,结构化程序设计应运而生。结构化程序设计的主要思想是功能分解并逐步求精,也就是说,当要设计某个目标系统时先从代表目标系统整体功能的单个处理着手,自顶向下不断地把复杂的处理分解为子处理,这样一层一层地分解下去,直到仅剩下若干个容易处理的子处理为止。当所分解出的子处理已经十分简单,其功能显而易见时,就停止这种分解过程,对每个这样的子处理用程序加以实现。结构化程序设计仍然存在诸多问题,例如生产率低下、软件代码重用程度低、软件仍然很难维护等。针对结构化程序设计的缺点,人们提出了面向对象的程序设计方法。

面向对象程序设计的本质是把数据和处理数据的过程当成一个整体,即对象。面向对象程序语言包含下面一些概念。

1. 对象

对象是人们要进行研究的任何实际存在的事物,它具有属性(用数据来描述)和方法(用于处理数据的算法)。面向对象语言把属性和方法封装于对象体之中,并提供一种访问机制,使对象的"私有数据"仅能由这个对象的方法来执行。用户只能通过向允许公开的方法提出要求(消息)才能查询和修改对象的状态。这样,对象属性的具体表示和方法的具体实现都是隐蔽的。

2. 类

把众多事物归纳、划分成一些类,把具有共性的事物划分为一类,得出一个抽象的概念,是人类认识世界经常采用的思维方法。类是面向对象语言必须提供的用户定义的数据类型,它将具有相同状态、操作和访问机制的多个对象抽象成为一个对象类。在定义了类以后,属于这种类的一个对象叫作类实例或类对象。一个类的定义应包括类名、类的说明和类的实现。

3. 继承

继承是面向对象语言的另一个必备要素。类与类之间可以组成继承层次,一个类的定义(称为子类)可以定义在另一个已定义类(称为父类)的基础上。子类可以继承父类中的属性和操作,也可以定义自己的属性和操作,从而使内部表示上有差异的对象可以共享与它们的结构有共同部分的有关操作,达到代码重用的目的。

4. 消息

对象引用一个方法的过程称为向该对象发送一个消息,或者说一个对象接收到一个服务请求。消息是对象之间交互的手段。

通常人们定义面向对象＝对象＋类＋继承＋消息。

面向对象方法的主要优点如下：

1. 与人类习惯的思维方式一致

结构化程序设计是面向过程的，以算法为核心，把数据和处理过程作为相互独立的部分。面向对象程序设计以对象为中心，对象是一个统一体，它是由描述内部状态表示静态属性的数据以及可以对这些数据施加的操作封装在一起所构成的。面向对象设计方法是对问题领域进行自然分解，确定需要使用的对象和类，建立适当的类等级，在对象之间传递消息实现必要的联系，从而按照人们习惯的思维方式建立起问题域的模型，模拟客观世界。

2. 可重用性好

面向对象的软件技术在利用可重用的软件成分构造新的软件系统时有很大的灵活性。有两种方法可以重复使用一个对象类，一种方法是创建该类的实例，从而直接使用它；另一种方法是从它派生出一个满足当前需要的新类。继承性机制使得子类不仅可以重用其父类的数据结构和程序代码，而且可以在父类代码的基础上方便地修改和扩充，这种修改并不影响对原有类的使用。

3. 可维护性好

类是理想的模块机制，它的独立性好，修改一个类通常很少会涉及其他类。如果仅修改一个类的内部实现部分（私有数据成员或成员函数的算法），而不修改该类的对外接口，则可以完全不影响软件的其他部分。面向对象软件技术特有的继承机制使得对软件的修改和扩充比较容易实现，通常只要从已有类派生出一些新类，无须修改软件的原有成分。面向对象软件技术的多态性机制使得扩充软件功能时对原有代码所需做的修改进一步减少，需要增加的新代码也比较少。所以，用面向对象方法设计的程序具有很好的可维护性。

正因为面向对象程序设计有诸多的优点，所以程序设计方法逐渐由结构化程序设计发展为面向对象程序设计。

12.2 用C++描述面向对象的程序

C++是一种广泛应用的程序设计语言，它在C语言的基础上扩展了面向对象的程序设计特点，最主要的是增加了类功能，使它成为面向对象的程序设计语言，从而提高了开发软件的效率。

12.2.1 类

从语言角度来说，类是一种数据类型，而对象是具有这种类型的变量。当有 int n 说明之后，类与对象的关系如同 int 类型与变量 n 之间的关系。

1. 类的定义

类是一种用户自定义的数据类型，声明类的一般格式如下：

```
class 类名
{
    private:
        私有数据成员和成员函数;
    protected:
        保护数据成员和成员函数;
    public:
        公有数据成员和成员函数;
};
各个成员函数的实现;
```

其中,class 是定义类的关键字。"类名"是一个标识符,用于唯一标识一个类。一对大括号内是类的声明部分,指定该类的所有成员。类的成员包含数据成员和成员函数两部分。类的成员从访问权限上分为公有的(public)、私有的(private)和保护的(protected)3 类,其中默认为 private 权限。

【例 12.1】 以下声明了一个 Sample 类,指出其私有和公有成员。

```
class Sample                              //定义 Sample 类
{
private:
    int x,y;                              //数据成员
public:
    void setvalue(int x1,int y1);         //成员函数
    void display();
};
void Sample::setvalue(int x1,int y1){ x=x1;y=y1;}
void Sample::display()
{   cout<<"x="<< x <<",y="<< y << endl;   }
```

解 从 Sample 类的声明看出,该类包含两个私有数据成员 x 和 y,它们都是 int 型的,以及两个公有成员函数 setvalue() 和 display()。该类的描述如图 12.1 所示。

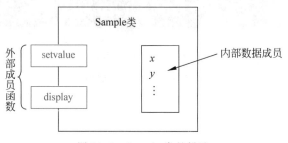

图 12.1　Sample 类的描述

2. 类的成员函数

类的成员函数对类的数据成员进行操作,成员函数的定义体可以在类的声明体中,也可以在类的声明体外,如例 12.1 中的成员函数 setvalue() 和 display() 是在类的声明体外实现

的。在类的声明体中定义的函数都是内联函数。在类的声明体外实现的函数可以通过在函数声明和定义上分别加 inline 来表示该函数是内联的，否则不是内联函数。

在类的声明体内定义成员函数的优点是使整个类集中于程序代码的同一位置，不利的方面是增加了类声明的规模和复杂性，而且内联函数代码并不被相同类的对象所共享，因此增大了程序的内存开销。

3. 访问权限

类成员有 3 类访问权限，即公有（public）、私有（private）和保护（protected）。声明为公有的成员可以被程序中的任何代码访问；声明为私有的成员只能被类本身的成员函数及友元类的成员函数访问，其他类的成员函数，包括其派生类的成员函数都不能访问它们；声明为保护的成员与私有成员类似，只是除了类本身的成员函数和声明为友元类的成员函数可以访问保护成员以外，该类的派生类的成员也可以访问。

这里需要先区分类的成员对类对象的可见性和对类的成员函数的可见性的不同。类的成员函数可以访问类的所有成员，没有任何限制，而类的对象对类的成员的访问是受成员访问控制符制约的。例如声明一个 Sample1 类如下：

```
class Sample1
{
private:
    int i;
protected:
    int j;
public:
    int k;
    int geti() { return i; }    //类的成员函数可以访问类的私有成员
    int getj() { return j; }    //类的成员函数可以访问类的保护成员
    int getk() { return k; }    //类的成员函数可以访问类的公有成员
};
```

定义该类的一个对象 s：

Sample1 s;

其成员访问的合法性如下：

```
s.i;        //非法,i 为 Sample1 的私有成员
s.j;        //非法,j 为 Sample1 的保护成员
s.k;        //合法,k 为 Sample1 的公有成员
```

Sample1 类具有私有成员 i，它可以由 Sample1 类的成员函数 geti() 访问，保护成员和公有成员也一样，但是不能通过 Sample1 类的实例对象来访问 Sample1 类的私有成员 i 和保护成员 j。

一般来说，公有成员是类的对外接口，而私有成员和保护成员是类的内部实现，不希望外界了解。将类的成员划分为不同访问级别有两个好处，一是信息隐蔽，即实现的封装，将类的内部实现和外部接口分开，这样使用该类的程序不需要了解类的详细实现；二是数据

保护,即将类的重要信息保护起来,以免其他程序不恰当地修改。

12.2.2 类对象

类只是一个数据类型,为了使用类,还必须定义类的对象。在声明类时系统是不会给类分配存储空间的,只有在定义类对象时才会给对象分配相应的内存空间。

1. 对象的定义格式

定义类对象的格式如下:

> 类名 对象名表;

其中,"类名"是待定的对象所属的类的名称,即所定义的对象是该类的对象。"对象名表"中可以有一个或多个对象名,多个对象名之间用逗号分隔。在"对象名表"中可以是一般的对象名,还可以是指向对象的指针名(即对象指针)或引用名(即对象引用),也可以是对象数组名。

例如,在 Sample 类声明好之后,以下语句用于定义它的对象:

> **Sample** obj1,obj2, * pobj,obj[10];

其中,obj1 和 obj2 是一般对象名;pobj 是指向对象的指针;obj 是对象数组,它有 10 个元素,每个元素都是一个对象。

在 C++ 中,对象指针、对象引用和对象数组的使用方法与普通指针、引用和数组类似。

类对象实例化就是分配类对象所指向的空间,通过 new 运算符(类似 malloc 函数)实现,例如:

> **Sample** * p = new **Sample**();

可以通过 delete 运算符(类似 free 函数)释放其指向的空间,例如:

> delete p;

2. 对象成员的表示方法

一个对象的成员就是该对象的类所声明的成员。对象成员有数据成员和成员函数。一般对象的成员表示如下:

> 对象名.成员名

或者

> 对象名.成员名(参数表)

前者用于表示数据成员,后者用于表示成员函数。这里的"."是一个运算符,该运算符的功能是表示对象的成员。

例如,前面定义的 obj1 的数据成员表示为:

obj1.i,obj1.j,obj1.k

obj1 的成员函数表示为:

obj1.setvalue(),obj1.display()

对象指针的成员表示如下:

对象指针名->成员名

或者

对象指针名->成员名(参数表)

同样,前者用于表示数据成员,后者用于表示成员函数。这里的"—>"是一个表示成员的运算符,它与前面介绍过的"."运算符的区别是"—>"用来表示指向对象的指针的成员,而"."用来表示一般对象的成员。

对于数据成员和成员函数,以下两种表示方式是等价的:

- 对象指针名—>成员名
- (*对象指针名).成员名

12.2.3 构造函数和析构函数

构造函数和析构函数都是类的成员函数,但它们是特殊的成员函数,不用调用便自动执行,而且这些函数的名称与类的名称有关。

1. 构造函数

在刚定义类的对象时一般都需要有初始值,如给上例中的 Sample 类的 x 和 y 赋初值。但在类的声明体中不能在定义时初始化成员变量,那么该怎么办? 在 Sample 类中使用了一个 setpoint 函数来实现,在每次使用一个新的对象前调用一下该函数就可以初始化需要的成员变量,但是这种方法既不方便也容易忘记,如果用户不小心忘记了调用 setpoint 来初始化类对象,那么结果就可能出错。C++提供了一个更好的方法,即利用类的构造函数来初始化类的数据成员。

构造函数是类的一个特殊成员函数,它与类同名,并且没有返回值。C++在创建一个对象时会自动调用该类的"构造函数",在构造函数中可以执行初始化成员变量的操作。例如,以下是一个构造函数的声明示例:

```
class Sample
{
public:
    Sample(参数表);
}
```

2. 重载构造函数

构造函数可以像普通函数一样被重载，C++根据声明中的参数个数和类型选择合适的构造函数。

【例 12.2】 分析以下程序的执行结果。

```cpp
#include <iostream>
using namespace std;
class Sample2
{
    int value;
public:
    Sample2() { value=0; }              //构造函数
    Sample2(int v) { value=v; }         //重载构造函数
    int getvalue() { return value; }
    void setvalue(int v) { value=v; }
};
int main()
{   Sample2 a[10]={0,1,2,3,4,5,6,7,8,9},b[10];
    cout << "输出 a:" << endl;
    for (int i=0;i<10;i++)
    {   cout << "a[" << i << "]=" << a[i].getvalue() << " ";
        if ((i+1)%5==0)                 //每输出5个元素换一行
            cout << endl;
    }
    cout << "输出 b:" << endl;
    for (int i=0;i<10;i++)
    {   cout << "b[" << i << "]=" << b[i].getvalue() << " ";
        if ((i+1)%5==0)                 //每输出5个元素换一行
            cout << endl;
    }
    return 1;
}
```

解 上述程序说明了类对象数组的使用方法。在程序中定义对象数组时编译器调用适当的类构造函数建立数组的每个分量。这里的 a 数组有 10 个元素，赋有初值，编译器调用重载构造函数 Sample2(int v) 构造对象，所以 a 的定义等价于：

Sample2 a[10]={Sample2(0), Sample2(1), Sample2(2), Sample2(3), Sample2(4), Sample2(5), Sample2(6), Sample2(7), Sample2(8), Sample2(9)}

b 数组也有 10 个元素，没有赋初值，编译器调用第一个构造函数 Sample2() 构造对象，所以 b 的定义等价于：

Sample2 b[10]={Sample2(0), Sample2(0), Sample2(0), Sample2(0), Sample2(0), Sample2(0), Sample2(0), Sample2(0), Sample2(0), Sample2(0)}

程序的执行结果如下：

```
输出 a：
    a[0]=0 a[1]=1 a[2]=2 a[3]=3 a[4]=4
    a[5]=5 a[6]=6 a[7]=7 a[8]=8 a[9]=9
输出 b：
    b[0]=0 b[1]=0 b[2]=0 b[3]=0 b[4]=0
    b[5]=0 b[6]=0 b[7]=0 b[8]=0 b[9]=0
```

3. 析构函数

一个类可能在构造函数里分配了资源，这些资源需要在对象不复存在以前被释放。例如，如果构造函数中分配了内存，这块内存在对象消失之前必须被释放。

与构造函数对应的是析构函数。当一个对象消失，或用 new 运算符创建的对象用 delete 运算符删除时，由系统自动调用类的析构函数。析构函数的名称为"~"符号加类名，析构函数没有参数和返回值。在一个类中只可能定义一个析构函数，所以析构函数不能重载。以下是一个析构函数声明的示例：

```cpp
class Sample
{
public:
    ~Sample();
}
```

在析构函数中一般做一些清除工作，在 C++ 中清除就像初始化一样重要。通过析构函数来保证执行清除。

当对象超出其定义范围时（即释放该对象时）编译器自动调用析构函数，在以下情况下析构函数也会被自动调用：

（1）若一个对象被定义在一个函数体内，则当这个函数结束时该对象的析构函数被自动调用。

（2）若一个对象是使用 new 运算符动态创建的，在使用 delete 运算符释放它时 delete 将会自动调用析构函数。

【例 12.3】 分析以下程序的执行结果。

```cpp
#include <iostream>
using namespace std;
class Sample3
{
    int x,y;
public:
    Sample3(int x1,int y1)              //构造函数
    {   x=x1;y=y1;   }
    ~Sample3()                          //析构函数
    {   cout << "调用析构函数." << endl;}
    void dispoint()
```

```
        {   cout << "(" << x << "," << y << ")" << endl;}
};
int main()
{   Sample3 a(12,6), * p=new Sample3(5,12);    //对象指针指向创建的无名对象
    cout << "First point=>";
    a.dispoint();
    cout << "Second point=>";
    p -> dispoint();
    //delete p;
    return 1;
}
```

解 本程序的执行结果如下。

```
First point=>(12,6)
Second point=>(5,12)
调用析构函数.
```

从程序的执行结果看到,对于一般类对象,系统会自动释放并自动调用析构函数,程序中的对象 a 就是这样的。对于用 new 运算符创建的对象,必须在使用 delete 运算符释放时才会调用析构函数,本程序中的对象指针 p 没有使用 delete 释放,故未调用析构函数。若除去代码中 delete p 语句前的注释符号,则会自动调用析构函数,结果显示两次"调用析构函数"。

12.2.4 模板类

模板(template)用于把函数或类要处理的数据类型参数化,表现为参数的多态性。模板用于表达逻辑结构相同,且具体数据元素类型不同的数据对象的通用行为,从而使程序可以从逻辑功能上抽象,把被处理的对象(数据)类型作为参数传递。

类模板使用户可以为类声明一种模式,使得类中的某些数据成员、成员函数的参数和返回值能取任意数据类型。类模板用于实现类所需数据类型的参数化。类模板在实现数据结构(例如数组、二叉树和图等)时显得特别重要,当一个数据结构采用类模板实现后,其使用不受所包含的元素类型的影响。

声明类模板的一般格式如下:

```
template 类型形参表
class 类模板名
{
    类声明体;
};
template 类型形参表
返回类型 类名 类型名表::成员函数1(形参表)
{
    成员函数定义体;
}
  ⋮
```

```
template 类型形参表
返回类型 类名 类型名表::成员函数n(形参表)
{
    成员函数定义体;
}
```

其中的"类型形参表"与函数模板中的意义一样。在后面的成员函数定义中,"类型名表"是类型形参的使用。"类型形参表"中的形参要加上"class"或"typename"关键词。类型形参可以是 C++中的任何基本的或用户定义的类型。对于在形参表中定义的每个类型,必须要使用关键词 class 或 typename。如果类型形参多于一个,则每个形参都要使用关键词 class 或 typename。

同样,类模板不能直接使用,必须先实例化为相应的模板类,再定义该模板类的对象后才能使用,如图12.2所示。在定义类模板之后,创建模板类的一般格式如下:

```
类模板名<类型实参表> 对象表;
```

其中,"类型实参表"应与该类模板中的"类型形参表"相匹配。"对象表"是定义该模板类的一个或多个对象。

图 12.2 类模板、模板类和类对象之间的关系

【例 12.4】 分析以下程序的功能。

```cpp
#include <iostream>
using namespace std;
template <typename T>
class Array
{   int size;
    T *data;                //T为类型参数
public:
    Array(int);             //构造函数
    ~Array();               //析构函数
    void setvalue();        //输入数组元素
    void dispvalue();       //输出所有数组元素
};
template <typename T>
Array<T>::Array(int n)      //构造函数
{   size=n;
    data=new T[n];          //为动态数组分配内存空间
}
template <typename T>
```

```cpp
Array<T>::~Array()                      //析构函数
{   delete [] data; }
template <typename T>
void Array<T>::setvalue()
{   cout << "(输入" << size << "个数据)" << endl;
    for (int i=0;i<size;i++)
    {   cout << "   第" << i+1 << "个数据:";
        cin >> data[i];
    }
}
template <typename T>
void Array<T>::dispvalue()
{   for (int i=0;i<size;i++)
        cout << data[i] << " ";
    cout << endl;
}
int main()
{   Array<char> ac(2);                   //Array<char>为模板类,ac(2)定义模板类的对象
    cout << "建立一个字符数组";
    ac.setvalue();
    cout << "  数组的内容是:";
    ac.dispvalue();
    Array<int> ad(3);                    //Array<int>为模板类,ad(3)定义模板类的对象
    cout << "建立一个整数数组:";
    ad.setvalue();
    cout << "  数组的内容是:";
    ad.dispvalue();
    return 1;
}
```

解 在上述程序中声明了一个类模板 Array<T>,其私有数据成员 size 是一个整数,表示动态数组的大小,还有一个指针 data,当实例化模板类时它指向相应类型数组的元素,在构造函数中为类型 T 的数组分配指定大小的空间,在析构函数中释放所分配的空间。在main 函数中定义了两个模板类 ac 和 ad,分别是大小为 2 的字符数组和大小为 3 的整数数组,通过调用相应的成员函数实现数组的输入和输出功能。

12.3 用C++描述数据结构算法

数据结构采用面向对象方法实现时通常用类模板来描述,这是由于数据结构关注的是数据元素及其关系是如何保存的,基于这些关系的运算是如何实现的,而数据元素可以是任意类型。使用类模板来描述,可以避免对于具体数据元素类型的依赖。本节通过设计顺序表类模板和链栈类模板来说明采用面向对象方法描述数据结构算法的基本思想。

12.3.1 顺序表类模板

有关顺序表的基本运算算法参见第 2 章,这里不再介绍。在设计顺序表类时有两个私有数据成员,pelem 指针指向顺序表的数据,length 指出当前顺序表中数据元素的个数。另外,将初始化顺序表的功能用构造函数实现(分配 MaxSize 大小的空间,由 pelem 指针指向它),释放顺序表的功能用析构函数实现(释放 pelem 指针所指向的空间)。顺序表的其他基本运算由该类中的其他成员函数实现。顺序表类 SqList 如图 12.3 所示。

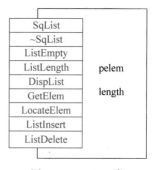

图 12.3　SqList 类

为了通用,设计顺序表类模板 SqList<T>如下:

```
template <typename T>
class SqList                        //顺序表类模板
{   T *pelem;
    int length;
public:
    SqList(int n)                   //构造函数,用于初始化顺序表
    {   pelem=new T[n];
        length=0;
    }
    ~SqList()                       //析构函数,用于释放分配的空间
    {   delete pelem;}
    bool ListEmpty()                //判断线性表是否为空表
    {   return(length==0);   }
    int ListLength()                //求线性表的长度
    {   return(length);   }
    void DispList()                 //输出线性表
    {   int i;
        if (ListEmpty()) return;
        cout<<"顺序表:";
        for (i=0;i<length;i++)
            cout<<pelem[i]<<" ";
        cout<<endl;
    }
    bool GetElem(int i,T &e)        //求线性表中的某个数据元素值
    {   if (i<1 || i>length)
            return false;
        e=pelem[i-1];
        return true;
    }
    int LocateElem(T e)             //按元素值查找
    {   int i=0;
        while (i<length && pelem[i]!=e) i++;
        if (i>=length)return 0;
```

```cpp
            else return i+1;
        }
        bool ListInsert(int i, T e)              //插入数据元素
        {    int j;
            if (i<1 || i>length+1)
                return false;
            i--;                                  //将顺序表位序转化为 pelem 下标
            for (j=length;j>i;j--)                //将 pelem[i]及后面的元素后移一个位置
                pelem[j]=pelem[j-1];
            pelem[i]=e;
            length++;                             //顺序表的长度增 1
            return true;
        }
        bool ListDelete(int i, T &e)              //删除数据元素
        {    int j;
            if (i<1 || i>length) return false;
            i--;                                  //将顺序表位序转化为 pelem 下标
            e=pelem[i];
            for (j=i;j<length-1;j++)
                pelem[j]=pelem[j+1];
            length--;
            return true;
        }
};
```

在设计好 SqList<T>类模板之后可以定义模板类及其对象,并通过这个对象调用成员函数来实现顺序表的功能。例如,设计以下主函数:

```cpp
int main()
{    char e;int i;
    SqList<char> s(10);                          //定义一个大小为 10 的字符顺序表对象 s
    s.ListInsert(1,'a');
    s.ListInsert(2,'b');
    s.ListInsert(3,'c');
    s.ListInsert(4,'d');
    s.DispList();
    s.GetElem(2,e);
    cout<<"第 2 个结点值:"<<e<<endl;
    i=s.LocateElem('d');
    cout<<"数据值为 d 的结点的序号为"<<i<<endl;
    cout<<"删除第 2 个结点"<<endl;
    s.ListDelete(2,e);
    s.DispList();
    cout<<"删除第 3 个结点"<<endl;
    s.ListDelete(3,e);
    s.DispList();
```

```cpp
    cout << "插入 e 作为第 1 个结点" << endl;
    s.ListInsert(1,'e');
    s.DispList();
    cout << "插入 f 作为第 3 个结点" << endl;
    s.ListInsert(3,'f');
    s.DispList();
    return 1;
}
```

其执行结果如下:

```
顺序表:abcd
第 2 个结点值: b
数据值为 d 的结点的序号为 4
删除第 2 个结点
顺序表:acd
删除第 3 个结点
顺序表:ac
插入 e 作为第 1 个结点
顺序表:eac
插入 f 作为第 3 个结点
顺序表:eafc
```

上述主函数中定义的是字符顺序表,如果需要使用实数顺序表 s1,也可以直接从 SqlList<T>中产生,例如:

SqList< double > s1(20);　　　　//定义一个大小为 20 的实数顺序表对象 s1

12.3.2　链栈类模板

有关栈的基本运算算法参见第 3 章,这里不再介绍。在设计链栈类时只有一个私有数据成员 lhead,它作为链栈对应的单链表的头结点指针,单链表结点的类型为 NodeType(其定义见以下代码)。另外,将初始化链栈的功能用构造函数实现(创建一个头结点,其 next 域为 NULL,并由 lhead 指向这个头结点),释放链栈的功能用析构函数实现(释放链栈对应的单链表的所有结点空间)。栈的其他基本运算由该类中的其他成员函数实现。链栈类 LiStack 如图 12.4 所示。

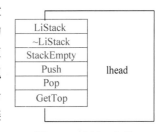

图 12.4　LiStack 类

为了通用,设计链栈类模板 LiStack<T>如下:

```cpp
template < typename T >
struct NodeType                     //单链表结点的类型
{   T data;                         //数据域
    NodeType * next;                //指针域
```

```cpp
};
template <typename T>
class LiStack                           //链栈类模板
{
    NodeType<T> *lhead;                 //单链表的头结点指针
public:
    LiStack()                           //构造函数,初始化栈
    {   lhead=new NodeType<T>();
        lhead->next=NULL;
    }
    ~LiStack()                          //析构函数,销毁栈
    {   NodeType<T> *p=lhead->next;
        while (p!=NULL)
        {   delete lhead;
            lhead=p;
            p=p->next;
        }
        delete lhead;                   //释放头结点空间
    }
    int StackEmpty()                    //判断栈是否为空
    {   return(lhead->next==NULL);   }
    void Push(T e)                      //进栈
    {   NodeType<T> *p;
        p=new NodeType<T>();
        p->data=e;
        p->next=lhead->next;            //插入p结点作为第一个数据结点
        lhead->next=p;
    }
    bool Pop(T &e)                      //出栈
    {   NodeType<T> *p;
        if (lhead->next==NULL)          //栈空的情况
            return false;
        p=lhead->next;                  //p指向第一个数据结点
        e=p->data;
        lhead->next=p->next;
        delete p;
        return true;
    }
    bool GetTop(T &e)                   //取栈顶元素
    {   if (lhead->next==NULL)          //栈空的情况
            return false;
        e=lhead->next->data;
        return true;
    }
};
```

12.4 使用 STL 设计数据结构算法

STL 最早由惠普实验室开发完成,它是以 C++ 中的模板语法为基础建立起来的一套包含基础数据结构和算法的代码库。STL 的特点是实现了"类型参数化",即 STL 的代码中可处理任意自定义类型的对象。

STL 中提供的容器用来保存数据,涵盖了许多数据结构,例如前面章节中介绍的链表、栈和队列等,在实际的开发过程中可以直接使用,不仅简化了许多重复、乏味的工作,而且提高了软件开发的效率。

容器部分主要由头文件< vector >、< list >、< deque >、< set >、< map >、< stack >和< queue >等组成。表 12.1 列出了 STL 容器和相应头文件的对应关系,为此,在使用 STL 时必须将以下语句插入源代码文件的开头:

```
using namespace std;
```

这样直接把程序代码定位到 std 命名空间中。

表 12.1 STL 容器和相应的头文件

容 器	说 明	实现头文件
向量(vector)	底层数据结构为数组,支持快速随机访问	< vector >
链表(list)	底层数据结构为循环双向链表,支持快速增删结点	< list >
栈(stack)	后进先出的序列。底层一般用 vector 或 deque 实现	< stack >
队列(queue)	先进先出的序列。底层一般用 deque 或 list 实现	< queue >
双端队列(deque)	两端都可以进队和出队操作,也支持随机访问	< deque >
优先队列(priority_queue)	按优先级出队操作,底层数据结构为 deque 或 vector,分为小根堆和大根堆	< queue >
集合(set)	底层数据结构为红黑树,有序,关键字不重复	< set >
多重集合(multiset)	底层数据结构为红黑树,有序,关键字可重复	< set >
映射(map)	由(关键字,值)对组成的集合,底层数据结构为红黑树,有序,关键字不重复	< map >
多重映射(multimap)	由(关键字,值)对组成的集合,底层数据结构为红黑树,有序,关键字可重复	< map >
哈希集合(unordered_set)	类似于 set 集合,底层数据结构为哈希表,无序,关键字不重复	< unordered_set >
哈希映射(unordered_map)	类似于 map 映射,底层数据结构为哈希表,无序,关键字不重复	< unordered_map >

下面介绍几种常用容器的使用方法。

1. vector(向量容器)

它是一个向量类模板。向量容器相当于数组,它存储具有相同数据类型的一组元素,可以在末尾快速地插入与删除元素,具有随机访问特性,但是在中间插入、删除元素较慢,因为需要移动插入或删除处后面的所有元素。而且如果一开始分配的空间不够，重新分配更大的空间时需要进行大量的元素复制，从而增加了性能开销。

以下语句定义一个整数向量对象 test：

vector < int > test；

这样只定义一个空的容器，其中没有任何数据，vector 提供了一系列的成员函数，可以使用它们对定义的 test 容器进行操作。vector 主要的成员函数如下。

- max_size()：容器中能保存的最大元素个数。
- size()：当前容器中的实际元素个数。
- push_back()：在 vector 的尾部添加了一个元素。
- insert()：将元素插入指定元素之前。
- empty()：判断 vector 是否为空。
- front()：返回 vector 的第一个元素。
- back()：返回 vector 的最后一个元素。
- erase()：去掉某个指定区间的元素。
- clear()：删除所有元素。
- begin()：引用容器中的第一个元素。
- end()：引用容器中最后一个元素后面的一个位置。

【例 12.5】 分析以下程序的执行结果。

```
#include <iostream>
#include <vector>
#include <algorithm>
using namespace std;
int main()
{   vector < int > v(3);                        //定义初始长度为 3 的整数容器
    v[0]=5;                                     //在下标 0 处放置元素 5
    v[1]=2;                                     //在下标 1 处放置元素 2
    v.push_back(7);                             //在尾部插入元素 7
    vector < int >::iterator first=v.begin();   //让 first 指向开头元素
    vector < int >::iterator last=v.end();      //让 last 指向尾部元素
    while (first!=last)                         //循环输出所有元素
        cout << * first++ << " ";
    cout << endl;
    return 1;
}
```

解 在上述程序中初始定义了一个长度为 3 的整数向量 v（所有元素默认为 0）。在前两个下标处放置两个整数，然后在末尾插入一个整数 7，长度增加 1，最后输出所有整数。程序的执行结果如下：

5 2 0 7

2. deque（双端队列容器）

它是一个双端队列类模板。双端队列容器可以从前面或后面快速地插入与删除元素，并可以快速地随机访问元素，但删除元素较慢，空间的重新分配要比 vector 快，重新分配空间后原有的元素不需要复制。若要对 deque 进行排序操作，可将 deque 先复制到 vector，排序后再复制回 deque。

deque 的主要成员函数如下。

- empty()：判断队列是否为空队。
- size()：返回队列中元素的个数。
- push_front()：在队头插入元素。
- push_back()：在队尾插入元素。
- pop_front()：删除队头的一个元素。
- pop_back()：删除队尾的一个元素。
- clear()：删除所有的元素。
- begin()：引用容器中的第一个元素。
- end()：引用容器中最后一个元素后面的一个位置。

【例 12.6】 分析以下程序的执行结果。

```cpp
#include <iostream>
#include <deque>
#include <algorithm>
using namespace std;
void disp(deque<int> &dq);
int main()
{   deque<int> dq;              //建立一个双端队列 dq
    dq.push_front(1);           //队头插入 1
    dq.push_back(2);            //队尾插入 2
    dq.push_front(3);           //队头插入 3
    dq.push_back(4);            //队尾插入 4
    disp(dq);
    dq.pop_front();             //删除队头元素
    dq.pop_back();              //删除队尾元素
    disp(dq);
    return 1;
}
void disp(deque<int> &dq)
{   deque<int>::iterator iter;
    for (iter=dq.begin();iter!=dq.end();iter++)
        cout << *iter << " ";
    cout << endl;
}
```

解 在上述程序中定义了字符串双端队列 dq，利用插入和删除成员函数进行操作。程序的执行结果如下：

3 1 2 4
1 2

3. list（链表容器）

它是一个双链表类模板，可以在任何位置快速地插入与删除。元素之间用指针相连，不能随机访问元素，为了访问表容器中特定的元素，必须从第 1 个位置（表头）开始，随着指针从一个元素到下一个元素，直到找到指定的元素。其插入元素比 vector 快，对每个元素分别分配空间，所以不存在空间不够重新分配的情况。

list 的主要成员函数如下。
- size()：返回表中实际元素的个数。
- empty()：判断表是否为空。
- push_back()：在表的尾部插入元素。
- pop_back()：删除最后一个元素。
- remove()：删除所有指定值的元素。
- erase()：从容器中删除一个或几个元素。
- clear()：删除所有的元素。
- insert(pos,elem)：在 pos 处插入 elem 元素并返回该元素的位置。
- begin()：引用容器中的第一个元素。
- end()：引用容器中最后一个元素后面的一个位置。

【例 12.7】 分析以下程序的执行结果。

```cpp
#include <iostream>
#include <list>
using namespace std;
int main()
{
    list<int> lst;
    list<int>::iterator i,start,end;
    lst.push_back(5);lst.push_back(2);lst.push_back(4);
    lst.push_back(1);lst.push_back(3);lst.push_back(8);
    lst.push_back(6);lst.push_back(7);
    cout << "lst: ";
    for (i=lst.begin();i!=lst.end();i++)
        cout << *i << " ";
    cout << endl;
    i=lst.begin();
    start=++lst.begin();
    end=--lst.end();
    lst.insert(i,start,end);
    cout << "lst.insert(i,start,end)" << endl;
    cout << "lst: ";
```

```
    for (i=lst.begin();i!=lst.end();i++)
        cout << *i << " ";
    cout << endl;
    return 1;
}
```

解 在上述程序中建立了一个整数表对象 lst,向其中添加 8 个元素,i 指向元素 5,start 指向元素 2,end 指向元素 6,在执行"lst.insert(i,start,end);"语句时将 2、4、1、3、8、6 插入最前端。程序的执行结果如下:

```
lst: 5 2 4 1 3 8 6 7
lst.insert(i,start,end)
lst: 2 4 1 3 8 6 5 2 4 1 3 8 6 7
```

4. stack(栈容器)

它是一个栈类模板。栈容器是基于底层容器实现的,默认的底层容器是 deque。只有一个出口,不允许遍历元素。

stack 的主要成员函数如下。

- empty():容器中没有元素时返回 true,否则返回 false。
- size():返回容器中当前元素的个数。
- top():返回栈顶元素。
- push():元素进栈。
- pop():元素出栈。

【例 12.8】 分析以下程序的执行结果。

```
#include <iostream>
#include <stack>
using namespace std;
int main()
{   stack <int> st;
    st.push(1);st.push(2);st.push(3);
    cout << st.top() << " ";
    st.pop();cout << st.top() << " ";
    st.pop();st.top() = 7;
    st.push(4);st.push(5);
    st.pop();
    while (!st.empty())                     //栈不空时输出栈顶元素并退栈
    {   cout << st.top() << " ";
        st.pop();
    }
    cout << endl;
    return 1;
}
```

解 在上述程序中建立了一个整数栈对象 st,进栈、退栈若干元素,最后使用 while 循环语句在栈不空时输出栈顶元素并退栈。程序的执行结果如下：

```
3 2 4 7
```

5. queue（队列容器）

它是一个队列类模板。队列容器是基于底层容器实现的，默认的底层容器是 deque。队列具有先进先出的特点，不允许遍历元素。

deque 的主要成员函数如下。

- empty()：容器中没有元素时返回 true，否则返回 false。
- size()：返回容器中当前元素的个数。
- front()：返回队头元素。
- back()：返回队尾元素。
- push()：元素进队。
- pop()：元素出队。

【例 12.9】 分析以下程序的执行结果。

```cpp
#include <iostream>
#include <queue>
using namespace std;
int main()
{   queue<int> q;
    q.push(1);q.push(2);q.push(3);
    cout<<q.front()<<" ";
    q.pop();cout<<q.front()<<" "; q.pop();
    q.push(4);q.push(5);
    q.pop();
    while (!q.empty())              //队不空时出队
    {   cout<<q.front()<<" ";
        q.pop();
    }
    cout<<endl;
    return 1;
}
```

解 在上述程序中建立了一个整数队对象 q，进队、出队若干元素，最后使用 while 循环语句在队不空时输出队头元素并出队。程序的执行结果如下：

```
1 2 4 5
```

附录 A 实验报告格式

每次实验要求提交完整的实验报告。实验报告的基本内容如下：

一、设计人员相关信息

1. 设计者姓名、学号和班号。
2. 设计日期。

二、程序设计相关信息

1. 实验题及问题描述。
2. 实验目的。
3. 数据结构设计。
4. 程序结构（程序中的函数调用关系图）。
5. 主要的算法描述。
6. 实验源程序。
7. 实验数据和实验结果分析。
8. 实验体会。

三、实验提交内容

实验报告、实验源程序清单和可执行文件。

附录 B 引用型参数和指针引用型参数的说明

在算法设计中大量使用引用型参数,引用型参数是通过 C++ 的引用符"&"实现的。使用引用型参数的目的是为了将函数的形参回传给实参。一般情况下,当算法中的形参作为输出型参数时总是采用引用型参数。

本书和大多数同类教材的一个不同之处是顺序表、顺序栈和顺序队列的相关算法都使用指针引用型参数。为什么使用指针类型呢?这是因为这些表都有销毁运算,其功能是释放它们的存储空间。

C/C++ 有一个原则:由系统自动分配的存储空间在不再需要时由系统自动释放,而使用 malloc() 函数手工分配的存储空间在不再需要时必须使用 free() 函数手工释放。本书使用指针类型参数,在初始化时通过 malloc() 分配顺序表、顺序栈和顺序队列的存储空间,在不再需要时使用 free() 函数释放它们的存储空间。

以顺序表为例,在顺序表的基本运算设计好之后设计以下主函数:

```
void main()
{   SqList * s;                   //定义顺序表的指针 s
    ElemType e;
    InitList(s);                  //初始化 s 所指向的顺序表
    ListInsert(s,'a',1);          //插入 'a' 作为第 1 个元素
    ListInsert(s,'b',2);          //插入 'b' 作为第 2 个元素
    ListInsert(s,'c',3);          //插入 'c' 作为第 3 个元素
    ListInsert(s,'d',4);          //插入 'd' 作为第 4 个元素
    ListDelete(s,3,e);            //删除第 3 个删除
    printf("删除的元素是%c\n",e);  //输出:删除的元素是 c
    printf("s:");DispList(s);     //输出:s:a b d
    DestroyList(s);               //销毁 s 所指的顺序表
}
```

在执行时先为 s 分配一个地址空间,由于 s 是指针类型,所以仅分配 4 字节的地址空间(由于没有初始化,其中的地址值是无效的)。执行 InitList(s) 语句,通过 malloc() 函数分配一个顺序表的空间,并让 s 指向其开始位置,这样 s 指向了一个有效的顺序表,再执行插入、删除等运算,最后调用 DestroyList(s) 将该顺序表释放。

如果不用指针型参数,同样可以设计对应的算法。以顺序表为例,相关运算算法可以设计如下:

```
void InitList(SqList &L)
{
    L.length=0;       //由于 L 的空间由系统分配,不需要使用 malloc() 函数手工分配其存储空间
}
```

```
int ListInsert(SqList &L,int i,ElemType e)
{   int j;
    if (i<1 || i>L.length+1)
        return 0;                       //参数 i 错误,返回 0
    i--;                                //将顺序表的逻辑位序转化为物理位序
    for (j=L.length;j>i;j--)            //将 data[i]及后面的元素后移一个位置
        L.data[j]=L.data[j-1];
    L.data[i]=e;                        //插入元素 e
    L.length++;                         //顺序表的长度增 1
    return 1;
}
void DispList(SqList L)
{   int i;
    for (i=0;i<L.length;i++)
        printf("%c",L.data[i]);
    printf("\n");
}
int ListDelete(SqList &L,int i,ElemType &e)
{   int j;
    if (i<1 || i>L->length)
        return 0;
    i--;                                //将顺序表的逻辑位序转化为物理位序
    e=L.data[i];
    for (j=i;j<L.length-1;j++)          //将 data[i]之后的元素前移一个位置
        L.data[j]=L.data[j+1];
    L.length--;                         //顺序表的长度减 1
    return 1;
}
```

这样可以设计如下主函数:

```
int main()
{   SqList s;                           //定义顺序表 s
    ElemType e;
    InitList(s);                        //初始化顺序表 s
    ListInsert(s,'a',1);                //插入'a'作为第 1 个元素
    ListInsert(s,'b',2);                //插入'b'作为第 2 个元素
    ListInsert(s,'c',3);                //插入'c'作为第 3 个元素
    ListInsert(s,'d',4);                //插入'd'作为第 4 个元素
    ListDelete(s,3,e)                   //删除第 3 个删除
    printf("删除的元素是%c\n",e);       //输出:删除的元素是 c
    printf("s:");DispList(s);           //输出:s:a b d
    return 1;
}
```

在执行时先为 s 分配一个顺序表的空间(由系统自动分配 sizeof(SqList)字节的空间,该空间的名称为 s)。执行 InitList(s)语句,将 s 的 length 成员设置为 0 表示是空表,再执行插入、删除等运算。当主函数执行完毕时,由系统自动释放 s 占用的存储空间。由于在这种方式下不需要编程释放存储空间,也就无法编写 DestroyList(s)算法。

所以,本书是为了保证顺序表、顺序栈和顺序队列等数据结构算法实现的完整性才使用指针型参数的。两者在本质上没有差别,读者只需要了解顺序表指针和顺序表在使用上的语法差别即可。

附录 C 算 法 索 引

知识点或例题编号	算 法 功 能	对应源程序名	章号
【例 1.5】	求一元二次方程的根	algorithm1-5.cpp	1
顺序表	顺序表的基本运算算法	sqlist.cpp	2
单链表	单链表的基本运算算法	linklist.cpp	2
双链表	双链表的基本运算算法	dlinklist.cpp	2
循环单链表	循环单链表的基本运算算法	clinklist.cpp	2
循环双链表	循环双链表的基本运算算法	cdlinklist.cpp	2
【例 2.3】	在顺序表 L 中删除所有值为 x 的元素	algorithm2-3.cpp	2
【例 2.4】	将整数顺序表 L 以第一个元素为分界线(基准)进行划分	algorithm2-4.cpp	2
【例 2.5】	将整数顺序表 L 中的所有奇数移动到偶数的前面	algorithm2-5.cpp	2
【例 2.6】	将单链表 L 拆分成两个单链表	algorithm2-6.cpp	2
【例 2.7】	删除单链表 L 中最大元素的结点	algorithm2-7.cpp	2
【例 2.8】	单链表递增排序	algorithm2-8.cpp	2
【例 2.9】	双链表的所有结点逆置	algorithm2-9.cpp	2
【例 2.10】	双链表递增排序	algorithm2-10.cpp	2
【例 2.11】	统计循环单链表 L 中值为 x 的结点个数	algorithm2-11.cpp	2
【例 2.12】	在循环双链表 L 中删除第一个值为 x 的结点	algorithm2-12.cpp	2
【例 2.13】	判断循环双链表 L 中的数据结点是否对称	algorithm2-13.cpp	2
【例 2.14】	二路归并：采用顺序表实现	algorithm2-14-1.cpp	2
【例 2.14】	二路归并：采用单链表实现	algorithm2-14-2.cpp	2
【例 2.15】	求 3 个有序单链表的公共结点	algorithm2-15.cpp	2
【例 2.16】	高效删除有序单链表中值重复的结点	algorithm2-16.cpp	2
【例 2.17】	求两个等长的有序顺序表的中位数	algorithm2-17.cpp	2
线性表的应用	两个表的简单自然连接的算法	tablelink.cpp	2
顺序栈	顺序栈的基本运算算法	sqstack.cpp	3
链栈	链栈的基本运算算法	listack.cp	3
栈的应用	用栈求简单表达式的值	expvalue.cpp	3
栈的应用	用栈求解迷宫问题	mgpath.cpp	3
环形队列	顺序队列(环形队列)的基本运算算法	squeue.cpp	3
非环形队列	顺序队列(非环形队列)的基本运算算法	squeue1.cpp	3
队列的应用	用队列求解报数问题	number.cpp	3
队列的应用	用队列求解迷宫问题	mgpath1.cpp	3
【例 3.4】	判断一个字符串是否为对称串	algorithm3-4.cpp	3
【例 3.5】	判断表达式中的括号是否配对	algorithm3-5.cpp	3
【例 3.7】	用队中的元素个数代替队尾指针的环形队列	algorithm3-7.cpp	3

续表

知识点或例题编号	算法功能	对应源程序名	章号
【例3.8】	用只有尾结点指针rear的循环单链表作为链队	algorithm3-8.cpp	3
【例3.10】	双端队列算法	algorithm3-10.cpp	3
顺序串	顺序串的基本运算算法	sqstring.cpp	4
链串	链串的基本运算算法	listring.cpp	4
串模式匹配	BF算法	bf.cpp	4
串模式匹配	KMP算法	kmp.cpp	4
串模式匹配	改进的KMP算法	kmp1.cpp	4
【例4.1】	按字典顺序比较两个串s和t的大小	algorithm4-1.cpp	4
【例4.2】	求串s中第一个最长的连续相同字符构成的平台	algorithm4-2.cpp	4
【例4.3】	把串s中最先出现的子串"ab"改为"xyz"	algorithm4-3.cpp	4
Hanoi问题的求解	求解Hanoi问题的递归和非递归算法	hanoi.cpp	5
【例5.1】	求$n!$的递归算法	algorithm5-1.cpp	5
【例5.4】	求实数数组$A[0..n-1]$中最小值的递归算法	algorithm5-4.cpp	5
【例5.5】	求一个顺序表中最大元素的递归算法	algorithm5-5.cpp	5
【例5.6】	释放一个不带头结点的单链表L中所有结点的递归算法	algorithm5-6.cpp	5
【例5.7】	用递归算法求解从入口到出口的所有迷宫路径	algorithm5-7.cpp	5
稀疏矩阵	稀疏矩阵三元组表示的基本算法	tuples.cpp	6
稀疏矩阵	稀疏矩阵十字链表表示的基本算法	orthogonal.cpp	6
广义表	广义表的基本运算算法	glist.cpp	6
【例6.1】	利用数组求解约瑟夫问题	algorithm6-1.cpp	6
【例6.3】	求广义表g的原子个数	algorithm6-3.cpp	6
二叉树	二叉树的基本运算算法	btree.cpp	7
二叉树	二叉树的3种递归遍历算法	recuorder.cpp	7
二叉树	二叉树的3种非递归遍历算法	nonrecuorder.cpp	7
层次遍历	二叉树的基本层次遍历和分层次的层次遍历算法	levelorder.cpp	7
构造二叉树	构造二叉树的算法	createbt.cpp	7
线索二叉树	中序线索二叉树和中序非递归遍历算法	thread.cpp	7
哈夫曼树	创建哈夫曼和哈夫曼编码的算法	huffman.cpp	7
并查集	亲戚关系例子对应的并查集求解算法	unionfindset.cpp	7
【例7.3】	孩子链存储结构下树的基本运算算法和求树t的高度	algorithm7-3.cpp	7
【例7.4】	孩子兄弟链存储结构下树的基本运算算法和求树t的高度	algorithm7-4.cpp	7
【例7.11】	计算一棵给定二叉树的所有结点个数	algorithm7-11.cpp	7
【例7.12】	输出一棵给定二叉树的所有叶子结点	algorithm7-12.cpp	7
【例7.13】	求二叉树中指定结点的层次	algorithm7-13.cpp	7
【例7.14】	求二叉树中指定层次的结点个数	algorithm7-14.cpp	7
【例7.15】	判断两棵二叉树是否相似	algorithm7-15.cpp	7
【例7.16】	输出二叉树中值为x的结点的所有祖先	algorithm7-16.cpp	7

续表

知识点或例题编号	算法功能	对应源程序名	章号
【例7.17】	采用后序遍历非递归算法输出从根结点到每个叶子结点的路径逆序列	algorithm7-17.cpp	7
【例7.18】	采用层次遍历方法输出从根结点到每个叶子结点的路径逆序列	algorithm7-18.cpp	7
【例7.19】	将二叉树的顺序存储结构转换成二叉链存储结构	algorithm7-19.cpp	7
【例7.21】	求朋友圈个数	algorithm7-21.cpp	7
图	图的基本运算算法	graph.cpp	8
图遍历	DFS算法	dfs.cpp	8
图遍历	BFS算法	bfs.cpp	8
求最小生成树	普里姆算法	prim.cpp	8
求最小生成树	克鲁斯卡尔算法	Kruskal.cpp	8
求最小生成树	改进的克鲁斯卡尔算法	Kruskal1.cpp	8
求最短路径	狄克斯特拉算法	dijkstra.cpp	8
求最短路径	弗洛伊德算法	floyd.cpp	8
拓扑排序	拓扑排序算法	topsort.cpp	8
关键路径	求AOE网的关键路径	Keypath.cpp	8
【例8.2】	邻接矩阵和邻接表的相互转换	algorithm8-2.cpp	8
【例8.3】	判断无向图G是否连通	algorithm8-3.cpp	8
【例8.4】	判断图G中从顶点u到v是否存在简单路径	algorithm8-4.cpp	8
【例8.5】	输出图G中从顶点u到v的一条简单路径	algorithm8-5.cpp	8
【例8.6】	输出图G中从顶点u到v的所有简单路径	algorithm8-6.cpp	8
【例8.7】	输出图G中从顶点u到v的长度为l的所有简单路径	algorithm8-7.cpp	8
【例8.8】	输出一个有向图中通过某个顶点的所有回路	algorithm8-8.cpp	8
【例8.9】	求不带权连通图G中从顶点u到v的最短路径长度	algorithm8-9.cpp algorithm8-9-1.cpp	8
【例8.10】	求两个岛屿的最小距离	algorithm8-10.cpp	8
线性表查找	顺序查找算法	sqsearch.cpp	9
线性表查找	折半查找算法	binsearch.cpp	9
线性表查找	分块查找算法	idxsearch.cpp	9
树表查找	二叉排序树的基本运算算法	bst.cpp	9
树表查找	二叉平衡树的基本运算算法	avl.cpp	9
哈希表	哈希表(开放地址法)的基本运算算法	hash-open.cpp	9
哈希表	哈希表(拉链法)的基本运算算法	hash-chain.cpp	9
【例9.4】	求二叉排序树中p结点的左子树中的最大结点和右子树中的最小结点	algorithm9-4.cpp	9
插入排序	直接插入排序算法	Insertsort.cpp	10
插入排序	折半插入排序算法	Insertsort1.cpp	10
插入排序	希尔排序算法	Shellsort.cpp	10
交换排序	冒泡排序算法	Bubblesort.cpp	10

续表

知识点或例题编号	算法功能	对应源程序名	章号
交换排序	快速排序算法	Quicksort.cpp	10
交换排序	改进的快速排序算法	Quicksort1.cpp	10
选择排序	简单选择排序算法	Selectsort.cpp	10
选择排序	堆排序算法	Heapsort.cpp	10
归并排序	自底向上的二路归并排序	Mergesort.cpp	10
归并排序	自顶向下的二路归并排序	Mergesort1.cpp	10
基数排序	基数排序算法	Radixsort.cpp	10
面向对象设计	顺序表类模板	sqlist.cpp	12
面向对象设计	链栈类模板 LiStack	listack.cpp	12

附录D 名词索引

字　母

AOE 网(activity on edge network),300
AOV 网(activity on vertex network),299
AVL 树,331
B 树(B tree),341
B＋树(B＋tree),346
BF 算法,126
Dijkstra 算法,288
Floyd 算法,294
KMP 算法,128
Kruskal 算法,282
m 次树(m-tree),186
Prim 算法,279

A

凹入表示法(concave representation),186

B

遍历(traversal),189
并查集(disjoint-set),237
败者树(tree of loser),407

C

存储结构(storage structure),2
存储密度(storage density),44
抽象数据类型(abstract data type,ADT),13
串(string),122
层次遍历(level traversal),190,206
层序编号(level coding),193
稠密图(dense graph),251
查找(search),314
磁盘排序(disk sort),403

D

多项式时间复杂度(polynomial time complexity),20
单链表(singly linked list),43
队列(queue),97
队尾(rear),97
队头或队首(front),97
递归(recursion),140
递归出口(recursive exit),142
递归体(recursive body),142
对称矩阵(symmetric matrix),165
对角矩阵(diagonal matrix),168
带权路径长度(weighted path length,WPL),231
端点(endpoint),250
顶点的度(degree),250
带权图(weighted graph),252
动态查找表(dynamic search table),314
堆排序(heap sort),385

E

二叉树(binary tree),193
二叉链(binary linked list),201
二叉排序树(binary search tree,BST),323
二路归并排序(2-way merge sort),389
二路平衡归并(2-way balanced merge),407

F

分支结点(branch),187
分块查找(block search),321

G

共享栈(share stack),83
广义表(generalized table),174
广度优先遍历(breadth first search,BFS),261
广度优先生成树(BFS tree),277
关键路径(critical path),301
关键活动(key activity),301
归并排序(merge sort),389

H

后继元素(successor),4
后进先出表(last in first out,LIFO),79
后缀表达式(postfix expression),87
后根遍历(postorder traversal),189
红黑树(red black tree),338

环形队列(circular queue),100
孩子结点(children),187
孩子链存储结构(child chain storage structure),190
孩子兄弟链存储结构(child brother chain storage structure),191
后序遍历(postorder traversal),206
回路或环(cycle),251
汇点(converge),300
哈夫曼树(Huffman tree),231
哈夫曼编码(Huffman coding),234
哈希(或散列)存储结构(hashed storage structure),8
哈希表(hash table),348
哈希函数(hash function),349
哈希地址(hash address),349
哈希冲突(hash collisions),349

J

进栈(push),79
进队(enqueue),97
假溢出(false overflow),100
间接递归(indirect recursion),140
结点的度(degree of node),186
结点层次(level),187
结点深度(depth),187
简单路径(simple path),251
简单回路或简单环(simple cycle),251
静态查找表(static search table),314
简单选择排序(simple selection sort),383
基数排序(radix sort),392

K

开始元素(first element),4
空间复杂度(space complexity),22
括号表示法(bracket representation),186
开放地址法(open addressing),351
快速排序(quick sort),379

L

逻辑结构(logical structure),2
链式存储结构(linked storage structure),7
链表(linked list),42
链栈(linked stack),84
链队(linked queue),104
路径(path),187,251

路径长度(path length),187,251
邻接点(adjacent),250
连通图(connected graph),251
连通分量(connected component),251
邻接矩阵(adjacency matrix),252
邻接表(adjacency list),254
邻接多重表(adjacency multi-list),259
内查找(internal search),314
拉链法(chaining),353
内排序(internal sort),369

M

目标串(target string),126
模式串(pattern string),126
模式匹配(pattern matching),126
满 m 次树(full m-tree),188
满二叉树(full binary tree),193
冒泡排序(bubble sort),77

N

逆邻接表(inverse adjacency list),255

P

平均查找长度(average search length,ASL),314
平衡二叉树(balanced binary tree),332
平衡因子(balance factor,bf),332
平方探测法(square probing),353
判定树(decision tree),317
排序(sort),369

Q

前驱元素(predecessor),4
前缀表达式(prefix expression),87
出队(dequeue),97
出度(outdegree),250
强连通图(strongly connected graph),251
强连通分量(strongly connected component),251

R

入度(indegree),250

S

数据(data),2
数据元素(data element),2
数据项(data item),2

数据对象(data object),2
数据结构(data structure),2
数组(array),161
数据类型(data type),9
顺序存储结构(sequential storage structure),6
顺序表(sequential list),32
顺序栈(sequential stack),80
顺序队(sequential queue),98
顺串(runs),404
顺序查找(sequential search),315
算法(algorithm),14
时间复杂度(time complexity),19
双链表(doubly linked list),43
首指针(first pointer),43
双端队列(deque,double-ended queue),113
上三角矩阵(upper triangular matrix),167
三元组表(list of 3-tuples),169
十字链表(orthogonal list),172,258
树(tree),185
树形表示法(tree representation),185
树的度(degree of tree),186
树的高度(height of tree),187
树的深度(depth of tree),187
树表(tree table),323
森林(forest),187
双亲结点(parents),187
双亲存储结构(parent storage structure),190
深度优先遍历(depth first search,DFS),261
生成树(spanning tree),277
深度优先生成树(DFS tree),277
生成森林(spanning forest),278
索引存储结构(indexed storage structure),8,320

T

头指针(head pointer),43
退栈(pop),79
图(graph),249
拓扑序列(topological sequence),298
拓扑排序(topological sort),298
同义词(synonym),349

W

尾指针(tail pointer),43
尾递归(tail recursion),150
文氏图表示法(venn diagram representation),185

无序树(unordered tree),187
无序区(disordered region),371
无向图(undigraph),249
完全二叉树(complete binary tree),194
完全图(completed graph),250
网(net),252
外查找(external search),314
外排序(external sort),369
稳定的(stable),369

X

线性表(linear list),30
循环链表(circular linked list),58
先进先出表(first in first out,FIFO),97
下三角矩阵(lower triangular matrix),167
稀疏矩阵(sparse matrix),168
稀疏图(sparse graph),251
兄弟结点(sibling),187
先根遍历(preorder traversal),189
先序遍历(preorder traversal),206
线索(thread),227
线索二叉树(threaded binary-tree),227
线性探测法(linear probing),352
希尔排序(shell sort),374
虚段(dummy run),411

Y

运算(operation),2
有序表(ordered list),64
有序树(ordered tree),187
有序区(ordered region),371
有向图(digraph),249
有向无环图(directed acycline graph,DAG),300
原子(atom),175
叶子结点(leaf),187
源点(source),300

Z

终端元素(terminal element),4
指数时间复杂度(exponential time complexity),20
栈(stack),79
栈顶(top),79
栈底(bottom),79
栈帧(stack frame),145
中缀表达式(infix expression),87

直接递归(direct recursion),140
直接插入排序(straight insertion sort),371
子串(substring),122
子表(subgeneralized table),175
子树(subtree),185
子孙结点(descendant),187
子图(subgraph),251
祖先结点(ancestor),187
中序遍历(inorder traversal),206

最小生成树(minimal spanning tree),277
最短路径(shortest path),287
最低位优先(least significant digit first,LSD),393
最高位优先(most significant digit first,MSD),393
最佳归并树(optimal merge tree),411
装填因子(load factor),349
折半查找(binary search),316
折半插入排序(binary insertion sort),373

附录 E　全国计算机专业数据结构 2022 年联考大纲

【考查目标】

1. 掌握数据结构的基本概念、基本原理和基本方法。

2. 掌握数据的逻辑结构、存储结构及基本操作的实现,能够对算法进行基本的时间复杂度与空间复杂度的分析。

3. 能够运用数据结构的基本原理和方法进行问题的分析与求解,具备采用 C 或 C++ 语言设计与实现算法的能力。

一、线性表

1. 线性表的基本概念。
2. 线性表的实现。
(1) 顺序存储。
(2) 链式存储。
3. 线性表的应用。

二、栈、队列和数组

1. 栈和队列的基本概念。
2. 栈和队列的顺序存储结构。
3. 栈和队列的链式存储结构。
4. 多维数组的存储。
5. 特殊矩阵的压缩存储。
6. 栈、队列和数组的应用。

三、树与二叉树

1. 树的基本概念。
2. 二叉树。
(1) 二叉树的定义及其主要特征。
(2) 二叉树的顺序存储结构和链式存储结构。

(3) 二叉树的遍历。
(4) 线索二叉树的基本概念和构造。
3. 树、森林。
(1) 树的存储结构。
(2) 森林与二叉树的转换。
(3) 树和森林的遍历。

4. 树与二叉树的应用。
(1) 哈夫曼(Huffman)树和哈夫曼编码。
(2) 并查集及其应用。

四、图

1. 图的基本概念。
2. 图的存储及基本操作。
   (1) 邻接矩阵法。
   (2) 邻接表法。
   (3) 邻接多重表、十字链表。
3. 图的遍历。
   (1) 深度优先搜索。
   (2) 广度优先搜索。
4. 图的基本应用。
   (1) 最小(代价)生成树。
   (2) 最短路径。
   (3) 拓扑排序。
   (4) 关键路径。

五、查找

1. 查找的基本概念。
2. 顺序查找法。
3. 分块查找法。
4. 折半查找法。
5. 树型查找。
   (1) 二叉搜索树
   (2) 平衡二叉树
   (3) 红黑村
6. B 树及其基本操作、B+树的基本概念。
7. 散列(Hash)表。
8. 字符串模式匹配。
9. 查找算法的分析及应用。

六、排序

1. 排序的基本概念。
2. 直接插入排序。
3. 折半插入排序。
4. 起泡排序(Bubble sort)。
5. 简单选择排序。
6. 希尔排序(Shell sort)。
7. 快速排序。
8. 堆排序。
9. 二路归并排序(Merge sort)。
10. 基数排序。
11. 外部排序。
12. 排序算法的分析和应用。

参 考 文 献

[1] 严蔚敏,吴伟民.数据结构(C语言版)[M].北京:清华大学出版社,1997.
[2] 李春葆,等.数据结构教程[M].4版.北京:清华大学出版社,2013.
[3] 李春葆,等.数据结构教程(C++语言描述)[M].北京:清华大学出版社,2014.
[4] 李春葆,等.数据结构教程(C#语言描述)[M].北京:清华大学出版社,2013.
[5] 李春葆,等.数据结构联考辅导教程(2013版)[M].北京:清华大学出版社,2012.
[6] 李春葆.新编数据结构习题与解析[M].北京:清华大学出版社,2013.
[7] Thomas H C,Charles E L,Ronald L,et al.算法导论[M].潘金贵,顾铁成,李成法,等译.北京:机械工业出版社,2009.
[8] 萨特吉·萨尼(Sartaj Sahni).数据结构、算法与应用(C++语言描述)[M].王立柱,刘志红,译.北京:机械工业出版社,2015.
[9] Horowitz E,Sahni S,Anderson-Freed S.数据结构基础(C语言版)[M].朱仲涛,译.2版.北京:清华大学出版社,2009.
[10] 陈国良.计算思维导论[M].北京:高等教育出版社,2012.
[11] 唐培和,徐奕奕.计算思维-计算学科导论[M].北京:电子工业出版社,2015.
[12] 王红梅,胡明,王涛.数据结构(C++版)[M].2版.北京:清华大学出版社,2011.
[13] 张铭,等.数据结构与算法[M].北京:高等教育出版社,2008.
[14] 翁惠玉,等.数据结构:思想与实现[M].北京:高等教育出版社,2009.
[15] 邓俊辉.数据结构(C++语言版)[M].3版.北京:清华大学出版社,2013.
[16] 左程云.程序员代码面试指南——IT名企算法与数据结构题目最优解[M].北京:电子工业出版社,2015.
[17] Alsuwaiyel M H.算法设计技巧与分析[M].吴伟昶,等译.北京:电子工业出版社,2004.
[18] 黄扬铭.数据结构[M].北京:科学出版社,2001.
[19] 殷人昆,等.数据结构(用面向对象方法与C++描述)[M].北京:清华大学出版社,1999.
[20] 殷人昆.数据结构习题精析与考研辅导[M].北京:机械工业出版社,2011.
[21] 王晓东.计算机算法设计与分析[M].北京:电子工业出版社,2012.
[22] 黄刘生.数据结构[M].北京:经济科学出版社,2000.
[23] 朱战立.数据结构——使用C++语言[M].西安:西安电子科技大学出版社,2001.
[24] 赵文静.数据结构——C++语言描述[M].西安:西安交通大学出版社,1999.
[25] 陈文博,朱青.数据结构与算法[M].北京:机械工业出版社,1996.
[26] 苏光奎,李春葆.数据结构导学[M].北京:清华大学出版社,2002.
[27] 李春葆,等.数据结构程序设计题典[M].北京:清华大学出版社,2002.
[28] 李春葆,李三铁.数据结构考点精要与解题指导[M].北京:人民邮电出版社,2002.

图书资源支持

感谢您一直以来对清华版图书的支持和爱护。为了配合本书的使用,本书提供配套的资源,有需求的读者请扫描下方的"书圈"微信公众号二维码,在图书专区下载,也可以拨打电话或发送电子邮件咨询。

如果您在使用本书的过程中遇到了什么问题,或者有相关图书出版计划,也请您发邮件告诉我们,以便我们更好地为您服务。

我们的联系方式:

地　　址：北京市海淀区双清路学研大厦 A 座 714

邮　　编：100084

电　　话：010-83470236　　010-83470237

客服邮箱：2301891038@qq.com

QQ：2301891038（请写明您的单位和姓名）

资源下载：关注公众号"书圈"下载配套资源。

书圈

清华计算机学堂

观看课程直播